普通高等教育机电类"十三五"规划教材

# 金属切削原理及刀具

## （第 2 版）

武文革　主编

成云平　刘丽娟　彭彬彬　黄晓斌　参编

U0209186

电子工业出版社
**Publishing House of Electronics Industry**
北京 · BEIJING

## 内 容 简 介

本书内容分两大部分,共 18 章。第 1～10 章为切削原理部分,包括基本定义、刀具材料、金属切削的变形过程、切削力、切削热和切削温度、切削摩擦学、工件材料的切削加工性、已加工表面质量、刀具合理几何参数的选择及切削用量优化、高速切削;第 11～18 章为切削刀具、磨削部分,包括车刀、成形车刀、孔加工刀具、铣削与铣刀、拉削与拉刀、数控加工与高速加工刀具、磨削与砂轮、切削过程有限元模拟与仿真技术。各章都配有适量的思考题和练习题。

本书既可作为高等学校机械类专业本科生的教材,也可作为成人教育学院和高职高专机械类专业及相近专业学生的教材,还可供相关专业的工程技术人员参考。

**图书在版编目(CIP)数据**

金属切削原理及刀具 / 武文革主编 . —2 版 . —北京:电子工业出版社,2017.11
普通高等教育机电类"十三五"规划教材
ISBN 978-7-121-32753-7

Ⅰ.①金… Ⅱ.①武… Ⅲ.①金属切削—高等学校　教材②刀具(金属切削)—高等学校—教材
Ⅳ.① TG

中国版本图书馆 CIP 数据核字(2017)第 232102 号

责任编程:郭穗娟
印　　刷:北京七彩京通数码快印有限公司
装　　订:北京七彩京通数码快印有限公司
出版发行:电子工业出版社
　　　　　北京市海淀区万寿路 173 信箱　邮编　10036
开　　本:787×1092　1/16　印张:26.75　字数:685 千字
版　　次:2009 年 9 月第 1 版
　　　　　2017 年 11 月第 2 版
印　　次:2024 年 3 月第 6 次印刷
定　　价:69.80 元

凡所购买电子工业出版社图书有缺损问题,请向购买书店调换。若书店售缺,请与本社发行部联系,联系及邮购电话:(010)88254888,88258888。

质量投诉请发邮件至 zlts@ phei.com.cn,盗版侵权举报请发邮件至 dbqq@ phei.com.cn。

本书咨询联系方式:(010)88254502,guosj@ phei.com.cn。

# 第 2 版前言

切削技术的不断发展,对金属切削原理及刀具的课程内容也提出了新的要求。本版与第一版相比,更新和优化了部分内容。根据 GB/T 12204—2010 所规定的金属切削基本术语和符号,对第 1 章的基本定义和术语进行了更新,对所有章节的符号进行了统一;对第 2 章内容做了优化,更新了涂层刀具、涂层工艺及金刚石刀具的部分内容;对第 10 章高速切削的刀具技术及机床技术内容做了优化;对第 16 章数控刀具的部分内容做了优化;第 18 章增加了切削加工模拟仿真有关无网格划分技术的发展、有限元模拟建模方法与步骤、自适应网格技术、AdvantEdge FEM 仿真软件建模过程、Abaqus 通用软件切削过程有限元模拟研究、有限元仿真与试验误差分析等内容。本书的修订进一步完善了金属切削原理及刀具的内容,对基本定义和符号进行统一,为金属切削基本原理和刀具设计提供了较系统、实用、前沿的知识。

本书由中北大学武文革担任主编。全书共 18 章,第 1、2、3、18 章由中北大学刘丽娟编写,第 4 章由中北大学彭彬彬编写,第 5~9、11~14 章由中北大学武文革编写,第 15 章由中北大学黄晓斌编写,第 10、16、17 章由中北大学成云平编写。

本书在编写过程中,参考了多种相关教材及资料,所用参考文献均已列于书后。在此,向这些资料、文献的作者表示衷心的感谢!

由于编者水平有限,书中难免有欠妥之处,恳请各位同仁及广大读者批评指正。

编者

2017 年 9 月

# 第2版前言

# 目　录

# 第1章 基本定义

金属切削加工是用金属切削刀具把工件毛坯上预留的金属材料(统称余量)切除,获得图样所要求的零件。要实现金属的切削加工,使被加工零件的尺寸精度、形状和位置精度、表面质量达到设计与使用要求,保证优质、高效与低成本,必须具备三个条件:工件与刀具之间要有相对运动,即切削运动;刀具材料必须具有一定的切削性能;刀具必须具有适当的几何参数,即切削角度等。

本章根据中华人民共和国国家标准 GB/T 12204—2010 金属切削基本术语,主要讲述金属切削原理和刀具的基础知识,目的是掌握金属加工中的一般规律。

## 1.1 切削运动与切削用量

### 1.1.1 切削运动

金属切削的过程是刀具与工件相互运动、相互作用的过程。切削运动是指利用刀具切除工件上多余的金属层,以获得所要求的尺寸、形状精度和表面质量的运动。刀具与工件的相对运动可以分解为两种运动:一种是主运动;另一种是进给运动。

**1. 主运动**

由机床或人力提供的主要运动,它促使刀具和工件之间产生相对运动,从而使刀具前面接近工件,这个运动称为主运动。主运动的特点是运动速度最高,消耗功率最多。例如,外圆车削时工件的旋转运动、平面刨削时刀具的往复运动(见图1-1),以及钻床上钻头和铣床上铣刀的回转运动等都是切削运动的主运动。主运动一般只有一个。

**2. 进给运动**

由机床或人力提供的运动,使刀具与工件之间产生附加的相对运动,这个运动称为进给运动,加上主运动,即可不断地或连续地切除切屑,并得出具有所需几何特征的已加工

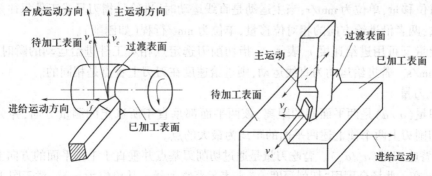

图1-1 切削运动与加工表面

表面。此运动是刀具与工件之间附加的相对运动，它配合主运动依次地或连续不断地切除切屑，从而形成具有所需几何特性的已加工表面。进给运动可以有几个，它可由刀具完成（如车削），也可由工件完成（如铣削），可以是连续运动，也可以是间歇运动，如外圆车削时车刀的纵向连续直线进给运动和平面刨削时工件的间歇直线进给运动等（见图1-1）。进给运动的大小可用进给量 $f$ 表示。进给量是指工件或刀具每转或每一行程时，工件和刀具在进给运动方向的相对位移量。进给运动的特点是运动速度低、消耗功率小。

### 1.1.2  工件表面

在整个切削过程中，工件上形成了三个不断变化着的表面（见图1-1）。

（1）待加工表面。工件上有待切削之表面。

（2）已加工表面。工件上经刀具切削后形成的表面。

（3）过渡表面。工件上由切削刃形成的那部分表面，它在下一个切削里程，即刀具或工件的下一个转被切除，或者由下一个切削刃切除。

### 1.1.3  切削用量

切削用量是切削加工过程中切削速度、进给量和背吃刀量的总称，是用来表示切削运动、调整机床加工参数的参量，可用它对主运动进行定量描述。切削用量的选择，对加工效率、加工成本和加工质量都有重大的影响。切削用量的选择需要考虑机床、刀具、工件材料和工艺等多种因素。

1. 切削速度 $v_c$

它是指切削刃选定点相对工件主运动的瞬时速度，单位为 m/s 或 m/min。刀刃上各点的切削速度可能是不同的，当主运动为旋转运动时，刀具或工件最大直径处的切削速度由下式确定，即

$$v_c = \pi dn/1000 \tag{1-1}$$

式中　$d$——完成主运动的刀具或工件的最大直径，单位为 mm；

$n$——主运动的转速，单位为 r/min 或 r/s。

2. 进给量 $f$

它是刀具在运动方向上相对工件的位移量，可用刀具或工件每转或每行程的位移量来表述和度量。当主运动是回转运动时，进给量指工件或刀具每回转一周，两者沿进给方向的相对位移量，单位为 mm/r；当主运动是直线运动时，进给量指刀具或工件每往复直线运动一次，两者沿进给方向的相对位移量，单位为 mm/行程（如刨削）。

进给量又可用进给速度 $v_f$ 表示，$v_f$ 指切削刃选定点相对工件进给运动的瞬时速度，单位为 mm/s。若进给运动为直线运动，则进给速度在刀刃上各点是相同的。

3. 吃刀量

吃刀量（$a_s/a$）是两平面间的距离，该两平面都垂直于所选定的测量方向，并分别通过作用切削刃上两个使上述两平面的距离为最大的点。

（1）背吃刀量（$a_p/a_{sp}$）。背吃刀量是通过切削刃基点并垂直于工作平面的方向上测量的吃刀量，在一些场合可用"切削深度 $a_p$"来表示背吃刀量。其单位为 mm。对于图1-1中的外圆车削，其背吃刀量可由下式计算，即

$$a_p = \frac{(d_w - d_m)}{2} \tag{1-2}$$

式中    $d_w$——工件待加工表面直径,单位为 mm;

$d_m$——工件已加工表面直径,单位为 mm。

(2)侧吃刀量($a_{se}/a_e$)。侧吃刀量是在平行于工作平面并垂直于切削刃基点的进给运动方向上测量的吃刀量。

(3)进给吃刀明($a_{sf}/a_f$)。进给吃刀量是在切削刃基点的进给运动方向上测量的吃刀量。

对于切削用量,主要是掌握对切削用量的合理选用。选择合理的切削用量对加工生产率、加工成本和加工质量均有重要影响。合理的切削用量是指充分利用机床和刀具的性能,并在保证加工质量的前提下,获得高的生产率与低加工成本的切削用量。这一部分的内容将在后面的章节中具体介绍。

# 1.2 刀具的几何参数

刀具几何参数是确定刀具切削部分几何形状的重要参数,它的变化直接影响金属加工的质量。刀具的种类繁多,但其切削部分在几何特征上却具有共性。外圆车刀的切削部分可以看作各类刀具切削部分的基本形态,其他各类刀具不论结构如何复杂,都可以看成由外圆车刀的切削部分演变而来,本节以外圆车刀为例来介绍其几何参数。

## 1.2.1 刀具的组成

如图 1-2 所示,刀具由刀头、刀杆(刀体)两部分组成,刀头用于切削,刀杆(刀体)用于装夹。刀具的切削部分由以下部分构成:

(1)前刀面(前面)$A_\gamma$(前面)——刀具上切屑流过的表面。

(2)主后面 $A_\alpha$——与工件上切削中产生的表面相对的表面。刀具上同前面相交形成主切削刃的后面。

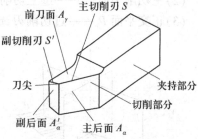

图 1-2    车刀切削部分的构成

(3)副后面 $A'_\alpha$——与工件上已加工表面相对的面。刀具上同前面相交形成副切削刃的后面。

(4)主切削刃 $S$(主刀刃)——起始于切削刃上主偏角为零的点,并至少有一段切削刃拟用来在工件上切出过渡表面的那个整段切削刃。

(5)副切削刃 $S'$(副刀刃)——切削刃上除主切削刃以外的刃,也起始于主偏角为零的点,但它向背离主切削刃的方向延伸。

刀尖(过渡刃)——指主切削刃与副切削刃的连接处相当少的一部分切削刃。

## 1.2.2 刀具角度参考系

刀具角度是为刀具设计、制造、刃磨和测量时所使用的几何参数,它们是确定刀具切削部分几何形状的重要参数,是在一定的平面参考系中确定的。用于定义和规定刀具角度的各基准坐标平面称为参考系,参考系可分为刀具静止参考系和刀具工作参考系两类。

（1）刀具静止参考系——用于定义刀具设计、制造、刃磨和测量时几何参数的参考系。在该参考系中定义的角度称为刀具的标注角度。如图1-3所示。

（2）刀具工作参考系——规定刀具进行切削加工时几何参数的参考系。用此定义的刀具角度称刀具工作角度。

静止参考系中最常用的刀具标注角度参考系是正交平面参考系，其他参考系有法平面参考系、假定工作平面参考系等。

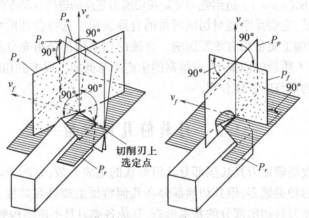

图1-3　刀具静止参考系

如图1-4所示的正交平面参考系由以下三个在空间相互垂直的参考平面构成：

（1）基面 $P_r$——过切削刃选定点的平面，它平行或垂直于刀具在制造，刃磨及测量时适合于安装或定位的一个平面或轴线，一般说来其方位要垂直于假定的主运动方向。

（2）主切削平面 $P_s$——过主切削刃选定点与主切削刃相切并垂直于基面的平面；

（3）正交平面 $P_o$——过切削刃选定点同时垂直于切削平面和基面的平面。

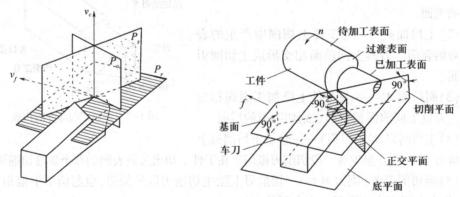

图1-4　正交平面参考系

对于法平面参考系，则由 $P_r$、$P_s$、$P_n$ 三个平面组成，如图1-5所示，其中：

法平面 $P_n$——过切削刃选定点并垂直于切削刃的平面。

对于假定工作平面参考系，则由 $P_r$、$P_f$、$P_p$ 三个平面组成，如图1-6所示。其中：

假定工作平面 $P_f$——通过切削刃选定点并垂直于基面，它平行或垂直于刀具在制造，刃磨及测量时适合于安装或定位的一个平面或轴线，一般说来其方位要平行于假定的进给运动方向。

背平面 $P_p$——通过切削刃选定点并垂直于基面和假定工作平面的平面。

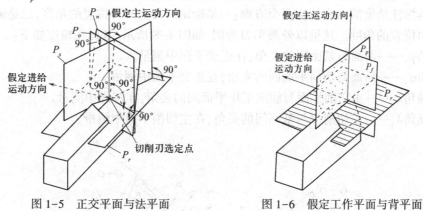

图 1-5  正交平面与法平面          图 1-6  假定工作平面与背平面

### 1.2.3  刀具的标注角度

刀具的标注角度是指刀具工作图上需要标出的角度,是为刀具设计、制造、刃磨和测量时所使用的几何参数,它们是确定刀具切削部分几何形状的重要参数。刀具标注角度的参考系如上所述有正交平面参考系、法平面参考系、假定工作平面参考系,它们的选用,与生产中实际采用的刀具角度刃磨方式和检测夹具的构造及调整方式有关。我国过去经常采用正交平面参考系,近年来,参照国际标准 ISO 的规定,逐渐兼用正交平面参考系和法平面参考系。背平面参考系与假定平面参考系多见于美、日文献中。图 1-7 所示为外圆车刀的刀具角度。

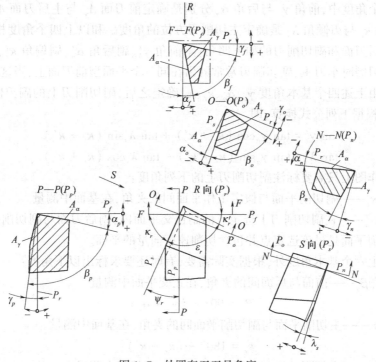

图 1-7  外圆车刀刀具角度

**1. 正交平面参考系中刀具的标注角度**

刀具标注角度的内容包括两个方面：一是确定刀具上刀刃位置的角度，二是确定前刀面与后面位置的角度。这里以外圆车刀为例，如图 1-8 所示，各标注角度如下：

前角 $\gamma_o$——前面与基面间的夹角，在正交平面中测量。

后角 $\alpha_o$——后面与切削平面间的夹角，在正交平面中测量。

主偏角 $\kappa_r$——主切削平面与假定工作平面间的夹角，在基面中测量。

刃倾角 $\lambda_s$——主切削刃与基面间的夹角，在主切削平面中测量。

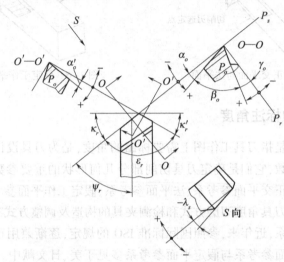

图 1-8　车削刀具正交平面参考系标注角度

以上四个角度中，前角 $\gamma_o$ 与后角 $\alpha_o$ 分别是确定前刀面 $A_\gamma$ 与主后刀面 $A_\alpha$ 方位的角度，而主偏角 $\kappa_r$ 与刃倾角 $\lambda_s$ 是确定主切削刃方位的角度。和以上四个角度相对应，又可定义确定副后刀面和副切削刃的如下四角：副前角 $\gamma_o'$、副后角 $\alpha_o'$、副偏角 $\kappa_r'$、副倾角 $\lambda_s'$。但是由于在刃磨时车刀主、副切削刃常常磨出在同一个平面型前刀面上，当这一切削刃及其前刀面已由上述四个基本角度 $\gamma_o$、$\alpha_o$、$\kappa_r$、$\lambda_s$ 确定之后，副切削刃上的副刃倾角 $\lambda_s'$ 和副前角 $\gamma_o'$ 可以根据下列公式换算，即

$$\tan \gamma_o' = \tan \gamma_o \cos (\kappa_r + \kappa_r') + \tan \lambda_s \sin (\kappa_r + \kappa_r') \qquad (1-3)$$

$$\tan \lambda_s' = \tan \gamma_o \sin (\kappa_r + \kappa_r') - \tan \lambda_s \cos (\kappa_r + \kappa_r') \qquad (1-4)$$

故在刀具工作图上只需要标注副切削刃上的下列角度：

副偏角 $\kappa_r'$——副切削平面与假定工作平面间的夹角，在基面中测量。

副后角 $\alpha_o'$——在副切削刃上选定点的副正交平面内，副后刀面与副切削平面之间的夹角。副切削平面是过该选定点并包含切削速度向量的平面。

除了以上六个基本角度外，根据实际需要，有时还要求标出以下角度：

正交楔角 $\beta_o$——前面与后面间的夹角，在正交平面中测量。

$$\beta_o = 90° - (\gamma_o + \alpha_o) \qquad (1-5)$$

刀尖角 $\varepsilon_r$——主切削平面与副切削平面间的夹角，在基面中测量。

$$\varepsilon_r = 180° - (\kappa_r + \kappa_r') \qquad (1-6)$$

余偏角 $\psi_r$——主切削平面与背平面间的夹角，在基面中测量。

$$\psi_r = 90° - \kappa_r \qquad (1-7)$$

**2. 法平面参考系中刀具的标注角度**

在法平面中测量的角度有法前角 $\gamma_n$、法后角 $\alpha_n$ 和法楔角 $\beta_n$,如图 1-9 所示。对于某些大刃倾角刀具,为表明其刀具强度,常要求标注法平面中的角度。当 $\lambda_s = 0°$ 时,法平面与正交平面重合。当 $\lambda_s \neq 0°$ 时,法平面与正交平面相夹角为 $\lambda_s$。

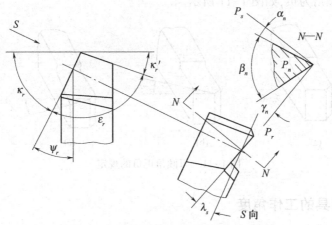

图 1-9 车削刀具法平面参考系标注角度

**3. 假定工作平面和背平面参考系中刀具的标注角度**

为了机械刃磨刀具或分析讨论问题的需要,常常要利用在假定工作平面和背平面中测量的角度。在假定工作平面中测量的前角和后角分别称为侧前角 $\gamma_f$ 和侧后角 $\alpha_f$,在背平面中测量的前角和后角分别称为背前角 $\gamma_p$ 和背后角 $\alpha_p$,如图 1-10 所示。

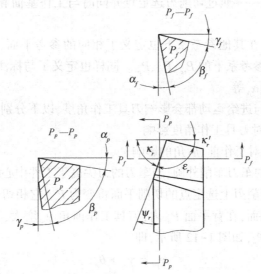

图 1-10 车削刀具背平面、假定工作平面参考系标注角度

以上均是以外圆车刀为例来说明其标注角度的,对于其他多刃刀具或非直线刃刀具,也可以在各个刀刃的选定点上,参照前述有关定义的内容和分析方法,确定它们在不同参考系中的标注角度。

4. 刀具角度正负的规定

当前面与基面平等时，前角为零；当前面与切削平面间夹角小于90°时，前角为正，大于90°时，前角为负。当后面与基面间夹角小于90°时，后角为正；大于90°时，后角为负。

刃倾角是前面与基面在切削平面中的测量值，因此其正负的判断方法与前角类似。切削刃与基面平行时，刃倾角为零，刀尖相对车刀的底平面处于最高点时，刃倾角为正，处于最低点时，刃倾角为负，如图 1-11 所示。

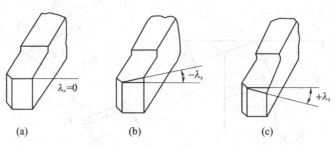

图 1-11　刃倾角正负的规定

## 1.2.4　刀具的工作角度

刀具在工作状态下的切削角度称为刀具的工作角度，应该考虑包括进给运动在内的合成切削运动和刀具的实际安装情况，因而刀具工作角度的参考系不同于标注角度参考系，刀具的工作角度是在刀具工作参考系下确定的。工作正交参考系下的参考平面如下：

工作基面 $P_{re}$——通过切削刃选定点与合成切削速度 $v_e$ 方向垂直的平面；

工作切削平面 $P_{se}$——通过切削刃选定点与切削刃相切并垂直于工作基面的平面；

工作正交平面 $P_{oe}$——通过切削刃选定点并同时与工作基面和工作切削平面相垂直的平面。

和标注角度类似，在其他参考系下也定义了相应的参考平面，如法平面参考系下的 $P_{re}$、$P_{se}$、$P_{ne}$，工作平面参考系下的 $P_{re}$、$P_{fe}$、$P_{pe}$。同样也定义了与标注角度相对应的工作角度，$\gamma_{oe}$、$\alpha_{oe}$、$\kappa_{re}$、$\lambda_{se}$、$\gamma_{fe}$、$\alpha_{fe}$ 等。

刀具的安装位置与进给运动都会影响刀具工作角度，以下分别说明。

1. 刀具安装位置对刀具工作角度影响

1）刀刃安装高低对工作前、后角的影响

用刃倾角 $\lambda_s = 0°$ 的车刀车削外圆，当车刀的刀尖高于工件中心时，其基面和切削平面的位置发生变化：主切削刃上选定点的切削平面将变为 $P_{se}$，它相切于工件过渡表面；基面 $P_{re}$ 保持与 $P_{se}$ 垂直。因而，在背平面 $P_p$ 内，刀具工作前角 $\gamma_{pe}$ 增大，工作后角 $\alpha_{pe}$ 减小。两者角度的变化值均为 $\theta_p$，如图 1-12 所示，即

$$\gamma_{pe} = \gamma_p + \theta_p \qquad (1-8)$$

$$\alpha_{pe} = \alpha_p - \theta_p \qquad (1-9)$$

$$\tan \theta_p = h/\sqrt{\left(\frac{d_w}{2}\right)^2 - h^2} \qquad (1-10)$$

式中　$h$——刀尖高于工件中心线的数值；

$d_w$——工件直径。

在正交平面内,刀具工作前角 $\gamma_{oe}$ 和工作后角 $\alpha_{oe}$ 的变化情况类似,即

$$\gamma_{oe} = \gamma_o + \theta_o \qquad (1-11)$$

$$\alpha_{oe} = \alpha_o - \theta_o \qquad (1-12)$$

$$\tan \theta_o = \tan \theta_p \cos \kappa_r \qquad (1-13)$$

式中　$\theta_o$——正交平面内工作角度的变化值。

若切削刃低于工件中心,则工作角度的变化情况正好相反。加工内表面时,情况与加工外表面相反。

2) 刀杆中心线与进给方向不垂直时对工作主、副偏角的影响

当刀杆中心线与进给运动方向垂直时,工作主偏角与工作副偏角都等于车刀标注主偏角与副偏角。如图 1-13 所示,当刀杆中心线与进给运动方向不垂直且与正常位置偏 $\theta$ 角时,刀具标注工作角度的假定工作平面与现工作平面 $P_{fe}$ 成 $\theta$ 角,因而工作主偏角 $\kappa_{re}$ 增大(或减小),工作副偏角 $\kappa'_{re}$ 减小(或增大),角度变化值为 $\theta$ 角,有

$$\kappa_{re} = \kappa_r \pm \theta \qquad (1-14)$$

$$\kappa'_{re} = \kappa_r \mp \theta \qquad (1-15)$$

式中　$\theta$——刀杆中心线的垂线与进给方向的夹角,"+"或"−"号由刀杆偏斜方向决定。

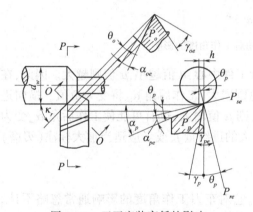

图 1-12　刀刃安装高低的影响

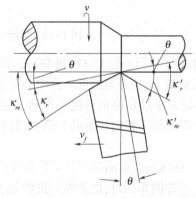

图 1-13　刀杆中心偏斜的影响

2. 进给运动对刀具工作角度的影响

1) 横向进给运动对刀具工作角度的影响

在刀具进行切断、切槽和径向铲齿时,进给运动都是沿横向进给进行切削加工的。下面以切断刀为例来分析刀具进给切削加工时进给运动对刀具工作角度的影响。如图 1-14 所示,当不考虑进给运动时,车刀刀刃上某一定点 $O$ 在工件表面上的运动轨迹是一个圆,则主切削平面 $P_s$ 是过 $O$ 点相切于此圆的平面,基面 $P_r$ 为过 $O$ 点垂直于主切削平面 $P_s$ 的平面,它平行于刀杆底面。$\alpha_o$ 与 $\gamma_o$ 为正交平面 $P_o$ 内的标注前角。当考虑横向进给运动后,刀刃上任一选定点 $O$ 在工件上的运动轨迹为阿基米德螺旋线,切削平面改变为过 $O$ 点相切于该螺线的平面 $P_{se}$,基面为过 $O$ 点垂直于工作切削平面 $P_{se}$ 的平面 $P_{re}$,此时的工作切削平面 $P_{se}$、工作基面 $P_{re}$ 与原来的切削平面 $P_s$、基面 $P_r$ 相对倾斜了一个角度 $\mu$,而工作正交平面 $P_{oe}$ 与原来的 $P_o$ 是重合的,仍为图用。因此,由图 1-14 可知,在刀具的工作角度参考系($P_{re}$、$P_{se}$、$P_{oe}$)内,刀具的工作前角 $\gamma_{oe}$ 和工作后角 $a_{oe}$ 为

$$\begin{cases} \gamma_{oe} = \gamma_o + \mu \\ \alpha_{oe} = \alpha_o - \mu \end{cases} \qquad (1-16)$$

$$\tan\mu = \frac{f}{\pi d} \qquad (1-17)$$

式中　$f$——工件每转一周时刀具的横向进给量；

　　　$d$——刀刃上选定点 $O$ 在横向进给切削过程中相对于工件中心所处的直径，也就是 $O$ 点在工件上切出的阿基米德螺线对应点的直径，它在切削过程中是一个不断变化着的数值。

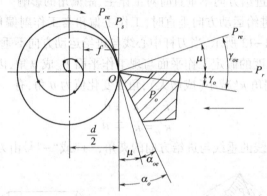

图 1-14　横向进给运动对工作角度的影响

由式(1-16)、式(1-17)可知，刀刃越接近工件中心，$d$ 值越小，$\mu$ 值则越大。因此，在一定进给量下，当刀刃接近工件中心时，$\mu$ 值急剧增大，工作后角 $\alpha_{oe}$ 将变为负值。横向进给量 $f$ 的大小对 $\mu$ 值也有很大影响，$f$ 值增大，则 $\mu$ 值增大，也有可能使工作后角 $\alpha_{oe}$ 变为负值。因而对于横向切削的刀具，不宜选用过大的进给量 $f$，或者应适当加大标注（刃磨）后角 $\alpha_o$。

2）纵向进给运动对刀具工作角度的影响

一般外圆车削时，由于纵向进给量 $f$ 较小，它对车刀工作角度的影响通常忽略不计。但在车削螺纹，尤其是车削多头螺纹时，就会有较大的影响，此时的刀具工作角度与刀具的标注角度就会有较大的差别。

正常切削外圆时，刀具切削平面 $P_s$ 与基面 $P_r$ 位置如图 1-15 所示，在假定工作平面内标注角度 $\gamma_f$ 与 $\alpha_f$，在正交平面内标注角度 $\gamma_o$ 与 $\alpha_o$；当考虑进给运动之后，工作切削平面 $P_{se}$ 与螺纹切削点相切，基面 $P_{re}$ 与切削平面 $P_{se}$ 垂直，故与刀杆底面不再平行，它们分别相对于 $P_s$ 和 $P_r$ 倾斜了同样的角度，这个角度在假定工作平面 $P_f$ 中为 $\mu_f$，在正交平面 $P_o$ 中为 $\mu_o$。从图可以看到，刀具在上述假定工作平面内的工作角度将为

$$\begin{cases} \gamma_{fe} = \gamma_f + \mu_f \\ \alpha_{fe} = \alpha_f - \mu_f \end{cases}$$

$$\tan\mu_f = f/\pi d_w \qquad (1-18)$$

式中　$f$——纵向进给量，或被切螺纹的导程，对于单头螺纹，$f$ 为螺距；

　　　$d_w$——工件直径，或螺纹外径。

在正交平面内，刀具的工作角度为

$$\begin{cases} \gamma_{oe} = \gamma_o + \mu_o \\ \alpha_{oe} = \alpha_o - \mu_o \end{cases}$$

$$\tan \mu_o = \tan \mu_f \sin \kappa_r = f \sin \kappa_r / \pi d_w \tag{1-19}$$

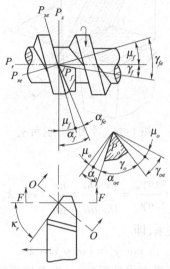

图 1-15 纵向进给运动对工作角度的影响

由式(1-19)可以看出 $,\mu_o$ 与 $\mu_f$ 是和进给量 $f$ 及工件直径 $d_w$ 有关的, $f$ 越大或 $d_w$ 越小,刀具角度的变化值也越大。另外,图 1-15 所示的是车削右螺纹时的车刀左侧刀刃,此时,右侧刀刃的 $\mu_o$ 与 $\mu_f$ 值的符号(正、负号)是相反的,因此对车刀右侧刃工作角度的影响也正好相反。这说明,车削右螺纹时,车刀左侧刀刃应注意适当加大刃磨后角,而右侧刀刃应注意设法加大刃磨前角。同时,当进给量 $f$ 较小时,纵向进给对刀具工作角度的影响可忽略。因此在一般的外圆车削中,若进给量小,则不考虑其对工作角度的影响。

## 1.3　刀具标注角度的换算

由于设计和制造的要求,刀具在正交平面、法平面、背平面和假定工作平面参考系中的标注角度,相互之间需要进行必要的换算,因此有必要掌握它们之间的换算关系。

刀具角度换算的目的就是根据设计、工艺的需要,将某一参考系的角度变换为另一所需参数系的角度。

### 1.3.1　法平面与正交平面内前、后角换算

图 1-16 所示为刃倾角是 $\lambda_s$ 的外圆车刀,主切削刃上任意点的法前角和正交平面内的前角分别为 $\gamma_n$ 和 $\gamma_o$。法平面 $P_n$、正交平面 $P_o$ 与基面 $P_r$ 的公共交线为 $\overline{Oa}$,直线 $\overline{Ob}$ 是 $P_o$ 和车刀前刀面交线的延长线, $P_n$ 和车刀前刀面交线的延长线为 $\overline{Oc}$,则由直角三角形 $\triangle Oab$、$\triangle Oac$、$\triangle abc$ 可得

$$\tan \gamma_n = \frac{\overline{ac}}{\overline{Oa}} \qquad \tan \gamma_o = \frac{\overline{ab}}{\overline{Oa}}$$

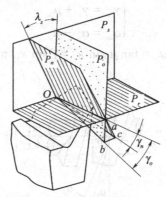

图 1-16 车刀的法前角 $\gamma_n$

因此,可得

$$\frac{\tan\gamma_n}{\tan\gamma_o} = \frac{\overline{ac}}{\overline{Oa}} \cdot \frac{\overline{Oa}}{\overline{ab}} = \frac{\overline{ac}}{\overline{ab}} = \cos\lambda_s$$

故可得出 $\gamma_n$ 和 $\gamma_o$ 有如下的关系,即

$$\tan\gamma_n = \tan\gamma_o\cos\lambda_s \qquad (1-20)$$

同理,车刀的法后角 $\alpha_n$ 与正交平面内的后角 $\alpha_o$ 也有如下的关系式,即

$$\cot\alpha_n = \cot\alpha_o\cos\lambda_s \qquad (1-21)$$

### 1.3.2 垂直于基面的任一剖面与正交平面的前、后角换算

求垂直于基面的任一剖面内前、后角的意义在于可以进一步求出其他剖面(如背剖面)内的角度。如图 1-17 所示,这个剖面 $P_i$ 并不与主切削刃在基面上的投影相垂直,它与包括主切削刃在内的主切削平面 $P_s$ 的夹角为 $\tau_i$。

如图 1-18 所示,为求得剖面 $P_i$ 内前角 $\gamma_i$ 与正交平面内前角 $\gamma_o$ 的关系,可进行如下的推导:$\overline{Oa}$ 为剖面 $P_i$ 与基面 $P_r$ 的交线,$\overline{Od}$ 为正交平面 $P_o$ 与基面 $P_r$ 的交线,而 $\overline{Oc}$ 和 $\overline{Oe}$ 分别为它们与前刀面交线的延长线,由图示可得

$$\tan\gamma_i = \frac{\overline{ac}}{\overline{Oa}} = \frac{\overline{ab}+\overline{bc}}{\overline{Oa}} = \frac{\overline{de}+\overline{bc}}{\overline{Oa}} =$$

$$\frac{\overline{Od}\cdot\tan\gamma_o + \overline{be}\cdot\tan\lambda_s}{\overline{Oa}} = \frac{\overline{Od}}{\overline{Oa}}\tan\gamma_o + \frac{\overline{be}}{\overline{Oa}}\tan\lambda_s$$

又由 $\angle Oda=90°$,$\angle Oad=\tau_i$,且 $\overline{be}=\overline{ad}$,故有

$$\tan\gamma_i = \tan\gamma_o\sin\tau_i + \tan\lambda_s\cos\tau_i \qquad (1-22)$$

同理可得任意剖面 $P_i$ 内的后角 $\alpha_i$ 与正交平面内后角 $\alpha_o$ 的关系式为

$$\cot\alpha_i = \cot\alpha_o\sin\tau_i + \tan\lambda_s\cos\tau_i \qquad (1-23)$$

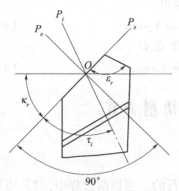
图 1-17　车刀在基面上的投影与任意剖面 $P_i$

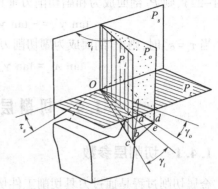
图 1-18　任意剖面 $P_i$ 内的前角 $\gamma_i$

### 1.3.3　背平面与假定工作平面内的角度换算

当 $\tau_i = 90° - \kappa_r$ 时,由式(1-22)和式(1-23)可得背平面 $P_p$ 内的背前角 $\gamma_p$ 和背后角 $\alpha_p$,即

$$\tan \gamma_p = \tan \gamma_o \cos \kappa_r + \tan \lambda_s \sin \kappa_r \tag{1-24}$$
$$\cot \alpha_p = \cot \alpha_o \cos \kappa_r + \tan \lambda_s \sin \kappa_r \tag{1-25}$$

当 $\tau_i = 180° - \kappa_r$ 时,则可得假定工作平面 $P_f$ 内的前角 $\gamma_f$ 和后角 $\alpha_f$,即

$$\tan \gamma_f = \tan \gamma_o \sin \kappa_r - \tan \lambda_s \cos \kappa_r \tag{1-26}$$
$$\cot \alpha_f = \cot \alpha_o \sin \kappa_r - \tan \lambda_s \cos \kappa_r \tag{1-27}$$

由式(1-24)和式(1-25)变换形式后可得

$$\tan \gamma_o = \tan \gamma_p \cos \kappa_r + \tan \gamma_f \sin \kappa_r \tag{1-28}$$
$$\tan \lambda_s = \tan \gamma_p \sin \kappa_r - \tan \gamma_f \cos \kappa_r \tag{1-29}$$

由式(1-25)和式(1-27)变换形式后可得

$$\cot \alpha_o = \cot \alpha_p \cos \kappa_r + \cot \alpha_f \sin \kappa_r \tag{1-30}$$
$$\tan \lambda_s = \cot \alpha_p \sin \kappa_r - \cot \alpha_f \cos \kappa_r \tag{1-31}$$

### 1.3.4　最大前角 $\gamma_{max}$ 和最小后角 $\alpha_{min}$ 的确定

利用式(1-22)和式(1-23),对它们进行微分求极限,可得出车刀主切削刃上的最大前角 $\gamma_{max}$ 和最小后角 $\alpha_{min}$,即

$$\tan \gamma_{max} = \sqrt{\tan^2 \gamma_o + \tan^2 \lambda_s} = \sqrt{\tan^2 \gamma_f + \tan^2 \gamma_p} \tag{1-32}$$
$$\cot \alpha_{min} = \sqrt{\cot^2 \alpha_o + \tan^2 \lambda_s} = \sqrt{\cot^2 \alpha_f + \cot^2 \alpha_p} \tag{1-33}$$

最大前角 $\gamma_{max}$ 和最小后角 $\alpha_{min}$ 所在的剖面与主切削刃在基面上的投影,即与切削平面 $P_s$ 间的夹角 $\tau_{max}$ 和 $\tau_{min}$(图 1-17)分别为

$$\tan \tau_{max} = \tan \gamma_o / \tan \lambda_s \tag{1-34}$$
$$\cot \tau_{min} = \tan \gamma_s / \cot \alpha_o = \tan \lambda_s \tan \alpha_o \tag{1-35}$$

### 1.3.5　副切削刃上副前角 $\gamma_o'$ 和副刃倾角 $\lambda_s'$ 的确定

如图 1-17 所示,当 $\tau_i = \varepsilon_r - 90°$ 时,设主、副切削刃在同一个平面型的前刀面上,利用

式(1-22)，则 $P_i$ 剖面成为和副切削刃垂直的剖面，得出

$$\tan \gamma'_o = -\tan \gamma_o \cos \varepsilon_r + \tan \lambda_s \sin \varepsilon_r \tag{1-36}$$

当 $\tau_i = \varepsilon_r$ 时，则 $P_i$ 剖面成为副切削刃的切削平面，故有

$$\tan \lambda'_s = \tan \gamma_o \sin \varepsilon_r + \tan \lambda_s \cos \varepsilon_r \tag{1-37}$$

# 1.4 切削层参数与切削方式

## 1.4.1 切削层参数

金属切削过程是通过刀具切削工件切削层而进行的。在切削过程中，刀具的刀刃在一次走刀中从工件待加工表面切下的金属层，被称为切削层，其中一次走刀过程或指切削部分切过工件的一个单程，或指只产生一圈过渡表面的动作。切削层的截面尺寸被称为切削层参数，它决定了刀具切削部分所承受的负荷和切屑的尺寸大小。现以车削加工方式为例说明切削层参数的定义。

如图1-19所示，刀具车削工件外圆时，切削刃上任一点走的是一条螺旋线运动轨迹，整个主切削刃切削出一个螺旋面。工件旋转一周，车刀由位置Ⅰ移动到位置Ⅱ，移动一个进给量 $f$，切下金属切削层。这一切削层的参数，通常都在过切削刃上选定点并与该点主运动方向垂直的平面内，即在不考虑进给运动影响的基面内观察和度量。

（1）切削层公称横截面积 $A_D$ 在给定瞬间，切削层在切削层尺寸平面里的实际横截面积。车外圆时，如车刀主切削刃为直线，如图1-19(a)所示，车削切削层公称横截面为

$$h_D = f \sin \kappa_r \tag{1-38}$$

（2）切削层公称宽度 $b_D$ 在给定瞬间，作用主切削刃截形上两个极限点间的距离，在切削层尺寸平面中测量。当车刀主切削刃为直线时，外圆车削的切削层截面的公称切削宽度为

$$b_D = a_p / \sin \kappa_r \tag{1-39}$$

由式(1-39)可以看出，当背吃刀量 $a_p$ 增大或者主偏角 $\kappa_r$ 减小时，切削层公称宽度 $b_D$ 增大。

（3）切削层公称厚度 $h_D$ 在同一瞬间的切削层公称横截面积与其切削层公称宽度之比。切削层截面的切削厚度为

$$A_D = h_D b_D = f a_p \tag{1-40}$$

式中　$\kappa_r$——刀具主偏角，即刀具主切削刃与进给方向的夹角。

根据式(1-38)可以看出，进给量 $f$ 或刀具主偏角 $\kappa_r$ 增大，车削切削层厚度 $h_D$ 增大。

若车刀主切削刃为圆弧或任意曲线，如图1-19(b)所示，则对应于主切削刃上各点的切削层公称厚度 $h_D$ 是不相等的。

## 1.4.2 切削方式

1. 自由切削与非自由切削

刀具在切削过程中，如果只有一条直线刃参加切削工作，这种情况称为自由切削。这

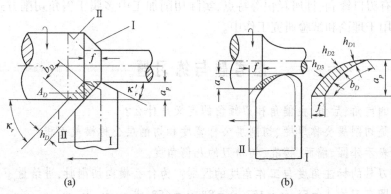

图 1-19 车削切削层参数

种切削方式的主要特征是刀刃上各点切屑流出方向大致相同,被切金属的变形基本上发生在二维平面内,即切削时切削变形过程比较简单,因此它是进行切削试验研究常用的方法。图 1-20(a)所示为一种自由切削情况,因为宽刃刨刀主切削刃长度大于工件宽度,没有其他刀刃参加切削,且主切削刃上各点切屑流出方向基本上都是沿着刀刃的法向。

若刀具上的刀刃为曲线,或有几条刀刃(包括主切削刃和副切削刃)都参加了切削,并且同时完成整个切削过程,则称为非自由切削。其特征是各刀刃交接处切下的金属互相影响和干扰,金属变形更为复杂,且发生在三维空间内。多刃刀具切削时通常都是非自由切削。例如,外圆车削时除主切削刃外,还有副切削刃同时参加切削,因此属于非自由切削方式。

**2. 直角切削与斜角切削**

直角切削又称为正交切削,是指刀具主切削刃的刃倾角 $\lambda_s = 0$ 时的切削,其主切削刃与切削速度方向成直角。图 1-20(a)所示为一种自由切削状态下的直角切削,其切屑流出方向是沿刀刃的法向。非自由切削的直角切削是同时有几条刀刃参加切削,其主切削刃的刃倾角 $\lambda_s$ 也为 0。

斜角切削是指主切削刃与切削速度方向不垂直,刀具主切削刃的刃倾角 $\lambda_s \neq 0$ 时的切削。图 1-20(b)所示为一种自由切削状态下的斜角切削。一般斜角切削方式下,主切削刃上的切屑流出方向都将偏离其法向,不论是自由切削或是非自由切削状态。

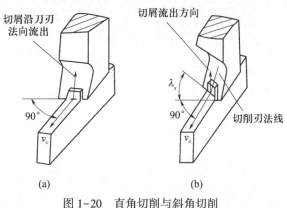

图 1-20 直角切削与斜角切削

斜角切削具有刃口锋利、排屑轻快等特点，实际切削加工中多属于斜角切削方式，而直角切削方式多用于理论和试验研究工作中。

## 思考题与练习题

1. 刀具的前角、后角、主偏角和刃倾角的定义是什么？

2. 什么是切削层公称厚度、切削层公称宽度和切削层公称横截面积？

3. 作图表示外圆、端面、镗孔、切槽刀的几何角度。

4. 试述刀具的标注角度与工作角度的区别？为什么横向切削时，进给量不能过大？

5. 设外圆车刀的 $\lambda_s = 5°$，$\gamma_o = 15°$，$\alpha_o = 8°$，$\kappa_r = 45°$，求 $\gamma_f$、$\gamma_p$、$\alpha_r$、$\alpha_o$。

6. 已知抗冲击车刀几何刀具角度：$\kappa_r = 45°$、$\gamma_o = 30°$、$\alpha_o = 10°$、$\lambda_s = -30°$、$\kappa_r' = 15°$、$\alpha_o' = 8°$，试计算刀具法前角 $\gamma_n$、副切削刃前角 $\gamma_o'$。

7. 列举外圆车刀在不同参考系中的主要标注角度及其定义。

# 第2章 刀 具 材 料

在金属切削加工过程中刀具切削部分直接负担切削工作,所以刀具材料通常是指刀具切削部分的材料。刀具材料的合理选择是切削加工工艺一项重要内容,它在很大程度上决定了切削加工生产率的高低、刀具消耗和加工成本的大小、加工精度和表面质量的优劣等。刀具材料的发展同时也受到工件材料发展的促进和影响。

## 2.1 刀具材料应具备的性能

刀具在工作过程中,要受到很大的切削压力、摩擦力和冲击力,产生很高的切削温度。刀具在这种高温、高压和剧烈的摩擦环境下工作,采用不适当的材料会使刀具迅速磨损或破损。因此,刀具材料应能满足一些基本要求。

### 2.1.1 高的硬度和良好的耐磨性

硬度是刀具材料应具备的基本特性。刀具要从工件上切下切屑,其硬度必然要大于工件材料的硬度。用于切削金属材料所用的刀具的切削刃的硬度,一般都在 60HRC 以上。

对于碳素工具钢材料,在室温条件下硬度应在 62HRC 以上;高速钢硬度为 63 ~ 70HRC;硬质合金刀具硬度为 89~93HRC。

耐磨性是刀具材料抵抗磨损的能力。一般来说,刀具材料的硬度越高,耐磨性越好。刀具材料金相组织中的硬质点(如碳化物、氮化物等)的硬度越高、数量越多、颗粒越小、分布越均匀,则耐磨性越好。同时,也和刀具材料的化学成分、强度、显微组织及摩擦区的温度有关。

如果考虑到材料的品质因素而不考虑摩擦区温度及化学磨损等因素,那么可以采用如下的方法表示材料的耐磨性 $W_R$,即

$$W_R = K_{IC}^{0.5} E^{-0.8} H^{1.43}$$

式中 $H$——材料硬度,单位为 GPa。可见,硬度越高,耐磨性越好;

$K_{IC}$——材料的断裂韧度,单位为 MPa·m$^{1/2}$。$K_{IC}$ 越大,则材料受应力引起的断裂越小,故耐磨性越好;

$E$——材料的弹性模量,单位为 GPa。$E$ 值小时,由于磨粒引起的显微应变,有助于产生较低的应力,故耐磨性提高。

### 2.1.2 足够的强度和韧性

要使刀具在受到很大压力,以及在切削过程中通常要出现的冲击和振动的条件下工作,不产生崩刃和折断,刀具材料必须具有足够的强度和韧性。一般来说,韧性越高,可以

承受的切削力越大。

### 2.1.3 高的耐热性

耐热性是衡量刀具材料切削性能的主要标志,通常用高温下保持高硬度、耐磨性、强度和韧性的性能来衡量,也称为热硬性。

刀具材料高温硬度越高,则耐热性越好,高温抗塑性变形能力、抗磨损能力越强,允许的切削速度越高。

除了高温硬度,刀具材料还应当具有在高温下抗氧化的能力及良好的抗黏结和抗扩散的能力。这种特性称为化学稳定性。

### 2.1.4 良好的热物理性能和耐热冲击性能

刀具材料的导热性能越好,切削热越容易从切削区域传导出去,从而降低刀具材料切削部分温度,减少刀具磨损。

刀具在断续切削或使用切削液时,常受到很大的热冲击,因此刀具内部会产生裂纹导致断裂。刀具材料抵抗热冲击的能力可以用耐热冲击系数 $R$ 表示,即

$$R = \frac{\lambda \sigma_b (1 - \mu)}{E \alpha}$$

式中    $\lambda$——导热系数;

$\sigma_b$——抗拉强度;

$\mu$——泊松比;

$E$——弹性模量;

$\alpha$——热膨胀系数。

导热系数越大,热量越容易被传导出去,从而降低刀具表面的温度梯度;热膨胀系数小,可以减少热变形;弹性模量小,可以降低因热膨胀而产生的交变应力的幅度。

耐热冲击性能好的刀具材料,在切削加工的过程中可以使用切削液。

### 2.1.5 良好的工艺性

刀具不但要有良好的切削性能,本身还应该易于制造。这要求刀具材料有较好的工艺性能,如锻造性能、热处理性能、焊接性能、磨削加工性能、高温塑性变形等。

### 2.1.6 经济性

经济性是刀具材料的重要指标之一。刀具材料的发展应结合本国的资源实际情况,这具有重大的经济和战略意义。

有的刀具虽然单件价格很贵,但是因为使用寿命很长,分摊到每个零件上的成本就不一定高。因此,在选用刀具时要考虑经济效果。此外,在先进加工系统(如切削加工自动化系统和柔性制造系统)中,也要求刀具的切削性能稳定可靠,有一定的可预测性和高度的可靠性。

不同刀具材料的物理力学性能如表 2-1 所列,材料的物理力学性能不同,其用途也各异。

常用的刀具材料可以分为四大类:工具钢(包括碳素工具钢、合金工具钢、高速钢)、硬质合金、陶瓷、超硬刀具材料(如金刚石、立方氮化硼)等。碳素工具钢、合金工具钢因耐热性较差,仅用于一些手工工具及切削速度较低的工具;陶瓷、金刚石和立方氮化硼仅用于有限的场合;目前,刀具材料中应用最为广泛的仍是高速钢和硬质合金类普通刀具材料。

此外,刀具的刀体材料根据不同的刀具和使用场合不同也有不同。一般采用碳素钢或合金钢制作;尺寸较小的刀具或切削负荷较大的刀具宜采用合金工具钢或整体高速钢制作;机夹、可转位硬质合金刀具,镶硬质合金钻头可转位铣刀等的刀体可采用合金工具钢制作;对于一些尺寸较小、刚度较差的精密孔加工工具,为保证刀体有足够的刚度,宜采用整体硬质合金制作,以提高刀具寿命和加工精度。

表 2-1 各种刀具材料的物理力学性能

| 材料种类<br>性能 | 高速钢 | 硬 质 合 金 | | TiC(N)基硬质合金 | 陶 瓷 | | | 聚晶立方氮化硼 | 聚晶金刚石 |
|---|---|---|---|---|---|---|---|---|---|
| | | K 系<br>(WC-Co) | P 系<br>(WC-TiC-TaC-Co) | | $Al_2O_3$ | $Al_2O_3$-TiC | $Si_3N_4$ | | |
| 密度/(g/cm$^3$) | 8.7~8.8 | 14~15 | 10~13 | 5.4~7 | 3.90~3.98 | 4.2~4.3 | 3.2~3.6 | 3.48 | 3.52 |
| 硬度(HRA) | 84~85 | 91~93 | 90~92 | 91~93 | 92.5~93.5 | 93.5~94.5 | 1350~1600HV | 4500HV | >9000HV |
| 抗弯强度/MPa | 2 000~4 000 | 1 500~2 000 | 1 300~1 800 | 1 400~1 800 | 400~750 | 700~900 | 600~900 | 500~800 | 600~1 100 |
| 抗压强度/MPa | 2 800~3 800 | 3 500~6 000 | | 3 000~4 000 | 3 500~5 500 | | 3 000~4 000 | 2 500~5 000 | 7 000~8 000 |
| 断裂韧度 $K_{IC}$/(MPa·m$^{1/2}$) | 18~30 | 10~15 | 9~14 | 7.4~7.7 | 3.0~3.5 | 3.5~4.0 | 5~7 | 6.5~8.5 | 6.89 |
| 弹性模量/MPa | 210 | 610~640 | 480~560 | 390~440 | 400~420 | 360~390 | 280~320 | 710 | 1020 |
| 导热系数/(W/(m·K)) | 20~30 | 80~110 | 25~42 | 21~71 | 29 | 17 | 20~35 | 130 | 210 |
| 热膨胀系数/(×10$^{-6}$/K) | 5~10 | 4.5~5.5 | 5.5~6.5 | 7.5~8.5 | 7 | 8 | 3.0~3.3 | 4.7 | 3.1 |
| 耐热性/℃ | 600~700 | 800~900 | 900~1000 | 1000~1100 | 1200 | 1200 | 1300 | 1000~1300 | 700~800 |

## 2.2 高 速 钢

高速钢(High Speed Steel,HSS)是一种含有较多钨(W)、钼(Mo)、铬(Cr)、钒(V)等合金元素的高合金工具钢。它是美国机械工程师泰勒和冶金工程师怀特于 1898 年发明的,当时的成分为 C 0.67%、W 18.91%、Cr 5.47%、V 0.29%、Mn 0.11%,其余为铁。它能承受 550~600℃的切削温度,切削一般钢材可用 25~30m/min 的切削速度,从而使其加工效率比合金工具钢提高 215 倍以上。

高速钢是综合性能较好、应用范围最广的一种刀具材料,具有良好的热稳定性。在 500～600℃的高温仍能切削,和碳素工具钢、合金工具钢相比较,切削速度提高 1～3 倍,刀具耐用度提高 10～40 倍,甚至更多。因此,它可以加工从有色金属到高温合金的范围广泛的材料;高速钢具有较高的强度和韧性,且具有一定的硬度和耐磨性。抗弯强度为一般硬质合金的 2～3 倍,陶瓷的 5～6 倍,63～70HRC。因此,它适用于各类切削刀具,也可以用于在刚度较差的机床上进行加工;另外,高速钢刀具的制造工艺相对简单,容易刃磨出锋利的切削刃,能进行锻造加工。这对制造形状复杂的刀具非常重要,故在复杂刀具(如钻头、丝锥、成形刀具、拉刀、齿轮刀具等)的制造中,高速钢占有重要地位;高速钢材料性能较硬质合金和陶瓷稳定,在自动机床上使用较为可靠。

基于以上因素,在各种新型刀具材料不断出现的形势下,高速钢仍占现用刀具材料的很大比例。但是,由于 HSS 刀具中 W、Co 等主要元素的资源紧缺,在世界范围内已日益枯竭,其含量只够使用 40～60 年,HSS 刀具在所占刀具材料中的比例逐渐下降,正以每年 1%～2%的速度缩减。预计今后高速钢的使用比例还将逐渐减少。HSS 刀具的发展方向包括以下几方面:发展各种含 W 量少的通用型高速钢,扩大使用各种无 Co、含 Co 量少的高性能高速钢,推广使用粉末冶金高速钢(PM HSS)和涂层高速钢。

按照用途不同,高速钢可分为通用型高速钢和高性能高速钢。按照工艺方法不同,高速钢又可以分为熔炼高速钢和粉末冶金高速钢。

常用的几种高速钢的力学性能如表 2-2 所列。

表 2-2　常用高速钢牌号物理力学性能

| 类型 | 牌　号 | | | 硬度（HRC） | | | 抗弯强度 $\sigma_{bb}$/GPa | 冲击韧度 $\alpha_k$/(MJ·m$^{-2}$) |
|---|---|---|---|---|---|---|---|---|
| | YB12—77 牌号 | 美国 AISI 代号 | 国内有关 厂代号 | 室温 | 500℃ | 600℃ | | |
| 通用型高速钢 | W18Cr4V　（T1） | | | 63～66 | 56 | 48.5 | 2.94～3.33 | 0.176～0.314 |
| | W6Mo5Cr4V2（M2） | | | 63～66 | 55～56 | 47～48 | 3.43～3.92 | 0.294～0.392 |
| | W9Mo3Cr4V | | | 65～66.5 | — | — | 4～4.5 | 0.343～0.392 |
| 高性能高速钢 | 高钒 | W12Cr4V4Mo　（EV4） | | 65～67 | — | 51.7 | ≈3.136 | ≈0.245 |
| | | W6Mo5Cr4V3　（M3） | | 65～67 | — | 51.7 | ≈3.136 | ≈0.245 |
| | 含钴 | W6Mo5Cr4V2Co5　（M36） | | 66～68 | — | 54 | ≈2.92 | ≈0.294 |
| | | W2Mo9Cr4VCo8　（M42） | | 67～70 | 60 | 55 | 2.65～3.72 | 0.225～0.294 |
| | 含铝 | W6Mo5Cr4V2Al（M2A1）（501） | | 67～69 | 60 | 55 | 2.84～3.82 | 0.225～0.294 |
| | | W10Mo4Cr4V3Al　（5F6） | | 67～69 | 60 | 54 | 3.04～3.43 | 0.196～0.274 |
| | | W6Mo5Cr4V5SiNbAl　（B201） | | 66～68 | 57.7 | 50.9 | 3.53～3.82 | 0.255～0.265 |

## 2.2.1　通用型高速钢

通用型高速钢应用最广,约占高速钢总量的 75%。通用型高速钢含碳量为 0.7%～ 0.9%。按照钢中含钨量的不同,可以分为含钨 12%或 18%的钨钢,含钨 6%或 8%的钨钼系钢,含钨 2%或不含钨的钼钢。通用型高速钢刀具的切削速度一般不太高,切削普通钢料时一般不高于 40~60m/min。

通用型高速钢一般分为两种:钨系高速钢和钨钼系高速钢。

**1. 钨钢**

钨钢的典型钢种为 W18 钢,W18 钢的优点是淬火时过热倾向小;因为含钒量少,因此磨加工性好;由于碳化物含量较高,因此塑性变形抗力较大。此钢的缺点是碳化物分布常不均匀;强度与韧性不够强;热塑性差,不宜制造成大截面刀具。

W18 钢由于上述的缺点等原因,现在国内使用逐渐减少,国外已很少采用。

**2. 钨钼钢**

钨钼钢是将一部分钨用钼代替所制成的钢。如果钨钼钢中的钼不多于 5%,钨不少于 6%,并且满足 $[w_W+(1.4~1.5)w_{Mo}]=12\%~13\%$,则可以保证钼对钢的强度和韧性具有有利影响,而同时不损害钢的热稳定性。

钨钼钢的典型钢种为 W6Mo5Cr4V2(简称 M2)。此种钢的优点是减小了碳化物数量及分布的不均匀性,和 W18 钢相比,M2 抗弯强度提高 10%~15%,韧性提高 40%以上,而且大截面刀具也具有同样的强度与韧性,可以制造尺寸较大、承受冲击力较大的刀具。钨钼钢的热塑性特别好,磨加工性也很好,是目前各国使用较多的一种通用型高速钢。

钨钼钢的热稳定性略低于 W18 钢,在较高速度切削时,切削性能稍逊于 W18 钢,而在低速切削时两者没有显著区别。

钨钼钢的缺点是热处理时脱碳倾向大,较易氧化,淬火温度范围窄,高温切削性能和W18 相比稍差。

我国生产的另一种钨钼系钢为 W9Mo3Cr4V1(简称 W9),它的抗弯强度和冲击韧性以及热稳定性都高于 M2,而且热塑性、刀具耐用度、磨削加工性和热处理时脱碳倾向性都比 M2 有所提高。

## 2.2.2 高性能高速钢

高性能高速钢是在普通高速钢中增加碳、钒含量并添加钴、铝等合金元素而形成的新钢种,如高碳高速钢、高钒高速钢、钴高速钢、超硬高速钢等。它们的力学性能如表 2-2 所列。

其中超硬高速钢是指硬度能达到 67~70HRC 的高速钢,它们的含碳量比相似的通用型高速钢高 0.20%~0.25%。就其成分而言,可以分为含钴的超硬高速钢和不含钴的超硬高速钢。

高性能高速钢按其耐热性可称为高热稳定性高速钢。在 630~650℃高温下,仍可保持 60HRC 的高硬度,因此具有更好的切削性能,而且刀具耐用度是普通高速钢的1.5~3倍。它适合加工奥氏体不锈钢、高温合金、钛合金、超高强度钢等难加工材料。

这类钢的缺点是强度与韧性较普通高速钢低,高钒高速钢磨削加工性差。

这类钢的不同牌号只有在各自规定的切削条件下使用才可以得到良好的切削性能。各种高性能高速钢的特点限制了它们只适合在一定范围内使用。

典型的钢种有高碳高速钢 9W6Mo5Cr4V2、高钒高速钢 W6Mo5Cr4V3、钴高速钢W6Mo5Cr4V2Co5 及超硬高速钢 W2Mo9Cr4V Co8、W6Mo5Cr4V2Al 等。近年来,高速钢钢种发展很快,尤其以提高切削效率为目的而发展起来的高性能高速钢,国外高性能高速钢的使用比例已超过 20%～30%，与传统的 W18Cr4V 对应的高速钢已基本被淘汰，取而代之的是以含钴高速钢和高钒钢。国内高性能高速钢的使用仅占高速钢使用总量的 3%～5%。

**1. W2Mo9Cr4V Co8（简称 M42）**

这是一种应用最为广泛的含钴超硬高速钢，具有良好的综合性能，硬度可达 67～70HRC，600℃时的高温硬度为 55HRC，因此允许较高的切削速度。这种钢有一定的韧性，同时含钒量不高，故磨加工性好；含钴有利于提高钢的回火硬度，有利于提高钢的导热率，并降低摩擦系数。使用该钢制作的刀具在加工耐热合金、不锈钢时，耐用度比 W18 和 M2 钢有显著提高。被加工材料的硬度越大，效果越显著。

此种钢由于含钴较多，因此价格较贵。

**2. W6Mo5Cr4V2Al（简称 501）**

这是一种含铝的超硬高速钢，是我国立足国情独创的高性能高速钢。铝能提高钨、钼等元素在钢中的溶解度，并可阻止晶粒长大。因此，铝高速钢具有较高的高温硬度、热塑性和韧性。铝在切削温度的影响下可以在刀具表面形成氧化铝薄膜，减少与切屑的摩擦和黏结。铝高速钢具有优良的切削性能。

此种钢的热处理工艺要求较严格。

### 2.2.3 粉末冶金高速钢

粉末冶金高速钢是用高压氩气或纯氮气雾化熔融的高速钢钢水，直接得到细小的高速钢粉末，然后将这种粉末在高温高压下制成致密的钢坯，最后将钢坯锻轧制成钢材或刀具的一种高速钢。粉末冶金高速钢在 20 世纪 60 年代由瑞典首先研制成功，20 世纪 70 年代国产的粉末冶金高速钢就开始试用。

采用粉末冶金法制造的高速钢有以下优点：无碳化物偏析，提高钢的强度、韧性和硬度，硬度值达 69～70HRC；保证材料各向同性，减小热处理内应力和变形；磨削加工性好，磨削效率比熔炼高速钢提高 2～3 倍；耐磨性好，可提高 20%～30%。

此类钢适于制造切削难加工材料的刀具、大尺寸刀具（如滚刀和插齿刀），精密刀具和磨加工量大的复杂刀具。

## 2.3 硬 质 合 金

随着工业生产发展的需要，高速钢刀具已不能满足人们对高效率加工、高质量加工和各种难加工材料的加工要求。因而，在 20 世纪 20 年代到 30 年代，人们发明了钨钴钛类硬质合金。其常温硬质高达 89～93HRA，能承受 800～900℃以上的切削温度，切削速度可达 100m/min，切削效率为高速钢的 5～10 倍，故在全世界硬质合金的产量增长极快，现在已成为主要的刀具材料之一。硬质合金刀具更是数控加工刀具的主导产品，有的国家 90% 以上的车刀、55% 以上的铣刀都采用了硬质合金制造，而且这种趋势还在增加。

### 2.3.1 硬质合金的性能特点

硬质合金是由难熔金属碳化物（如 TiC、WC、TaC、NbC 等）和金属黏结剂（如 Co、Ni

等)经粉末冶金方法制成。硬质合金刀具的性能特点如下。

1. 高硬度

硬质合金中高熔点、高硬度碳化物含量高,因此硬质合金常温硬度很高。常用硬质合金的硬度为89~93HRA,远高于高速钢,在540℃时硬度仍可达到82~87HRA,相当于高速钢常温时的硬度(83~86HRA)。硬质合金的硬度值随碳化物的种类、数量、粉末颗粒的粗细和黏结剂的含量决定。碳化物的硬度和熔点越高,硬质合金的热硬性也越好;黏结剂含量较高时,则硬度较低;碳化物粉末越细,而黏结剂含量一定,则硬度高。

2. 抗弯强度和韧性

常用硬质合金的抗弯强度为0.9~1.5GPa,比高速钢的强度低得多,只有高速钢的1/3~1/2,冲击韧度也较差,只有高速钢的1/30~1/8。因此,硬质合金刀具不像高速钢那样能够承受大的切削振动和冲击负荷。黏结剂含量较高时,则抗弯强度较高,但硬度却较低。

3. 导热系数

由于TiC的导热系数低于WC,所以WC-TiC-Co合金导热系数比WC-Co合金低,并随着TiC含量的增加而下降。

4. 热膨胀系数

硬质合金的热膨胀系数比高速钢小得多。WC-TiC-Co合金的线膨胀系数大于WC-Co合金,并随着TiC含量的增加而增大。

5. 抗冷焊性

硬质合金与钢发生冷焊的温度高于高速钢,WC-TiC-Co合金与钢发生冷焊的温度高于WC-Co合金。

### 2.3.2 切削工具用硬质合金的分类及牌号表示规则

1. 分类

切削工具用硬质合金牌号按使用领域的不同分成P、M、K、N、S、H六类,如表2-3所列。各个类别为满足不同的使用要求,以及根据切削工具用硬质合金材料的耐磨性和韧性的不同,分成若干个组,用01、10、20等两位数字表示组号。必要时,可在两个组号之间插入一个补充组号,用05、15、25等表示。

表2-3 切削工具用硬质合金分类

| 类别 | 使 用 领 域 |
| --- | --- |
| P | 长切削材料的加工,如钢、铸钢、长切削可锻铸铁等的加工 |
| M | 通用合金,用于不锈钢、铸钢、锰钢、可锻铸铁、合金钢、合金铸铁等的加工 |
| K | 短切屑材料的加工,如铸铁、冷硬铸铁、短切屑可锻铸铁、灰口铸铁等的加工 |
| N | 有色金属、非金属材料的加工,如铝、镁、塑料、木材等的加工 |
| S | 耐热和优质合金材料的加工,如耐热钢,含镍、钴、钛的各类合金材料的加工 |
| H | 硬切削材料的加工,如淬硬钢、冷硬铸铁等材料的加工 |

2. 牌号表示规则

切削工具用硬质合金牌号表示如下。

（1）按硬质合金的成分来表示。

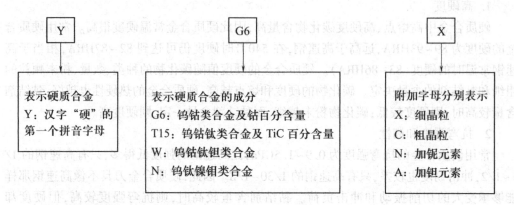

（2）按硬质合金的特性来表示。

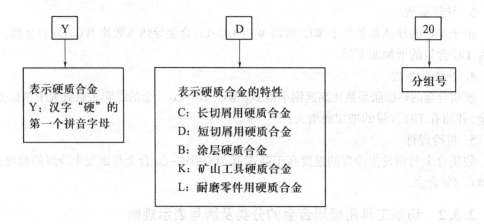

### 2.3.3 硬质合金各组别的要求及作业条件推荐

1. 硬质合金各级别的基本成分及力学性能要求

表 2-4 所列为切削工具用硬质合金各组别的基本成分及力学性能要求（摘自 GB/T 18376.1—2008）。

表 2-4 硬质合金基本力学性能要求

| 组 别 | | 基本成分 | 力 学 性 能 | | |
| --- | --- | --- | --- | --- | --- |
| 类别 | 分组号 | | 洛氏硬度<br>HRA，不小于 | 维氏硬度<br>HV，不小于 | 抗弯强度/MPa<br>$R_{tr}$，不小于 |
| P | 01 | 以 TiC、WC 为基，以 Co（Ni+Mo、Ni+Co）作黏结剂的合金/涂层合金 | 92.3 | 1 750 | 700 |
| | 10 | | 91.7 | 1 680 | 1 200 |
| | 20 | | 91.0 | 1 600 | 1 400 |
| | 30 | | 90.2 | 1 500 | 1 550 |
| | 40 | | 89.5 | 1 400 | 1 750 |

（续）

| 组别 | | 基本成分 | 力学性能 | | |
|---|---|---|---|---|---|
| 类别 | 分组号 | | 洛氏硬度 HRA,不小于 | 维氏硬度 HV,不小于 | 抗弯强度/MPa $R_{tr}$,不小于 |
| M | 01 | 以 WC 为基,以 Co 作黏结剂,添加少量 TiC(TaC、NbC)的合金/涂层合金 | 92.3 | 1 730 | 1 200 |
| | 10 | | 91.0 | 1 600 | 1 350 |
| | 20 | | 90.2 | 1 500 | 1 500 |
| | 30 | | 89.9 | 1 450 | 1 650 |
| | 40 | | 88.9 | 1 300 | 1 800 |
| K | 01 | 以 WC 为基,以 Co 作黏结剂,或添加少量 TaC、NbC 的合金/涂层合金 | 92.3 | 1 750 | 1 350 |
| | 10 | | 91.7 | 1 680 | 1 460 |
| | 20 | | 91.0 | 1 600 | 1 550 |
| | 30 | | 89.5 | 1 400 | 1 650 |
| | 40 | | 88.5 | 1 250 | 1 800 |
| N | 01 | 以 WC 为基,以 Co 作黏结剂,或添加少量 TaC、NbC 或 CrC 的合金/涂层合金 | 92.3 | 1 750 | 1 450 |
| | 10 | | 91.7 | 1 680 | 1 560 |
| | 20 | | 91.0 | 1 600 | 1 650 |
| | 30 | | 90.0 | 1 450 | 1 700 |
| S | 01 | 以 WC 为基,以 Co 作黏结剂,或添加少量 TaC、NbC 或 TiC 的合金/涂层合金 | 92.3 | 1 730 | 1 500 |
| | 10 | | 91.5 | 1 650 | 1 580 |
| | 20 | | 91.0 | 1 600 | 1 650 |
| | 30 | | 90.5 | 1 550 | 1 750 |
| H | 01 | 以 WC 为基,以 Co 作黏结剂,或添加少量 TaC、NbC 或 TiC 的合金/涂层合金 | 92.3 | 1 730 | 1 000 |
| | 10 | | 91.7 | 1 680 | 1 300 |
| | 20 | | 91.0 | 1 600 | 1 650 |
| | 30 | | 90.5 | 1 520 | 1 500 |

注:1. 洛氏硬度和维氏硬度中任选一项;
　　2. 以上数据为非涂层硬质合金要求,涂层产品可按对应的维氏硬度下降 30～50。

**2. 切削加工用硬质合金的金相组织结构要求**

孔隙度、非化合碳及宏观孔洞分档和质量等级符合表 2-5 中的规定(摘自 GB/T 18376.1—2008)。

表 2-5　孔隙度、非化合碳及宏观孔洞分档和质量等级表

| 等级 | 孔隙度 不大于 | 非化合碳 不大于 | 宏观孔洞分档 | | | | |
|---|---|---|---|---|---|---|---|
| | | | >25～ 75μm | >75～ 125μm | >125～ 175μm | >175～ 225μm | >225μm |
| 普通级 | A04B04 | C02 | ≤5 个 | ≤2 个 | ≤1 个 | ≤1 个 | 0 个 |
| 较高级 | A02B02 | C02 | ≤3 个 | ≤1 个 | ≤1 个 | ≤1 个 | 0 个 |

注:宏观孔洞考核时,允许以等个数的小孔洞代替等个数的大孔洞

## 3. 作业条件推荐

切削工具用硬质合金作业条件推荐如表2-6所列（摘自 GB/T 18376.1—2008）。

表2-6 作业条件推荐表

| 组别 | 作 业 条 件 | | 性能提高方向 | |
| --- | --- | --- | --- | --- |
| | 被加工材料 | 适应的加工条件 | 切削性能 | 合金性能 |
| P01 | 钢、铸钢 | 高切削速度、小切屑截面、无振动条件下精车、精镗 | | |
| P10 | 钢、铸钢 | 高切削速度、中、小切屑截面条件下的车削、仿形车削、车螺纹和铣削 | | |
| P20 | 钢、铸钢、长切削可锻铸铁 | 中等切削速度、中等切屑截面条件下的车削、仿形车削和铣削、小切削截面的刨削 | ↑ 切削速度 ↓ —— 进给量 —— | ↑ 耐磨性 ↓ —— 韧性 —— |
| P30 | 钢、铸钢、长切削可锻铸铁 | 中或低等切削速度、中等或大切屑截面条件下的车削、铣削、刨削和不利条件下*的加工 | | |
| P40 | 钢、含砂眼和气孔的铸钢件 | 低切削速度、大切屑角、大切屑截面以及不利条件下[①]的车削、刨削、切槽和自动机床上加工 | | |
| M01 | 不锈钢、铁素体钢、铸钢 | 高切削速度、小载荷、无振动条件下精车、精镗 | | |
| M10 | 不锈钢、铸钢、锰钢、合金钢、合金铸铁、可锻铸铁 | 中等和高等切削速度，中、小切屑截面条件下的车削 | ↑ 切削速度 ↓ —— 进给量 —— | ↑ 耐磨性 ↓ —— 韧性 —— |
| M20 | 不锈钢、铸钢、锰钢、合金钢、合金铸铁、可锻铸铁 | 中等切削速度、中等切屑截面条件下车削、铣削 | | |
| M30 | 不锈钢、铸钢、锰钢、合金钢、合金铸铁、可锻铸铁 | 中等和高等切削速度、中等或大切屑截面条件下的车削、铣削、刨削 | | |
| M40 | 不锈钢、铸钢、锰钢、合金钢、合金铸铁、可锻铸铁 | 车削、切断、强力铣削加工 | | |
| 组别 | 作 业 条 件 | | 性能提高方向 | |
| | 被加工材料 | 适应的加工条件 | 切削性能 | 合金性能 |
| K01 | 铸铁、冷硬铸铁、短屑可锻铸铁 | 车削、精车、铣削、镗削、刮削 | | |
| K10 | 布氏硬度高于220的铸铁、短切屑的可锻铸铁 | 车削、铣削、镗削、刮削、拉削 | ↑ 切削速度 ↓ —— 进给量 —— | ↑ 耐磨性 ↓ —— 韧性 —— |
| K20 | 布氏硬度低于220的灰口铸铁、短切屑的可锻铸铁 | 用于中等切削速度下，轻载荷粗加工、半精加工的车削、铣削、镗削等 | | |
| K30 | 铸铁、短切屑的可锻铸铁 | 用于在不利条件下[①]可能采用大切削角的车削、铣削、刨削、切槽加工，对刀片的韧性有一定的要求 | | |
| K40 | 铸铁、短切屑的可锻铸铁 | 用于在不利条件下[①]的粗加工，采用较低的切削速度，大的进给量 | | |

（续）

| 组别 | 作业条件 | | 性能提高方向 | |
|---|---|---|---|---|
| | 被加工材料 | 适应的加工条件 | 切削性能 | 合金性能 |
| N01 | 有色金属、塑料、木材、玻璃 | 高切削速度下,有色金属铝、铜、镁、塑料、木材等非金属材料的精加工 | 切削速度↑ 进给量↓ | 耐磨性↑ 韧性↓ |
| N10 | | 较高切削速度下,有色金属铝、铜、镁、塑料、木材等非金属材料的精加工或半精加工 | | |
| N20 | 有色金属、塑料 | 中等切削速度下,有色金属铝、铜、镁、塑料等的半精加工或粗加工 | | |
| N30 | | 中等切削速度下,有色金属铝、铜、镁、塑料等的粗加工 | | |
| S01 | 耐热和优质合金:含镍、钴、钛的各类合金材料 | 中等切削速度下,耐热钢和钛合金的精加工 | 切削速度↑ 进给量↓ | 耐磨性↑ 韧性↓ |
| S10 | | 低切削速度下,耐热钢和钛合金的半精加工或粗加工 | | |
| S20 | | 较低切削速度下,耐热钢和钛合金的半精加工或粗加工 | | |
| S30 | | 较低切削速度下,耐热钢和钛合金的断续切削,适于半精加工或粗加工 | | |
| H01 | 淬硬钢、冷硬铸铁 | 低切削速度下,淬硬钢、冷硬铸铁的连续轻载精加工 | 切削速度↑ 进给量↓ | 耐磨性↑ 韧性↓ |
| H10 | | 低切削速度下,淬硬钢、冷硬铸铁的连续轻载精加工、半精加工 | | |
| H20 | | 较低切削速度下,淬硬钢、冷硬铸铁的连续轻载半精加工、粗加工 | | |
| H30 | | 较低切削速度下,淬硬钢、冷硬铸铁的半精加工、粗加工 | | |

\* 不利条件系指原材料或铸造、锻造的零件表面硬度不匀,加工时的切削深度不匀,间断切削以及振动等情况

### 2.3.4 常用硬质合金及其性能

ISO(国际标准化组织)将切削用硬质合金分为三类。

K 类:主要成分为 WC-Co,相当于我国的 YG 类,用于加工短切屑的黑色金属、有色金属和非金属材料。

P 类:主要成分为 WC-TiC-Co,相当于我国的 YT 类,用于加工长切屑的黑色金属。

M 类:主要成分为 WC-TiC-TaC(NbC)-Co,相当于我国的 YW 类,用于加工长或短切屑的黑色金属和有色金属。

**1. 钨钴类(WC+Co)**

合金代号为 YG,对应于国标 K 类。这类合金由 WC 和 Co 组成,我国生产的常用牌号有 YG3X、YG6X、YG6、YG8 等,数字表示 Co 的百分含量,X 表示细晶粒。YG 类硬质合金有粗晶粒、中晶粒、细晶粒之分。一般硬质合金(如 YG6、YG8)均为中晶粒。细晶粒硬

质合金（如 YG3X、YG6X）在含含钴量相同时比中晶粒的硬度和耐磨性要高一些,但抗弯强度和韧性则要低一些。细晶粒硬质合金适用于加工一些特殊的硬铸铁、奥氏体不锈钢、耐热合金、钛合金、硬青铜、硬的耐磨的绝缘材料等。超细晶粒硬质合金的 WC 晶粒在 $0.2 \sim 1\mu m$,大部分在 $0.5\mu m$ 以下,由于硬质相和黏结相高度分散,增加了黏结面积,在适当增加钴含量的情况下,能在较高硬度时获得很高的抗弯强度。

此合金钴含量越高,韧性越好,适用于粗加工,钴含量低,适用于精加工。此类合金韧性、磨削性、导热性较好,较适用于加工产生崩碎切屑、有冲击性切削力作用在刃口附近的脆性材料,主要用于加工铸铁、青铜等脆性材料,不适合加工钢料,因为在 640℃ 时发生严重黏结,使刀具磨损,耐用度下降。

2. 钨钛钴类（WC+TiC+Co）

合金代号为 YT,对应于国标 P 类。这类合金中的硬质相除 WC 外,还含有 5%~30% 的 TiC。常用牌号有 YT5、YT14、YT15 及 YT30,TiC 的含量分别为 5%、14%、15%、30%,相应的钴含量为 10%、8%、6%、4%。

此类合金有较高的硬度和耐热性,它的硬度为 $89.5 \sim 92.5$HRA,抗弯强度为 $0.9 \sim 1.4$GPa。主要用于加工切屑呈带状的钢件等塑性材料。合金中 TiC 含量高,则耐磨性和耐热性提高,但强度降低。因此,粗加工一般选择 TiC 含量少的牌号,精加工选择 TiC 含量多的牌号。主要用于加工钢材及有色金属,一般不用于加工含 Ti 的材料,因为合金中的钛成分与加工材料中的钛元素之间的亲和力会产生严重的黏刀现象,使刀具磨损较快。

3. 钨钛钽（铌）钴类[WC+TiC+TaC（Nb）+Co]

合金代号为 YW,对应于国标 M 类。这是在上述硬质合金成分中加入一定数量的 TaC（Nb）,常用的牌号有 YW1 和 YW2。在 YT 类硬质合金成分中加入一定数量的 TaC（Nb）可提高其抗弯强度、疲劳强度和冲击韧度,提高合金的高温硬度和高温强度,提高抗氧化能力和耐磨性。

此类硬质合金不但适用于加工冷硬铸铁、有色金属及合金半精加工,也能用于高锰钢、淬火钢、合金钢及耐热合金钢的半精加工和精加工,被称为通用硬质合金。这类合金如适当增加含钴量,强度可很高,能承受机械振动和由于温度周期性变化而引起的热冲击,可用于断续切削。近年来,这类合金发展的牌号很多,主要用于加工难加工材料。有的国家已基本上不用 WC-TiC-Co 合金,加工一般钢料时也用这种硬质合金。

以上三类硬质合金的主要成分都是 WC,故可统称为 WC 基硬质合金。

4. TiC（N）基类（WC+TiC+Ni+Mo）

合金代号 YN,TiC（N）基硬质合金是以 TiC 为主要成分（有些加入了其他碳化物和氮化物）的 TiC-Ni-Mo 合金。此类合金硬度很高,为 $90 \sim 94$HRA,达到了陶瓷的水平,有很高的耐磨性和抗月牙洼磨损能力,有较高的耐热性和抗氧化能力,化学稳定性好,与工作材料的亲和力小,摩擦系数较小,抗黏结能力强,因此刀具耐用度可比 WC 基硬质合金提高几倍。

TiC（N）基类硬质合金一般用于精加工和半精加工,对于又大又长或加工精度较高的零件尤其适合,但不适于有冲击载荷的粗加工和低速切削。

表 2-7 列出了硬质合金的化学成分及力学性能。

表 2-7 硬质合金的化学成分及力学性能

| 类别 | | 牌号 | 化学成分/% | | | | 物理性能 | | | 力学性能 | | | | | 相近的 ISO 牌号 |
|---|---|---|---|---|---|---|---|---|---|---|---|---|---|---|---|
| | | | WC | TiC | TaC (NbC) | Co | 密度 /(g/cm³) | 导热系数/(W/ (m·℃)) | 热膨胀系数 (×10⁻⁶/℃) | 硬度 (HRA) | 抗弯强度 /GPa | 抗压强度 /GPa | 弹性模量 /GPa | 冲击韧度 /(kJ/m²) | |
| WC 基 | WC+Co | YG3X | 96.5 | | < 0.5 | 3 | 15.0~15.3 | | 4.1 | 91.5 | 1.1 | 5.4~5.63 | | | K01 |
| | | YG6X | 93.5 | | < 0.5 | 6 | 14.6~15.0 | 79.6 | 4.4 | 91 | 1.4 | 4.7~5.1 | | ~20 | K05 |
| | | YG6 | 94 | | | 6 | 14.6~15.0 | 79.6 | 4.5 | 89.5 | 1.45 | 4.6 | 630~640 | ~30 | K10 |
| | | YG8 | 92 | | | 8 | 14.5~14.9 | 75.4 | 4.5 | 89 | 1.5 | 4.47 | 600~610 | ~40 | K20 |
| | | YS2 (YG10H) | 90 | | | 10 | 14.3~14.6 | | | 91.5 | 2.2 | | | | K30 |
| | WC+TiC+Co | YT30 | 66 | 30 | | 4 | 9.3~9.7 | 20.9 | 7.00 | 92.5 | 0.9 | | 400~410 | 3 | P01 |
| | | YT15 | 79 | 15 | | 6 | 11.0~11.7 | 33.5 | 6.51 | 91 | 1.15 | 3.9 | 520~530 | | P10 |
| | | YT14 | 78 | 14 | | 8 | 11.2~12 | 33.5 | 6.21 | 90.5 | 1.2 | 4.2 | | 7 | P20 |
| | | YT5 | 85 | 5 | | 10 | 12.5~13.2 | 62.8 | 6.06 | 89.5 | 1.4 | 4.6 | 590~600 | | P30 |
| | WC+TaC (NbC)+Co | YG6A | 91 | | 3 | 6 | 14.6~15 | | | 91.5 | 1.4 | | | | K05 |
| | | YG8N | 91 | | < 1 | 8 | 14.5~14.9 | | | 89.5 | 1.5 | | | | K25 |
| | WC+TiC+ TaC(NbC)+Co | YW1 | 84 | 6 | 4 | 6 | 12.8~13.3 | | | 91.5 | 1.2 | | | | M10 |
| | | YW2 | 82 | 6 | 4 | 8 | 12.6~13 | | | 90.5 | 1.35 | | | | M20 |
| TiC(N) 基 | | YN05 | 8 | 71 | | Ni-7 Mo-14 | 5.9 | | | 93.3 | 0.95 | | | | P01 |
| | | YN10 | 15 | 62 | 1 | Ni-12 Mo-10 | 6.3 | | | 92 | 1.1 | | | | P01 |

### 2.3.5　新型硬质合金

**1. 细晶粒、超细晶粒硬质合金**

普通硬质合金中 WC 粒度为几个微米，细晶粒合金平均粒度在 $1.5\mu m$ 左右。超细晶粒合金粒度在 $0.2\sim1\mu m$，其中绝大多数在 $0.5\mu m$ 以下。

细晶粒合金中由于硬质相和黏结相高度分散，增加了黏结面积，提高了黏结强度。因此，其硬度与强度都比同样成分的合金高，硬度提高 $1.5\sim2$ HRA，抗弯强度提高 $0.6\sim0.8$ GPa，而且高温硬度也能提高一些，可减少中低速切削时产生的崩刃现象。

在超细晶粒合金生产过程中，除必须使用细的 WC 粉末外，还应添加微量抑制剂，以控制晶粒长大，并采用先进烧结工艺，成本较高。超细晶粒硬质合金多用于 YG 类合金，它的硬度和耐磨性得到较大提高，抗弯强度和冲击韧度也得到提高，已接近高速钢。适合做小尺寸铣刀、钻头等，并可用于加工高硬度难加工材料。

**2. 涂层硬质合金**

涂层硬质合金刀具是硬质合金刀具材料应用的又一大发展。它将韧性材料和耐磨材料通过涂层有机结合在一起，从而改变了硬质合金刀片的综合力学性能，使其使用寿命提高了 $2\sim5$ 倍。它的发展相当迅速，在一些发达国家，其使用量已占硬质合金刀具材料使用总量 $1/2$ 以上。我国目前正在积极发展此类刀具，已有 CN15、1N25、CN35、CN16、CN26 等涂层硬质合金刀片在生产中应用。

**3. 高速钢基硬质合金**

以 TiC 或 WC 为硬质相（占 $30\%\sim40\%$），以高速钢为黏结相（占 $70\%\sim60\%$），用粉末冶金方法制成，其性能介于高速钢和硬质合金之间，能够锻造、切削加工、热处理和焊接，常温硬度为 $70\sim75$ HRC，耐磨性比高速钢提高 $6\sim7$ 倍。可用来制造钻头、铣刀、拉刀、滚刀等复杂刀具，加工不锈钢、耐热钢和有色金属。高速钢基硬质合金导热性差，容易过热，高温性能比硬质合金差，切削时要求充分冷却，不适于高速切削。

# 2.4　涂　层　刀　具

## 2.4.1　涂层刀具的性能与特点

涂层刀具是在韧性较好的硬质合金基体上或高速钢刀具基体上，涂覆一层耐磨性较高的难熔金属化合物而制成，保持了刀具基体材料良好的韧性，同时也具备了涂层材料的高硬度、高耐磨性，从而大大提高了刀具的性能。刀具涂层处理是提高刀具综合性能的重要途径之一。涂层技术在刀具中的应用，对刀具的综合性能有了非常明显的改善。

常用的涂层材料有 TiC、TiN、$Al_2O_3$ 等。TiC 的硬度比 TiN 高，抗磨损性能好，不过 TiN 与金属亲和力小，在空气中抗氧化能力强。因此，对于摩擦剧烈的刀具，宜采用 TiC 涂层，而在容易产生黏结条件下，宜采用 TiN 涂层刀具。而 $Al_2O_3$ 在高温下有良好的热稳定性能，因此在高速切削产生大热量的场合采用 $Al_2O_3$ 涂层为好。

涂层硬质合金一般采用化学气相沉积法（CVD 法），沉积温度为 1000℃ 左右；涂层高速钢刀具一般采用物理气相沉积法（PVD 法），沉积温度为 500℃ 左右。

在涂层刀片的应用中,CVD 涂层刀具占大多数。十多年前,PVD 涂层应用于圆柱形硬质合金刀具,包括间断切削和一些需要锋利刀刃的金属切削刀片。最初 PVD 涂层只限于 TiN,而现在工业上已有适用的 PVD TiCN 和 TiAlN 涂层,采用多种不同的 PVD 技术,如电子束蒸发、溅射、电弧蒸发等。在铣、钻、螺纹加工、切槽和切断等加工中,刀具 PVD 涂层已超过 CVD 涂层。PVD 涂层在加工难加工材料(如高温合金和奥氏体不锈钢)时效果很好。

涂层可以采用单涂层和复合涂层,如 TiC-TiN、TiC-Al$_2$O$_3$、TiC-TiN-Al$_2$O$_3$ 等。通过选择涂层的顺序及涂层的总厚度来满足特种金属切削的要求,尤其是 Al$_2$O$_3$ 涂层可提供包括高的抗扩散性磨损、优良的抗氧化性和高的热硬度等极好的高温性能,所以在铸铁及钢等材料高速加工获得广泛应用。涂层厚度一般在 5~8μm,它具有比基体高得多的硬度,表层硬度可达 2500~4200HV。在高速钢钻头、丝锥、滚刀等刀具上涂覆 2μm 厚的 TiN 涂层后硬度可达 80HRC。为了达到最大的金属切除率,涂层的厚度必须是最优化的:太薄,在切削时保持的时间太短;太厚,它的作用就好像是整体的材料,失去了与基体组合的优越性。经确定,有新的刀具涂层厚度范围是 2~20μm。CVD 沉积的涂层厚度取决于应用场合,一般在 5~20μm,而 PVD 涂层厚度通常小于 5μm。金刚石涂层的厚度一般比 CVD 或 PVD 涂层厚,与聚晶金刚石涂层一样可适用于厚度为 20~40μm 的范围。

涂层刀具具有高的抗氧化性能和抗黏结性能,因此具有较高的耐磨性和抗月牙洼磨损能力。涂层摩擦系数较低,可降低切削时的切削力和切削温度,提高刀具耐用度,高速钢基体涂层刀具耐用度可提高 2~10 倍,硬质合金基体刀具提高 1~3 倍。加工材料硬度越高,涂层刀具效果越好。此外,涂层硬质合金的通用性广,一种涂层刀片可代替几种未涂层刀片使用,可大大简化刀具的管理。

由于涂层刀具具有抗磨粒磨损、抗月牙洼磨损等性能,并允许使用较高的切削速度,所以当今在美国和西欧超过 60%的金属切削刀片都是 CVD 涂层的。硬质合金基体的脆性与早期的 CVD 涂层沉积技术形成的 η 相有关,而现在由于基体的碳控制较好和 CVD 方法的改进,形成 η 相的情况已大大减少或已被消除,使涂层硬质合金刀具应用范围更广,包括车削、镗、攻丝、切槽、切割和铣削。这些刀具适用于加工硫、合金、不锈钢、灰铸铁、韧性铸铁和高温合金材料。目前,涂层刀具正朝着复合多层发展,使涂层既可提高与基体材料的结合强度,又能具有多种材料的综合性能。值得一提的是,最近又开发出了纳米涂层技术,这种技术可采用多种涂层材料的不同组合以满足不同功能和性能要求,特别适用于干切削。

涂层刀具由于成本较高,还不能完全取代未涂层刀具的使用。硬质合金涂层刀具在涂覆后强度和韧性都有所降低,不适合受力大和冲击大的粗加工,也不适合高硬材料的加工。涂层刀具经过钝化处理,切削刃锋利程度减小,不适合进给量很小的精密切削。

### 2.4.2　涂层刀具的发展方向

#### 1. 新型的涂层材料

刀具涂层材料出现了很多新种类:TiCN 基新涂层这种新涂层兼有 TiC 和 TiN 涂层良好的韧性和硬度,比常用的 TiN 刀具耐用度高 2~4 倍。此外,以 TiCN 为基的多元成分新涂层材料如(Ti,Zr)CN、(Ti,Al)CN、(Ti,Si)CN 等纷纷出现。AlON 涂层刀具产生的月牙洼磨损极小。TiAlN 有很高的高温硬度和优良的抗氧化能力,涂层硬度高,抗氧化性能好,切削性能优于 TiN 涂层,用于加工航天合金材料时的刀具寿命可提高 1~4 倍。CrC 和

CrN涂层是无钛涂层，可有效地切削钛和钛合金以及铝合金等其他软材料。另外，Hf、Zr、Ta的碳化物与氮化物，Hf、Zr、Ti、N、Ta的硼化物，Hf、Zr、Ti、Be的氧化物等涂层材料均成功采用。

值得一提的是，美国Multi-Scientific Coating公司的类金刚石的碳涂层，使用热阴极蒸发技术把碳沉积到刀具表面后，类金刚石碳涂层和基体结合良好，有很多金刚石相似的性能，有高的耐磨性和低的摩擦系数。其他ZrN、TiZrN类金刚石膜涂层（DLC）的应用范围也不断拓展，主要用于加工有色合金。氮化铝钛涂层也由原先常使用的Ti0.75Al0.25N转化为优先使用Ti0.5Al0.5N，Ti0.5Al0.5N涂层抗氧化温度为700℃，在空气中加热会在表面产生一层非晶态$Al_2O_3$薄膜，可以对涂层起保护作用。

日本不二越公司开发出一种称为SG的新型涂层，它由TiN、TiCN及Ti系膜三层组成，耐磨性优于TiN涂层，且涂层与基体的结合强度高，表层为Ti系特殊膜层，具有极好的耐热性。瑞士还开发出一种称为"MOVIC"软涂层的新工艺，即在刀具表面涂覆一层固体润滑膜二硫化钼，刀具切削寿命数倍增加，且能获得优良的加工表面。其他硫族元素如$WS_2$等软涂层也取得了一定进展。这些软涂层在加工高强度铝合金和贵重金属方面有良好的应用前景。

近年来，高硬度的涂层开始出现，包括立方氮化硼（CBN）涂层、氮化碳（CNX）、多晶氮化物超点阵涂层等。CBN涂层硬度仅次于金刚石，可有效地切削淬火钢和其他难加工合金。如果氮化碳（CNX）涂层能够形成$b-C_3N_4$，理论上可以计算出其硬度将超过金刚石。已经有氮化碳合成的报道，多晶氮化物超点阵涂层是一种很有希望的新型刀具涂层，多晶TiN/NbN和TiN/VN超点阵涂层的硬度分别为$5200kgf/mm^2$和$5600kgf/mm^2$（$1kgf=9.80665N$），超点阵涂层由于层内或层间位错困难导致其硬度很高。

**2. 新的涂层工艺方法**

随着涂层技术的发展，真空设备技术的提高，目前制备涂层刀具的方法主要有化学气相沉积法（CVD）和物理气相沉积法（PVD），出现了多种涂层刀具。根据涂层类型可以分为：金属氮化物（Ti-N系列涂层，Cr-N系列涂层）涂层刀具、金属碳化物（Ti-C、W-C、Cr-N）涂层刀具、金属硼化物（$TiB_2$、$ZrB_2$）涂层刀具、金属氧化物（$Al_2O_3$、$ZrO_2$、$CrO_2$、$TiO_2$）等硬质涂层刀具。根据涂层刀具的基体材料，可以分为高速钢涂层刀具、硬质合金涂层刀具以及超硬涂层刀具。根据涂层刀具的不同性质，可以将涂层刀具分为两大类，即："软"涂层刀具和"硬"涂层刀具，"软"涂层刀具的主要特点是摩擦系数较低，也称为自润滑涂层刀具，机械加工时与被加工材料的摩擦系数较低，也可减少黏结，降低切削力、切削温度。"硬"涂层刀具的主要特点是硬度和耐磨性，具有硬度高和耐磨性好等优点，典型的涂层是Ti-C和Ti-N制备的涂层刀具。

另外，还有离子束溅射方法，中能离子束辅助沉积技术（IBAD）也可用于涂层。离子束辅助沉积兼有气相沉积与离子注入的优点，是一种荷能辅助沉积技术，在涂层沉积过程中，通过荷能粒子和涂层粒子之间的碰撞，传递给涂层粒子额外的能量，使所制备的涂层在硬度和结合性能上得到显著的改善，因而广泛应用于薄膜的制备过程中。在涂层沉积之前用离子轰击基体表面，可以有效清除基体表面物理吸附的各种杂质，在涂层与基体之间形成洁净的界面；沉积过程中用离子轰击涂层表面，可以形成均匀致密的涂层结构并抑制柱状晶结构的生成；同时还可以提高涂层过程的绕射能力。此外，独立于靶材之外的离子源,可以有效清除在抽空过程中油扩散泵微量返油对基体造成的污染,从而大大改善层-基结合性能,使涂层工艺更加稳定可靠。离子轰击是公认的提高形核率、改善组织、降低内应力、最终提高薄膜沉积质量的有效方法。

其他沉积方法如溶胶-凝胶法(Sol-Gel)、热喷涂法、脉冲激光沉积法(PLD)、熔盐镀、电镀及化学涂覆法等均先后被开发研究,但是由于设备及制备工艺方法的限制,其应用均有一定的局限性。

等离子辅助化学气相沉积(PCVD)利用等离子体来促进化学反应,可使沉积温度降低到200~500℃。MT-CVD(中温化学气相沉积)则在一定程度上克服了一般 HD-CVD(高温化学气相沉积)的缺点,其沉积温度低(700~900℃),沉积速度快,涂层厚,工艺环镀性好,对于形体复杂的工件涂层均匀,而且涂层附着力高,涂层内部残余应力小,是一种优于 HT-CVD 的涂层工艺方法。

多弧离子镀技术是 PVD 技术的一种,它采用弧光放电技术进行涂层材料的沉积,而传统离子镀则采用辉光放电技术进行沉积。多弧离子镀的原理就是阴极靶(一般为金属靶)作为蒸发源,通过靶材与真空室壳体(阳极)之间的弧光放电,使靶材蒸发并且在真空沉积室中形成等离子体,对基体进行镀膜。多弧离子镀的优点是靶材离化率高,涂层沉积速度快且绕射性好,涂层与基体之间有良好的结合性能,涂层结构致密,因而广泛应用于切削刀具、模具的表面涂层。

涂层所用的基体范围也在扩大,包括高速钢、硬质合金和陶瓷都可以进行涂层。近几年来,陶瓷涂层硬质合金刀具发展迅速,特别是 $Al_2O_3$ 陶瓷,由于其高化学稳定性和耐氧化性特别适用于高速切削,在陶瓷涂层中所占比例较大。虽然刀具涂层工艺上获得了长足的发展,特别是梯度涂层工艺,但总体说来,涂层技术有待进一步提高。

近来,美国学者首先开发出了纳米涂层刀具。这种涂层刀具采用了多种涂层材料,使用了不同涂层组合,如陶瓷/陶瓷、金属/陶瓷、金属/金属等,满足了不同的性能和不同的功能要求。合理设计的纳米涂层使刀具具有减磨抗磨和自润滑等优异的综合性能,适合高速干切削。

## 2.5  其他刀具材料

### 2.5.1  陶瓷刀具

随着高硬度工件材料和超精密加工的需要,20 世纪中期氧化铝基和氮化硅基陶瓷刀具材料相继出现,因为它有很高的硬度和耐磨性,特别是高温硬度博得人们的青睐。

陶瓷刀具材料主要由硬度和熔点都很高的 $Al_2O_3$、$Si_3N_4$ 等氧化物及氮化物组成,另外还有少量的金属碳化物、氧化物等添加剂,通过粉末冶金工艺方法制粉,再压制烧结而成。常用的陶瓷刀具有两种:$Al_2O_3$ 基陶瓷和 $Si_3N_4$ 基陶瓷。

陶瓷刀具的优点是有很高的硬度和耐磨性,硬度达 91~95HRA,耐磨性是硬质合金的5 倍;刀具寿命比硬质合金高;具有很好的热硬性,当切削温度 760℃时,具有 87HRA(相当于 66HRC)的硬度,温度达 1200℃时,仍能保持 80HRA 的硬度;摩擦系数低,切削力比硬质合金小,用该类刀具加工时能降低工件表面粗糙度。

陶瓷刀具材料最大的缺点是韧性差,因此整个陶瓷刀具材料研究始终以增韧为中心进行研究,现在国内外广泛使用以及还在开发的陶瓷刀具材料基本上都是以氧化铝系和氮化硅系陶瓷刀具为基础材料,采用不同增韧补强机理来进行显微结构设计。目前,许多国家又开发了 Sialon 陶瓷刀具材料,它是把氧化铝、氮化铝、氮化硅的混合物在高温下进行热压、烧结而得到的材料,有很高强度和韧性,已成功应用于铸铁、镍基合金、硅铝合金等难加工材料的加工。

陶瓷刀具材料由于主要成分是氧化铝等地壳中最丰富的元素,是贵重金属的重要替代物,能使刀具成本降低。所以,陶瓷刀具材料将会得到更大发展,其方向为复合陶瓷刀具。最近研究的新型陶瓷刀具材料常温硬度高达 91~95HRA,特别是良好的高温硬度,使其在 1100~1200℃ 条件下可以进行切削加工,其耐磨性和化学稳定性特好。加工一般碳钢切削速度可达 1500~3000m/min,加工铸铁可达 400~1000m/min。对高温合金等难加工材料,用陶瓷刀具比硬质合金刀具切削速度提高 4 倍~5 倍,国际上已将陶瓷刀具视为进一步提高生产率的最有希望的刀具材料。

### 2.5.2　金刚石刀具

金刚石是碳的同素异构体,具有极高的硬度。现用的金刚石刀具有三类:天然单晶金刚石刀具、人造聚晶金刚石刀具、复合聚晶金刚石刀具。

1. 天然单晶金刚石

天然单晶金刚石是一种各向异性的单晶体,硬度达 9000~10000HV,是自然界中最硬的物质。这种材料耐磨性极好,制成刀具在切削中可长时间保持尺寸的稳定,故而有很长的刀具寿命。天然金刚石刀具刃口可以加工到极其锋利,可用于制作眼科和神经外科手术刀;可用于加工隐形眼镜的曲面;可用于切割光导玻璃纤维;用于加工黄金、白金首饰的花纹;最重要的用途在于高速超精加工有色金属及其合金,如铝、黄金、巴氏合金、铍铜、紫铜等。用天然金刚石制作的超精加工刀具的刀尖圆弧部分在 400 倍显微镜下观察无缺陷,用于加工铝合金多面体反射镜、无氧铜激光反射镜、陀螺仪、录像机磁鼓等。表现粗糙度可达到 $R_a 0.01~0.025\mu m$。

天然金刚石材料韧性很差,抗弯强度很低,仅为 0.2~0.5GPa,热稳定性差,温度达到 700~800℃ 时就会失去硬度,温度再高就会碳化。另外,它与铁的亲和力很强,一般不适于加工钢铁。

2. 人造单晶金刚石和人造聚晶金刚石

人造单晶金刚石作为刀具材料,市场上能买到的目前有戴比尔斯(DE-BEERS)生产的工业级单晶金刚石材料。这种材料硬度略逊于天然金刚石,其他性能都与天然金刚石不相上下。由于经过人工制造,其解理方向和尺寸变得可控和统一。随着高温高压技术的发展,人造单晶金刚石最大尺寸已经可以做到 8mm。由于这种材料有相对较好的一致性和较低的价格,所以受到广泛的注意。作为替代天然金刚石的新材料,人造单晶金刚石的应用将会有大的发展。

人造金刚石聚晶的发展始于 20 世纪 60 年代初期,1964 年美国 GE 公司首次申请了以某些金属添加剂使金刚石之间产生结合的美国专利。1966 年,英联邦 De-Beers 公司用金属作黏结剂制成了金刚石聚晶。但一般认为,GE 公司 1970 年公布,1972 年至 1973

年正式生产的 Compax 具有划时代的意义。自此以后,聚晶金刚石得到了快速发展。

人造聚晶金刚石(PCD)是在高温高压下将金刚石微粉加溶剂聚合而成的多晶体材料。一般情况下,制成以硬质合金为基体的整体圆形片,称为聚晶金刚石复合片。根据金刚石基体的厚度不同,复合片有 1.6mm、3.2mm、4.8mm 等不同规格。而聚晶金刚石的厚度一般在 0.5mm 左右。目前,国内生产的 PCD 直径已经达到 19mm,而国外如 GE 公司最大的复合片直径已经做到 58mm,戴比尔斯公司更达到了 74mm。根据制作刀具的需要可用激光或线切割切成不同尺寸和角度的刀头,制成车刀、镗刀、铣刀等。

PCD 的硬度比天然金刚石低(6000HV 左右),但抗弯强度比天然金刚石高很多。另外,通过调整金刚石微粉的粒度和浓度,使 PCD 制品的机械物理性能发生改变,以适应不同材质、不同加工环境的需要,为刀具用户提供了多种选择。另外,PCD 刀具比天然金刚石的抗冲击和抗振性能高出很多。PCD 与硬质合金相比,硬度高出 3~4 倍;耐磨性和寿命高 50~100 倍;切削速度可提高 5~20 倍;粗糙度可达到 $Ra0.05\mu m$。切削效率高,加工精度稳定。

人造金刚石刀具主要用于加工有色金属和非金属,如铝、高硅铝合金、铜、锰、镁、铅、钛等有色金属和硬纸板、木材、陶瓷、玻璃、玻璃纤维、花岗岩、石墨、尼龙、强化塑料等耐磨非金属材料。例如,用金刚石刀片加工玻璃纤维时,其寿命比硬质合金刀片要提高 150倍。PCD 同天然金刚石一样,不适合加工钢和铸铁。PCD 刀具特别适合加工高硅铝合金,因此在汽车、航空、电子、船舶工业中得到了广泛的应用。

**3. CVD 金刚石膜**

CVD 金刚石厚膜是一种新型刀具材料,它是一种化学气相沉积法制成的金刚石材料。作为刀具材料,其硬度高于 PCD。由于不含金属黏结剂,因此有很高的热传导率和抗高温氧化性能,耐热性可达 1000℃,它被认为是加工非铁族材料最理想的刀具材料。在加工中,CVD 金刚石刀具可以以车代磨,替代价格昂贵的天然金刚石,加工表面粗糙度很低,可达到镜面水平。根据 CVD 金刚石膜的厚度不同,CVD 金刚石刀具一般分为两种:一种是 CVD 金刚石厚膜刀具,另一种是 CVD 金刚石涂层刀具。

金刚石厚膜刀具通常是将厚度在 0.2mm 以上的 CVD 金刚石厚膜激光切割成具有一定形状和大小的小块刀片,然后通过钎焊的方法将小块刀片焊接在硬质合金等刀具基体材料上,最后经过刃磨、抛光等加工制成。通过多年的应用开发研究,CVD 金刚石厚膜刀具目前已经进入实用阶段,美国、日本和欧洲的一些国家已经有产品在市场上出售。国内的一些高校和研究机构对金刚石厚膜刀具也开展了大量的研究,取得了一定的成果。

CVD 金刚石涂层刀具是在刀具基体上沉积 CVD 金刚石薄膜而成,薄膜的厚度一般在几微米到几十微米之间。CVD 金刚石涂层的沉积时间短,制备成本低,沉积后的涂层不需要加工可以直接使用,同时可以获得复杂形状的刀具。与其他金刚石刀具相比,在资源、生产工艺、成本及刀具复杂度等方面,CVD 金刚石涂层刀具都有很大优势,是一种市场前景非常广阔的新型超硬材料涂层刀具。但是,目前生产的 CVD 材料韧性比较差,它不能用线切割的方式进行切割加工,使用上受到了一定的限制。由于没有切磨的方向性,磨加工的工艺性较差,极难磨出像天然金刚石和人造单晶金刚石一样锋利的刃口。它作为切削刀具使用尚处于试验阶段,有待进一步研究和开发。

总之,金刚石刀具具有很多优点:极高的硬度和耐磨性,硬度达 10000HV,耐磨性是硬质合金的 60~80 倍;切削刃锋利,能实现超精密微量加工和镜面加工;很高的导热性。金刚石刀具的缺点是:耐热性差,强度低,脆性大,对振动很敏感。

此类刀具主要用于高速条件下精细加工有色金属及其合金和非金属材料。

### 2.5.3 立方氮化硼刀具

立方氮化硼(简称 CBN)是由六方氮化硼为原料在高温高压下合成的,它是 20 世纪 70 年代才出现的超硬刀具材料。

CBN 刀具的主要优点是硬度高,硬度仅次于金刚石,热硬度和热稳定性比金刚石高很多。CBN 在 1300℃时仍能保持其硬度。CBN 具有较高的导热性和较小的摩擦系数。其缺点是强度和韧性较差,抗弯强度仅为陶瓷刀具的 1/5~1/2。CBN 刀具的耐用度比硬质合金或陶瓷刀具高十几倍到几十倍,切削速度可提高 3~5 倍,加工粗糙度可达到 $Ra0.1\mu m$,可代替磨削进行高精度加工。由于刀具耐用度高,加工零件的尺寸精度可以得到很好的保证。同时,通过提高切削速度,实现以车代磨等方式可以使生产效率成倍提高,大大降低了生产成本。

CBN 刀具不与铁质金属发生化学作用,因此越来越成为用途广泛的金属切削刀具的重要材料。CBN 刀具主要用来加工淬硬高速钢、淬硬合金钢、淬硬轴承钢、渗碳钢、冷硬铸铁、球墨铸铁等,也常用于加工各种镍基高温合金和各类喷焊材料等难加工材料,它不宜加工塑性大的钢件和镍基合金,也不适合加工铝合金和铜合金,通常采用负前角的高速切削。

充分利用 CBN 材料红硬性好的特点,在很多种场合下可实行干切削,对于节省冷却润滑液的开支和防止环境污染有很重要的意义。目前,国外知名的 CBN 材料制造厂家如 GE 公司、DE-BEERS、日本住友等都已开发出种类繁多的不同牌号的 CBN 聚晶复合片。针对淬火钢、耐热钢、冷硬铸钢等多种材料的不同特性提供不同性能的 CBN 材料以供选择。

立方氮化硼作为新型的刀具材料已经越来越广泛地应用于机械加工的各个领域、各个行业,对于提高加工效率和质量、降低加工成本发挥了重要作用。随着普及程度的提高,这种刀具将越来越受到人们的重视,从而产生巨大的经济效益。

### 2.5.4 刀具材料的选用原则

下面就如何选择各种刀具的材料、牌号等进行讨论,一般遵循以下原则。

(1)普通材料工件加工时,一般选用普通高速钢和硬质合金;加工难加工材料时可选用高性能和新型刀具材料牌号。只有在加工高硬材料或精密加工中常规刀具材料不能满足加工精度要求时,才考虑用 CBN 和 PCD 刀片。

(2)任何刀具材料在强度、成分和硬度、耐磨性之间是难以完全兼顾的,在选择刀具材料牌号时,可根据工件材料切削加工性和加工条件,通常先考虑耐磨性,崩刃问题尽可能用刀具合理几何参数解决。只有因刀具材料脆性太大造成崩刃,才考虑降低耐磨性要求,选用强度和韧性较好的牌号。一般情况下,低速切削时,切削过程不平稳,容易产生崩刃现象,宜选用强度和韧性好的刀具材料牌号;高速切削时,切削温度对刀具材料的磨损影响最大,应选择耐用消费品磨性好的刀具材料牌号。

### 2.5.5　刀具材料的发展

刀具的发展在人类进步的历史上占有重要的地位。中国早在公元前 28 世纪至公元前 20 世纪,就已出现黄铜锥和紫铜的锥、钻、刀等铜质刀具,战国后期(公元前 3 世纪),由于掌握了渗碳技术,制成了铜质刀具。当时的钻头和锯,与现代的扁钻和锯已有些相似之处。然而,刀具的快速发展是在 18 世纪后期,伴随蒸汽机等机器的发展而来的。1783 年,法国的勒内首先制出铣刀。1792 年,英国的莫兹利制出丝锥和板牙。有关麻花钻的发明最早的文献记载是在 1822 年,但直到 1864 年才作为商品生产。那时的刀具是用整体高碳工具钢制造的,许用的切削速度约为 5m/min。1868 年,英国的穆舍特制成含钨的合金工具钢。1898 年,美国的泰勒和怀特发明高速钢。1923 年,德国的施勒特尔发明硬质合金。在采用合金工具钢时,刀具的切削速度提高到约 8m/min;采用高速钢时,又提高 2 倍以上;采用硬质合金时,又比用高速钢提高 2 倍以上,切削加工出的工件表面质量和尺寸精度也大大提高。由于高速钢和硬质合金的价格比较昂贵,刀具出现焊接和机械夹固式结构。1949 年至 1950 年,美国开始在车刀上采用可转位刀片,不久即应用在铣刀和其他刀具上。1938 年,德国德古萨公司取得关于陶瓷刀具的专利。1972 年,美国通用电气公司生产了聚晶人造金刚石和聚晶立方氮化硼刀片。这些非金属刀具材料可使刀具以更高的速度切削。1969 年,瑞典山特维克钢厂取得用化学气相沉积法,生产碳化钛涂层硬质合金刀片的专利。1972 年,美国的邦沙和拉古兰发展了物理气相沉积法,在硬质合金或高速钢刀具表面涂覆碳化钛或氮化钛硬质层。表面涂层方法把基体材料的高强度和韧性与表层的高硬度和耐磨性结合起来,从而使这种复合材料具有更好的切削性能。在现代化金属加工车间,如汽车发动机生产车间,会看到不同材料的刀具都在发挥其最大的作用:高速钢的丝锥和拉刀、硬质合金的钻头和铣刀、PCD 和 CBN 的铰刀、铣刀及刀片、陶瓷钻头和陶瓷刀片等。工件材料与刀具材料的交替进展、相互促进,成为切削技术不断向前发展的历史规律。

制造刀具的材料必须具有很高的高温硬度和耐磨性,必要的抗弯强度、冲击韧性和化学惰性,良好的工艺性(切削加工、锻造和热处理等),并不易变形。通常,当材料硬度高时,耐磨性也高;当抗弯强度高时,冲击韧性也高。但材料硬度越高,其抗弯强度和冲击韧性就越低。近 50 年中,硬质合金不断提高自身的切削性能,发展了许多新品种,从高速钢的领域中占领了大片阵地,成为当前用量超过 1/2 的刀具材料,这是当年人们所未能估计到的。目前,二者一起已占有 90% 以上的刀具市场份额。可以这样预计,硬质合金的使用范围将进一步扩大,高速钢凭借其综合性能的优势,仍将占有一定的传统阵地。由于资源、价格和性能的原因,陶瓷材料亦将得到发展,代替一部分硬质合金刀具。随着镁铝合金等材料的广泛应用,金刚石刀具的份额将会不断提高。综观刀具材料的发展可以看出:高速钢刀具主要是发展涂层高速钢和高性能高速钢;硬质合金发展的趋势是,普通硬质合金刀具材料所占比例下降,涂层硬质合金刀具大幅度上升;陶瓷刀具材料将成为最有希望的刀具材料,在整个刀具材料中的使用比例将会大幅度增长;对超硬刀具材料而言,在切削难加工材料及淬硬钢方面将越来越普遍采用立方氮化硼刀具。

由于在高温、高压、高速下和在腐蚀性流体介质中工作的零件,其应用的难加工材料越来越多,切削加工的自动化水平和对加工精度的要求越来越高。为了适应这种情况,刀具的发展方向将是发展和应用更多更新的刀具材料来满足现代不断进步的制造业的发展需求。

## 思考题与练习题

1. 刀具在什么条件下工作？刀具切削部分材料必须具备什么性能？为什么？

2. 硬质合金刀具有几种？主要性能和用途是什么？

3. 什么是涂层刀具？其性能如何？

4. 陶瓷刀具分为几类？其主要特点是什么？

5. 金刚石与立方氮化硼各有什么特点？它的适用场合如何？

6. 按下列条件选择刀具材料类型或牌号：

(1) 45 钢锻件粗车；

(2) HT200 铸件精车；

(3) 高速精车调质钢长轴；

(4) 中速车削淬硬钢轴；

(5) 高速精密镗削铝合金缸套。

# 第3章 金属切削的变形过程

通过了解金属切削过程,可以懂得金属是如何切削下来的,能够理解切削力、切削热、刀具磨损与加工表面质量等切削加工中的物理现象,为掌握提高切削效率、降低成本和保证加工质量等一些加工方法打下基础。

金属切削过程实际上是被切削金属层在刀具的挤压下产生剪切滑移的塑性变形过程,在切削过程中也有弹性变形,但与塑性变形相比可以忽略。本章将主要简介金属切削层的变形;前刀面的挤压与摩擦;积屑瘤的形成;切屑的变形规律及其类型、卷曲与折断等问题,了解与掌握这些基本规律,为合理使用与设计刀具、解决切削加工质量、降低成本和提高生产效率等方面问题打下初步基础。

## 3.1 研究金属切削变形过程的意义和方法

### 3.1.1 研究金属切削变形过程的意义

切削过程中切屑是怎样切下来的呢?这个问题应首先了解,否则就无法对切削中出现的诸如切削力、切削热、刀具磨损、已加工表面质量等进行研究,更不用说去解决实际生产中所出现的问题了。通过试验研究,现在人们认识到,金属切削过程是工件被切削层在受到刀具前刀面的挤压后而产生的以滑移为主的变形过程,因此金属切削变形过程的研究是金属切削基础理论研究的一个根本问题。

历史上,对金属切削变形过程研究由来已久,表3-1大致列出了对金属切削变形过程的研究历史。

表3-1 对金属切削变形过程的研究历史

| 时 间 | 研究者 | 研究内容 | 意 义 |
|---|---|---|---|
| 1870 年 | 基麦(И. A. ТиМе) | 金属切削过程 | 提出金属切削过程是由挤压而产生的剪切过程 |
| 1913—1916 年 | 乌沙丘夫(Я. Г. УсаЧёв) | 金属结构组织的变化,测量切削区的温度 | 对切削过程的认识由外部逐渐深入到内部 |
| 20 世纪 10 年代 | 泰勒(F. W. Taylor) | 刀具耐用度与切削速度的关系 | 提出泰勒公式 |
| 1941 年 | 恩斯特和麦钱特(Ernst and Merchant) | 剪切理论 | 推导出剪切角公式 |

随着航空航天事业的迅速发展,难加工材料应用越来越多,对零件的质量要求也越来越高,同时切削加工自动化和微电子技术等在机械制造中的应用越来越广泛。当前对金属切削过程的研究工作已深入到塑性力学、有限元法、位错理论以及断裂力学的范畴,在

试验方法上也采用电子显微镜、调整摄影机等设备，从单因素试验进入多因素综合试验，从表态观测进入动态观察，从宏观研究进入微观研究。

### 3.1.2 研究金属切削变形过程的试验方法

1. 侧面变形观察法

最简便的方法是用显微镜直接观察在低速直角自由切削时工件侧面切削层的金属变形状况，可以在刨床或铣床上进行。如果在金相显微镜上，加上摄像机和监视器（电视），则可随切削过程的进行在电视屏幕上反映出连续的动态变形过程。为了对金属切削层各点的变形观察得更准确，可以将工件侧面抛光，划出细小方格，观察切削过程中这些方格如何被扭曲，从而获知刀具变形区的范围以及金属颗粒如何流向切屑。根据变形图像和塑性力学可以计算出各点的应力状态，这就是图像-塑性法，如图3-1所示。

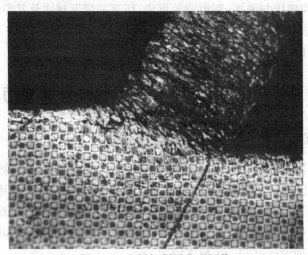

图3-1 金属切削层变形图像

2. 高频摄影法

要观察高速切削情况下金属的变形过程，目视就较困难，可用高速摄影机拍摄。常用的高速摄影机每秒可拍几百幅到万幅以上。拍摄时要用显微镜头或具有放大作用的长焦距镜头，并且要有强的光源。

3. 快速落刀法

为了探索在不同切削条件下的切削变形特征，可用"快速落刀法"，取得在该切削条件下的变形区和切屑根部标本。所谓"快速落刀法"，就是使刀具以尽可能快的速度脱离工件，把切削过程冻结起来，把留下的切屑根部做成金相标本，以供观察。

图3-2是一种弹簧式车削快速落刀装置。刀头1可绕刀头轴2转动，在切削时它被半月形销轴3所固定。要刀头脱离工件时，可扳动大齿轮，通过小齿轮转动半月形销轴。当销轴脱开刀头末端时，刀头即被弹簧快速掣回。这种装置在100m/min的切削速度下可获得满意的结果。

4. 在线瞬态体视摄影系统

图3-3（a）是用在线瞬态体视摄影系统所摄得的实时流线照片，它只要在工件侧面刻若干细线，用体视显微镜、照相机和闪光源等即可组成，如图3-4所示。从流线图即可求

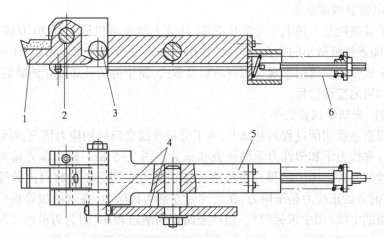

图 3-2　弹簧式落刀装置的结构

1—刀头；2—刀头轴；3—半月形销轴；4—齿轮增速机构；5—刀架体；6—弹簧

得剪切角 $\phi$ 和变形区厚度 $S$，如图 3-3(b)所示。这个摄影系统的关键在于要选择有足够光强度的闪光源和足够短的闪光时间，以保证高速切削时图像清晰。

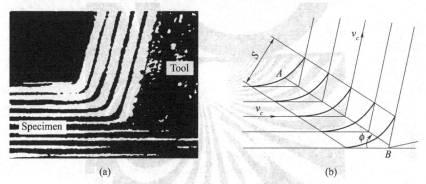

图 3-3　直线图和剪切角与变形区厚度求法

（a）流线图；（b）剪切角与变形区厚度求法

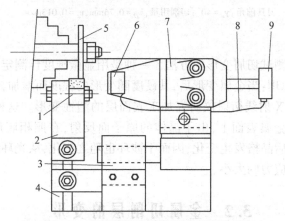

图 3-4　切削过程在线体视显微摄影系统

1—车刀；2—刀架；3—显微镜托架；4—底板；5—工件；6—闪光源；7—体视显微镜；8—同步线；9—照相机

**5. 扫描电镜显微观察法**

扫描电子显微镜是一种电子光学显微镜,其放大倍率可以调节到 20 万倍,分辨力可以高达 5nm,能观察极微小的表面和裂纹,常用于观察分析试件表面形貌,还可以分析试件表面的化学成分。它可用于观察切屑的断口形式,属于剪切破坏或拉伸破裂、刀具的磨损机理以及切屑的变形过程。

**6. 光弹性、光塑性试验法等**

在试验观察金属切削过程的基础上,为了分析金属变形区的应力情况,对切削刃前方的金属可进行弹性力学和塑性力学的研究和试验。图 3-5 是一幅用偏光镜对切削过程进行光弹试验的照片。图中的黑白条纹表示在切削力作用下工件材料内的等切应力曲线,在切削刃前方的正应力是压应力,在它的后方则为拉应力,在这两组等切应力曲线之间有一条分隔的中线(图中未标明)。塑性金属在切削过程中,因为刃前区实际上产生塑性变形,并且是很大的塑性变形,所以研究它的应力情况应该进行光塑性试验。随着光塑性理论的完善和新型光塑性材料的出现,已能用光塑性法研究二维切削过程。浙江大学已成功地以聚碳酸酯作工件模型,获得模拟正交切削时以切应力差法求得的刃前区应力分布的干涉条纹。

图 3-5　模拟切削过程的光弹试验照片

工件材料:聚碳酯类的双折射塑料;刀具材料:高速钢;

刀具前角:$\gamma_o = 40°$;切削用量:$h_D = 0.76\text{mm}, v_c = 0.013\text{m/s}$

**7. 其他试验方法**

还有一些常用的测试切屑变形的方法。一种是用显微硬度计测定切屑标本的显微硬度,这种方法依据的原理:当金属变形后,其硬度随变形的程度而增加,即"加工硬化"。

另一种方法是用 X 射线衍射仪研究加工表面层的塑性变形。这种方法的实质是,X 射线光束照在多晶体金属表面上,由于晶体的原子面反射,在照相底片上就得出干涉环系。金属经塑性变形后晶格发生变化,因而干涉环也随之变化,从光环图的对比就可以看出晶粒的变形和残余应力的大小。

## 3.2　金属切削层的变形

本节以切削塑性金属材料时切屑形成过程为例,说明金属切削层的变形。

### 3.2.1 变形区的划分

金属在加工过程中会发生剪切和滑移,图 3-6 表示了金属的滑移线和流动轨迹,其中横向线是金属流动轨迹线,纵向线是金属的剪切滑移线。图 3-7 表示了金属的滑移过程。由图可知,金属切削过程的塑性变形通常可以划分为三个变形区,各区特点如下。

(1) 第一变形区  切削层金属从开始塑性变形到剪切滑移基本完成,这一过程区域称为第一变形区。如图 3-6 所示,$OA$—$OM$ 之间的区域,就是第一变形区,它是切削过程中的主要变形区,是切削力和切削热的主要来源,其主要特征是剪切面的滑移变形。

切削层金属在刀具的挤压下首先将产生弹性变形,当最大剪切应力超过材料的屈服极限时,发生塑性变形,如图 3-6 所示,金属会沿 $OA$ 线剪切滑移,$OA$ 被称为始滑移线。随着刀具的移动,这种塑性变形将逐步增大,当进入 $OM$ 线时,这种滑移变形停止,$OM$ 被称为终滑移线。现以金属切削层中某一点的变化过程来说明。由图 3-7 所示,在金属切削过程中,切削层中金属一点 $P$ 不断向刀具切削刃移动,到达点 1 的位置时,此时其切应力达到材料的屈服强度 $\tau_s$,点 1 在向前移动的同时,也沿 $OA$ 滑移,其合成运动将使点 1 流动到点 2。$2'$—2 就是它的滑移量。随着滑移的产生,切应力将逐渐增加,也就是说,$P$ 点向 2、3 等点流动的过程中继续滑移,它的切应力不断增加,当进入 $OM$ 线上 4 点时其流动方向与前刀面平行,滑移停止。同理,$3'$—3,$4'$—4 为各点相对前一点的滑移量。第一变形区是金属切削变形过程中最大的变形区,其变形的主要特征就是沿滑移线的剪切变形,以及随之产生的加工硬化。在这个区域内,金属将产生大量的切削热,并消耗大部分功率。此区域较窄,宽度仅为 0.02~0.2mm。

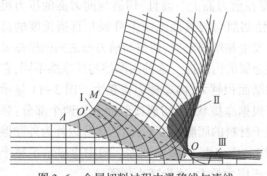

图 3-6　金属切削过程中滑移线与流线

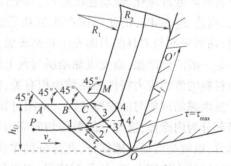

图 3-7　第一变形区金属滑移

从金属晶体结构的角度来看,沿滑移线的剪切变形就是沿晶格中晶面的滑移。在图 3-8晶粒滑移示意图中可看到,工件材料的晶料可假定为圆的颗粒,如图 3-8(a)所示,当它受到剪应力时,晶格内晶面发生位移,晶粒呈椭圆形。圆的直径 $AB$[见图 3-8(a)]变成椭圆的长轴 $A'B'$[见图 3-8(b)]。$A''B''$就是晶粒纤维化的方向[见图 3-8(c)]。可见,晶粒伸长的方向就是纤维化的方向,是与滑移方向(剪切面方向)不重合的。如图 3-9 所示,它们之间成一夹角 $\psi$。在一般的切削速度范围内,第一变形区的宽度仅为 0.02~0.2mm,所以可用一剪切面来表示。剪切面和切削速度方向的夹角叫做剪切角,用 $\phi$ 表示。

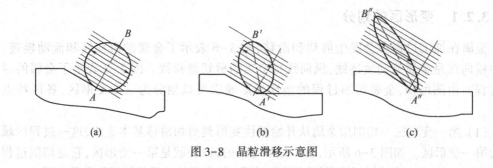

图 3-8　晶粒滑移示意图

此区域的变形过程可以通过图 3-10 形象表示,切削层在此区域如同一片片相叠的层片,在切削过程中层片之间发生了相对滑移,滑移的方向就是剪切面的方向。

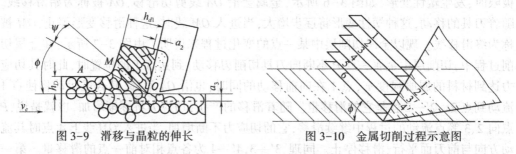

图 3-9　滑移与晶粒的伸长　　　　图 3-10　金属切削过程示意图

（2）第二变形区　产生塑性变形的金属切削层材料经过第一变形区后沿刀具前刀面流出,在靠近前刀面处形成第二变形区,如图 3-6 所示。

在这个变形区域,由于切削层材料受到刀具前刀面的挤压和摩擦,变形进一步加剧,材料在此处纤维化,流动速度减慢,甚至停滞在前刀面上。而且,切屑与前刀面的压力很大,高达 2~3GPa,由此摩擦产生的热量也使切屑与刀具面温度上升到几百摄氏度的高温,切屑底部与刀具前刀面发生黏结现象。发生黏结现象后,切屑与前刀面之间的摩擦就不是一般的外摩擦,而变成黏结层与其上层金属的内摩擦。这种内摩擦与外摩擦不同,它与材料的流动应力特性和黏结面积有关,黏结面积越大,内摩擦力也越大。图 3-11 显示了发生黏结现象时的摩擦状况。由图可知,根据摩擦状况,切屑接触面分为两个部分:黏结部分为内摩擦,这部分的单位切向应力等于材料的屈服强度 $\tau_s$;黏结部分以外为外摩擦部分,也就是滑动摩擦部分,此部分的单位切向应力由 $\tau_s$ 减小到零。图中也显示了整个接触区域内正应力 $\sigma_\gamma$ 的分布情况,刀尖处,正应力最大,逐步减小到零。

（3）第三变形区　金属切削层在已加工表面受刀具刀刃钝圆部分的挤压与摩擦而产生塑性变形部分的区域,如图 3-6 所示。

第三变形区的形成与刀刃钝圆有关。因为刀刃不可能绝对锋利,不管采用何种方式刃磨,刀刃总会有一钝圆半径 $\gamma_n$。一般高速钢刃磨后 $\gamma_n$ 为 3~10μm,硬质合金刀具磨后为 18~32μm,如采用细粒金刚石砂轮磨削,$\gamma_n$ 最小可达到 3~6μm。另外,刀刃切削后就会产生磨损,增加刀刃钝圆。

图 3-12 表示了考虑刀刃钝圆情况下已加工表面的形成过程。当切削层以一定的速度接近刀刃时,会出现剪切与滑移,金属切削层绝大部分金属经过第二变形区的变形沿终滑移层 $OM$ 方向流出。由于刀刃钝圆的存在,在钝圆 $O$ 点以下有少部分厚度为 $\Delta h_D$ 的金

属切削层不能沿 *OM* 方向流出,被刀刃钝圆挤压过去,该部分经过刀刃钝圆 *B* 点后,受到后刀面 *BC* 段的挤压和摩擦,经过 *BC* 段后,这部分金属开始恢复弹性,恢复高度为 Δ*h*,在恢复过程中又与后刀面 *CD* 部分产生摩擦,这部分切削层在 *OB*、*BC*、*CD* 段的挤压和摩擦后,形成了已加工表面的加工质量。第三变形区对工件加工表面质量产生很大影响。

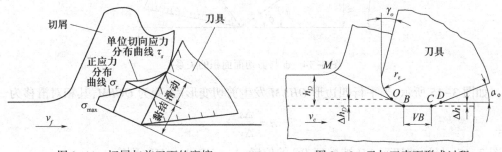

图 3-11　切屑与前刀面的摩擦　　　　　图 3-12　已加工表面形成过程

以上对金属切削层在切削过程中三个变形区域变形的特点进行了介绍,如果将这三个区域综合起来,可以看作如图 3-13 所示过程。当金属切削层进入第一变形区时,金属发生剪切滑移,并且金属纤维化,该切削层接近刀刃时,金属纤维更长并包裹在切削刃周围,最后在 *O* 点断裂成两部分,一部分沿前刀面流出成为切屑,另一部分受到刀刃钝圆部分的挤压和摩擦成为已加工表面,表面金属纤维方向平行已加工表面,这层金属具有与基体组织不同的性质。

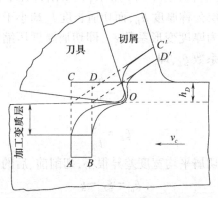

图 3-13　刀具的切削完成过程

### 3.2.2　变形程度的表示方法

切削变形是材料微观组织的动态变化过程,因此,变形量的计算很复杂。剪切角 $\phi$ 是从切屑根部金相组织中测定的晶格滑移方向与切削速度方向之间的夹角。试验证明,剪切角 $\phi$ 的大小和切削力的大小有直接联系。用同样的刀具加工同一工件材料,切削同样大小的切削层,当切削速度高时,$\phi$ 较大,剪切面积变小,如图 3-14 所示,此时,切削比较省力。可以看出,剪切变形是切削塑性材料时的重要特征,剪切角的大小可以作为衡量切削过程变形的参数。

相对滑移 $\varepsilon$ 是指切削层在剪切面上相对滑移量,是切削过程中金属变形的主要形式。这里来推导剪切角 $\phi$ 与相对滑移 $\varepsilon$ 的关系。

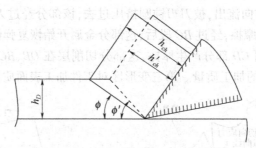

图3-14 $\phi$ 与剪切面面积的关系

如图3-15所示，当平行四边形 $OHNM$ 发生剪切变形后，变为 $OGPM$，其相对滑移为

$$\varepsilon = \frac{\Delta s}{\Delta y}$$

由图3-15可见，剪切面 $NH$ 被推到 $PG$ 的位置，$\Delta s = NP$，$\Delta y = MK$，则有

$$\varepsilon = \frac{\Delta s}{\Delta y} = \frac{NP}{MK} = \frac{NK + KP}{MK}$$

$$\varepsilon = \cot \phi + \tan (\phi - \gamma_o) \tag{3-1}$$

$$\varepsilon = \frac{\cos \gamma_o}{\sin\phi\cos (\phi - \gamma_o)} \tag{3-2}$$

用剪切角 $\phi$ 衡量变形大小，必须用快速落刀装置获得切屑根部图片来得到，比较麻烦；一般用变形系数 $\xi$ 来度量。如图3-14所示，在切削过程中，刀具切下的切屑厚度 $h_{ch}$ 通常都要大于工件上切削层公称厚度 $h_D$，而切屑长度 $l_{ch}$ 却小于切削层长度 $l_c$。切屑厚度与切削层公称厚度之比称为厚度变形系数 $\xi_a$，即切屑厚度压缩比 $A_h$；而切削层长度与切屑长度之比称为长度变形系数 $\xi_L$，即

$$\xi_a = \frac{h_{ch}}{h_D} \tag{3-3}$$

$$\xi_L = \frac{l_c}{l_{ch}} \tag{3-4}$$

因工件上切削层的宽度与切屑平均宽度差异很小，切削前、后的体积可视为不变，故有

$$\xi_a = \xi_L = \xi \tag{3-5}$$

式中 $\xi$——变形系数，它直观地反映了切屑的变形程度，容易测量。变形系数 $\xi$ 是一个

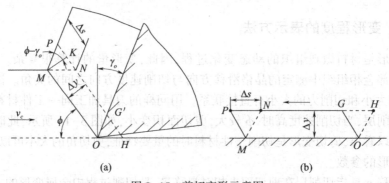

(a)                        (b)

图3-15 剪切变形示意图

大于 1 的数,苏联称为收缩系数,英美以其倒数 $r_c$ 来表示,称为切削比。

在式(3-4)中,$l_c$ 为已知,是试件长度,$l_{ch}$ 可用细铜丝量出。$\xi$ 值越大,表示切出的切屑越厚越短,变形越大。由图 3-16 推导出

$$\xi = \frac{h_{ch}}{h_c} = \frac{OM\sin(90° - \phi + \gamma_o)}{OM\sin\phi} = \frac{\cos(\phi - \gamma_o)}{\sin\phi} \qquad (3-6)$$

式(3-6)变换后可写成

$$\tan\phi = \frac{\cos\gamma_o}{\xi - \sin\gamma_o} \qquad (3-7)$$

由式(3-1)与式(3-7)可得

$$\varepsilon = \frac{\xi^2 - 2\xi\sin\gamma_o + 1}{\xi\cos\gamma_o} \qquad (3-8)$$

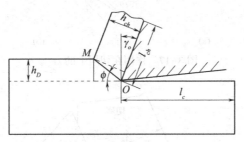

图 3-16　变形系数 $\xi$ 求法

通常,用剪切角 $\phi$、相对滑移 $\varepsilon$、变形系数 $\xi$ 来表示切屑的变形程度。但应指出,它们是根据纯剪切的观点提出的,实际切削过程是复杂的,既有剪切,又有前刀面对切屑的挤压和摩擦,所以这些公式不能反映全部变形实质,例如,$\xi = 1$ 时,$h_{ch} = h_c$,似乎表示切屑没有变形,但实际上有滑移存在。式(3-8)变形系数 $\xi$ 与相对滑移 $\varepsilon$ 之间的关系,只有当 $\xi >$ 1.5 时,$\xi$ 与 $\varepsilon$ 基本成正比。

## 3.3　前刀面上的摩擦及积屑瘤现象

### 3.3.1　前刀面上的挤压与摩擦及其对切屑变形的影响

切削层金属经过第一变形区的剪切滑移变形后,沿前刀面方向排出时,由于受到前刀面的挤压与摩擦会进一步变形。变形主要集中在和前刀面摩擦的切屑层底面一薄层金属内,这个区域为第二变形区。这个变形区的特征是使切屑底层靠近前刀面处纤维化,切屑流动速度减慢,底层金属甚至会滞留在前刀面上;由于切屑底层纤维化晶粒被伸长,因此形成切屑的卷曲;由摩擦产生的热量使切屑底层与前刀面处温度升高。前刀面上的挤压和摩擦不仅造成第二变形区的变形,并且对第一变形区也有影响。若前刀面的摩擦很大,切屑不易排出,则第一变形区的剪切滑移将加剧。因此,必须考虑前刀面的摩擦及其对剪切角的影响。

1. 作用在切屑上的力

要研究前刀面上摩擦对切屑变形的影响,首先要分析作用在切屑上的力。如图 3-17

所示,在直角自由切削下,作用在切屑上的力有:前刀面上的法向力 $F_n$ 和摩擦力 $F_f$,其合力为 $F$,又称为切屑形成力;在剪切面上,有一个正压力 $F_{ns}$ 和剪切力 $F_s$,其合力为 $F'$。$F$ 与 $F'$ 这两合力应平衡。各力间的关系如图 3-18 所示。其中,$\phi$ 是剪切角,$\gamma_o$ 是刀具前角,$F_n$ 和 $F_f$ 的夹角为摩擦角 $\beta$,$F_c$ 是切削运动方向的切削分力,$F_p$ 是和切削运动方向垂直的切削分力,$F$ 与切削运动方向之间的夹角为作用角 $\omega$。

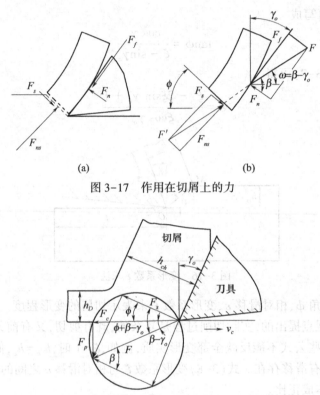

图 3-17　作用在切屑上的力

图 3-18　直角自由切削时力与角度的关系

$b_D$ 表示切削层公称宽度,$A_D$ 表示切削层的剖面积,$A_s$ 表示剪切面的剖面积,$\tau$ 表示剪切面上的切应力,由

$$A_D = h_D b_D, A_s = \frac{A_D}{\sin \phi}, 则$$

$$F_s = \tau A_s = \frac{\tau A_D}{\sin \phi}$$

$$F_s = F\cos(\phi + \beta - \gamma_o)$$

$$F = \frac{F_s}{\cos(\phi + \beta - \gamma_o)} = \frac{\tau A_D}{\sin\phi\cos(\phi + \beta - \gamma_o)} \qquad (3-9)$$

$$F_c = F\cos(\beta - \gamma_o) = \frac{\tau A_D\cos(\beta - \gamma_o)}{\sin\phi\cos(\phi + \beta - \gamma_o)} \qquad (3-10)$$

$$F_p = F\sin(\beta - \gamma_o) = \frac{\tau A_D\sin(\beta - \gamma_o)}{\sin\varphi\cos(\phi + \beta - \gamma_o)} \qquad (3-11)$$

摩擦角 $\beta$ 对切削分力 $F_c$、$F_p$ 的影响可见式(3-10)与式(3-11)。反之,若测得切削分

力 $F_c$、$F_p$ 的值而忽略后面上的作用力,可求得 $\beta$ 的值:$\dfrac{F_p}{F_c}=\tan\ (\beta-\gamma_o)$。

前刀面的平均摩擦系数 $\mu$ 就等于 $\tan\beta$,通常通过此方法来测定摩擦系数 $\mu$。

2. 剪切角 $\phi$ 与前刀面摩擦角 $\beta$ 的关系

由图 3-17 和图 3-18 可知,$F$ 是前刀面上 $F_n$ 和 $F_f$ 的合力,在主应力方向;剪切力 $F_s$ 是在最大剪应力方向,两者之间的夹角为 $(\phi+\beta-\gamma_o)$。根据材料力学原理,这个夹角应为 $45°$,则

$$\phi+\beta-\gamma_o=\frac{\pi}{4}$$

或

$$\phi=\frac{\pi}{4}-(\beta-\gamma_o)=\frac{\pi}{4}-\omega \tag{3-12}$$

在式(3-12)中,$\omega$ 称为作用角,即合力 $F_r$ 与切削速度方向之间的夹角。

由式(3-12)可知:

(1) 当前角 $\gamma_o$ 增大时,角 $\phi$ 随之增大,变形减小,即在保证切削刃强度的条件下,增大前角对改善切削过程是有利的。

(2) 当摩擦角 $\beta$ 增大时,角 $\phi$ 随之减小,变形增大,故仔细研磨刀面、加入切削液以减小前刀面上的摩擦对改善切削过程是有利的。

前刀面上的摩擦情况很复杂,用一个简单的平均摩擦系数 $\mu$ 来表示显然与实际不符。另外,在以上的分析中,把第一变形区看作一假想平面,把刀具的切削刃看作绝对锋利,把加工材料看作各向同性的,而且不考虑加工硬化以及切屑底面和刀具的黏结等现象。因此,式(3-12)与试验结果在定性上是一致的,但在定量上有差异。

3. 前刀面上的摩擦

前刀面上的摩擦与一般机械副相对运动时产生的摩擦不同。在金属切削过程中,切削层对前刀面的作用力非常大,达 2GPa 以上,变形所产生的热量使其温度高达几百摄氏度,这就造成了切屑底层与前刀面之间极易产生黏结,使切屑在横断面上的流动速度不均,即形成了切屑底层的滞流现象。这样的摩擦实质上就形成了切屑底层的剪切滑移,它与材料的流动应力特征以及接触物体之间黏结面积大小有关。这种摩擦称为前刀面上的内摩擦,它不同于外摩擦力,仅与摩擦系数、压力有关,而与接触面积无关。

刀-屑接触面有黏结现象时的摩擦情况如图 3-11 所示,刀-屑接触面分为两个区域:黏结部分($l_{f1}$)为内摩擦,其单位切向力 $\tau_s$ 等于材料的剪切屈服强度 $\tau_s$;滑动部分($l_{f2}$)为外摩擦,其单位切向力 $\tau_r$ 由 $\tau_s$ 逐渐减小到零。整个接触区的正应力 $\sigma_\gamma$ 以刀尖处最大,逐渐减小到零,这里假定刀具绝对锋利,切削厚度较小。

由此可见,若以 $\tau_\gamma/\sigma_\gamma$ 表示摩擦系数,则前刀面上各点的摩擦系数是变化的,而且内摩擦的概念与外摩擦也有所不同。显然,金属内摩擦力要比外摩擦力大得多,沿用 $\mu=\tan\beta$ 描述前刀面摩擦情况是过于简化了。在这里的分析中应着重以内摩擦考虑。

以 $\mu$ 代表前刀面上的平均摩擦系数,则按内摩擦的规律有

$$\mu=\frac{F_f}{F_n}\approx\frac{\tau_s A_{f1}}{\sigma_{av} A_{f1}}=\frac{\tau_s}{\sigma_{av}} \tag{3-13}$$

式中  $A_{f1}$——内摩擦部分接触面积；

$\sigma_{av}$——该部分的平均正应力，随材料硬度、切削层公称厚度 $h_D$、切削速度 $v$、刀具前角 $\gamma_o$ 而变；

$\tau_s$——工件材料的剪切屈服强度，随切削温度升高而下降。

由式(3-13)可以看出，$\mu$ 是一个变数，其摩擦系数变化规律和外摩擦的情况很不相同。

4. 影响前刀面摩擦系数的主要因素

按习惯的摩擦系数表示方法，以试验探索前刀面上摩擦系数的变化规律，可知影响前刀面摩擦系数的主要因素有四个：工件材料、切削厚度、切削速度和刀具前角。

(1) 工件材料。当切削速度不变时，工件材料的强度和硬度增大，切削温度增高，摩擦系数将减小，变形系数也减小，即切削层变形减小。表3-2列出了几种不同工件材料在相同切削条件下它们的摩擦系数变化情况。

(2) 切削厚度(切削层公称厚度 $h_D$)。切削厚度增加时，正应力随之增大，$\mu$ 也略微下降。

(3) 切削速度。在无积屑瘤的切削速度范围内，切削速度越高，变形系数越小。在有积屑瘤的切削速度范围内，切削速度是通过积屑瘤所形成的实际前角来影响切屑变形的。

(4) 刀具前角。在一般切削速度范围内，前角越大，$\mu$ 值越大，这是因为增大前角使正应力减小，材料剪切屈服强度与正应力之比增加。

表3-2  几种不同材料在各种切削厚度时的摩擦系数 $\mu$

| 工件材料 | 抗弯强度 $\sigma_b$ /GPa | 硬度(HBS) | 切削厚度(切削层公称厚度 $h_D$)/mm | | | |
|---|---|---|---|---|---|---|
| | | | 0.1 | 0.14 | 0.18 | 0.22 |
| 铜 | 0.216 | 55 | 0.78 | 0.76 | 0.75 | 0.74 |
| 10 钢 | 0.362 | 102 | 0.74 | 0.73 | 0.72 | 0.72 |
| 10Cr 钢 | 0.48 | 125 | 0.73 | 0.72 | 0.72 | 0.71 |
| 1Cr18Ni9Ti | 0.634 | 170 | 0.71 | 0.70 | 0.68 | 0.67 |

## 3.3.2  积屑瘤的形成及其对切削过程的影响

在一定的切削速度和保持连续切削的情况下，加工一般钢料或其他塑性材料时，在刀具前刀面常常黏结一块剖面呈三角状的硬块，这块金属被称为积屑瘤。

积屑瘤的形成可以根据第二变形区的特点来解释。当金属切削层从终滑移面流出时，受到刀具前刀面的挤压和摩擦，切屑与刀具前刀面接触面温度升高，挤压力和温度达到一定的程度时，就产生黏结现象，也就是常说的"冷焊"。切屑流过与刀具黏附的底层时，产生内摩擦，这时底层上面金属出现加工硬化，并与底层黏附在一起，逐渐长大，成为积屑瘤，如图3-19所示。

积屑瘤的产生以及它的积聚高度与金属材料的硬化性质有关，而且也与刀刃前区的温度和压力有关。塑性材料的加工硬化性越强，越容易产生积屑瘤；温度与压力太低不会产生积屑瘤，温度太高产生弱化作用，积屑瘤也不会发生。对碳素钢来说，在300～350℃时积屑瘤最高，到500℃以上趋于消失。与温度相对应，在切削深度和走刀量保持一定

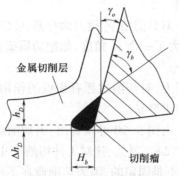

图 3-19 积屑瘤对加工影响

时,积屑瘤高度与切削速度有密切关系,如图 3-20 所示。切削速度太低不会产生积屑瘤,切削速度太高,也不会产生积屑瘤。

积屑瘤硬度很高,是工件材料硬度的 2~3 倍,能同刀具一样对金属进行切削。它对

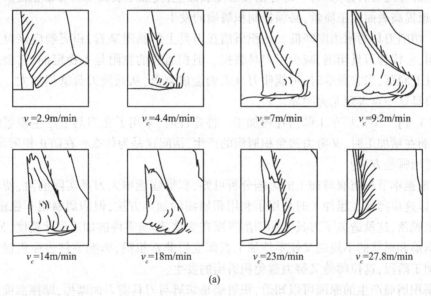

$v_c = 2.9 \text{m/min}$　　$v_c = 4.4 \text{m/min}$　　$v_c = 7 \text{m/min}$　　$v_c = 9.2 \text{m/min}$

$v_c = 14 \text{m/min}$　　$v_c = 18 \text{m/min}$　　$v_c = 23 \text{m/min}$　　$v_c = 27.8 \text{m/min}$

(a)

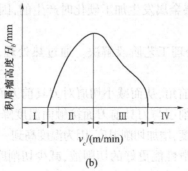

(b)

图 3-20 切削速度与积屑瘤高度关系示意

(a) 在各种切削速度下积屑瘤的大小和形状;

(工件材料:45 钢无缝管端面;刀具:W18Cr4V;$\gamma_o = 0°$,$\alpha_o = 8°$,$\lambda_s = 0°$;切削用量:$h_D = 0.19 \text{mm}$,$b_D = 2 \text{mm}$;干切削)

(b) 积屑瘤高度

金属切削过程会产生如下影响。

（1）实际刀具前角增大　刀具前角 $\gamma_o$ 指刀面与基面之间的夹角,如图 3-20 所示,由于积屑瘤的黏附,刀具前角增大了一个 $\gamma_b$ 角度,如把切屑瘤看成是刀具一部分的话,无疑实际刀具前角增大,现为 $\gamma_o+\gamma_b$。

刀具前角增大可减小切削力,对切削过程有积极的作用。而且,切削瘤的高度 $H_b$ 越大,实际刀具前角也越大,切削更容易。

（2）实际切削厚度增大　由图 3-20 可以看出,当切削瘤存在时,实际的金属切削层厚度比无切削瘤时增加了一个 $\Delta h_D$,显然,这对工件切削尺寸的控制是不利的。值得注意的是,这个厚度 $\Delta h_D$ 的增加并不是固定的,因为切削瘤在不停变化,它是一个产生、长大、最后脱落的周期性变化过程,这样可能在加工中产生振动。

（3）加工后表面粗糙度增大　积屑瘤的变化不但是整体,而且积屑瘤本身也有一个变化过程。积屑瘤的底部一般比较稳定,而它的顶部极不稳定,经常会破裂,然后再形成。破裂的一部分随切屑排除,另一部分留在加工表面上,使加工表面变得非常粗糙。可以看出,如果想提高表面加工质量,必须控制积屑瘤的发生。

（4）切削刀具的耐用度降低　从积屑瘤在刀具上的黏附来看,积屑瘤应该对刀具有保护作用,它代替刀具切削,减少了刀具磨损。但积屑瘤的黏附是不稳定的,它会周期性地从刀具上脱落,当它脱落时,可能使刀具表面金属剥落,从而使刀具磨损加大。对于硬质合金刀具这一点表现尤为明显。

【例 3-1】　某工厂车工师傅在粗加工一件零件时,采用了在刀具上产生积屑瘤的加工方法,而在精加工时,又努力避免积屑瘤的产生,请问这是为什么？在防止积屑瘤方面,你认为能用哪些方法？

答:根据本节积屑瘤对加工的影响分析可知,积屑瘤能增大刀具实际前角,使切削更容易,所以这位师傅在粗加工时采用了利用积屑瘤的加工方法,但积屑瘤很不稳定,它会周期性地脱落,这就造成了刀具实际切削厚度在变化,影响零件的加工尺寸精度,另外,积屑瘤的剥落和形状的不规则又使零件加工表面变得非常粗糙,影响零件表面粗糙度。所以在精加工阶段,这位师傅又努力避免积屑瘤的发生。

根据积屑瘤产生的原因可以知道,积屑瘤是切屑与刀具前刀面摩擦,摩擦温度达到一定程度,切屑与前刀面接触层金属发生加工硬化时产生的,因此可以采取以下几个方面的措施来避免积屑瘤的发生。

① 首先从加工前的热处理工艺阶段解决。通过热处理,提高零件材料的硬度,降低材料的加工硬化。

② 调整刀具角度,增大前角,从而减小切屑对刀具前刀面的压力。

③ 调低切削速度,使切削层与刀具前刀面接触面温度降低,避免黏结现象的发生。

④ 或采用较高的切削速度,增加切削温度,因为温度高到一定程度,积屑瘤也不会发生。

⑤ 更换切削液,采用润滑性能更好的切削液,减少切削摩擦。

## 3.4　切屑变形的变化规律

前几节对金属切削变形的特点作了介绍,了解到要获得比较理想的切削过程,关键在于减小摩擦和变形。这节将对影响金属切屑变形的因素进行分析,利用这些规律,可以创造更加先进的切削方法和刀具。这一节主要从工件材料、刀具几何参数、切削厚度和切削速度四个方面进行介绍。

### 3.4.1 工件材料

通过试验,可以发现工件材料强度和切屑变形有密切的关系。图 3-21 显示了材料强度和切屑变形系数之间的关系曲线,横坐标 $\sigma$ 表示工件材料的强度,纵坐标 $\xi$ 表示材料的变形系数。从图可以看出,随着工件材料强度的增大,切屑的变形越来越小。

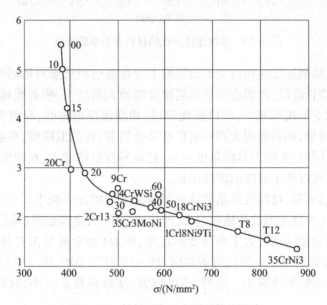

图 3-21　材料强度对变形系数的影响

### 3.4.2 刀具几何参数

在刀具几何参数中,刀具前角是影响切屑变形的重要参数,刀具前角影响切屑流出方向。当刀具前角 $\gamma_o$ 增大时,沿刀面流出的金属切削层将比较平缓地流出,金属切屑的变形也会变小。另外,刀具前角也影响切削合力 $F_r$ 与切削速度 $v$ 的夹角,即作用角 $\omega = \beta - \gamma_o$。当前角增大时,作用角减小,根据式 $\phi = \dfrac{\pi}{4} - (\beta - \gamma_o) = \dfrac{\pi}{4} - \omega$,可知 $\phi$ 增大。当 $\gamma_o$ 增加时,若 $\beta$ 的增加不如 $\gamma_o$ 增加得多,则 $\omega$ 仍减小,从而使 $\phi$ 增加。通过对高速钢刀具所作的切削试验也证明了这一点。在同样的切削速度下,刀具前角 $\gamma_o$ 越大,材料变形系数越小。

此外,刀尖圆弧半径对切削变形也有影响,刀尖圆弧半径越大,表明刀尖越钝,对加工表面挤压也越大,表面的切削变形也越大。

### 3.4.3 切削速度

由图 3-22 可以看出,随切削速度变化的材料变形系数曲线并不是一直递减,而是在某一段有一个波峰,这实际是积屑瘤产生的影响。因此,切削速度对材料变形的影响分为两个段:一是积屑瘤段;二是无积屑瘤段。

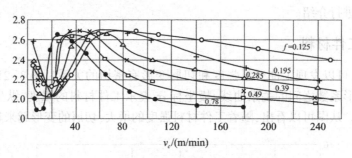

图 3-22　切削速度变化的材料变形系数曲线

在积屑瘤段,切削速度对切屑变形的影响主要是通过积屑瘤对切屑变形的影响来实现的。在积屑瘤增长阶段,积屑瘤随着切削速度的增大而增大,积屑瘤越大,实际刀具前角也越大,切屑的变形相对减少,所以在此阶段,切削速度增加时,材料变形系数 $\xi$ 也减少。随着速度的增加,积屑瘤增大到一定程度又会消退,在消退阶段,积屑瘤随着切削速度的增加而减小,同时,实际刀具前角也减小,材料的变形将增大,在积屑瘤完全消退时,材料变形将最大,此时处于曲线的波峰位置。

避开这一积屑瘤段,材料变形系数随着切削速度的增加而减小。这主要是因为塑性变形的传播速度比弹性变形的传播速度慢,即当速度低时,金属始剪切面为 $OA$,当速度增大到一定值时,金属流动速度大于塑性变形速度,在 $OA$ 面金属并未充分变形,相当于始剪切面后移至 $OA'$ 面(见图 3-23),终剪切面 $OM$ 也后移至 $OM'$,第一变形区后移,剪切角 $\phi$ 增大,使得材料变形系数减小。另外,速度越大,摩擦系数 $\mu$ 减小,材料变形系数也会减小。

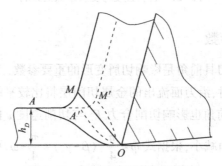

图 3-23　切削速度对剪切面影响

### 3.4.4　切削厚度

由 3.3 节可知,当切削厚度增加时,前刀面上的摩擦系数减小,使 $\beta$ 与 $\omega$ 减小,因而 $\phi$ 增大。如图 3-22 所示,显示了切削速度 $v_c$ 及进给量 $f$ 对变形系数 $\xi$ 的影响。

在无积屑瘤段,进给量 $f$ 越大,材料的变形系数 $\xi$ 越小。在有积屑瘤的切削速度范围内,切削速度的影响主要是通过积屑瘤所形成的实际前角来影响切屑变形的。在积屑瘤增长阶段中,积屑瘤随切削速度的增加而增大,积屑瘤越大,实际前角越大,因而切削速度

增加时 $\xi$ 减小。在积屑瘤消退阶段中,积屑瘤随切削速度的增加而减小,积屑瘤越小,实际前角越小,因而切削速度增加时 $\xi$ 增大。积屑瘤消失时,$\xi$ 达到最高值,而当积屑瘤最大时,$\xi$ 达到最低值。

## 3.5　切屑的类型及其变化规律

在金属切削过程中,必然会产生切屑,如不能有效控制,轻者将划伤工件已加工表面,重者则危害操作者的人身安全和机床设备的正常运行,所以在生产中更应该注意切屑的控制。

由于工件材料不同,工件在加工过程中的切削变形也不同,因此所产生的切屑类型也多种多样。切屑主要有四种类型,如图 3-24 所示。

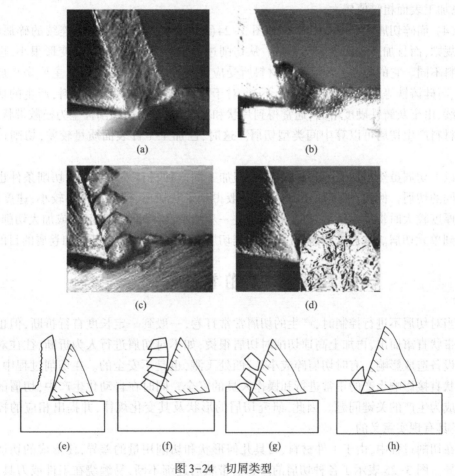

图 3-24　切屑类型
(a)带状切屑实物;(b)挤裂切屑实物;(c)单元切屑实物;(d)崩碎切屑实物;
(e)带状切屑简图;(f)挤裂切屑简图;(g)单元切屑简图;(h)崩碎切屑简图

图 3-24 的四种切屑中,其中前三种属于加工塑性材料所产生的切屑,第四种为加工脆性材料的切屑。现对这四种类型切屑特点分别介绍。

(1)带状切屑。此类切屑的特点是形状为带状,内表面比较光滑,外表面在显微镜下可以看到剪切面的条纹,呈毛茸状。它的形成过程如图 3-24(a)和图 3-24(e)所示。这是加工塑性金属时最常见的一种切屑。一般切削厚度较小,切削速度高,刀具前角较大时,容易产生这类切屑。此时,切削过程较平稳,切削力波动小,已加工表面质量好。

(2) 挤裂切屑。挤裂切屑形状与带状切屑差不多,不过它的外表面呈锯齿形,内表面一些地方有裂纹,如图 3-24(b)和图 3-24(f)所示。这类切屑呈锯齿形是因为它的第一变形区较宽,在剪切滑移过程中滑移量较大。由滑移变形所产生的加工硬化使剪切力增加,在局部地方达到材料的破裂强度。此类切屑一般在切削速度较低、切削厚度较大、刀具前角较小时产生。切削过程不太稳定,切削力波动较大,已加工表面粗糙值较大。

(3) 单元切屑。在切削速度很低、切削厚度很大的情况下,切削钢以及铅等材料时,由于剪切变形完全达到材料的破坏极限,切下的切削断裂成均匀的颗粒状,则成为梯形的单元切屑,如图 3-25(c)和图 3-25(g)所示。这种切屑类型较少见。此时,切削力波动最大,已加工表面粗糙值较大。

(4) 崩碎切屑。如图 3-24(d)和图 3-24(h)所示,此类切屑为不连续的碎屑状,形状不规则,而且加工表面也凹凸不平。从切削过程来看,切屑在破裂前变形很小,也和塑性材料不同。它的脆断主要是由于材料所受应力超过了它的抗拉极限,主要是在加工白口铁、高硅铸铁等脆硬材料时产生。不过,对于灰铸铁和脆铜等脆性材料,产生的切屑也不连续,由于灰铸铁硬度不大,通常得到片状和粉状切屑,高速切削甚至为松散带状,这种脆性材料产生切屑可以算中间类型切屑。这时,已加工工件表面质量较差,切削过程不平稳。

以上切屑虽然与加工不同材料有关,但加工同一种材料采用不同的切削条件也将产生不同的切屑。例如,加工塑性材料时,一般得到带状切屑,但如果前角较小、速度较低、切削厚度较大时将产生挤裂切屑;若前角进一步减小,再降低切削速度,或加大切削厚度,则得到单元切屑。掌握这些规律,可以控制切屑形状和尺寸,达到断屑和卷屑的目的。

# 3.6 切屑的卷曲与折断

当对切屑不进行控制时,产生的切屑常常打卷,一般到一定长度自行折断,但也有切屑成带状直窜而出,再加上高速切削时切屑很烫,如不对切屑进行人为折断,往往对操作者和设备造成影响。有时切屑碎成小片,四处飞溅,也是不安全的。在切削过程中,切屑的形状直接影响生产的正常进行和操作人员的安全。同时在自动化生产中,切屑的处理往往成为生产的关键问题。因此,研究切屑的形状及其变化规律,并提出相应的控制措施,是具有现实意义的。

在切削过程中,由于工件材料、刀具几何形状和切削用量的差异,使形成的切屑形状也各异。图 3-25 表示了各种切屑的形状。带状屑连绵不断,易缠绕在工件或刀具上,造成划伤工件表面或打坏刀刃,甚至伤害操作人员,故一般应避免形成带状屑。但在某些情况下(如加工不通孔),为了使切屑顺利地排出,希望形成带状屑或长紧卷屑。C 形屑是一种较好的屑形,不会伤工件表面或打刀刃,也不易伤人。多数是使它碰撞在刀具后刀面或工件表面上而折断,但这样会影响切削过程的平稳性,也会影响工件已加工表面粗糙度。因此,精加工时希望形成长螺卷屑。长紧卷屑也是一种较好的屑形,切削过程比较平稳,并易于清除。但要形成长紧卷屑,必须严格控制刀具的几何参数和切削用量。在重型车床上,因切屑又厚又宽,为安全起见,希望形成发条状屑,并使其在工件加工表面上顶断,靠自重坠落。在自动机床或自动线上,排屑及清除对加工的连续性很重要,故希望形成不缠绕工件和刀具且易清除的宝塔状卷屑。可见,由于切削加工的具体条件不同,对切屑形状的要求也不同。

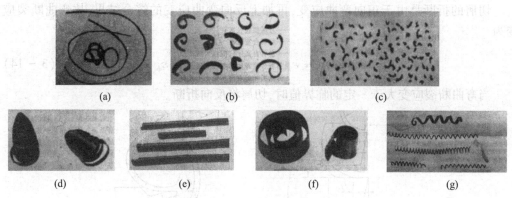

图 3-25　切屑的各种形状

(a) 带状屑;(b) C 形屑;(c) 崩碎屑;(d) 宝塔状切屑;(e) 长紧卷屑;(f) 发条状切屑;(g) 螺卷屑

切屑的变形可由两部分组成:一是切削过程中产生的,称为基本变形;二是切屑在流动和卷曲过程中的再次变形,称为附加变形。金属切削过程中产生的切屑受到变形,如变形程度超过了材料的断裂应变,则切屑将自行折断,但多数情况下,只靠切削过程中的卷曲变形不足以使切屑折断,必须经受再次附加变形,最常用的方法就是在前刀面上磨出或压制出卷屑槽,迫使切屑流入槽内经受卷曲变形。经附加变形后的切屑进一步硬化,当它再受到弯曲和冲击就很容易被折断。切屑是否易折断,与工件材料的性能及切屑变形有密切关系。工件材料的强度越高、延伸率越大、韧性越高,切屑越不易折断,如合金钢、不锈钢等就较难断屑,而铸铁、铸钢等就较易断屑。在切削难断屑的高强度、高韧性、高塑性的材料时,应设法增大切屑变形,增强切屑的硬化效果,达到断屑的目的。由此可见,研究切屑的折断,必须从切屑的变形入手。

图 3-26 显示了切屑的折断过程。切屑受到卷屑台推力作用而产生弯曲,并产生卷曲应变。在继续切削的过程中,切屑的卷曲半径增大,当切屑端部碰到后刀面时,切屑又产生反向弯曲应变,相当于切屑反复弯折,最后弯曲应变大于材料极限应变时折断。可以知道,切屑的折断是正向弯曲应变和反向弯曲应变的综合结果。切屑卷曲变形,其卷曲半径由卷屑台尺寸决定。根据几何计算,可知切屑的卷曲半径 $\rho$ 为

$$\rho = \frac{(W_n - l_f)^2}{2t} + \frac{t}{2}$$

式中　$l_f$——刀屑接触长度;

　　　$W_n$——卷屑台宽度;

　　　$t$——卷屑台高度(国标为 $h_B$)。

设 $\rho_f$ 为切屑经断屑台后的流出半径,$\rho_L$ 为切屑反向折断时的切屑半径,如图 3-26(b)所示,则正向弯曲应变为

$$\varepsilon_{wp} = \pm \frac{h_{ch}}{2\rho_f}$$

反向折断时的弯曲应变为

$$\varepsilon_{wnb} = \frac{h_{ch}}{2}\left(\frac{1}{\rho_f} - \frac{1}{\rho_L}\right)$$

切屑的折断是由于正向弯曲应变,再加上反向弯曲应变的综合结果,故弯曲断裂应变为

$$\varepsilon_{wb} = \varepsilon_{wp} + \varepsilon_{wnb} = \frac{h_{ch}}{2}\left(\frac{2}{\rho_f} - \frac{1}{\rho_L}\right) > \varepsilon_b \qquad (3-14)$$

当弯曲断裂应变大于一定的临界值时,切屑将反向折断。

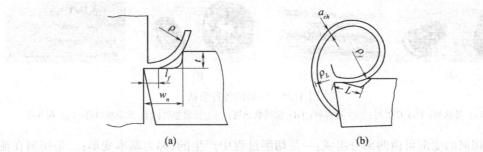

图 3-26　切屑折断过程
(a) 弯曲；(b) 折断

由式(3-14)可知,当切屑越厚($h_{ch}$大)、切屑卷曲半径越小、材料硬度越高、脆性越大(极限应变值 $\varepsilon_b$ 小)时,切屑越容易折断。

切屑经卷屑台附加塑性变形后,还将恢复部分弹性,因此实际的卷曲半径比上式算出的大一些。根据力学分析可知:

(1) 被切削材料的屈服极限越小,则弹性恢复少,越容易折断;

(2) 被切削材料的弹性模量大时,也容易折断;

(3) 被切削材料的塑性越低,越容易折断;

(4) 切削厚度越大,则应变增大,容易断屑,而薄切屑则难断;

(5) 背吃刀量增加,则断屑困难增大;

(6) 切削速度提高时,断屑效果降低;

(7) 刀具前角越小,切屑变形越大,越容易折断。

磨制卷屑槽是焊接硬质合金车刀常用的一种断屑方式。图 3-27 所示是几种常用的卷屑槽形式:直线圆弧形、直线形、全圆弧形。

直线圆弧形和直线形卷屑槽适用于切削碳素钢、合金结构钢、工具钢等,一般前角在 $\gamma_o = 5° \sim 15°$。全圆弧形前角比较大,$\gamma_o = 25° \sim 35°$,适用于切削紫铜、不锈钢等高塑性材料。

卷屑槽的参数对其断屑性能和断屑范围有密切关系,必须正确选择。影响断屑的主要参数有槽宽 $L_{Bn}$、槽深 $h_{Bn}$。槽宽 $L_{Bn}$ 应保证切削切屑在流出槽时碰到断屑台,以使切屑卷曲折断。如进给量大,切削厚时,可以适当增加槽宽 $L_{Bn}$。

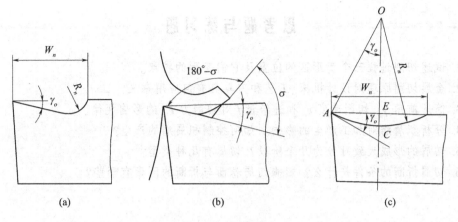

图 3-27　断屑槽形式

（a）直线圆弧形；（b）直线形；（c）全圆弧形

表 3-3 是当进给量和背吃刀量确定后槽宽 $L_{Bn}$ 的参考值。对于圆弧形断屑槽，当背吃刀量 $a_p = 2 \sim 6\text{mm}$ 时，一般槽宽圆弧半径 $r_n = (0.4 \sim 0.7) L_{Bn}$。

表 3-3　断屑槽宽度 $L_{Bn}$

| 进 给 量 | 背 吃 刀 量 | 断 屑 槽 宽 | |
|---|---|---|---|
| $f/(\text{mm/r})$ | $a_p/\text{mm}$ | 低碳钢、中碳钢 | 合金钢、工具钢 |
| $0.2 \sim 0.5$ | $1 \sim 3$ | $3.2 \sim 3.5$ | $2.8 \sim 3.0$ |
| $0.3 \sim 0.5$ | $2 \sim 5$ | $3.5 \sim 4.0$ | $3.0 \sim 3.2$ |
| $0.3 \sim 0.6$ | $3 \sim 6$ | $4.5 \sim 5.0$ | $3.2 \sim 3.5$ |

如图 3-28 所示，卷屑槽在前刀面的位置有三种形式：平行式、外斜式、内斜式。其中，外斜式最常用，平行式次之。内斜式主要用于背吃刀量 $a_p$ 较小的半精加工和精加工。

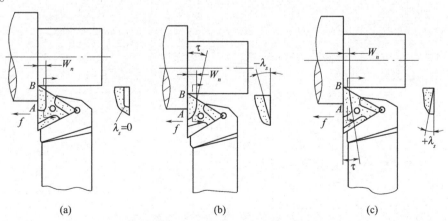

图 3-28　断屑槽前刀面所处位置

（a）平行式；（b）外斜式；（c）内斜式

## 思考题与练习题

1. 试述切削过程三个变形区的位置及它们变形的特点。
2. 金属切削原理对设计机床、工艺和刀具具有何应用意义？
3. 简述前角 $\gamma_o$、切削速度 $v_c$ 和进给量 $f$ 对切削力 $F_c$ 的影响规律。
4. 分析积屑瘤对加工产生的影响。如何控制积屑瘤的产生？
5. 切屑的形成大致可分为几个阶段？切屑有几种类型？
6. 切屑折断的条件是什么？影响切屑卷曲与折断的因素有哪些？

# 第4章 切 削 力

金属切削时,刀具切入工件,使被加工材料发生变形成为切屑所需的力,称为切削力。切削力对切削机理的研究,对计算功率消耗,对刀具、机床、夹具的设计,对制定合理的切削用量,优化刀具几何参数,都具有非常重要的意义。在自动化生产中,还可通过切削力来监控切削过程和刀具工作状态,如刀具折断、磨损、破损等。

## 4.1 切削力的来源、切削合力及其分解和切削功率

### 4.1.1 切削力的来源

刀具在切削工件时,由于切屑与工件内部产生弹性、塑性变形抗力,切屑与工件对刀具产生摩擦力,综合作用便形成了作用在刀具上的切削力。切削力来源于三个方面,如图4-1所示。

（1）克服被加工材料对弹性变形的抗力。

（2）克服被加工材料对塑性变形的抗力。

（3）克服切屑对刀具前刀面的摩擦力和刀具后刀面对过渡表面和已加工表面之间的摩擦力。

### 4.1.2 切削合力及其分解

上述各力的总和形成作用在车刀上的合力 $F$,为了实际应用,$F$ 可分为相互垂直的 $F_f$、$F_p$、$F_c$ 三个分力,如图4-2所示。

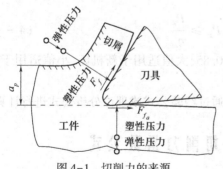

图4-1 切削力的来源

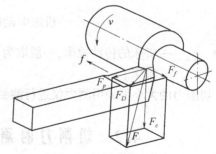

图4-2 切削合力和分力

三个分力的作用如下。

（1）$F_c$:切削力或切向力,它切与过渡表面并垂直于基面,该力是计算车刀强度、设计机床零件、确定机床功率、选择电机的主要依据。

（2）$F_f$:进给力、轴向力或走刀力。它是处于基面内并与工件轴线平行与走刀方向相

反的力,是设计走刀机构、计算车刀进给功率所必需的。

（3）$F_p$:切深抗力或背向力、径向力、吃刀力。它是处于基面内并与工件轴线垂直的力。用来确定与工件加工精度有关的工件挠度,计算机床零件和车刀强度,它也是使工件在切削过程中产生振动的力。

三个分力的关系为

$$F = \sqrt{F_c^2 + F_D^2} = \sqrt{F_c^2 + F_f^2 + F_p^2} \qquad (4-1)$$

当 $k_r = 45°, \lambda_s = 0°, \gamma_o \approx 15°$ 时,通过试验方法可测得各分力的近似关系为

$$F_c : F_p : F_f = 1 : (0.4 \sim 0.5) : (0.3 \sim 0.4)$$

三个分力的关系随车刀材料、车刀几何参数、切削用量、工件材料和车刀磨损等情况的不同,三者的比例可在较大范围内变化。

### 4.1.3 工作功率

消耗在切削过程中的功率称为工作功率 $P_e$,为 $F_c$ 消耗的切削功率和 $F_f$ 所消耗进给功率之和,因为 $F_p$ 方向没有位移,所以不消耗动力。于是,有

$$P_e = \left( F_c v_c + \frac{F_f n_\omega f}{1000} \right) \times 10^{-3} \quad (kW) \qquad (4-2)$$

式中　$F_c$——切削力,单位为 N;

　　　$v_c$——切削速度,单位为 m/s;

　　　$F_f$——进给力,单位为 N;

　　　$n_w$——工件转速,单位为 r/s;

　　　$f$——进给量,单位为 mm/r。

等号右侧的第二项是消耗在进给运动中的功率,它相对于 $F_c$ 所消耗的切削功率来说,一般很小,可以略去不计(小于1%),于是,有

$$P_e = F_c v_c \times 10^{-3} \quad (kW) \qquad (4-3)$$

按式(4-2)求得工作功率后,如要计算机床电机的功率以便选择机床电机时,还应除以机床的传动效率,即

$$机床电动机功率 P_E \geqslant \frac{P_e}{\eta_m} \qquad (4-4)$$

式中　$\eta_m$——机床的传动效率,一般取为 0.75~0.85,大值适用于新机床,小值适用于旧机床。

切削力的大小可采用测力仪进行测量,也可通过经验公式或理论分析公式进行计算。

## 4.2　切削力的测量及切削力指数公式

### 4.2.1　测定机床功率及计算切削力

用功率表测出机床电机在切削过程中所消耗的功率 $P_E$ 后,可计算出工作功率 $P_e$,即

$$P_e = P_E \eta_m \qquad (4-5)$$

式中　$\eta_m$——机床的传动效率。

在切削速度 $v_c$ 为已知的情况下,将 $P_c$ 代入式(4-3)即可求出主切削力 $F_c$。这种方法只能粗略估算切削力的大小,不够精确,所以通常采用测力仪直接测量。

## 4.2.2 用测力仪测量切削力

测力仪的测量原理是利用切削力作用在测力仪的弹性元件上所产生的变形,或作用在压电晶体上产生的电荷经过转换后,读出三个切削力的值。

为了测量数据可靠,要求测力仪具有高灵敏度、足够刚度、高自振频率、良好的动态特性,能同时测出各个分力,且其相互干扰小、响应快、结构简单、使用方便等特点。近代先进测力仪常与微型计算机配套使用,直接处理数据,自动显示力值和计算切削力的经验公式。在自动化生产中,还可利用测力传感装置产生的信号优化和监控切削过程。

按测力仪的工作原理可以分为机械、液压和电气测力仪(电阻、电感、电容、压电或电磁式测力仪)。目前,常用的测力仪是电阻式测力仪和压电测力仪。以下分别进行介绍。

1. 电阻应变片式测力仪

这种电阻式测力仪有灵敏度较高,量程范围较大,既可用于静态测量,也可用于动态测量,测量精度较高等特点。

这种测力仪常用的电阻元件称为电阻应变片(见图 4-3)。将若干电阻应变片紧贴在测力仪的弹性元件的不同受力位置,分别联成电桥。在切削力作用下,电阻应变片随着弹性元件发生变形,使应变片的电阻值改变,破坏了电桥的平衡,于是,电流表中有与切削力大小相应的电流通过,经电阻应变仪放大后得电流示数。再按此电流示数从标定曲线上可以读出三向切削力的值。

图 4-4 为八角环三向车削测力仪,图 4-5 是其电桥连线图。

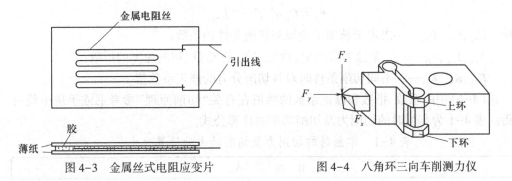

图 4-3  金属丝式电阻应变片          图 4-4  八角环三向车削测力仪

2. 压电式测力仪

这是一种灵敏度高、刚度大、自振频率高、线性度和抗相互干扰性都较好且无惯性的高精度测力仪,特别适用于测动态力及瞬时力。其缺点为易受湿度的影响,对连续测量稳定的或变化不大的切削力时,会产生电荷泄漏,使零点飘移,以致影响测量精度。

压电测力仪的工作原理是利用某些材料(石英晶体或压电陶瓷等)的压电效应。在受力时,它们的表面将产生电荷,电荷的多少与所施加的压力成正比而与压电晶体的大小无关。用电荷放大器转换成相应的电压参数,从而可测出力的大小。图 4-6 为单一压电传感器的原理图。压力 $F$ 通过小球 1 及金属薄片 2 传给压电晶体 3。在压电晶体之间有电极 4,由压力产生的负电荷集中在电极上,由绝缘的导体 5 导出。正电荷通过金属片 2

或测力仪体接地。由 5 输出的电荷通过电荷放大器后由记录仪记录下来,按预制的标定图就可知道切削力的大小。测力仪体中沿三个方向都各装有传感器,分别测出三个分力。

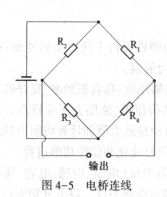

图 4-5　电桥连线

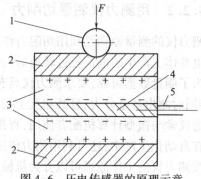

图 4-6　压电传感器的原理示意

### 4.2.3　切削力的指数公式

在生产实际中需要知道切削力的具体数值时,不可能每种情况都进行测量而需要有一种在各种切削条件下都能对切削力进行估算的通用公式。因此,出现了计算切削力的经验公式。

**1. 计算切削力的指数公式**

用指数公式计算切削力,在金属切削中得到广泛的应用。常用的指数公式的形式为

$$F_c = C_{Fc} a_p^{X_{Fc}} f^{Y_{Fc}} v^{n_{Fc}} K_{Fc}$$

$$F_p = C_{Fp} a_p^{X_{Fp}} f^{Y_{Fp}} v^{n_{Fp}} K_{Fp} \tag{4-6}$$

$$F_f = C_{Ff} a_p^{X_{Ff}} f^{Y_{Ff}} v^{n_{Ff}} K_{Ff}$$

式中　$C_{Fc}$、$C_{Fp}$、$C_{Ff}$——决定于被加工金属和切削条件的系数;

　　　$X_{Fc}$、$Y_{Fc}$、$n_{Fc}$——三个分力公式中,背吃刀量、进给量、切削速度的指数;

　　　$K_{Fc}$、$K_{Fp}$、$K_{Ff}$——不同切削条件时对各切削分力的修正系数值。

式(4-6)中的系数、指数和修正系数的数值在有关"切削原理"参考书或手册中均可查得。表 4-1 为车削时的切削力及切削功率的计算公式。

表 4-1　车削时的切削力及切削功率的计算公式

| | 计　算　公　式 | |
| --- | --- | --- |
| 切削力 $F_c$ | $F_c = 9.81 C_{Fc} a_p^{X_{Fc}} f^{Y_{Fc}} (60 v_c)^{n_{Fc}} K_{Fc}$ （N） | |
| 背向力 $F_p$ | $F_p = 9.81 C_{Fp} a_p^{X_{Fp}} f^{Y_{Fp}} (60 v_c)^{n_{Fp}} K_{Fp}$ （N） | 式中 $v_c$ 的单位为 m/s |
| 进给力 $F_f$ | $F_f = 9.81 C_{Ff} a_p^{X_{Ff}} f^{Y_{Ff}} (60 v_c)^{n_{Ff}} K_{Ff}$ （N） | |
| 切削功率 $P_c$ | $P_c = F_c \cdot v_c \times 10^{-3}$ （kW） | |

**2. 指数公式的建立**

切削力试验的设计方法很多,最简单的是单因素试验法,即在固定其他因素,只改变一个因素的条件下,测出切削力。然后处理数据,建立经验公式。处理数据的方法也有多种,这里介绍一种常用的比较简单的方法——图解法。

当进行切削力试验时,保持其他所有影响切削力的因素不变,如只改变 $a_p$ 进行试验,用测力仪测得不同 $a_p$ 时的若干切削分力的数据,将所得数据画在双对数坐标纸上,则近似为一条直线(图 4-7),其数学方程为

$$Y = a + bX \qquad (4-7)$$

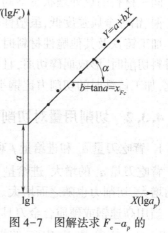

图 4-7　图解法求 $F_c$-$a_p$ 的经验公式

式中　$Y = \lg F_c$——主切削力 $F_c$ 的对数;

　　　$X = \lg a_p$——背吃刀量 $a_p$ 的对数;

　　　$a = \lg C_{ap}$——对数坐标上 $F_c$-$a_p$ 直线的纵截距;

　　　$b = \tan a = x_{Fc}$——对数坐标上 $F_c$-$a_p$ 直线的斜率。

$a$ 和 $\alpha$ 均可由图 4-7 上直接测得。于是,式(4-7)可改写为

$$\lg F_c = \lg C_{ap} + x_{Fc} \lg a_p$$

整理后得

$$F_c = C_{ap} + a_p^{X_{Fc}} \qquad (4-8)$$

同理可得切削力 $F_c$ 与进给量 $f$ 的关系式,即

$$F_c = C_f f^{Y_{Fc}} \qquad (4-9)$$

综合式(4-8)、式(4-9)及各次要因素对 $F_c$ 的影响之后,就可以得出计算切削力的经验公式为

$$F_c = C_{Fc} a_p^{X_{Fc}} f^{Y_{Fc}} K_{Fc} \qquad (4-10)$$

用上法同样可以求出计算进给力 $F_f$ 和背向力 $F_p$ 的经验公式。

## 4.3　影响切削力的因素

凡影响切削过程变形和摩擦的因素均影响切削力,包括被加工材料、切削用量、刀具几何参数、刀具材料、切削液和刀具磨损等方面。

### 4.3.1　被加工材料的影响

材料的强度越高,硬度越大,切削力就越大。但切削力的大小不单纯受材料原始强度和硬度的影响,它还受材料的加工硬化能力大小的影响。如奥氏体不锈钢的强度、硬度都很低,但强化系数大,加工硬化能力大,较小的变形就会引起硬度极大的提高,使切削力增大。又如在加工镍铬铝钴基的热强钢时,虽然其强度、硬度都不那么大,但是切削力却很大,单位切削力可达 4GPa。

化学成分会影响材料的物理力学性能,从而影响切削力的大小,如碳钢中含碳量的多少,是否含有合金元素都会影响钢材的强度和硬度,影响切削力。此外,在正常钢中增加了含硫量或添加了铅等金属元素的易削钢,在钢中存在的这些杂质引起结构成分间的应力集中,容易形成挤裂切屑,其切削力比正常钢减小 20%~30%。

同一材料的热处理状态不同、金相组织不同也会影响切削力的大小。

铜、铝等金属强度低,虽塑性较大,但变形时的加工硬化小,因而切削力也较低。

加工铸铁及其他脆性材料时,切屑层的塑性变形很小,加工硬化小。此外,铸铁等脆性材料切削时,形成崩碎切屑,且集中在刀尖,切屑与前刀面的接触面积小,摩擦力也小。因此,加工铸铁时的切削力比钢小。

### 4.3.2 切削用量对切削力的影响

**1. 背吃刀量 $a_p$ 和进给量 $f$ 对切削力的影响**

背吃刀量 $a_p$ 的增大、进给量 $f$ 的增大都会使切削面积 $A_c$ 增大,从而使变形力增大、摩擦力增大,切削力也随之而增大。但两者对切削力的影响大小不同。

当用高速钢或硬质合金刀具加工金属时,背吃刀量 $a_p$ 增大 1 倍,切削力 $F_c$ 也增大 1 倍($F_c = C_{F_c} a_p^{x_{F_c}} f^{y_{F_c}} v_c^{n_{F_c}} K_{F_c}$ 中 $a_p$ 的指数为 1)。

背吃刀量对于背向力 $F_p$ 和进给力 $F_f$ 的影响和对切削力 $F_c$ 的影响相似,不过影响度稍有不同,如图 4-8 所示。

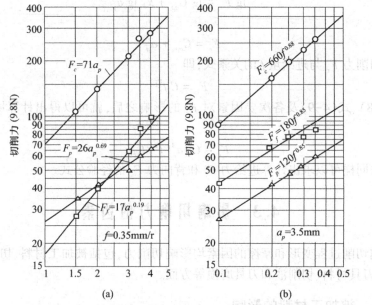

图 4-8　车削 45 钢时,背吃刀量和进给量对切削力的影响
(a) $a_p$ 对切削力的影响；(b) $f$ 对切削力的影响

进给量 $f$ 增大,切削力也相应增大,但不如背吃刀量的影响大,因为 $f$ 的增加引起切削层公称厚度 $h_D$(切削厚度 $a_c$)成正比增加,切削厚度的增加使变形系数 $\xi$ 减小,摩擦系数也降低,又会使切削力降低。

对于切断工件时,除主切削刃外,还有两条副切削刃参加工作,工作条件恶劣,所以进给量小,切屑薄,刀刃钝圆半径对切削层的应力及变形影响大,因此进给量对切削力的影响比外圆纵车、横车和镗孔时都大。

由上述分析可知,从切削刀具上的载荷和能量消耗的观点来看,用大的进给量 $f$ 工作,比用大的背吃刀量 $a_p$ 工作更为有利。

**2. 切削速度 $v_c$ 对切削力的影响**

用 YT15 硬质合金车刀加工 45 钢时,切削速度对切削力的影响如图 4-9 所示。

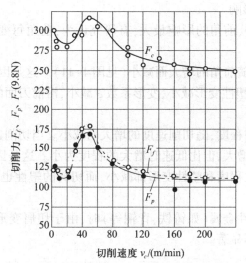

图 4-9　当用 YT15 硬质合金车刀加工 45 钢时,切削速度 $v_c$ 对切削力

$F_f$、$F_p$、$F_c$ 的影响:$a_p = 4\text{mm}$;$f = 0.3\text{mm/r}$

由图 4-9 可见,关系曲线有极大值和极小值。这与变形系数和摩擦系数随切削速度而变化的关系曲线是一致的,而 $v_c$ 对切削力影响的原因,也就是由这些曲线的变化来确定的。

如图 4-9 所示,当 $v_c < 50\text{m/min}$ 时,由于积屑瘤的产生和消失,使车刀的实际前角增大或减小,导致了切削力的变化。

当 $v_c > 50\text{m/min}$ 时,随着切削速度的增大,切削力减小。这是因为一方面切削速度增高后,摩擦系数 $\mu$ 减小,剪切角 $\phi$ 增大,变形系数 $\xi$ 减小,使切削力减小。另一方面,切削速度增高,切削温度也增高,使被加工金属的强度和硬度降低,也会导致切削力的降低。

图 4-10 为加工铸铁时,切削速度与切削力的关系曲线。由于加工铸铁时形成崩碎切屑,其塑性变形小,切屑对前刀面的摩擦力小,因此切削速度对切削力的影响不大。

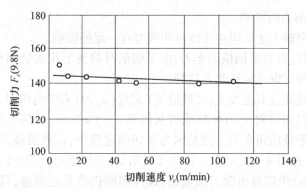

图 4-10　车削灰铸铁时,切削速度对切削力的影响

### 4.3.3　刀具几何参数对切削力的影响

**1. 前角对切削力的影响**

在刀具的几何角度中,前角的影响最大,有研究认为,前角每变化 1°,主切削力大小约改变 1.5%。

当加工钢时,切削力随前角的增大而减小(见图 4-11)。这是因为,当前角增大时,剪切角 $\phi$ 也随之增大,金属塑性变形减小,变形系数 $\xi$ 减小,沿前刀面的摩擦力也减小,切削力降低。

前角对切削力的影响程度,随切削速度的增大而减小。当切削速度较高时,随着前角的减小,切削力虽然也要增大,但比低速时增大的程度为小。这是因为,高速时的切削温度增高,使摩擦、加工硬化程度和塑性变形都减小,而切屑的塑性也由于切削温度的提高而增大。

实践证明,当加工脆性金属(如铸铁、青铜等)时,由于切屑变形和加工硬化很小,所以前角对切削力的影响不显著。

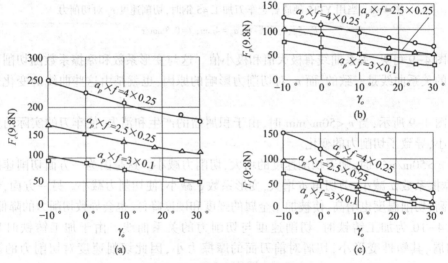

图 4-11　前角对切削力的影响

**2. 负倒棱对切削力的影响**

前刀面上的负倒棱 $b_{\gamma 1}$(见图 4-12)对切削力有一定的影响。

在正前角相同时,对有负倒棱的车刀,由于切削时的变形比无负倒棱的大,所以切削力有所提高。无论加工钢或铸铁都是这样。

车刀的负倒棱是通过其宽度 $b_{\gamma 1}$ 对进给量 $f$ 之比($b_{\gamma 1}/f$)来影响切削力的。$b_{\gamma 1}/f$ 增大,切削力逐渐增大。但当切钢 $b_{\gamma 1}/f \geqslant 5$,或切灰铸铁 $b_{\gamma 1}/f \geqslant 3$ 时,切削力基本上趋于稳定,这时的切削力接近于负前角车刀。这是因为在切削过程中,切屑沿前刀面流出时与前刀面有一接触长度 $l_f$[见图 4-13(a)],$l_f$ 远大于进给量,当切钢时,$l_f$ 为 $(4\sim 5)f$;切铸铁 $l_f$ 为 $(2\sim 3)f$。图 4-13(b)中切屑由前刀面流出,起作用的仍然是正前角,只不过这时的切削力比无负倒棱的车刀大。而图 4-13(c)中,这时起作用的已不是前刀面上的正前角,而是负倒棱,即这时的车刀相当于负前角车刀,其切削力就相当于用负前角车刀加工时的切

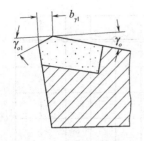

图 4-12　正前角负倒棱车刀

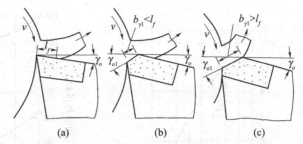

图 4-13　$b_{\gamma 1} < l_f$ 和 $b_{\gamma 1} > l_f$ 的车刀的切屑流出情况

削力了。

3. 主偏角 $k_r$ 对切削力的影响

（1）主偏角对主切削力 $F_c$ 的影响。当切削面积不变时，主偏角增大，切削厚度也随之增大，切屑变厚，切削层的变形将减小，因而主切削力随之增大而减小。但当主偏角增大到 60°~75°时，$F_c$ 又逐渐增大，如图 4-14 所示。这是因为，一般车刀都存在着一定大小的刀尖圆弧半径 $r_\varepsilon$，随主偏角的增大，刀刃曲线部分的长度也将随之增大，刀刃的非自由切削段的长度加大，如图 4-15 所示。而刀刃曲线部分各点的切削厚度是变化的，且都比直线切削刃的切削厚度小，所以变形力也要大一些。此外，主偏角增大，副刃前角则随之减小（见图 4-16），因此也增大了副刃上的切削力。但无论 $F_c$ 是加大或减小，一般都不超过 10%。

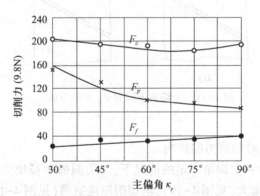

图 4-14　主偏角对切削力的影响

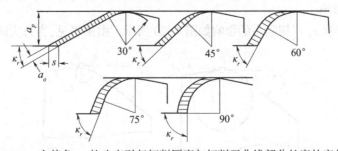

图 4-15　主偏角 $\kappa_r$ 的改变引起切削厚度与切削刃曲线部分长度的变化

当加工脆性材料如铸铁时，由于塑性变形小，所以刀刃曲线部分长度的增加，对切削力无大影响。切削力随主偏角的增加而减小（见图 4-17）。

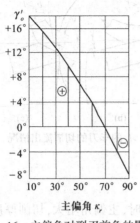

图 4-16 主偏角对副刃前角的影响

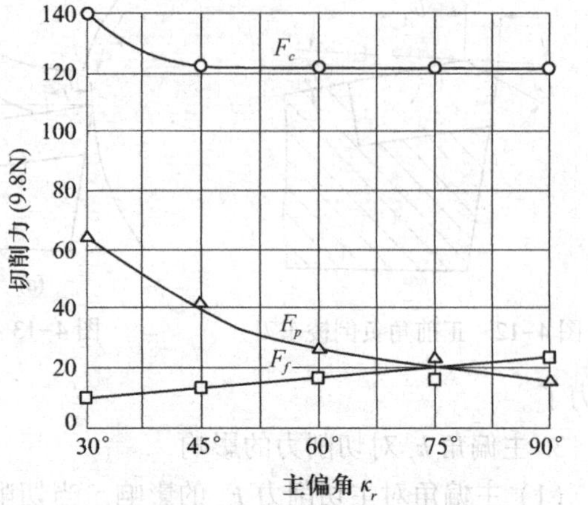

图 4-17 切削灰铸铁时，主偏角对切削力的影响

（2）主偏角 $\kappa_r$ 的变化对 $F_f$ 和 $F_p$ 的影响。主偏角 $\kappa_r$ 的变化对 $F_f$ 和 $F_p$ 有较大的影响，如图 4-18 所示。$F_p$ 随主偏角 $\kappa_r$ 的增大而减小，而 $F_f$ 随主偏角 $\kappa_r$ 的增大而增大。

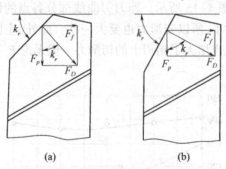

(a)                    (b)

图 4-18 主偏角不同时 $F_D$ 力的分解

（a）$\kappa_r$ 小；（b）$\kappa_r$ 大

**4. 刀尖圆弧半径 $r_\varepsilon$ 对切削力的影响**

在背吃刀量、进给量和主偏角一定的情况下，刀尖圆弧半径增大，切削刃曲线部分的长度和切削宽度也随之增大（见图 4-19），但切削厚度减薄（见图 4-15），曲线刃上各点的主偏角减小，切削变形增大，切削力增大。所以刀尖圆弧半径 $r_\varepsilon$ 增大相当于主偏角减小时对切削力的影响。

刀尖圆弧半径 $r_\varepsilon$ 对切削力的影响如图 4-20 所示。由图可见，当刀尖圆弧半径 $r_\varepsilon$ 增大

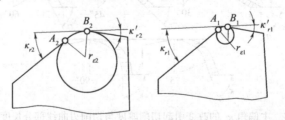

图 4-19 刀尖圆弧半径 $r_\varepsilon$ 增大时刀刃曲线部分长度增大

（$\kappa_{r1} = \kappa_{r2}$，$\kappa'_{r1} = \kappa'_{r2}$，$r_{\varepsilon 2} > r_{\varepsilon 1}$，$A_2 B_2 > A_1 B_1$）

时,对背向力 $F_p$ 的影响比对切削力 $F_c$ 的影响大,这仍应由刀尖圆弧半径 $r_\varepsilon$ 增大使主偏角 $\kappa_r$ 减小是因 $F_p(=F_D\cos\kappa_r)$ 增大来解释。所以为了防止振动应减小刀尖圆弧半径 $r_\varepsilon$。

**5. 刃倾角 $\lambda_s$ 对切削力的影响**

试验证明,刃倾角 $\lambda_s$ 在很大范围($-40° \sim +40°$)内变化均对主切削力 $F_c$ 没有什么影响,但却对 $F_p$ 和 $F_f$ 的影响很大(见图4-21)。这是因为,当刃倾角 $\lambda_s$ 变化时,会改变合力 $F$ 的方向,从而影响 $F_p$ 和 $F_f$ 的大小。随着刃倾角 $\lambda_s$ 的增大,背前角 $\gamma_p$ 增大,侧前角 $\gamma_f$ 减小,而 $\gamma_p$ 为背向力 $F_p$ 方向上的前角,$\gamma_f$ 为进给力 $F_f$ 方向上的前角,所以相应使 $F_p$ 减小,$F_f$ 增大。

车刀的其他几何参数如后角 $\alpha_o$、副后角 $\alpha_o'$、副切削刃前角 $\gamma_o'$、副偏角 $\kappa_r'$ 等,在外圆纵车时,在它们的常用值范围内,对切削力没有显著的影响。

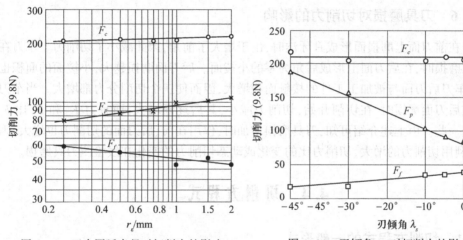

图4-20  刀尖圆弧半径对切削力的影响          图4-21  刃倾角 $\lambda_s$ 对切削力的影响

### 4.3.4  刀具材料对切削力的影响

刀具材料与被加工材料间的摩擦系数,影响到摩擦力的变化,直接影响着切削力的变化。在同样的切削条件下,陶瓷刀的切削力最小,硬质合金次之,高速钢刀具的切削力最大(见图4-22)。陶瓷刀具由于导热性小,在较高的切削温度下工作时,使摩擦降低,因而切削力减小。硬质合金刀具前刀面上的摩擦系数,随钴含量的增大和碳化钛含量的减小而提高。

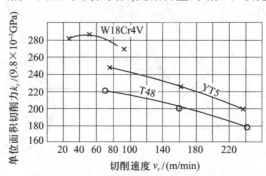

图4-22  车刀材料对切削力的影响

(T48 为前苏联的一种陶瓷刀具材料的牌号)

### 4.3.5　切削液对切削力的影响

切削过程中采用切削液可以降低切削力。切削过程中所消耗的功主要用在克服金属的变形和刀具、被加工材料、切屑间的摩擦上。切削液的正确使用,可以减小摩擦,使切削力降低。某些研究者认为,当加工钢时,切屑沿前刀面流出时的摩擦约消耗35%的功;而工件沿后刀面的摩擦消耗5%～15%的功,用好的切削液充分冷却刀具时,可降低30%以上(用丝锥攻螺纹时达45%)的切削力。

实践证明,所用切削液的润滑性能越高,切削力的降低越益显著。

切削液中合理地加入使表面张力降低的添加剂可以使切削液渗入塑性变形区中的金属微裂纹内部,降低强化系数,减小切削力,使切削过程变得容易。

### 4.3.6　刀具磨损对切削力的影响

车刀在前刀面上磨损而形成月牙洼时,由于增大了前角,因此减小了切削力。车刀在后刀面上磨损时,在后刀面上形成后角为零的小棱面。后刀面磨损越大,小棱面的面积也越大,使车刀后刀面与被加工工件的接触面积增大,因而使三个切削分力都增大。当车刀同时沿前后刀面磨损时,在切削开始,切削力减小,其后逐渐增大,而且力 $F_p$ 和 $F_f$ 比 $F_c$ 增大得快一些。由上述介绍可知,刀具磨损增加时,作用在前、后刀面的切削力也增大,因此,可以利用切削力的增大、切削力比的变化或动态切削力的变化在线检测刀具磨损。

## 4.4　切削方程式

### 4.4.1　切削方程式的一般形式

在直角自由切削下,作用在切屑上的力有前刀面上的法向力 $F_n$ 和摩擦力 $F_f$,在剪切面上也有一个正压力 $F_{ns}$ 和剪切力 $F_s$,如图 4-23 所示。这两对力的合力应该互相平衡。如果把所有的力都画在切削刃前方,可得图 4-24 所示的各力的关系。图中 $F$ 是 $F_n$ 和 $F_f$ 的合力,又称为切屑形成力;$\phi$ 是剪切角;$\beta$ 是 $F_n$ 和 $F$ 的夹角,又称为摩擦角;$\gamma_o$ 是刀具前

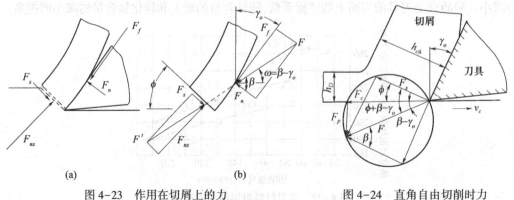

图 4-23　作用在切屑上的力　　　　　　　　图 4-24　直角自由切削时力
　　　　　　　　　　　　　　　　　　　　　　　与角度的关系

角；$F_z$ 是切削运动方向的切削分力；$F_y$ 是和切削运动方向垂直的切削分力；$h_D$ 是切削厚度。

令 $b_D$ 表示切削宽度，$A_D$ 表示切削层的剖面积（$A_D = h_D \cdot b_D$），$A_s$ 表示剪切面的剖面积 $\left( A_s = \dfrac{A_D}{\sin\phi} \right)$，$\tau$ 表示剪切面上的切应力，则

$$F_s = \tau A_s = \frac{\tau A_D}{\sin\phi}$$

$$F_s = F\cos(\phi + \beta - \gamma_o)$$

$$F = \frac{F_s}{\cos(\phi + \beta - \gamma_o)} = \frac{\tau A_D}{\sin\phi\cos(\phi + \beta - \gamma_o)} \quad (4-11)$$

$$F_c = F\cos(\beta - \gamma_o) = \frac{\tau A_D\cos(\beta - \gamma_o)}{\sin\phi\cos(\phi + \beta - \gamma_o)} \quad (4-12)$$

$$F_p = F\sin(\beta - \gamma_o) = \frac{\tau A_D\sin(\beta - \gamma_o)}{\sin\phi\cos(\phi + \beta - \gamma_o)} \quad (4-13)$$

式（4-12）、式（4-13）即切削方程式的一般形式。方程式说明了摩擦角 $\beta$ 对切削分力 $F_c$ 和 $F_p$ 的影响。反过来，若用测力仪测得 $F_c$ 和 $F_p$ 的值而忽略后刀面上的作用力，则可以从下式求得 $\beta$，即

$$\frac{F_p}{F_c} = \tan(\beta - \gamma_o) \quad (4-14)$$

$\tan\beta$ 等于前刀面的平均摩擦系数 $\mu$，这也是通常测定前刀面摩擦系数 $\mu$ 的方法。

### 4.4.2 麦钱特（M. E. Merchant）切削方程式

从图 4-24 可以看出，剪切角 $\phi$ 大小不同，切削合力 $F$ 的值也随之不同。剪切角 $\phi$ 应取使切削力 $F$ 为最小值。

对式（4-11），有

$$F = \frac{\tau A_D}{\sin\phi\cos(\phi + \beta - \gamma_o)}$$

取微商，并令 $\dfrac{\mathrm{d}F}{\mathrm{d}\phi} = 0$，求 $F$ 为最小值时 $\phi$ 的值，得

$$\phi = \frac{\pi}{4} - \frac{\beta}{2} + \frac{\gamma_o}{2} \quad (4-15)$$

式（4-15）为麦钱特公式，该式是根据合力最小原理确定的剪切角。

### 4.4.3 李和谢弗（Lee and Shaffer）切削方程式

图 4-24 中，$F$ 是前刀面上 $F_n$ 和 $F_f$ 的合力，它是在主应力方向。$F_s$ 是剪切面上的剪应力，它是在最大剪应力方向。这两者之间的夹角根据材料力学应为 $\pi/4$。从图可知，$F$ 和 $F_s$ 的夹角为（$\phi + \beta - \gamma_o$），故有

$$\phi + \beta - \gamma_o = \frac{\pi}{4}$$

或

$$\phi = \frac{\pi}{4} - (\beta - \gamma_o) = \frac{\pi}{4} - \omega \qquad (4-16)$$

式(4-16)为李和谢弗公式，该式是根据主应力方向与最大剪应力方向之间的夹角为45°的原理确定的剪切角。式中$(\beta-\gamma_o)$表示合力$F$与切削速度方向的夹角，称为作用角，用$\omega$来表示。

从式(4-15)和式(4-16)都能看出：

（1）当前角$\gamma_o$增大时，剪切角$\phi$随之增大，变形减小。可见，在保证切削刃强度的前提下，大的刀具前角对改善切削过程是有利的。

（2）当摩擦角$\beta$增大时，剪切角$\phi$随之减小，变形增大。因此，提高刀具的刃磨质量，施加切削液以减小前刀面上的摩擦对切削是有利的。

上述两个公式的计算结果和试验结果在定性上是一致的，但在定量上有出入，麦钱特公式给出的计算值偏大，而李和谢弗公式给出的计算值则偏小。其原因大致有以下几点。

（1）在图4-24表示的切削模型里，把切削刃看作两个面相交的一条线，因而是绝对锋利的，但是实际上切削刃是圆钝的，近似一个以$r_n$为半径的圆柱面。切削刃的这个钝圆半径将影响滑移线的方向和形状。

（2）在模型里，把剪切面作为一个假想的平面，而实际上它是一个有一定宽度的变形区。

（3）未考虑金属内部杂质及缺陷对变形的影响。

（4）用一个简单的平均摩擦系数$\mu$来表示前刀面的摩擦情况是和实际情况不尽相符合的。

## 4.5 切削力理论公式

用材料力学的原理，可以推导出切削力的理论公式，参阅图4-25。由式(4-12)可知

$$F_c = \frac{\tau A_D \cos(\beta - \gamma_o)}{\sin\phi\cos(\phi + \beta - \gamma_o)} = \frac{\tau h_D b_D \cos\omega}{\sin\phi\cos x} \qquad (4-17)$$

式中　$\tau$——剪切面上的剪切应力；

　　　$h_D$——切削厚度；

　　　$b_D$——切削宽度；

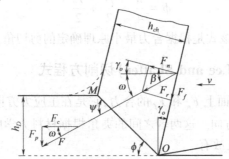

图4-25　合力$F$、分力$F_c$的方向和剪切面的位置

$\beta$——前刀面与切屑间的摩擦角；

$\gamma_o$——前角；

$\phi$——剪切角；

$\omega$——作用角，即合力 $F_r$ 与切削速度方向之间的夹角；

$\psi$——合力 $F$ 与剪切面之间的夹角。

根据材料力学试验，真实剪切应力 $\tau$ 与应变 $\varepsilon$ 的关系如图 4-26 所示，$AB$ 段基本上是

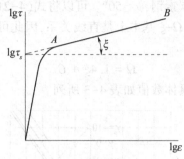

图 4-26 真实 $\tau-\varepsilon$ 关系

直线，故

$$\lg \tau = \lg \tau_s + \tan\xi\lg \varepsilon$$

即

$$\tau = \tau_s \varepsilon^n \tag{4-18}$$

式中 $\tau_s$——材料的剪切屈服点；

$n$——材料的强化系数，$n = \tan\xi$，各种钢料的强化系数和剪切屈服点的具体数值如表 4-2 所列。

表 4-2 各种钢料的强化系数和剪切屈服点

| 钢牌号 | 10 | 20 | 30 | 40 | 50 | 80 | 20Cr | 30Cr | 2Cr13 |
|---|---|---|---|---|---|---|---|---|---|
| 强化系数 $n$ | 0.23 | 0.22 | 0.18 | 0.17 | 0.15 | 0.19 | 0.16 | 0.28 | 0.14 |
| $\tau_s/(\mathrm{kg/mm^2})$ | 32 | 35 | 40 | 48 | 50 | 64 | 34 | 46 | 44 |

式(4-18)反映常温低速下，金属材料塑性变形时应力应变的规律。在切削过程中，剪切面上的温度和变形速度很高，条件当然与普通材料力学试验不同。但许多研究工作证明，这时金属的应力应变规律与式(4-18)基本相同。

因此，可以将式(4-18)代入式(4-17)，得

$$F_c = \frac{\tau_s \varepsilon^n h_D \cdot b_D \cos \omega}{\sin\phi\cos x} = \frac{\tau_s \varepsilon^n h_D \cdot b_D \cos (x - \phi)}{\sin\phi\cos x} = \tau_s \varepsilon^n h_D \cdot b_D(\cot\phi + \tan x) \tag{4-19}$$

由于 $\tan\phi = \dfrac{\cos \gamma_o}{\xi - \sin \gamma_o}$，$\varepsilon = \dfrac{\xi^2 - 2\xi\sin \gamma_o + 1}{\xi\cos \gamma_o}$，于是，有

$$F_c = \tau_s h_D \cdot b_D \left(\frac{\xi^2 - 2\xi\sin \gamma_o + 1}{\xi\cos \gamma_o}\right)^n \left(\frac{\xi - \sin \gamma_o}{\cos \gamma_o} + \tan x\right) \tag{4-20}$$

令

$$\Omega = \left( \frac{\xi^2 - 2\xi\sin\gamma_o + 1}{\xi\cos\gamma_o} \right)^n \left( \frac{\xi - \sin\gamma_o}{\cos\gamma_o} + \tan x \right) \tag{4-21}$$

则式(4-20)可以写成

$$F_c = \tau_s h_D \cdot b_D \Omega \tag{4-22}$$

显然, $\Omega$ 是变形系数 $\xi$ 和前角 $\gamma_o$ 的函数; $\psi$ 角随着材料不同在不大的范围内变化, 约为45°。

对于含碳量大于25%的碳素钢, $\psi \approx 50°$。可以将式(4-21)画成图4-27, 表示不同前角下的 $\Omega$-$\xi$ 关系。由图可知, $\Omega$-$\xi$ 基本上是直线关系, 因此可将式(4-21)改用下列形式表达, 即

$$\Omega = 1.4\xi + C \tag{4-23}$$

式中    $C$——$\Omega$-$\xi$ 线的截距, 具体数值如表4-3所列。

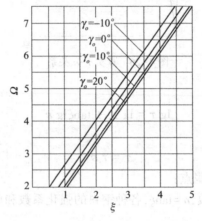

图4-27　不同前角时的 $\Omega$-$\xi$ 关系曲线

表4-3　不同前角下的 $C$ 值

| 前角 $\gamma_o$ | -10° | 0° | 10° | 20° |
|---|---|---|---|---|
| $C$ 值 | 1.2 | 0.8 | 0.6 | 0.45 |

将式(4-23)代入式(4-22), 得

$$F_c = \tau_s h_D \cdot b_D (1.4\xi + C) = \tau_s a_p f(1.4\xi + C) \tag{4-24}$$

由式(4-24)可以看出各因素对切削力 $F_c$ 的影响:

工件材料的强度增大, 即 $\tau_s$ 增大, 但同时 $\xi$ 将有些下降, 故 $F_c$ 将有所增大, 但不与 $\tau_s$ 成正比例。

切削深度 $a_p$ 或切削宽度 $b_D$ 增大时, $F_c$ 成正比例增大。进给量 $f$ 或切削厚度 $h_D$ 增大时, $\xi$ 有些下降, 故 $F_c$ 虽有所增大, 但不成正比例。

前角 $\gamma_o$ 增大时, $\xi$ 及 $C$ 均减小, 故 $F_c$ 显著减小。

其他因素(如 $v_c$、$K_r$ 等)的改变, 均通过对 $\xi$ 的影响而影响 $F_c$ 的大小。

理论公式的优点是能够反映影响切削力诸因素的内在联系, 有助于分析问题; 缺点是由于推导公式时简化了许多条件与实际情况差别较大, 因而计算出来的切削力不够精确。目前, 在实际应用中, 大多用经验公式计算切削力。

## 思考题与练习题

1. 阐明研究切削力的理论价值和实际意义。

2. 分析讨论切屑形成理论与切削力形成的紧密联系。

3. 车削时,切削合力 $F$ 为什么常分为三个相互垂直的分力来分析? 说明这三个分力的作用。

4. 各个因素影响切削力大小的原因分析,特别是背吃刀量和进给量对切削力的影响。

5. 计算切削力的各个理论公式的理论根据、要点和分析比较。

6. 用 YT15 硬质合金车刀外圆纵车削有关参数为 $\sigma_b = 0.98\text{GPa}$、207HBS 的 40Cr 钢。车刀的几何参数 $\gamma_o = 15°$、$\lambda_s = -5°$、$\kappa_r = 75°$、$b_{\gamma1} = 0.4\text{mm}$,车刀的切削用量 $a_p \times f \times v = 4\text{mm} \times 0.4\text{mm/r} \times 1.7\text{m/s}$。

(1) 用指数经验公式计算三个切削分力 $F_c$、$F_p$ 和 $F_f$,计算工作功率 $P_e$。

(2) 用单位切削力 $k_c$ 和单位切削功率 $p_c$ 计算三个分力 $F_c$、$F_p$ 和 $F_f$,计算工作功率 $P_e$。

(3) 分析比较 (1) 和 (2) 所得结果。

# 第5章 切削热和切削温度

切削热是切削过程的重要物理现象之一。切削温度能改变前刀面上的摩擦系数,改变工件材料的性能,影响积屑瘤的大小,影响已加工表面质量的提高,影响刀具磨损和耐用度以及影响生产率等。

## 5.1 切削热的产生和传出

切削时所消耗的能量,除了1%~2%用以形成新表面和以晶格扭曲等形式形成潜藏能外,有98%~99%转换为热能。因此,可以近似地认为切削时所消耗的能量全部转换为热。被切削的金属在刀具的作用下,发生塑性变形,这是切削热的一个重要的来源。此外,切屑与前刀面、工件与后刀面之间的摩擦也产生出大量的热量来。因此,切削时共有三个发热区域:剪切面、切屑与前刀面接触区、后刀面和切削表面的接触区,如图5-1所示。可知,切削热的来源就是切屑变形热 $Q_变$ 和前、后刀面的摩擦热 $Q_摩$。三个热源产生的总切削热 $Q$ 分别传入切屑中($Q_屑$)、刀具中($Q_刀$)、工件中($Q_工$)及周围介质中($Q_介$)。其产生与传出的关系为

$$Q = Q_变 + Q_摩 = Q_屑 + Q_刀 + Q_工 + Q_介$$

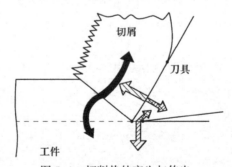

图 5-1 切削热的产生与传出

切削塑性材料时,变形和摩擦都比较大,所以发热较多。当切削速度提高时,因为切屑的变形系数 $\xi$ 下降,所以塑性变形产生的热量百分比降低,而摩擦产生热量的百分比增高。当切削脆性材料时,后刀面上摩擦产生的热量在切削热中所占的百分比增大。

对正常磨损的刀具,后刀面的摩擦较小。因此,在计算切削功时,若将后刀面的摩擦功所转化的热量忽略不计,则切削时所做的功可按下式计算,即

$$P_c = F_c v_c$$

式中　$P_c$——每秒钟内所做切削功,单位为 J/s;

　　　$F_c$——主切削力,单位为 N;

　　　$v_c$——切削速度,单位为 m/s。

在用硬质合金车刀车削 $\sigma_b = 0.637\mathrm{GPa}(65\mathrm{kgf/mm^2})$ 的结构钢时,将主切削力 $F_c$ 的表达式代入后,得

$$P_c = F_c v_c = C_{F_z} a_p f^{0.75} v_c^{-0.15} K_{F_c} v = C_{F_c} a_p f^{0.75} v_c^{0.85} K_{F_c} \tag{5-1}$$

由式(5-1)可知,切削用量中,$a_p$ 增加 1 倍时,$P_c$ 相应地成比例增大 1 倍,因而切削热也增大 1 倍;切削速度 $v_c$ 的影响次之,进给量 $f$ 的影响最小;其他因素对切削热的影响和它们对切削力的影响完全相同。

切削区域的热量被切屑、工件、刀具和周围介质传出。向周围介质直接传出的热量在干切削(不用切削液)时,所占比例在 1% 以下,故在分析和计算时可以忽略不计。

假定单位时间、单位切削面积的塑性变形的剪切功转换成的热量(简称剪切热)为 $q_s$,刀-屑摩擦表面单位时间、单位面积的摩擦剪切功转换成的热量(简称摩擦热)为 $q_\gamma$,再假定传入刀具、切屑及工件的热量分别为 $q_t$、$q_c$、$q_w$,则

$$\begin{cases} q_c = R_1 q_s + R_2 q_\gamma \\ q_t = (1 - R_2) q_\gamma \\ q_w = (1 - R_1) q_s \end{cases} \tag{5-2}$$

式中  $R_1$——剪切热传入切屑的比例;

$R_2$——摩擦热传入切屑的比例。

$R_1$、$R_2$ 随切削条件的变化而变化。切削速度 $v_c$ 增高时,由于向刀具及工件传导热量的时间减少,传入刀具及工件的热量随之减少,故 $R_1$、$R_2$ 增大。切削厚度 $h_D$ 增加时,剪切区域的剪切热传入工件的比例减少,故 $R_1$ 增大。

工件材料的导热性能,是影响热量传导的重要因素。工件材料的导热系数越低,通过工件和切屑传导出去的切削热量越少,这就必然会使通过刀具传导出去的热量增加。例如,切削钛合金时,因为它的导热系数只有碳素钢的 1/4~1/3,切削产生的热量不易传出,切削温度因而随之增高,刀具就容易磨损。

刀具材料的导热系数较高时,切削热易从切削区域导出,切削区域温度随而降低,这有利于提高刀具的耐用度。

切削时,若所用的切削液及浇注方式的冷却效果越高,则切削区域的温度越低。切屑与刀具的接触时间,也影响刀具的切削温度。外圆车削时,切屑形成后迅速脱离车刀落入机床的容屑盘中,故切屑的热传给刀具不多。钻削或其他半封闭式容屑的切削加工,切屑形成后仍与刀具及工件相接触,切屑将所带的切削热再次传给工件和刀具,使切削温度升高。

切削热由切屑、刀具、工件及周围介质传出的比例大致如下。

(1)车削加工时,由切屑带走的切削热为 50%~86%,由车刀传出 10%~40% 热量,由工件传出 3%~9% 热量,由周围介质(如空气)传出 1% 热量。切削速度越高或切削厚度越大,切屑带走的热量越多。

(2)钻削加工时,由切屑带走切削热 28%,由刀具传出 14.5% 热量,由工件传出 52.5% 热量,由周围介质传出 5% 热量。

## 5.2  切削热对切削过程的影响

切削时会产生大量的热,使切削区域的温度极高。高速切削时,切削温度可高达 800

~900℃，有时甚至高达1200℃，这样高的温度对切削过程产生一系列影响。

1. 对切削机理的影响

在切削过程中，三个变形区的金属产生弹性变形、塑性变形及摩擦变形，切削功率的99.5%均转变为剪切滑移变形（第一变形区）、前刀面摩擦变形（第二变形区）及挤压、过剩变形、后刀面摩擦变形（第三变形区）所耗能量，并在一瞬间转变为热能，出现切屑、刀具切削刃区域及工件表面温升的现象。切削热是伴随金属切削过程中必然的一种物理现象，对工件质量、刀具寿命有不可忽视的影响。低速切削时，机械磨损是刀具磨损的主要原因；而高速切削时，切削高温诱导刀具的磨损，由机械磨损为主转化为扩散磨损、相变磨损和炭化磨损为主要磨损机理，并引发刀具表面的黏结磨损。切削热还使刀具和工件热膨胀，加剧后刀面摩擦与磨损，引起工件表面粗糙度上升，故超精加工工艺特别强调必须及时、有效地控制切削热在工件、刀具内的传导。控制刀具、工件温升对数控加工也具有十分重要的意义。

金属的切削热起源于材料的强度、硬度、韧性、塑性及弹性，研究还表明，影响切削过程中刀具与工件的温升与刀具、工件的接触面积、传热系数、温差、接触时间的长短等因素有密切关系。通常情况下，减少吃刀量可减少刀具与热源的接触面积；加大冷却介质的流速、流量即为增大传热系数；降低冷却介质的温度即可增大刀具、工件的热容量和温差效应；而提高机床转速和切削速度实际上是缩短了切削热的传导时间。

从切削热的角度出发，切削机理就是被切削金属层的软化作用机理，切削温度对金属软化效应起着决定性作用，工件硬度随切削温度的升高而降低，并进一步影响已加工表面的形成及其质量，并由此导致切削力、已加工表面残余应力分布等情况发生变化。

2. 对刀具的影响

切削热对刀具的使用寿命有着显著的影响。刀具在切削过程中温度很高，当切削区温度不断升高，超过了刀具的热硬性极限温度时，刀具的硬度就会明显下降，产生剧烈的磨损，从而失去切削能力，使切削工作无法完成。

当切削温度超过一定限度后，刀具材料的硬度会显著下降，因而失去切削性能，刀具很快磨钝不能使用。

适当地提高切削温度，对提高硬质合金的韧性是有利的。图5-2是硬质合金冲击强度与温度之间的关系。温度为800℃时，强度最高。因此，在这种温度下，硬质合金最不易崩刀，磨损强度也将降低。

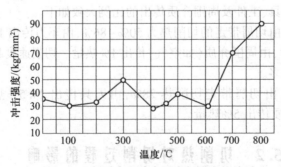

图5-2 硬质合金冲击强度与温度的关系

各类刀具材料在切削各类工件材料时,都有一个最佳切削温度范围。在最佳切削温度范围内,刀具的耐用度最高,工件材料的切削加工性也符合要求。如硬质合金车刀切削碳素钢、合金结构钢、不锈钢的合理切削温度均为800℃左右,而高速钢车刀粗切45钢的合理切削温度为300～350℃,这些数据可供研究切削过程最佳化参考。

3. 对工件精度的影响及表面质量的影响

(1) 工件本身受热膨胀,直径发生变化,切削后不能达到要求精度。

(2) 刀杆受热膨胀,切削时实际切削深度增加使直径减小。

(3) 工件受力变长,但因夹固在机床上不能自由伸长而发生弯曲,车削后工件中部直径变大。

在精加工和超精加工时,切削温度对加工精度的影响特别突出,所以必须特别注意降低切削温度。

另外,切削热对工件的表面质量影响也很大。在粗加工时,由于精度比较低,矛盾还不突出。但在精加工时,由于切削速度很高,切削热大量产生,较高的切削温度可使工件表面质量发生变化,也会使工件变形,影响了工件的精度,造成废品。有些工件刚加工好时,温度较高,尺寸等都符合图样要求,但过一段时间后,待工件冷却,再进行测量,就发现有些尺寸发生变化,这种现象主要是由于切削热的影响造成的。

## 5.3 切 削 温 度

### 5.3.1 切削温度的定义

在金属切削时的温度实际上包含切削区的平均温度、刀具上的最高温度与温度分布、切屑上的最高温度与温度分布、加工表面层的温度分布以及剪切面上的温度分布等。一般来说,所谓切削温度是指温度达到稳定状态时的刀具前刀面与切屑的接触面上的平均温度。选定这个部位上的温度作为切削温度的代表的理由如下。

(1) 温度测定比其他部分简单。

(2) 与刀具磨损、刀具耐用度及切削的机理有密切的关系。

(3) 与积屑瘤的生灭、加工表面质量的好坏、加工精度的高低有密切关系。

因此,把这部位上的温度即狭义的切削温度作为表示切削状态的一个参数而被广泛采用。

但是,为了进一步详细研究刀具的磨损,就不能用平均温度,而必须了解刀具表面的温度分布状况和被加工材料内部的温度分布状况。为了掌握切削现象的整体,关于刀具、被切削材料、切屑的全部温度分布都是必须知道的。因此,从广义上来说,切削温度应分成如下三个部分。

(1) 剪切面上的平均温度($\theta_s$)及温度分布。

(2) 刀具与切屑接触面上的平均温度($\theta_T$)及温度分布。

(3) 刀具后刀面与被切削材料的接触面上的平均温度($\theta_R$)及温度分布。

### 5.3.2 切削温度的测量

切削温度的测量是切削试验研究中重要的技术,可以用来研究各因素对切削温度的影响,可用来校核切削温度理论计算的准确性,也可以把所测得的切削温度作为控制切削过程的信号源。

切削温度的测定方法很多,大致可分类如下:

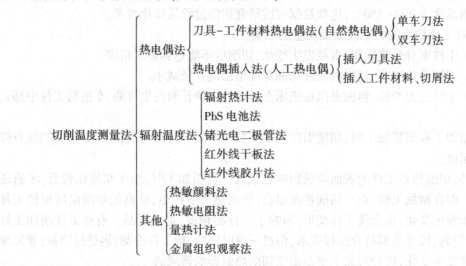

目前,应用较广、比较成熟、简单可靠的测量切削温度的方法是自然热电偶法及人工热电偶法,也有用半人工热电偶法的。

自然热电偶法,是利用工件材料和刀具材料化学成分不同,而组成热电偶的两极。工件与刀具在接触区内因切削热的作用而使温度升高,从而形成热电偶的热端,而刀具的尾端及工件的引出端保持室温,形成热电偶的冷端。热端与冷端之间有热电动势产生。刀具—工件自然热电偶的温度与输出电压的关系曲线应事先进行标定。根据测得的切削过程的热电动势(mV),在标定曲线上可查出对应的温度值。

图 5-3 是在车床上利用自然热电偶法来测量切削温度的装置示意图,刀具和工件应与机床绝缘。

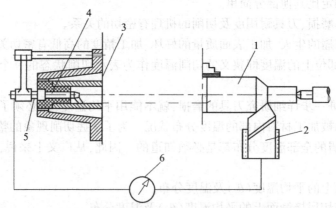

图 5-3　自然热电偶法测量切削温度示意图

1—工件;2—车刀;3—车床主轴尾部;4—铜销;5—铜顶尖(与支架绝缘);6—毫伏计

图 5-4 是 YT15 硬质合金和几种钢材组成的热电偶的温度—输出电压(热电动势)的标定曲线。

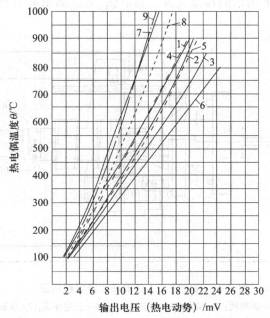

图 5-4　YT15 及 YG8 与几种材料的热电势标定曲线

用自然热电偶法测到的是平均切削温度。更换刀具材料或工件材料时(甚至是同一牌号的刀具材料和工件材料,当炉号不同,即杂质含量不同时),需重新标定温度-输出电压曲线。一般资料所载的温度-输出电压曲线只能供参考,必须重新标定,这是自然热电偶法的不足之处。

人工热电偶是两种预先经过标定的金属丝组成的热电偶。它的热端固定在刀具或工件上预定要测量温度的点上,冷端通过导线串接在电位计、毫伏计或其他的记录仪器上。根据输出的电压及标定曲线,可以测定热端的温度。

图 5-5 是用人工热电偶测量刀具或工件某点温度的示意。为了正确反映切削过程的真实温度变化,要求把安放热电偶金属丝的小孔直径做得越小越好,因为钻孔后破坏了温度场,孔越大,误差越大。但小孔的孔径实际上不能做得很小,故测量结果往往发生误差。应采取措施使金属丝绝缘。此外,进行动态测量时,还要考虑热电偶有一定的惯性。

采用人工热电偶法,配合一定的刀具或工件上的结构措施,可以测定刀具或工件上的

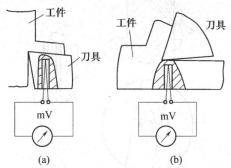

图 5-5　用人工热电偶测量刀具、工件温度

(a) 测刀具; (b) 测工件

温度场。例如,用图5-6所示的移动式人工热电偶,可以测出前刀面和后刀面的温度分布图。

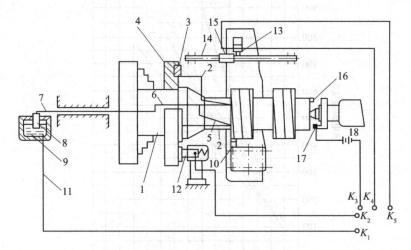

图5-6 移动式人工热电偶装置原理示意

1—试验坯件；2—康铜丝；3—铜扇块；4—夹盘；5—热电偶导线；6—公用导线；7—软轴；8—连接棒；9—汞池；
10—车刀；11—导线；12—电刷；13—微动开关；14—推杆；15—挡铁；16—凸起；17—平弹簧；18—电池

在图5-6中,车床夹盘上装夹试验坯件1,其上切有方螺纹,供斜角自由切削用。用手电钻在方螺纹上钻出直径为0.8～1mm的小孔,小孔轴线与坯件轴线成 $\alpha_1$ 角,与坯件外圆的切线成 $\alpha_2$ 角,如图5-7所示。$\alpha_1$ 角及 $\alpha_2$ 角用试验办法选取,对于45钢宽度为6mm的方螺纹,$\alpha_1$ 角可取为45°,$\alpha_2$ 角可取约等于剪切角 $\phi$。

取两种绝缘的金属丝,如铜和康铜。细金属丝蘸以拌有白垩粉的E$\phi$2胶后装入小金属管内,小管连同热电偶金属丝放入电炉内烘烤10～15s,小金属管的外径应与方螺纹所钻小孔直径相同,小金属管的材料应与被切材料相同或者相近。小金属管的作用是保护热电偶金属丝在切削过程中不受破坏及过早的短路。为此,要将装小管的孔用手电钻或其他工具,在切削速度方向上,在稍大于切削厚度的深度上扩大尺寸,以便起到这个作用。将小金属管连同热电偶丝放入经过扩径的孔中并轻轻打紧。安装后,校验热电偶丝之间

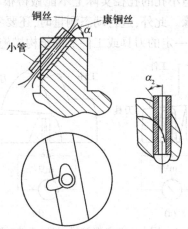

图5-7 小金属管连同热电偶金属丝在方螺纹上小孔中的安装简图

及与工件的绝缘性。沿螺纹的周边可放置若干个热电偶。

热电偶的一根导线（康铜丝），在图5-6中用数字2标记，接于盘4的铜扇块3上，盘4上各铜扇块彼此互相绝缘，每个铜扇块上只连接一根导线。盘体与扇块绝缘。用数字5标注的热电偶的另一根导线，接在公用导线6上。导线6通过软轴7及旋转连接棒8与汞池9相连。

切削时，车刀10从方螺纹上切下切屑时将小金属管切开并使铜及康铜丝短接（见图5-7），组成热电偶。热电动势通过汞池9、导线11及电刷12传到接点$K_1$-$K_2$，接点$K_1$-$K_2$连同记录袋、电刷12是用弹簧固定在单独的架体上的铜一石棉块。电刷架固定在车床床身上并与其绝缘。当机床主轴转动时，电刷与盘上不同的铜扇块接触。因此，可以记录安装在方螺纹上的各热电偶的热电动势。

为了使记录器及时开动，在机床刀架上安装着微动开关13，而在机床床身上装一推杆14及挡铁15。推杆14及挡铁15应调整到能够使微动开关13及时接通接点$K_4$、$K_5$。

凸起16及平弹簧17用于周期性接通电池18电路到接点$K_3$-$K_4$，以周期性地给出机床转速信号。

刀具在接触小金属管并接通热电偶金属丝时，必须使热电偶丝在刀屑接触处短接。这要选择倾斜角$\alpha_1$及$\alpha_2$、扩孔的形状及尺寸来达到。在切屑的塑性变形过程中小金属管被拉长，直径缩小；热电偶丝的直径也被拉伸到0.08mm左右，已经成为点热源（0.06～0.1mm）的灵敏测量元件，它对温度场的完整性影响甚小。人工热电偶丝被刀具切断短接后，一半组成沿前刀面移动的人工热电偶，另一半组成沿后刀面移动的人工热电偶。这两组热电偶往前后刀面移动时所测得的刀-屑接触面的温度分布如图5-8所示。

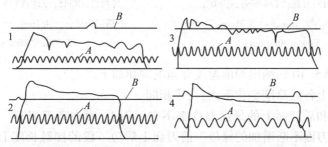

| 曲线标号 | 切削速度<br>$v_c$/(mm/s) | 记录纸速度<br>$v$/(mm/s) | 热电偶丝长度<br>$L$/mm | 切屑变形系数<br>$\xi$ | 接触区长度<br>$l_1$/mm |
|---|---|---|---|---|---|
| 1 | 0.436 | 1000 | 500 | 2.4 | 2.52 |
| 2 | 0.720 | 1000 | 250 | 2.3 | 2.5 |
| 3 | 0.733 | 2000 | 500 | 2.28 | 2.5 |
| 4 | 1.616 | 2000 | 500 | 1.96 | 2.1 |

图5-8 刀-屑接触面上温度分布

（工件材料：45；刀具材料：YG8；$b_D$=6mm；$h_D$=0.5mm；A—时间信号（500Hz）；B—转速信号）

半人工热电偶是用一根金属丝焊在所测点上作为一极，以工件材料或刀具材料作为另一极而组成的。工作原理如上所述。

### 5.3.3 切削温度的分布

切削区温度对刀具的磨损、工件的加工精度以及已加工表面的质量等有很大的影响。通常所指的切削区温度是指切屑、工件与刀具接触表面上的平均温度。实际上，切屑、工件和刀具上各点处的温度是不相同的。根据测量和计算，三者在正交平面内的温度分布如图 5-9 所示，前刀面上切削温度分布如图 5-10 所示。例如，在切削低碳钢时，若 $v_c=$ 200m/min，$f=0.25$mm/r，离切削刃 1mm 处，则温度可达 1000℃。它比切屑中平均温度高 2~2.5 倍，比工件中的平均温度约高 20 倍。这是由于该处热量集中不易散发所至。

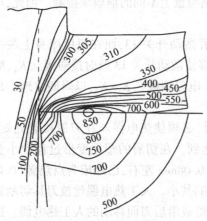

图 5-9　刀具、切屑和工件的温度分布（单位℃）

工件材料：GCr15；刀具：YT14 车刀，$\gamma_o=0°$；

切削用量：$b_D=5.8$mm，$h_D=0.35$mm，

$v_c=1.33$m/s（80m/min）

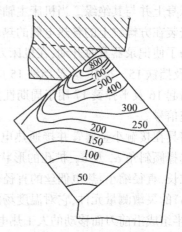

图 5-10　前刀面上的切削温度分布（单位℃）

工件材料：GCr15；刀具：YT14 车刀，$\gamma_o=0°$；

切削用量：$a_p=4.1$mm，$f=0.5$mm/r，

$v_c=1.33$m/s（80m/min）

从图 5-9、图 5-10 归纳出切削温度分布的规律如下。

（1）剪切面上各点温度变化不大，几乎相同。

（2）前刀面和后刀面上的最高温度都不在刀刃上，而在离刀刃有一定距离的地方。这是摩擦热沿着刀面不断增加的缘故。前刀面上后边一段的接触长度上，由于摩擦逐渐减少（由内摩擦转化为外摩擦），热量又在不断传出，所以切削温度开始逐渐下降。

（3）在剪切区域中，垂直剪切面方向上的温度梯度很大。切削速度增高时，因热量来不及传出，从而导致温度梯度增大。

（4）切削底层（与前刀面接触的一层）上温度最高，离底层越远，温度越低。这主要是因为底层金属变形最大，且与前面之间有摩擦的缘故。切削底层的高温将使剪切强度下降，及与前刀面的摩擦系数下降。

（5）后刀面的接触长度较小，因此温度的升降是在极短时间内完成的。加工表面受到的是一次热冲击。

（6）工件材料塑性越大，前刀面上的接触长度越大，切削温度的分布也就较均匀些。反之，工件材料的脆性越大，最高温度所在的点离刀刃越近。

（7）工件材料的导热系数 $K$ 越低，刀具的前、后刀面的温度越高。这是一些高温合金和钛合金切削加工性低的主要原因之一。

### 5.3.4 影响切削温度的主要因素

同建立切削力试验公式的程序一样,通过自然热电偶法所建立的切削温度的试验公式为

$$\theta = C_\theta v_c^{z_\theta} f^{y_\theta} a_p^{x_\theta} \qquad (5-3)$$

式中　$\theta$——试验测出的前刀面指触区平均温度,单位为℃;

　　　$C_\theta$——切削温度系数;

　　　$v_c$——切削速度,单位为 m/min;

　　　$f$——进给量,单位为 mm/r;

　　　$a_p$——切削深度,单位为 mm;

　　　$z_\theta$、$y_\theta$、$x_\theta$——相应的指数。

试验得出,用高速钢和硬质合金刀具切削碳钢时,切削温度系数 $C_\theta$ 及指数 $z_\theta$、$y_\theta$、$x_\theta$ 如表 5-1 所列。

表 5-1　切削温度的系数及指数

| 刀具材料 | 加工方法 | $C_\theta$ | $z_\theta$ | | $y_\theta$ | $x_\theta$ |
|---|---|---|---|---|---|---|
| 高速钢 | 车削 | 140~170 | 0.35~0.45 | | 0.2~0.3 | 0.08~0.1 |
| | 铣削 | 80 | | | | |
| | 钻削 | 150 | | | | |
| 硬质合金 | 车削 | 320 | $f$/(mm/r) | | 0.15 | 0.05 |
| | | | 0.1 | 0.41 | | |
| | | | 0.2 | 0.31 | | |
| | | | 0.3 | 0.26 | | |

**1. 切削用量的影响**

分析各因素对切削温度的影响,主要应从这些因素对单位时间内产生的热量和传出的热量的影响入手。若产生的热量大于传出的热量,则这些因素将使切削温度增高;若某些因素使传出的热量增大,则这些因素将使切削温度降低。图 5-11 是切削用量三要素 $v_c$、$f$、$a_p$ 对切削温度影响的试验曲线。

(1) 切削速度 $v_c$。在 $R_1$、$R_2$ 及 $\phi$ 不变的条件下,剪切面的温度 $\theta_s$ 及前刀面的温度 $\theta_t$ 与 $v_c^{0.5}$ 成比例,但随切削速度 $v_c$ 的增高,$R_1$、$R_2$(切屑带走热量比率)增大,剪切角 $\phi$ 也增大(即塑性变形减少),使单位切削力 $p$ 也随之减小。因此,切削速度增高时,单位时间内金属切削量成比例增加,但因剪切角 $\phi$ 的增加,使单位切削体积的切削功下降。此外,随着 $R_1$、$R_2$ 的增大,切屑带走的热量增大,故温度的上升较 $v_c^{0.5}$ 更为缓慢,即指数应该比 0.5 小。进给量越大,随切削速度的增加,切削温度的提高越缓慢,即指数应减小。

(2) 进给量 $f$。进给量的增加,导致单位时间内金属切削量成比例增大。进给量 $f$ 以 $f^{0.143}$ 的关系影响切削温度。此外,进给量影响切屑的变形系数 $\xi$,当 $f$ 增加时 $\xi$ 减小(即剪切角 $\phi$ 增大),故单位体积切削量的切削功下降;随着进给量的增大,切屑所带走的剪切热和摩擦热亦增多,随着进给量的增大,刀屑接触长度 $l_f$ 增大,也增大了热量传出的面积。综上所述,$f$ 的指数 $y_\theta$ 远小于 0.5,试验表明,$y_\theta$ 在 0.3 以下。

（3）背吃刀量 $a_p$。背吃刀量 $a_p$ 变化时，产生的热量和散热面积亦作相应变化，故背吃刀量 $a_p$ 对切削温度的影响很小。

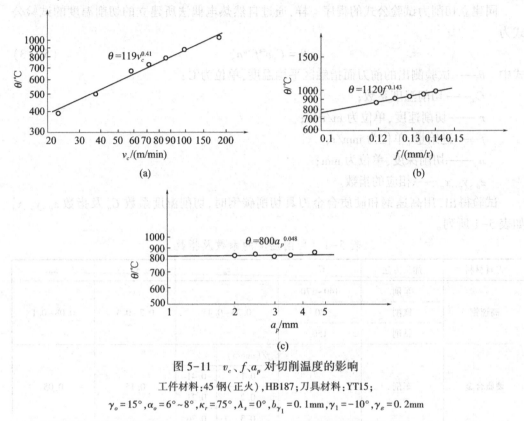

图 5-11　$v_c$、$f$、$a_p$ 对切削温度的影响

工件材料:45 钢（正火），HB187;刀具材料:YT15;

$\gamma_o = 15°$，$\alpha_o = 6° \sim 8°$，$\kappa_r = 75°$，$\lambda_s = 0°$，$b_{\gamma_1} = 0.1\text{mm}$，$\gamma_1 = -10°$，$\gamma_\varepsilon = 0.2\text{mm}$

（a）切削速度与切削温度的关系 $a_p = 3\text{mm}$，$f = 0.1\text{mm/r}$；（b）进给量与切削温度的关系 $a_p = 3\text{mm}$，$v_c = 94\text{m/min}$；

（c）切削深度与切削温度的关系 $f = 0.1\text{mm/r}$，$v_c = 107\text{m/min}$

2. 刀具几何参数的影响

（1）前角 $\gamma_o$。图 5-12 表明，切削温度随前角的增大而降低，这是因为前角增大时，单位切削力下降，使产生的切削热减少的缘故。但前角大于 18°~20°后，对切削温度的影响减小，这是因为楔角变小而使散热的体积减少的缘故。

（2）主偏角 $\kappa_r$。主偏角 $\kappa_r$ 减小时，使切削宽度 $b_D$ 增大，切削厚度 $h_D$ 减小，故切削温度下降，如图 5-13 所示。

（3）负倒棱 $b_{\gamma_1}$ 及刀尖圆弧半径 $\gamma_\varepsilon$。负倒棱 $b_{\gamma_1}$ 在(0~2)$f$ 范围内变化，刀尖圆弧半径 $\gamma_\varepsilon$ 在 0~1.5mm 范围内变化，基本上不影响切削温度。因为负倒棱宽度及圆弧半径的增大，能使塑性变形区的塑性变形增大，切削热也随之增加;但另一方面，这两者都能使刀具的散热条件有所改善，传出的热量也有增加，两者趋于平衡，对切削温度影响很小。

3. 工件材料的影响

工件材料的强度（包括硬度）和导热系数对切削温度的影响是很大的。单位切削力是影响切削温度的主要因素，而工件材料的强度（包括硬度）直接决定了单位切削力，所以工件材料强度（包括硬度）增大时，产生的切削热增多，切削温度升高。工件的导热系

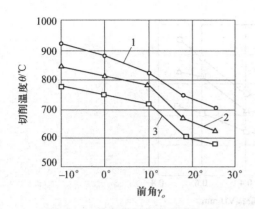

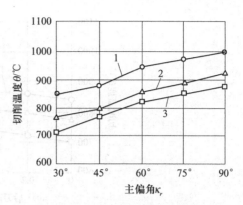

图 5-12　前角与切削温度的关系

$a_p = 2\text{mm}$，$f = 0.1\text{mm/r}$

$1—v_c = 135\text{m/min}$；$2—v_c = 105\text{m/min}$；$3—v_c = 81\text{m/min}$。

图 5-13　主偏角与切削温度的关系

工件材料：45 钢；刀具材料：YT15；

切削用量：$a_p = 2\text{mm}$，$f = 0.2\text{mm/r}$；前角 $\gamma_o = 15°$

$1—v_c = 135\text{m/min}$；$2—v_c = 105\text{m/min}$；$3—v_c = 81\text{m/min}$。

数则直接影响切削热的导出。图 5-14 为在不同切削速度下，各种工件材料的切削温度，由图可以看出工件材料对切削温度的影响。

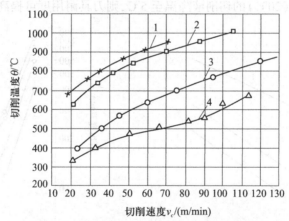

图 5-14　不同切削速度下各种材料的切削温度

刀具材料：YT15、YG8；工件材料：45 钢、GH131、1Gr18Ni9Ti、HE20-40；刀具角度：$\gamma_o = 15°$，$\alpha_o = 6° \sim 8°$，

$\kappa_r = 75°$，$\lambda_s = 0°$，$b_{\gamma_1} = 0.1\text{mm}$，$\gamma_1 = -10°$，$\gamma_s = 0.2\text{mm}$；切削用量：$a_p = 3\text{mm}$，$f = 0.1\text{mm/r}$

1—GH131；2—1Cr18Ni9Ti；3—45 钢（正火）；4—HT20-40。

**4. 刀具磨损的影响**

后刀面磨损对切削温度的影响如图 5-15 所示，在后刀面的磨损值达到一定数值后，对切削温度的影响增大，切削速度越高，影响就越显著。合金钢的强度大，导热系数低，因此切削合金钢时刀具磨损对切削温度的影响，就比切碳素钢时大。

**5. 切削液的影响**

切削液对降低切削温度、减少刀具磨损和提高已加工表面质量有明显的效果，在切削加工中应用很广；切削液对切削温度的影响，与切削液的导热性能、比热容、流量、浇注方式以及本身的温度有很大关系。从导热性能来看，油类切削液不如乳化液，乳化液不如水

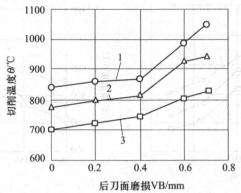

图 5-15　后刀面磨损值与切削温度的关系

工件材料:45 钢;刀具材料:YT16;切削用量:$a_p=3mm$, $f=0.1mm/r$, $\gamma_o=15°$

$1—v_c=117m/min$; $2—v_c=94m/min$; $3—v_c=71m/min$。

基切削液。如果用乳化液来代替油类切削液,那么加工生产率可以提高 50%~100%。图 5-16 表示切削液对切削温度的影响。图 5-17 表示切削液对刀具耐用度的影响。

流量充沛与否对切削温度的影响很大,切削液本身的温度越低,降低切削温度的效果就越明显。若将室温(20℃)的切削液降温至 5℃,则刀具耐用度可提高 50%。

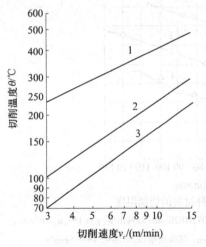

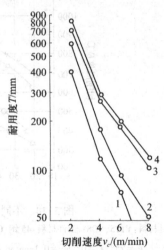

图 5-16　用 φ21.5 钻头钻削 45 钢时,切削液对切削温度的影响

(进给量:$f=0.4mm/r$)

1—无冷却;2—10%乳化液;

3—1%硼酸钠及 0.3%磷酸钠的水溶液。

图 5-17　车削高温合金 XH77TOP(CrNi77AlB)时,切削液对车刀耐用度的影响

1—无冷却;2—硫化乳化液;

3—1%三乙醇胺及 0.2%硼酸钠;

4—1%硼酸钠及 0.3%磷酸钠的水溶液。

## 5.4　切削温度对切削变形的影响

图 5-18 表示切削 40 钢时,切削温度 $\theta$ 对工作前角 $\gamma_{oe}$、刀-屑平均摩擦系数 $\mu_{av}$、单位切削功 $P_s$ 及切屑变形系数 $\xi$ 的影响。在切削温度 $\theta$ 低于 600℃ 的情况下,切削温度直接影响积屑

瘤的消长,从而影响到积屑瘤的前角。因此,有图 5-18 中工作前角随切削温度的变化。

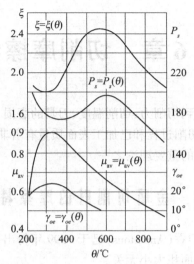

图 5-18　切削温度 $\theta$ 对工作前角 $\gamma_{oe}$、刀–屑平均摩擦系数 $\mu_{av}$、
单位切削功 $P_s$ 及切屑变形系数 $\xi$ 的影响

工件材料:40 钢;刀具角度: $\gamma_o=10°$;切削用量: $a_p=4mm$,
$f=0.125mm/r\sim0.78mm/r,\nu_c=10m/min\sim170m/min$

刀–屑平均摩擦系数 $\mu_{av}$ 随切削温度 $\theta$ 变化的原因有两点。

(1) 积屑瘤前角随切削速度而变化,当 $\theta<300℃$ 时,积屑瘤前角随着温度的提高而增大;当 $300℃<\theta<600℃$ 时,积屑瘤前角随切削温度的升高而减小。

(2) 刀–屑界面上切屑底层金属的强度 $\sigma_b$ 随切削温度的上升而下降;当 $\theta>600℃$ 时,刀–屑摩擦系数 $\mu_{av}$ 的下降主要就是由于这个原因。

从图 5-18 还可以看出,切屑变形系数 $\xi$ 随切削温度变化的情况。当 $\theta<600℃$ 时,$\xi$ 随工作前角的增大而减小,随工作前角的减小而增大。当 $\theta>600℃$ 时,积屑瘤消失,这时,$\xi$ 的减小是由于 $\mu_{av}$ 的减小。

单位切削功 $P_s-\theta$ 曲线有着与切屑变形系数曲线相似的形状,切屑变形大,需要的功也就大一些。

## 思考题与练习题

1. 切削热有哪些来源?
2. 影响切削热产生与传出的因素有哪些?
3. 切削热从哪些渠道传出?往哪里传出?它们如何分配?
4. 测量切削温度的方法有哪几种?其基本原理如何?
5. 为什么切削速度对切削温度的影响特别大?
6. 切削深度与进给量对切削温度的影响有何不同?为什么?
7. 为什么刀具磨损后对切削温度影响较大?

# 第6章 切削摩擦学

切削过程中的摩擦影响到切削力、切削温度、刀具的磨损、工艺系统的振动、积屑瘤和鳞刺的形成。可见,摩擦与切削过程和已加工表面质量有着非常大的关系。因而,切削过程中的摩擦理论是切削理论的重要理论之一。

## 6.1 金属切削时的摩擦特点

关于固体滑动摩擦,阿门吞(Amontons)已于1699年得出如下两条法则。

(1) 摩擦力与名义接触面积大小无关。

(2) 摩擦力与法向载荷大小成正比。

阿门吞的这两大法则是经过试验证实的,也是许多干滑动副所遵循的。可是,在切削时,刀—屑和刀—工的滑动摩擦并不服从阿门吞的这两条法则。

这就是金属切削过程中摩擦的特点,现阐述如下。

为了简化,所讨论的是直角自由切削,并假设刀具绝对锋利,后刀面不与工件接触。用测力仪测得的力为 $F_z$ 和 $F_y$,把这两个力沿前刀面的法向和切向分解,如图6-1所示。

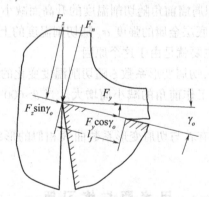

图6-1 作用在前刀面上的力沿切向和法向的分解

从图6-1得

$$F_t = F_z \sin \gamma_o + F_y \cos \gamma_o \tag{6-1}$$
$$F_n = F_z \cos \gamma_o - F_y \sin \gamma_o \tag{6-2}$$

设刀具加在切屑底面的摩擦力为 $F_f$,则其大小等于 $F_t$,其方向与 $F_t$ 的方向相反。根据阿门吞第二法则和定义,摩擦系数为

$$\mu = \frac{F_t}{F_n} = \frac{F_z \sin \gamma_o + F_y \cos \gamma_o}{F_z \cos \gamma_o - F_y \sin \gamma_o} \tag{6-3}$$

式(6-3)的分子和分母都除以刀-屑名义接触面积,即

$$A = bl_f \tag{6-4}$$

式中　$b$——刀—屑接触面的宽度；

　　　$l_f$——刀—屑接触面的长度。

$$\mu = \frac{F_t/A}{F_n/A} = \frac{\tau}{\sigma} \tag{6-5}$$

式中　$\tau$——刀—屑单位接触面积上的平均切应力；

　　　$\sigma$——刀—屑单位接触面积上的平均法应力。

切应力 $\tau$ 实际上是单位摩擦面积上的摩擦力，法应力 $\sigma$ 是单位摩擦面上的载荷。因此，按照阿门吞的摩擦第二条法则，$\tau$ 应正比于 $\sigma$，即 $\tau = \mu\sigma$。对于给定的滑动摩擦副，$\mu$ 应是常数，与 $\sigma$ 的大小无关。

通过切削试验可知，在切削速度很低的情况下，不管切的是铜还是钢，只要前角增大，法应力 $\sigma$ 便明显减小，可是切应力 $\tau$ 却几乎不变，这就违反了阿门吞第二条摩擦法则，即违反了摩擦力与法向载荷大小成正比这条法则。切削时摩擦力与接触面积的大小并非无关，也就是说，切削时的摩擦也不遵循阿门吞第一摩擦法则。

由此可知，阿门吞摩擦法不适用于金属切削。究其原因可知，阿门吞法只是在一般情况下试验所得结果的总结，而金属切削时，摩擦面温度很高，而且压力很大，远非一般摩擦所能达到。

要弄清楚金属切削时的摩擦过程，还得从研究摩擦机理入手。

## 6.2　金属切削的摩擦机理

### 1. 固体金属的接触

除了一些晶体的解理面，固体的表面从微观看来都是不平的。用显微镜观察，便可以看见表面上分布着许多"峰"和"谷"，把两个固体金属叠放在一起，当它们之间的压力不是很大时，只有一些峰点互相接触，如图6-2所示。它的实际接触面积只占名义接触面积很小的一部分。实际接触面积将随着法向载荷的增大而增大。增大的方式一方面是增加接触峰点的数目，另一方面是增大原来接触峰点的接触面积，并以前者为主。

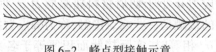

图6-2　峰点型接触示意

由于载荷集中在正在接触的峰点上，这些承受载荷的峰点的应力也就达到或超过屈服点，因而发生了塑性变形。为了便于分析，可以把刀-屑之间微观凸起的互相接触，简化为理想的球面对球面、平面对球面、平面对圆柱面、圆柱面对圆柱面等的组合。

通过分析可以发现，当金属表面相接触时，即使载荷不是很大，在精细表面的峰点周围的材料便处于很容易超过弹性极限的应力状态。事实上，在大多数情况下，峰点周围的材料很快就处于完全塑性，在变形面积上的平均压应力由公式 $\sigma_m = 3\sigma_e$ 来计算，其中 $\sigma_e$ 为两个接触金属中较软材料的弹性极限。对于一些不产生加工硬化的金属，$\sigma_e$ 是个常数，$\sigma_m$ 也是常数。因此，发生塑性流动的面积 $A$ 就与载荷 $F_w$ 成正比，而与屈服压应力成

反比，即

$$A = \frac{F_w}{\sigma_m} \qquad\qquad (6-6)$$

**2. 刀-屑的接触**

切削时，可以想象前刀面上有许许多多微小的峰点，它们的凸峰都是理想的球状；而切屑可以想象为硬度比前刀面软的平面。在切屑加在前刀面的法向力 $F_n$ 的作用下，前刀面上的凸峰压入切屑。刀-屑总的实际接触面积应等于前刀面上各峰点与切屑接触的总和，而分摊在各峰点上的载荷 $F_w$ 的总和应为 $F_n$，设软材料的压缩屈服应力为 $\sigma_s$，则

$$\sigma_s \leqslant 3\sigma_e$$

式中　$\sigma_e$——材料的弹性极限。

参照式(6-6)，得刀-屑间实际接触面积为

$$A_r = \frac{F_n}{\sigma_s} \qquad\qquad (6-7)$$

式中　$A_r$——刀-屑实际接触面积；

　　　$\sigma_s$——切屑材料的压缩屈服应力；

　　　$F_n$——切屑作用在前刀面上的法向力。

设刀-屑名义接触面积为 $A$，则

$$A = a_w L \qquad\qquad (6-8)$$

式中　$a_w$——切削宽度；

　　　$L$——刀-屑接触长度。

以 $A$ 除以式(6-7)两边，得

$$\frac{A_r}{A} = \frac{F_n}{A} \frac{1}{\sigma_s} = \frac{\sigma}{\sigma_s} \qquad\qquad (6-9)$$

式中　$A_r$——刀-屑实际接触面积；

　　　$A$——刀-屑名义接触面积；

　　　$\sigma$——名义法应力；

　　　$\sigma_s$——切屑材料的压缩屈服应力。

从式(6-9)得知，当法应力 $\sigma$ 小于切屑材料屈服应力 $\sigma_s$ 时，刀-屑实际接触面积 $A_r$ 小于名义接触面积 $A$，这时的接触是一些峰点接触，称为峰点型接触。

当法应力 $\sigma$ 增大到与 $\sigma_s$ 相等时，实际接触面积便等于名义接触面积。若再增大法应力，实际接触面积也不会再增大，而是以名义接触面积为极限值。这种接触称为紧密型接触，如图6-3所示。

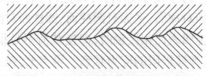

图6-3　刀-屑的紧密型接触示意图

图6-4中的 $O$ 点表示切削刃，$OB$ 表示刀具的前刀面，$Ox$ 表示切屑沿前刀面流出的路径。切屑在 $O$ 点开始与前刀面接触，至 $B$ 点与前刀面分离，刀-屑整个接触长度为 $L$。

切削时,法应力 $\sigma$ 在前刀面上是不均匀分布的,因此,$\sigma$ 实际上是 $x$ 的函数,以 $\sigma(x)$ 表示。切削钢时,$\sigma$ 大致取图 6-4 所示 $\sigma(x)$ 曲线的分布形式,即在切削刃 $O$ 处 $\sigma$ 最大,随着切屑沿 $Ox$ 流出而逐渐减小至 0。

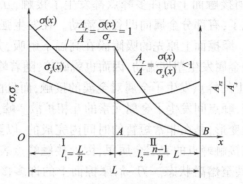

图 6-4　刀-屑的紧密型和峰点型接触区

由于刀-屑摩擦面上的温度的分布也是不均匀的,切碳钢时,最高温度约在刀-屑接触长度 $OB$ 的中点。温度对切屑底层材料的压缩屈服应力 $\sigma_s$ 有着比较大的影响,当温度高于 300℃ 时,温度越高,则 $\sigma_s$ 越小。因此,由于温度分布的不均匀,因而 $\sigma_s$ 也是 $x$ 的函数,以 $\sigma_s(x)$ 表示。沿刀-屑接触长度 $OB$ 各点的 $\sigma_s$ 由图 6-4 中 $\sigma_s(x)$ 曲线表示。

图 6-4 中曲线 $\sigma(x)$ 与 $\sigma_s(x)$ 相交处的 $x$ 坐标为 $A$。由于两曲线在 $x=A$ 处相交,故 $\sigma(A)=\sigma_s(A)$,在 $A$ 处,实际接触面积 $A_r$,等于名义面积 $A$,刀-屑接触属紧密型接触。在 $A$ 点以左 $\sigma(A)/\sigma_s(A)>1$,故从 $O$ 至 $A$ 这个范围内,刀-屑的接触属紧密型接触。在 $A$ 点以右,因 $\sigma(A)/\sigma_s(A)<1$,故从 $A$ 至 $B$ 这范围内,刀-屑的接触属峰点型接触。$OA$ 称为紧密型接触区,简称 Ⅰ 区或前区,$AB$ 区称为峰点型接触区,简称 Ⅱ 区或后区。若设 $OB=L$,若前区长 $l_1=\dfrac{L}{n}$,则后区的长度 $l_2=(1-1/n)L$。

### 3. 固体金属表面的氧化膜和吸附膜

在切削加工中,切屑的新生表面一旦在空气中暴露,空气便在这新生表面上形成吸附膜,空气中的氧与新生表面层起化学反应而形成氧化膜,如图 6-5 所示。对于刀具来说,如果在空气中暴露,同样会在表面上形成吸附膜,如果刀具材料能和氧起化学反应,也同样会生成氧化膜。对于碳钢则生成三种稳定的氧化物,包括 $Fe_2O_3$、$Fe_3O_4$ 和 $FeO$。

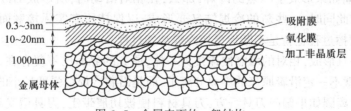

图 6-5　金属表面的一般结构

表面上的吸附膜稳定性较差,随着温度的升高,解吸能力逐渐增大。氧化膜相对来说是比较稳定的,但是比较脆,容易破碎。如果两个相接触的金属作相对滑动,那么,摩擦主要发生在膜层之内,这时摩擦系数较小。通过试验发现,摩擦面上的氧化膜和吸附膜有显著的润滑作用。

**4. 接触峰点的冷焊**

切削时，刀-屑之间作用着非常大的法向力 $F_n$，刀-屑摩擦界面上的压力可达几千帕甚至几万帕。因此，刀-屑接触面上的许多峰点都发生了接触、互相挤压，软的一方发生了塑性变形，峰点被压低了，有部分金属向凹谷里流动。在发生强烈塑性变形的同时，这些峰点的温度急剧上升。摩擦面上原先的吸附膜在高温下解吸，并移向凹谷。氧化膜是比较脆的，由于所依附的金属发生塑性流动，因而也就破碎，随着峰点顶部金属移往凹谷。这样一来，刀-屑摩擦面上的峰点发生了金属对金属的接触，而且由于峰点之间存在着很大的压力，接触非常紧密，峰点间发生了金属元素的互相扩散。峰点间在摩擦过程中的互相接触、挤压和发生塑性变形，是在非常短暂的时间内完成的，以至摩擦热来不及从摩擦面传出，而是大量积聚在接触峰点的表层金属里，因而接触峰点表层达到很高的温度，使峰点表层金属处于软化甚至熔融状态。刀-屑摩擦面上的许多接触着的峰点，在这种情况下发生了焊合。由于高温只存在于峰点的表层，就整个刀具和切屑而言，温度并不高，故这种焊接称为冷焊；峰点相互连接处称为冷焊结。

峰点的这种冷焊是两峰点金属表层经过熔融而焊接连接起来的。经过冷焊的峰点已经连成一体，它们之间是在金属键的作用下连接的，和一般所谓黏附有本质的不同。

切削时，如果形成的是带状切屑，那么在刚刚开始切削时，在最初的约 10mm 行程之内，由于在切削之前刀具长时间暴露在空气中，表面上形成的氧化膜和吸附膜比较厚，从峰点退下来的氧化膜和吸附膜充斥了凹谷。因此，刀-屑之间的冷焊面积往往小于实际接触面积，有部分氧化膜和吸附膜仍然起着润滑作用，所以这时的摩擦系数和摩擦力都比较小。随着切削经历时间的增长，切屑连续流出，用新生的底表面逐渐将这些氧化膜和吸附膜抹拭干净，刀-屑冷焊面积才逐渐增大，刀-屑间的摩擦系数和摩擦力也才逐渐增大。在生产中常常看到拉削孔壁在拉力入口一端，有一段长 10mm 左右的已加工表面比较光滑，这就是由于氧化膜和吸附膜的存在，冷焊面积还不够大，未能形成积屑瘤的缘故。

切削时，如果形成的是单元切屑，切屑周期性地脱离前刀面，前刀面便周期性地暴露在空气中，在极短暂时间里又重新形成吸附膜和氧化膜。当新的切屑单元形成时，又逐渐将这新形成的氧化膜和吸附膜抹拭掉，摩擦系数和摩擦力又逐渐增大。这是形成单元切屑时摩擦系数周期变化的原因。摩擦系数的变化反过来又影响单元切屑的形成。

**5. 刀-屑的摩擦过程**

刀-屑之间如果形成了峰点的冷焊，那么，在相对滑动时，所形成的冷焊结必然受到剪切破坏。与此同时，一些新的冷焊结又要形成，以保持原有实际接触面积的大小。可见，刀-屑的摩擦过程也就是不断地更换冷焊结的过程。

冷焊结一旦形成，相对的峰点便连接为一体，原先的界面已不复存在，当冷焊结受到剪切破坏时，就不一定沿着原来的界面分离了，而是沿着冷焊结强度最小的某一个面进行分离。这个分离圆如果偏向刀具一方，刀具材料便被切屑带走，刀具遭受磨损；如果分离面偏向切屑一方，那么，便出现切屑材料冷焊在前刀面上，严重时便成为积屑瘤。如果冷焊面积足够大，而冷焊结的强度又很大，抗剪力自然就比较大，如果抗剪力能抵御切削合力的切向分力，那么，切屑便停留在前刀面上。

刀-屑冷焊结破坏时分离面的位置是发生在剪应力最大而强度最小的地方。冷焊结的强度取决于摩擦面的温度和在冷焊结中温度的分布。如果摩擦温度非常高,例如,高速切削时的温度,冷焊结中原先界面处附近的温度最高,切屑底层与摩擦界面毗连处的金属普遍达到或接近熔融的状态,其强度已十分低了,因而这时冷焊结的分离方式会像流体那样剪切,而不是固体的破坏了。冷焊结的分离面很可能非常接近原先的界面。由于这些原因,刀具的磨损主要是刀具材料原子向切屑的扩散。前刀面上也不会出现切屑材料的积聚而形成积屑瘤,更不会再出现单元切屑及其导致的鳞刺。

## 6.3 切削时的摩擦系数

冷焊结受到剪切破坏时表现出来的抗剪力便是摩擦力的主要组成部分。在切过一段时间之后,氧化膜和吸附膜即被切屑抹拭干净,冷焊面积便与实际接触面积相等。因此,抗剪力等于冷焊结的抗剪强度 $\tau_s$ 与实际接触面积 $A_r$ 的乘积,即 $\tau_s A_r$。

摩擦力的组成中除了冷焊结的抗剪力,还有另一部分耕犁力 $F_p$,它是摩擦偶较硬一方表面上的凸峰在较软一方的材料中划过(耕犁)所受到的阻力。因此,总摩擦力 $F_f$ 为

$$F_f = \tau_s A_r + F_p$$

对于切削的摩擦,上式的第二项比第一项小很多,可以忽略不计。那么,切削的摩擦力为

$$F_f = \tau_s A_r \qquad (6-10)$$

在Ⅰ区里,刀-屑接触属紧密型接触,$A_{r1} = A_{a1}$,故摩擦力为

$$F_f = \tau_s A_{a1} \qquad (6-11)$$

按定义,有

$$\mu_1 = \frac{\tau_s}{\sigma(x)} \qquad (6-12)$$

由于 $A_{r1} = A_{a1}$,因此剪应力 $\tau = \tau_s$。在切削温度很低的情况下,可以假设切屑底层金属的抗剪强度不受温度分布不均匀的影响,亦即不随 $x$ 而变,那么,$\tau_s =$ 常数;但 $\sigma(x)$ 仍是一变量,随 $x$ 增大而减小,故 $\mu_1$ 也是一个变数,在刀刃处为最小,随 $x$ 增大而增大(图6-6),在 $A$ 处达到最大值。

在Ⅱ区里,刀-屑属峰点型接触,从式(6-9)求得刀-屑实际接触面积为

$$A_r = \frac{F_{n2}}{\sigma_s}$$

从式(6-10)得Ⅱ区的摩擦力为

$$F_{f2} = \tau_s \frac{F_{n2}}{\sigma_s}$$

Ⅱ区的摩擦系数为

$$\mu_2 = \frac{F_{f2}}{F_{n2}} = \frac{\tau_s}{\sigma_s} = 常数 \qquad (6-13)$$

式(6-13)中 $\mu_2$ 是常数,也就是说,在Ⅱ区里,刀—屑的摩擦是服从古典法则的。可是,在Ⅰ区里,摩擦系数 $\mu_1$ 是个变数,因而在

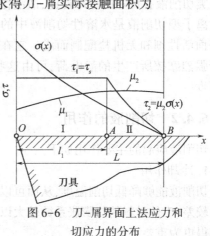

图6-6 刀-屑界面上法应力和切应力的分布

Ⅰ区里,刀-屑的摩擦不服从古典摩擦法则。

在Ⅰ区里,冷焊面积等于名义接触面积,是较Ⅱ区的冷焊面积大很多的,因而Ⅰ区的摩擦力比Ⅱ区的大很多,可是Ⅰ区的摩擦系数却比Ⅱ区的小,似乎有点不好理解,其实只要注意到载荷(法应力)分布不均匀,Ⅰ区里的$\sigma(x)$比Ⅱ区的大许多的情况,就不难理解$\mu_1 < \mu_2$了。

刀-屑的摩擦力等于前后区摩擦力之和,即

$$F_f = \tau_s a_w l_1 + a_w \frac{\tau_s}{\sigma_s} \int_{l_1}^{L} \sigma(x) \, \mathrm{d}x \tag{6-14}$$

刀-屑平均摩擦系数为

$$\mu_{av} = \frac{F_f}{F_n} = \frac{\tau_s l_1 + \dfrac{\tau_s}{\sigma_s} \displaystyle\int_{l_1}^{L} \sigma(x) \, \mathrm{d}x}{\displaystyle\int_{0}^{L} \sigma(x) \, \mathrm{d}x} \tag{6-15}$$

# 6.4 切 削 液

切削液对减少刀具磨损、改善加工表面质量、提高生产效率都有非常重要的作用。

## 6.4.1 切削液的分类

切削加工中最常用的切削液有非水溶性和水溶性两大类。

(1) 非水溶性切削液。主要是切削油,其中有各种矿物油(如机械油、轻柴油、煤油等)、动植物油(如豆油、猪油等)和加入油性、极压添加剂配制的混合油。它主要起润滑作用。

(2) 水溶性切削液。主要有水溶液和乳化液。前者的主要成分为水并加入防锈剂,也可以加入一定量的表面活性剂和油性添加剂,而使其有一定的润滑性能。后者是由矿物油、乳化剂及其他添加剂配制的乳化油和95%~98%的水稀释而成的乳白色切削液。这一类切削液有良好的冷却性能,清洗作用也很好。

离子型切削液是水溶性切削液中的一种新型切削液,其母液是由阴离子型、非离子型表面活性剂和无机盐配制而成。它在水溶液中能离解成各种强度的离子。切削时,由于强烈摩擦所产生的静电荷,可由这些离子反应迅速消除,降低切削温度,提高刀具耐用度。

## 6.4.2 切削液的作用

切削液应起的主要作用如下。

1. 冷却作用

切削液能够降低切削温度,从而可以提高刀具耐用度和加工质量。在刀具材料的耐热性较差、工件材料的热膨胀系数较大以及两者的导热性较差的情况下,切削液的冷却作用显得更为重要。

切削液冷却性能的好坏,取决于它的导热系数、比热容、汽化热、汽化速度、流量、流速等。一般来说,水溶液的冷却性能最好,油类最差,乳化液介于两者之间。

2. 润滑作用

在切削过程中,刀具前刀面与切屑接触,发生强烈的摩擦,压力很高,温度也达500℃以上。在这种情况下,使用切削液也不能得到完全的流体动力润滑,并且由于部分润滑膜破裂,将造成部分金属与金属直接接触。因而,金属切削中的润滑大多属于边界润滑。

3. 清洗作用

当金属切削中产生碎屑(如切铸铁)或磨粉(如磨削)时,要求切削液具有良好的清洗作用。清洗性能的好坏,与切削液的渗透性、流动性和使用的压力有关。为了增强切削液的渗透性、流动性,往往加入剂量较大的表面活性剂和少量矿物油,用大的稀释比(水占95%~98%)制成乳化液或水溶液,可以大大提高其清洗效果。为了提高其冲刷能力,及时冲走碎屑及磨粉,在使用中往往给予一定的压力,并保持足够的流量。

4. 防锈作用

为了减小工件、机床、刀具受周围介质(空气、水分等)的腐蚀,要求切削液具有一定的防锈作用。防锈作用的好坏,取决于切削液本身的性能和加入的防锈添加剂的作用。在气候潮湿地区,对防锈作用的要求显得更为突出。

此外,还要求无毒、无气味、不影响人体健康、化学稳定性好等。

### 6.4.3 切削液的润滑机理

在边界润滑的条件下,切削液进入切削区的途径(见图6-7):切屑与前刀面之间存在着微小间隙,将形成毛细管现象,在间隙与大气压之间有气压差、切屑与前刀面之间的相对运动将形成泵吸作用;在切削区的工件表面和剪切面上,存在着许多微小裂纹。由于切削热的作用,汽化的切削液分子直接从这些裂纹渗透并吸附在表面内和剪切面上,能够降低表面能,防止裂纹的再熔焊,以及减小工件的塑性变形抗力。

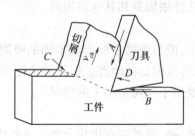

图6-7 切削液渗入的途径

通过上述途径渗透的切削液,在刀具与切屑、工件的接触面上形成吸附薄膜,起到润滑作用,减少金属与金属直接接触的面积,降低摩擦力和摩擦系数,增大剪切角,缩短刀-屑接触长度,因而减少切屑变形,抑制积屑瘤的生长,减少加工表面粗糙度;同时,还可减小切削功率,降低切削温度,提高刀具耐用度。表6-1表示使用几种切削液与干切削比较时的润滑效果。

表 6-1 切削液的润滑效果

| 切削液名称 | 剪切角 φ | 变形系数 ξ | 摩擦系数 μ |
|---|---|---|---|
| 干切削 | 15°15′ | 2.9 | 0.90 |
| 乳化液 | 22°50′ | 2.7 | 0.83 |
| 硫化脂肪油+矿物油（非活性） | 24°20′ | 2.6 | 0.72 |
| 菜子油 | 25°12′ | 2.3 | 0.68 |
| 氯化硫化矿物油+脂肪油（活性） | 25°30′ | 2.2 | 0.66 |

注：刀具：高速钢，$\gamma_o = 15°$，自由切削；工件：10 钢；切削用量：$a_p = 0.25\text{mm}$，$v_c = 15\text{m/min}$

影响切削液润滑性能的因素如下。

切削液的润滑性能与切削液的渗透性有关，而液体的渗透性又取决于它的表面张力和黏度，表面张力和黏度大时，渗透性较差。

切削液的润滑性能与形成吸附膜的牢固程度有关，润滑薄膜是由物理吸附和化学反应两种作用形成的。物理吸附主要是靠切削液中的油性添加剂，如动植物油及油酸、胺类、醇类及脂类等起作用。但油性添加剂与金属形成的吸附薄膜只能在低温下（200℃以内）起到较好的润滑作用。随着温度升高，将因薄膜破裂而失去其润滑效果。化学作用主要靠含硫、氯等元素的极压添加剂与金属表面起化学反应，生成化合物而成化学薄膜。它可以在高温下（根据添加剂不同，可达 400~800℃）使边界润滑层有较好的润滑性能。

另外，切削液的润滑性能还与切削速度有关，因为切削速度对切削温度影响最大，而且还影响切削液渗透的时间。一般来说，切削速度越高，切削液的润滑效果越低。因此，高速切削时，由于变形较小，剪切角较大，也不易产生积屑瘤，加工表面粗糙度较小，此时，主要应考虑切削液的冷却作用；这对降低切削温度，提高刀具耐用度将有显著效果。

### 6.4.4 切削液的添加剂

添加剂是一些化学物质，它的添加对于改善切削液的性能有重要作用，主要可分为油性添加剂、极压添加剂、表面活性添加剂和其他添加剂。

1. 油性添加剂

油性添加剂含有极性分子，能与金属表面形成牢固的吸附薄膜，主要起润滑作用，减少前刀面与切屑、后刀面与工件接触面的摩擦。但这种吸附薄膜只能在较低温度下起到较好的润滑作用，因此，它主要用于低速精加工的情况。

2. 极压添加剂

常用的极压添加剂是含硫、磷、氯等的有机化合物。这些化合物在高温下与金属表面起化学反应，形成化学润滑膜，可在边界润滑状态下防止金属界面直接接触，减少摩擦，保持润滑作用。

用硫可以直接配制成硫化切削油，或者在矿物油中加入含硫的添加剂，如硫化动植物油、硫化烯烃等配制成含硫的极压切削油。这种含硫的极压切削油与金属化合，形成硫化铁，熔点高达 1193℃，硫化膜在高温下不易破坏，切钢时能在 1000℃ 左右保持其润滑性能，但其摩擦系数比氯化铁的摩擦系数大。

常用的含氯极压添加剂有氯化石蜡（含氯量为 40%~50%）、氯化脂肪酸或脂酸等。

它们与金属表面起化学反应,生成氯化物——氯化亚铁、氯化铁和氯氧化铁等。这些化合物有石墨那样的层状结构,剪切强度和摩擦系数小,但在 300℃～400℃时容易破坏,遇水容易分解成氢氧化铁和盐酸,失去润滑作用,同时对金属有腐蚀作用,必须与防锈添加剂一起使用。

含磷的极压添加剂与金属起化学反应,生成磷酸铁膜,它具有比硫、氯更良好的降低摩擦和减小磨损的效果。

根据具体要求,可同时加入上述几种极压添加剂,以得到效果更好的切削液。

**3. 表面活性剂**

乳化剂是一种表面活性剂,它是使矿物油和水乳化,形成稳定乳化液的添加剂。表面活性剂是一种有机化合物。

此外,还有防锈添加剂(如亚硝酸钠、石油磺酸钠等)、抗泡沫添加剂(如二甲基硅油)和防霉添加剂(如苯酚)等,根据具体要求,综合添加几种添加剂,可得到效果较好的切削液。

### 6.4.5 切削液的选用原则

切削液的效果,除了取决于切削液本身的各种性能外,还取决于工件材料、加工方法和刀具材料等因素,应综合考虑,合理选择和正确使用。

**1. 粗加工**

粗加工时,切削用量较大,产生大量的切削热,容易导致高速钢刀具迅速磨损。这时,主要是要求降低切削温度,应选用冷却性能为主的切削液,如离子型切削液或 3%～5%的乳化液。

硬质合金刀具耐热性较好,一般不用切削液。如果要用,必须连续、充分地浇注,切不可断断续续,以避免产生很大热应力而导致裂纹,损坏刀具。

在较低速切削时,刀具以机械磨损为主,宜选用以润滑性能为主的切削油;较高速切削时,刀具主要是热磨损,要求切削液有良好的冷却性能,宜选用离子型切削液和乳化液。

**2. 精加工**

精加工时,切削液的主要作用是减小工件表面粗糙度和提高加工精度。

对一般钢件加工时,切削液应具有良好的渗透性、润滑性和一定的冷却性。精加工铜及其合金、铝及其合金或铸铁时,主要是要求达到较小的表面粗糙度,可选用离子型切削液或 10%～12%的乳化液。

**3. 难加工材料的切削**

材料中含有铬、镍、钼、锰、钛、钒、铝、铌、钨等元素时,往往就难于切削加工。这类材料的加工均处于高温高压边界润滑摩擦状态。因此,宜选用极压切削油或极压乳化液。

**4. 磨削加工**

磨削的特点是温度高,会产生大量的细屑和砂末等,影响加工质量。因而,磨削液应有较好的冷却性和清洗性,并应有一定的润滑性和防锈性。

一般磨削加工常用乳化液。磨削难加工材料,宜选用润滑性能较好的极压乳化液或极压切削油。

### 6.4.6 切削液的使用方法

普通的使用方法是浇注法,但流速慢、压力低,难于直接渗入最高温度区,影响切削液的效果。切削时,应尽量直接浇注到切削区,从后刀面喷射浇油比在前刀面上直接浇油刀具耐用度提高1倍以上。

深孔加工时应采用高压冷却法,即把切削液直接喷射到切削区,并带出碎断的切屑。高速钢车刀切削难加工材料时,也可用高压冷却法,以改善渗透性,提高切削效果。

喷雾冷却法是一种较好的使用切削液的方法,高速气流带着雾化成微小液滴的切削液渗透到切削区,在高温下迅速汽化,吸收大量热量,达到较好的效果,能显著提高刀具耐用度。

# 6.5 刀具磨损

切削金属时,刀具一方面切下切屑,另一方面刀具本身也要发生损坏。刀具损坏到一定程度,就要换刀或更换新的刀刃,才能进行正常切削。

刀具磨损后,使工件加工精度降低,表面粗糙度增大,并导致切削力和切削温度增加,甚至产生振动,不能继续正常切削。因此,刀具磨损直接影响加工效率、质量和成本。

刀具磨损与一般机械零件的磨损相比,有显著不同的特点:与前刀面接触的切屑底面是活性很高的新鲜表面,不存在氧化膜等的污染;前、后刀面上的接触压力很大,接触面温度也很高(如硬质合金刀具加工钢,可达 $800 \sim 1000℃$ 以上) 等。因此,磨损时存在着机械、热和化学作用及摩擦、黏结、扩散等现象。

刀具磨损主要决定于刀具材料、工件材料的物理力学性能和切削条件。各种刀具材料的磨损和破损有不同的特点。

### 6.5.1 刀具磨损的形态

切削时,刀具的前刀面和后刀面经常与切屑和工件相互接触,产生剧烈摩擦,同时在接触区内有相当高的温度和压力。因此,在刀具前、后刀面上发生磨损。前刀面被磨成月牙洼,后刀面形成磨损带,多数情况是二者同时发生,相互影响,如图6-8所示。

1. 前刀面磨损

切削塑性材料时,如果切削速度和切削厚度较大,由于切屑与前刀面完全是新鲜表面相互接触和摩擦,化学活性很高,反应很强烈;接触面又有很高的压力和温度,接触面积中有80%以上是实际接触,空气或切削液渗入比较困难,因此在前刀面上形成月牙洼磨损(见图6-8);开始时前缘离刀刃还有一小段距离,以后逐渐向前、后扩大,但宽度变化并不显著(取决于切屑宽度),主要是深度不断增大,其最大深度的位置即相当于切削温度最高的地方。图6-9表示月牙洼磨损的发展过程。当月牙洼宽度发展到其前缘与切削刃之间的棱边变得很窄时,刀刃强度降低,易导致刀刃破损。前刀面月牙洼磨损值以其最大深度 $KT$ 表示(见图6-10)。

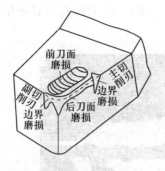

图 6-8　刀具的磨损形态

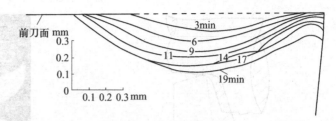

图 6-9　前刀面上的磨损痕迹随时间的变化

工件：硫易切钢（S0.25%，C0.08%）；YT硬质合金刀具

$\gamma_o = 0°$；$r_\varepsilon = 0.8$mm；$a_p = 2.54$mm；$f = 0.117$mm/r；$v_c = 305$m/min

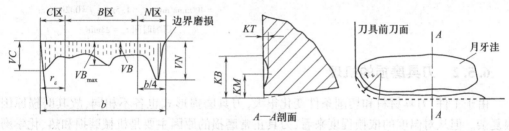

图 6-10　刀具磨损的测量位置

## 2. 后刀面磨损

切削时，工件的新鲜加工表面与刀具后刀面接触，相互摩擦，引起后刀面磨损。后刀面虽然有后角，但由于切削刃不是理想的锋利，而有一定的钝圆，后刀面与工件表面的接触压力很大，存在着弹性和塑性变形。因此，后刀面与工件实际上是小面积接触，磨损就发生在这个接触面上。切削铸铁和以较小的切削厚度切削塑性材料时，主要发生这种磨损。后刀面磨损带往往不均匀，如图 6-10 所示。刀尖部分（$C$ 区）强度较低，散热条件又差，磨损比较严重，其最大值为 $VC$。主切削刃靠近工件外皮处的后刀面（$N$ 区）上，磨成较严重的深沟，以 $VN$ 表示。在后刀面磨损带中间部位（$B$ 区）上，磨损比较均匀，平均磨损带宽度以 $VB$ 表示，而最大磨损宽度以 $VB_{max}$ 表示。

## 3. 边界磨损

如图 6-8 所示，切削钢料时，常在主切削刃靠近工件外皮处以及副切削刃靠近刀尖处的后刀面上，磨出较深的沟纹。这两处分别是在主、副切削刃与工件待加工或已加工表面接触的地方，如图 6-11 所示。发生这种边界磨损的主要原因有以下几种。

（1）切削时，在刀刃附近的前、后刀面上，压应力和剪应力很大，但在工件外表面处的切削刃上应力突然下降，形成很高的应力梯度，引起很大的剪应力。同时，前刀面上切削温度最高，而与工件外表面接触点由于受空气或切削液冷却，造成很高的温度梯度，也引起很大的剪应力。因而，在主切削刃后刀面上发生边界磨损。

（2）由于加工硬化作用，靠近刀尖部分的副切削刃处的切削厚度减薄到零，引起这部分刀刃打滑，促使副后刀面上发生边界磨损。

加工铸、锻件等外皮粗糙的工件,也容易发生边界磨损。图 6-12 为陶瓷刀具切削铸铁件时发生的边界磨损。

图 6-11　边界磨损发生的位置

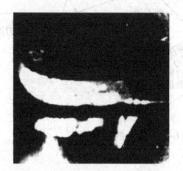

图 6-12　切削铸铁时刀具的磨损形态

工件:铸铁 146HBS;纯 $Al_2O_3$ 陶瓷刀具

$v_c = 400mm/min$ ; $a_p = 1.5mm$ ; $f = 0.2mm/r$ ;

切削时间 $t_m = 23min$

## 6.5.2　刀具磨损的机理

由于工件、刀具材料和切削条件变化很大,刀具磨损形式也各不相同,故其磨损原因很复杂。但从对温度的依赖程度来看,刀具正常磨损的原因主要是机械磨损和热、化学磨损。前者是由工件材料中硬质点的刻划作用引起的磨损,后者则是由黏结、扩散、腐蚀等引起的磨损。

1. 硬质点磨损

这主要是由于工件材料中的杂质、材料基体组织中所含的碳化物、氮化物和氧化物等硬质点以及积屑瘤的碎片等所造成的机械磨损,它们在刀具表面上划出一条条的沟纹。工具钢(包括高速钢)刀具的这种磨损比较显著。图 6-13 为高速钢刀具车削 40Cr 钢时,前刀面上刻出一条条沟纹。硬质合金刀具有很高的硬度,硬质点或夹杂物要刻出它的碳化物骨架比较困难,因此这种磨损发生较少。但如果工件材料存在大量硬质点,如冷硬铸

(a)　　　　　　　(b)

图 6-13　在不同切削液下加工钢时刀具前刀面的硬质点磨损

工件:40Cr;刀具:高速钢

$\gamma_o = 0°$ ; $\alpha_o = 10°$ ; $v_c = 0.5m/min$ ; $b_D = 3.5mm$ ; $h_D = 0.08mm$

(a) 水溶液；(b) 乳化液

铁、夹砂的铸件表层等,也会使它产生硬质点磨损痕迹。在这种情况下,应选用含钴量较少的细颗粒硬质合金。把含有钛、钽、铌的碳化钨钴硬质合金刀具表层用氧化物 $TiO_2$ 处理后,具有较高的硬度和较低的摩擦系数,在高温下更是这样。

各种切削温度下的刀具都存在硬质点磨损,但它是低速刀具磨损的主要原因。因为此时切削温度较低,其他各种形式磨损还不显著。一般可以认为,由硬质点磨损产生的磨损量与刀具和工件相对滑动距离或切削路程成正比。

2. 黏结磨损

黏结是指刀具与工件材料接触到原子间距离时所产生的结合现象。它是在摩擦面的实际接触面积上,在足够大的压力和温度作用下,产生塑性变形而发生的所谓冷焊现象,是摩擦面塑性变形所形成的新鲜表面原子间吸附力所造成的结果。两摩擦表面的黏结点因相对运动,晶粒或晶粒群受剪或受拉而被对方带走,是造成黏结磨损的原因。黏结磨损如图 6-14 所示。

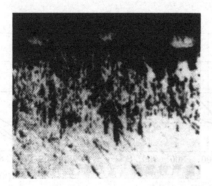

图 6-14 加工钢时,刀具前刀面的黏结磨损

工件:40Cr;刀具:高速钢

$\gamma_o = 0°$;$\alpha_o = 10°$;$v_c = 0.5\text{m/min}$;$b_D = 2.75\text{mm}$;$h_D = 0.1\text{mm}$

黏结磨损在两材料接触面上,不论在软材料一边,还是在硬材料一边都可能发生。一般说来,黏结点的破裂多发生在硬度较低的一方,即工件材料上。但刀具材料往往有组织不均、存在内应力、微裂纹以及空隙、局部软点等缺陷,因此刀具表面也常发生破裂而被工件材料带走,形成黏结磨损。高速钢、硬质合金、陶瓷刀具、立方氮化硼和金刚石刀具都会因黏结而发生磨损。例如,用硬质合金刀具切削钢件时,在能形成积屑瘤的条件下,切削刃可能很快地因黏结磨损而损坏。但高速钢刀具有较大的抗剪和抗拉强度,因而具有较大的抗黏结磨损的能力,切削时,只有微小碎片从刀具表面上撕裂下来,所以黏结磨损较慢。

硬质合金的晶粒大小对黏结磨损的速度影响较大,如图 6-15 所示。晶粒越细,磨损越慢。但在常用的钴含量(5.5%~20%)范围内,钴含量对磨损的影响较小,如图 6-16 所示。因为它们虽然硬度差别较大,但具有相同的晶粒尺寸。

刀具材料与工件材料相互黏结时的温度对黏结磨损剧烈程度影响很大。图 6-17 为几种刀具材料和工件材料组合时,黏结强度系数与温度的关系。

其他因素如刀具、工件材料的硬度比,刀具表面形状与组织,以及切削条件和工艺系统刚度等,都影响黏结磨损速度。

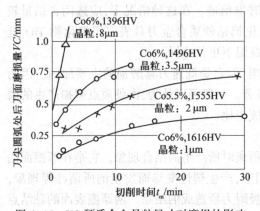

图 6-15　YG 硬质合金晶粒尺寸对磨损的影响
（工件：铸铁）

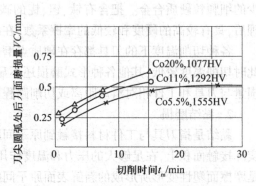

图 6-16　YG 硬质合金钴含量对磨损的影响
（工件：铸铁）

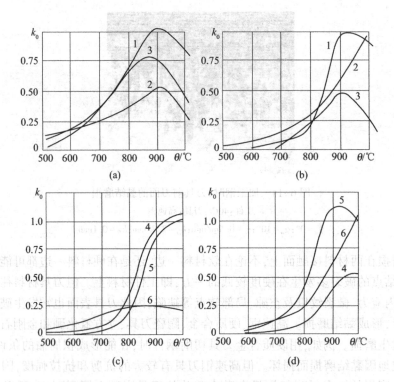

图 6-17　各种刀具材料黏结强度系数与温度的关系

（a）刚玉（氧化铝）（曲线 1）、立方氮化硼（曲线 2）和金刚石（曲线 3）加工纯铁；

（b）刚玉（氧化铝）（曲线 1）、立方氮化硼（曲线 2）和金刚石（曲线 3）加工钛；

（c）YT15 加工 12Cr18Ni9Ti（曲线 4）、钛（曲线 5）和纯铁（曲线 6）；

（d）YG18 加工 12Cr18Ni9Ti（曲线 4）、钛（曲线 5）和纯铁（曲线 6）

**3. 扩散磨损**

由于切削时的高温，而且刀具表面始终与被切出的新鲜表面相接触，有巨大的化学活泼性，因此两摩擦面的化学元素有可能互相扩散到对方去，而使两者的化学成分发生变化，削弱刀具材料的性能，加速磨损过程。扩散速度随切削温度的升高而增加。不同元素的扩散速度是不同的,扩散磨损剧烈程度与刀具材料的化学成分关系很大。此外,扩散速度还与切屑底层在刀具表面上的流动速度有关,也就是和切屑流过前刀面的速度有关。流动速度慢,扩散磨损也较慢。

(1) 高速钢刀具的扩散磨损 切削钢和铸铁时,在一定温度条件下,在前刀面上由于扩散形成一层金属原子和碳原子(Cr、C 等)含量增高的白色层,其厚度为 0.8~3.5μm,和切削速度有关。白色层不时被切屑带走而使刀具磨损。一般来说,高速钢刀具在常用的切削速度范围内加工,因切削温度较低,扩散磨损很轻。随着切削速度的加大和切削温度的升高,扩散磨损会加剧。但在扩散磨损还没有起主导作用之前,就可能因塑性变形而使刀具损坏。

(2) 硬质合金刀具的扩散磨损 切削钢件时,切削温度常达 800~1000℃以上,因而扩散磨损成为硬质合金刀具的主要磨损原因之一,自 800℃开始,硬质合金中的 Co、C、W 等元素会扩散到切屑中去而被带走;而切屑中的 Fe 会向硬质合金中扩散,形成新的低硬度、高脆性的复合碳化物。由于 Co 的扩散,WC、TiC 等碳化物会因黏结剂 Co 的减少而降低其与基体的黏结强度,这会加速刀具磨损。WC-Co 类硬质合金刀具切削钢件时,在形成月牙洼磨损过程中,扩散现象非常明显。刀具中的金属原子和碳原子扩散到黏结在刀具表面上的工件材料中去,并被切屑带走。图 6-18 表明碳化钨(WC)和钴(Co)已溶解在钢的表层中,而该表层在界面上也已经熔化。图中上层是钢,下层是硬质合金,中间白色的是熔化层,它是处于局部熔解的区域之中,WC 晶粒就被包围在中间。

图 6-18 WC-Co 类硬质合金的扩散磨损

由于前刀面上月牙洼处温度最高,故其扩散速度大、磨损快。同时,由于温度上升到一定程度就发生黏结,因此,扩散磨损和黏结磨损往往同时发生,极易形成月牙洼。

因为 TiC、TaC 的扩散速度低,故用含有这些成分的硬质合金切钢的磨损比 WC-Co 硬质合金慢,因而在切削钢件时,广泛应用含 TiC(TaC)的硬质合金,或者表层涂覆 TiC、TiN、Al₂O₃ 的硬质合金,或 TiC 基的硬质合金。氧化铝陶瓷与铁之间不发生扩散,故在高速切削钢件时,仍然有很高的耐磨性能。

(3) 金刚石和立方氮化硼刀具的扩散磨损 在一定的切削温度和接触时间下,金刚石刀具发生结晶溶解,而且其中的 C 原子会扩散到工件材料中去,因而引起扩散磨损。在 910℃时,金刚石与纯铁接触 10s 后,金刚石就开始扩散到铁中,形成铁素体—珠光体组织,接触层变成含碳量为 0.3%~0.35%的一层钢;在 1000℃时,只要接触 1s,就形成明显的扩散层,其结构相当于含碳量 0.2%的钢;在 1300℃时,只要接触 0.1s,几乎全部熔化在铁中。因此,金刚石刀具切削纯铁和低碳钢时,在高温下,会发生严重的扩散磨损。这是金刚石刀具不适于切削钢铁的主要原因。

立方氮化硼刀具有高的硬度和耐热性(1400~1500℃),与铁及其合金的化学活性比,金刚石小得多。在 1300℃时,与纯铁接触 20min,才形成厚度为 0.013mm 的扩散层。但与钛合金 TC8 在高温下相互接触,扩散就严重得多,在 1000℃时,只要接触 10min.就形成厚度为 0.015~0.03mm 的扩散层,温度越高,扩散就越快。在 1300℃ 时,只要接触 60s,扩散层就厚达 0.01mm。研究结果表明,几种刀具材料与铁相互扩散强度由大到小为金刚石—碳化硅—立方氮化硼—氧化铝;与钛合金相互扩散由大到小为氧化铝—立方氮化硼—碳化硅—金刚石。

**4. 化学磨损**

化学磨损是在一定温度下,刀具材料与某些周围介质起化学作用,在刀具表面形成一层硬度较低的化合物,而被切屑带走加速刀具磨损;或者因为刀具材料被某种介质腐蚀,造成刀具的磨损。

除上述几种主要的磨损原因外,还有热电磨损,即在切削区高温作用下,刀具与工件材料形成热电偶,产生热电势,致使刀具与切屑以及刀具与工件之间有热电流通过,可能加快扩散速度,从而加速刀具磨损。试验表明,在刀具、工件的电路中加以绝缘,可明显提高刀具耐用度。

刀具正常磨损主要有硬质点磨损、黏结磨损、扩散磨损和化学磨损等。它们之间还有相互的影响。根据硬质合金 YT15 刀具加工耐热钢的试验,在低速区(低温区),为硬质点磨损,在 900℃ 以上时,为热扩散等磨损。实践证明,机械磨损、热磨损以及综合磨损的磨损速度随温度变化的特性如图 6-19 和图 6-20 所示。当然,对于不同刀具材料,这种变

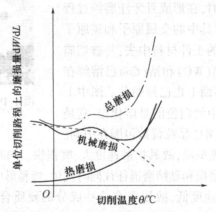

图 6-19　刀具磨损强度与切削温度的关系

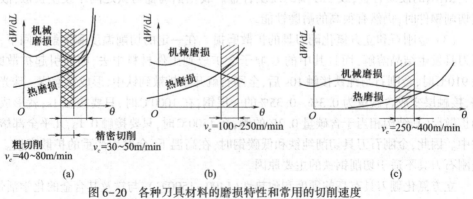

图 6-20　各种刀具材料的磨损特性和常用的切削速度

(a) 高速钢刀具; (b) 硬质合金刀具; (c) 陶瓷刀具

化特性各不相同。对于耐热性较低的高速钢刀具,根据不同的切削条件,其磨损的主要原因是硬质点磨损和黏结磨损,而硬质合金刀具主要是黏结磨损的扩散磨损等。加工钢、铁件时,氧化铝陶瓷刀具主要是伴随有微小崩刃的机械磨损和黏结磨损;立方氮化硼刀具的扩散磨损很小,而金刚石刀具扩散磨损却很大。因此,金刚石刀具不宜用来加工钢铁材料。

### 6.5.3　刀具磨损过程及磨钝标准

**1. 刀具的磨损过程**

随着切削时间的延长,刀具磨损增加。根据切削试验,可得如图 6-21 所示的刀具磨损过程的典型磨损曲线。该图分别以切削时间和后刀面磨损量 $VB$(或前刀面月牙洼磨损深度 $KT$)为横坐标与纵坐标。从图可知,刀具磨损过程可以分为三个阶段。

(1)初期磨损阶段。因为新刃磨的刀具后刀面存在粗糙不平之处以及显微裂纹、氧化或脱碳层等缺陷,而且切削刃较锋利,后刀面与加工表面接触面积较小,压应力较大,所以,这一阶段的磨损较快。一般初期磨损量为 0.05~0.1mm,其大小与刀具刃磨质量直接相关。研磨过的刀具,初期磨损量较小。

(2)正常磨损阶段。经初期磨损后,刀具毛糙表面已经磨平,刀具进入正常磨损阶段。这个阶段的磨损比较缓慢均匀。后刀面磨损量随切削时间延长而近似地成比例增加。正常切削这阶段时间较长。

(3)急剧磨损阶段。当磨损带宽度增加到一定限度后,加工表面粗糙度变粗,切削力与切削温度均迅速升高,磨损速度增加很快,以致刀具损坏而失去切削能力。生产中为合理使用刀具、保证加工质量,应当避免达到这个磨损阶段。在这个阶段到来之前,就要及时换刀或更换新刀刃。

**2. 刀具的磨钝标准**

刀具磨损到一定限度就不能继续使用,这个磨损限度称为磨钝标准。

在生产实际中,经常卸下刀具来测量磨损量会影响生产的正常进行,因而不能直接以磨损量的大小,而是根据切削中发生的一些现象来判断刀具是否已经磨钝。例如,粗加工时,观察加工表面是否出现亮带,切屑的颜色和形状的变化,以及是否出现振动和不正常的声音等。精加工可观察加工表面粗糙度变化以及测量加工零件的形状与尺寸精度等。发现异常现象,就要及时换刀。

在评定刀具材料切削性能和研究试验时,都以刀具表面的磨损量作为衡量刀具的磨钝标准。因为一般刀具的后刀面都发生磨损,而且测量也比较方便。因此,国际标准 ISO 统一规定以 1/2 背吃刀量处后刀面上测定的磨损带宽度 $VB$ 作为刀具磨钝标准,如图 6-10所示。

自动化生产中用的精加工刀具,常以沿工件径向的刀具磨损尺寸作为衡量刀具的磨钝标准,称为刀具径向磨损量 $NB$,如图 6-22 所示。

由于加工条件不同,所定的磨钝标准也有变化。例如,精加工的磨钝标准较小,而粗加工则取较大值;机床—夹具—刀具—工件系统刚度较低时,应该考虑在磨钝标准内是否会产生振动。此外,工件材料的可加工性、刀具制造刃磨难易程度等都是确定磨钝标准时应考虑的因素。

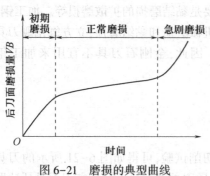

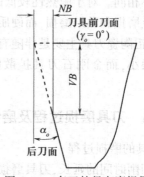

图 6-21　磨损的典型曲线　　　　　　　图 6-22　车刀的径向磨损量

磨钝标准的具体数值可参考有关手册。

### 6.5.4　刀具耐用度的经验公式及刀具耐用度的分布

**1. 切削速度与刀具耐用度的关系**

刀具耐用度是指刀具由刃磨后开始切削,一直到磨损量达到刀具磨钝标准所经过的总切削时间。对于某一切削加工,当工件、刀具材料和刀具几何形状选定之后,切削速度是影响刀具耐用度的主要因素。提高切削速度,耐用度就降低。这是由于切削速度对切削温度影响最大,因而对刀具磨损影响最大。因为切削温度对刀具磨损影响很复杂,目前要用理论分析方法导出切削速度与刀具耐用度之间的数学关系,与实际情况不尽符合,所以还是进行刀具耐用度试验来建立它们之间的试验关系式。前面讲过,按 ISO 国际标准对车刀耐用度试验的规定:当切削刃磨损均匀时,取 $VB = 0.3\text{mm}$;如果磨损不均匀,则取 $VB_{\max} = 0.6\text{mm}$。固定其他切削条件,在常用的切削速度范围内,取不同的切削速度 $v_{c1}$, $v_{c2}$,$v_{c3}$,$v_{c4}$,$\cdots$,进行刀具磨损试验,得到图 6-23 所示的一组磨损曲线。根据规定的磨钝标准,对应于不同的切削速度,就有相应的耐用度 $T_1$,$T_2$,$T_3$,$\cdots$。在双对数坐标纸上,定出 $(v_{c1},T_1)$,$(v_{c2},T_2)$,$(v_{c3},T_3)$,$\cdots$各点。在一定切削速度范围内,可发现这些点基本上在一条直线上,如图 6-24 所示。这就是刀具磨损耐用度曲线。该直线的方程为

$$\log v_c = -m\log T + \log C_0$$

即

$$v_c T^m = C_0 \tag{6-16}$$

式中　$v_c$——切削速度,单位为 m/min;

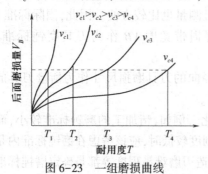

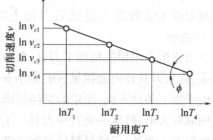

图 6-23　一组磨损曲线　　　　　　　图 6-24　在双对数坐标上的 $v_c$-$T$ 曲线

$T$——刀具耐用度,单位为 min;

$m$——指数,表示 $v_c$-$T$ 间影响的程度;

$C_0$——系数,与刀具、工件材料和切削条件有关。

式(6-16)为重要的刀具耐用度方程式,指数 $m$ 表示 $v_c$-$T$ 双对数坐标系中直线的斜率。耐热性越低的刀具材料,斜率应该越小,切削速度对刀具耐用度影响越大。也就是说,切削速度稍稍改变一点,而刀具耐用度的变化就很大。如高速钢刀具,一般 $m = 0.1 \sim 0.125$;硬质合金和陶瓷刀具耐热性高,直线的斜率就大,其中硬质合金刀具 $m = 0.2 \sim 0.3$,陶瓷刀具 $m$ 约为 $0.4$(根据情况,有时 $m$ 近似等于 1)。图 6-25 为各种刀具材料加工同一种工件材料(镍—铬—钼合金钢)时的后刀面磨损耐用度曲线,其中陶瓷刀具的耐用度曲线的斜率比硬质合金和高速钢的都大,这是因为陶瓷刀具的耐热性很高,所以在非常高的切削速度下仍然有较高的耐用度。但是在低速时,其耐用度比硬质合金的还要低。

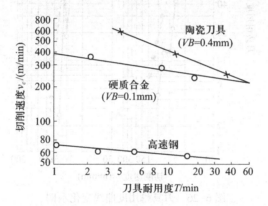

图 6-25　各种刀具材料的耐用度曲线比较

(加工镍-铬-钼合金钢)

应当指出,在常用的切削速度范围内,在双对数坐标图上,耐用度曲线近似地成一直线,式(6-16)完全适用;但在较宽的切削速度范围进行试验,特别是在低速区内,它就不一定成为直线。同时,这个方程式是以正常磨损为主得到的关系式。对于脆性大的刀具材料,断续切削时经常发生破损,甚至以破损为主,造成损坏,这个方程式就不适用。因此,该方程式具有局限性。在低速范围,由于积屑瘤可能不稳定而产生碎片,它会加速刀具磨损,或者突然脱落使刀刃崩碎而降低刀具耐用度;积屑瘤也可能相对稳定一段时间而保护刀刃,减少刀具磨损,增加刀具耐用度。因此,在某一低速区切削时,$v_c$-$T$ 关系就不是一个单调函数。如图 6-26 所示,用高速钢刀具切削时,由于积屑瘤影响,耐用度曲线就不是单一的直线。硬质合金刀具在低速区进行试验,也得到相同的结果。

2. 进给量和背吃刀量与刀具耐用度的关系

切削时,增加进给量 $f$ 和背吃刀量 $a_p$,刀具耐用度也要减小。固定其他切削条件,只变化进给量 $f$ 和背吃刀量 $a_p$,分别得到与 $v_c$-$T$ 类似的关系,即

$$\begin{cases} f\,T^{m_1} = C_1 \\ a_p T^{m_2} = C_2 \end{cases} \tag{6-17}$$

综合后可以得到切削用量与耐用度的一般关系,即

$$T = \frac{C_T}{v_c^{\frac{1}{m}} f^{\frac{1}{m_1}} a_p^{\frac{1}{m_2}}} = \frac{C_T}{v_c^x f^y a_p^z} \tag{6-18}$$

式中　$C_T$——耐用度系数,与刀具、工件材料和切削条件有关;

　　　$x$、$y$、$z$——指数,分别表示各切削用量对刀具耐用度影响的程度。

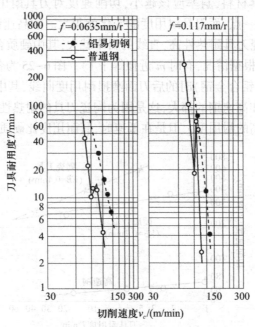

图6-26　刀具耐用度曲线变化示例

工件:铅易削钢($0.14\%$C,$0.22\%$Pb);刀具:钼高速钢

$\gamma_o = 15°$;$r_\varepsilon = 0.8$mm;$a_p = 2.54$mm;干切削

用 YT5 硬质合金车刀切削抗拉强度为 $\sigma_b = 0.637$GPa 的碳钢时($f > 0.70$mm/r),切削用量与刀具耐用度的关系为

$$T = \frac{C_T}{v_c^5 f^{2.25} a_p^{0.75}}$$

由上式可看出,切削速度对刀具耐用度影响最大,进给量次之,背吃刀量最小,这与三者对切削温度的影响顺序完全一致。这也反映出切削温度对刀具磨损耐用度有着最重要的影响。

3. 刀具耐用度的分布

上述刀具磨损耐用度与切削用量之间的关系是以刀具的平均耐用度为依据建立的。实际上,切削时,由于刀具和工件材料性能的分散性,所用机床及工艺系统动、静态性能的差别,以及工件毛坯余量不均或材质不均等条件的变化,刀具磨损耐用度是存在不同分散性的随机变量。通过刀具磨损过程的分析和试验,刀具磨损耐用度的变化规律服从正态分布或对数正态分布。因此,以刀具平均耐用度为依据建立的关系是不能完全符合实际情况的。刀具平均耐用度实际上是刀具可靠度为50%的刀具耐用度,这对自动化加工来说,是不符合要求的。在自动化加工或柔性加工中选择切削用量时,要注意到这一点。刀具耐用度分布是分析和确定刀具可靠性的基础。

4. 刀具耐用度的试验方法

刀具耐用度的试验方法很多,最常用的标准试验法是在车床上作外圆车削试验.其原理如前所述。试验时使用一定几何参数的刀具,切削一段时间后测量其后刀面磨损带宽度,有时也测量前刀面月牙洼深度。常用的试验材料为钢和铸铁。这种方法的优点是只要严格控制试验条件,就能得到相对地比较准确的结果。进行科研试验和建立切削数据库时,一般都用这种方法,按照 ISO 标准规定的试验条件进行试验。但必须注意的是,用这种方法试验时,因为工件直径逐渐减小,为保持切削速度不变,应采用带有无级变速装置的车床,以便随工件直径的变化及时调整主轴转数。

也可利用生产现场,一面进行实际的切削加工,一面根据所得的数据逐次修正切削条件,以逐步接近合理切削条件。与此同时,求得刀具耐用度公式。

还可用间接的指标,如加工表面粗糙度、切削力与切削温度的大小等来衡量刀具耐用度。这些方法用来对比试验不同刀具几何参数的合理性、不同切削液的效果以及不同工件材料的可加工性等是比较方便的。

# 6.6 刀 具 破 损

在切削加工中,刀具经常不经过正常磨损,而在很短的时间内突然损坏以致失效,这种情况称为破损。刀具破损的形式包括烧刃、卷刃、崩刃、断裂、表层剥落等。对于不同性质的刀具材料和不同的切削条件,将出现不同的破损情况。

## 6.6.1 刀具破损的主要形式

### 1. 工具钢、高速钢刀具

相对于硬质合金而言,工具钢、高速钢的韧性较好,在一般切削条件下,甚至在断续切削时都不易发生崩刃等情况。但是它们的硬度和耐热性较低,当切削用量过大,尤其是切削速度过高,使切削温度超过一定数值时(如碳素工具钢超过 250℃,合金工具钢超过 350℃,高速钢超过 600℃),它们的金相组织就会发生变化,由马氏体转变为硬度较低的托氏体、索氏体或硬度很低的奥氏体,从而丧失切削能力。此时,切削刃和刀尖部分变色,瞬时间严重损坏,人们常称为"烧刀"或"相变磨损"。当工具钢、高速钢刀具热处理不当,没有达到应有的硬度,或者虽然达到了应有硬度但用来切削高硬工件材料,则在重切削刀具(如车刀、铣刀)上,切削刃和刀尖部分可能产生"塑性变形",在精加工、薄切削刀具(如拉刀、铰刀)上可能产生"卷刃"。产生塑性变形后,切削刃部分的形状和几何参数都将发生变化,使刀具迅速磨损;产生卷刃后,刀具不能继续工作。有些工具钢、高速钢刀具如钻头、丝锥、拉刀、立铣刀等,当切削负荷过重、刀具材料中有缺陷或刀具设计不当时,其工作部分或夹固部分,会发生折断,如图 6-27 所示。

### 2. 硬质合金、陶瓷、立方氮化硼、金刚石刀具

这些刀具材料与工具钢、高速钢相比,硬度和耐热性较高,因此不易发生烧刀和卷刃;但是,它们的韧性较低,组织

图 6-27 折断的高速钢麻花钻

结构比较不均匀,容易带有各种缺陷,因此很容易发生崩刃、折断等情况。现分述如下。

(1) 切削刃微崩。当工件材料的组织、硬度、余量不均匀,前角偏大导致切削刃强度偏低,工艺系统刚性不足产生振动,或进行断续切削,刃磨质量欠佳时,切削刃容易发生"微崩",即刃区出现微小的崩落、缺口或剥落。出现这种情况后,刀具将失去一部分切削能力,但还能继续工作。继续切削中,刃区损坏部分可能迅速扩大,导致更大的破损。

(2) 切削刃或刀尖崩碎。这种破损形式常在比造成切削刃微崩更为恶劣的切削条件下产生,或者是微崩的进一步发展。"崩碎"的尺寸和范围都比微崩大,使刀具完全丧失切削能力,而不得不终止工作。刀尖崩碎的情况常称为"掉尖"。

(3) 刀片或刀具折断。当切削条件极为恶劣,切削用量过大,有冲击载荷,刀片或刀具材料中有微裂纹(造成裂纹源),由于焊接、刃磨在刀片中存在残余应力时,加上操作不慎等因素可能造成刀片或刀具产生"折断"。发生这种破损形式后,刀具不能继续使用,以致报废。

(4) 刀片表层剥落。对于脆性很大的刀具材料,如 TiC 含量高的硬质合金、陶瓷、立方氮化硼等,由于表层组织中有缺陷或潜在裂纹,或由于焊接、刃磨而使表层存在着残余应力,在切削过程不够稳定或刀具表面承受交变接触应力时,极易产生"表层剥落"。剥落可能发生在前刀面,也可能发生在后刀面,剥落物呈片状,剥落面积较大。涂层硬金合金刀片上表面涂层材料(如 TiC、TiN)的线膨胀系数大于基体材料,经过涂层工艺,刀片表面有残余拉应力,且涂层和基体间有脆性较大的中间层($\eta$ 相),故产生剥落的可能性很大。刀片表面轻微剥落后,尚能继续工作,严重剥落后将丧失切削能力。

(5) 切削部位塑性变形。工具钢、高速钢刀具的切削部位可能产生"塑性变形",硬质合金刀具在高温和三向压应力状态下工作时,也会产生表层塑性流动,甚至使切削刃或刀尖发生塑性变形而造成塌陷。塌陷一般发生在切削用量较大和加工硬材料的情况下。TiC 基硬质合金的弹性模量小于 WC 基硬质合金,故前者抗塑性变形能力较差。伴随着塌陷,前刀面可能被压裂。切削部分塑性变形后,将使刀具磨损加快,或迅速失效。

(6) 刀片的热裂。当刀具承受交变的机械载荷和热负荷时,切削部分表面因反复热胀冷缩,不可避免地产生交变的热应力,从而使刀片发生疲劳而开裂。例如,硬质合金铣刀进行高速铣削时,刀齿不断受到周期性的冲击和交变热应力,而在前刀面上产生梳状裂纹。有些刀具虽然并没有明显的交变载荷与交变应力,但因表层、里层温度不一致,也可产生热应力,加上刀具材料内部不可避免地存在缺陷,故刀片也可能产生裂纹。裂纹形成后,刀具有时还能继续工作一段时间,有时裂纹迅速扩展导致刀片折断或刀面严重剥落。

以上是刀具破损的主要形式。对于工具钢、高速钢刀具材料,只要保证了刀具热处理质量,合理地选择了切削用量则刀具破损的问题并不显得很突出。但随着硬质合金刀具在切削加工中的应用越来越广泛,成为用得最多的刀具材料之一,陶瓷、立方氮化硼、金刚石等刀具材料应用也越来越广。它们的韧性都较低,很容易出现各种形式的破损。如何避免或减少破损是使用这些刀具材料时必须注意的问题。在自动机床和自动生产线的加工中,这个问题尤为突出。在当前金属切削学科中,刀具破损机理的研究已越来越受到人们的重视。

### 6.6.2 刀具破损的防止

防止刀具破损,一般可采取以下措施。

(1) 针对被加工材料和零件的特点,合理选择刀具材料的种类和牌号。在具备一定硬度和耐磨性的前提下,必须保证刀具材料具有必要的韧性。

(2) 合理选择刀具几何参数。通过调整前角、后角、主偏角、副偏角、刃倾角等角度,保证切削刃和刀尖具有较好的强度,在切削刃上磨出负倒棱,是防止崩刃的有效措施。

(3) 保证焊接和刃磨的质量,避免因焊接、刃磨不善而带来的各种疵病。关键工序所用的刀具,其刀面应经过研磨以提高表面质量,并检查有无裂纹。

(4) 合理选择切削用量,避免过大的切削力和过高的切削温度,以防止刀具破损。

(5) 尽可能保证工艺系统具有较好的刚性,减小振动。

(6) 采取正确的操作方法,尽量使刀具不承受或少承受突变性的负荷。

## 6.7　合理耐用度的选用原则

### 6.7.1 刀具寿命的选择

刀具磨损到达磨钝标准后即需重磨或换刀。尤其在自动线、多刀切削及大批量生产中,一般都要求定时换刀。究竟切削时间应当多长,即刀具耐用度应取多大才算合理呢?一般有两种方法:一是根据单件工序工时最短的原则来确定耐用度,即最高生产率耐用度;二是根据单件工序成本最低的原则来制定耐用度,即经济耐用度。

1. 最高生产率耐用度

最高生产率耐用度是以单位时间生产最多数量产品或加工每个零件所消耗的生产时间为最少来衡量的。

单件工序的工时 $t_w$ 为

$$t_w = t_m + t_{ct}\frac{t_m}{T} + t_{ot} \tag{6-19}$$

式中　$t_m$——工序的切削时间(机动时间);

　　　$t_{ct}$——换刀一次所消耗的时间;

　　　$T$——刀具耐用度;

　　　$t_m/T$——换刀次数;

　　　$t_{ot}$——除换刀时间外的其他辅助工时。

因为

$$t_m = \frac{l_w\Delta}{n_w a_p f} = \frac{\pi d_w l_w \Delta}{10^3 v_c a_p f} = \frac{\pi d_w l_w \Delta}{10^3 C_o a_p f}T^m = AT^m$$

代入上式可得

$$t_w = AT^m + t_{ct}AT^{m-1} + t_{ot} \tag{6-20}$$

要使单件工时最小,$\dfrac{\mathrm{d}t_w}{\mathrm{d}T} = 0$　可得

$$T = \left(\frac{1-m}{m}\right) t_{ct} = T_p \qquad (6-21)$$

$T_p$ 即为最高生产率耐用度。

2. 最低成本耐用度(经济耐用度)

最低成本耐用度是以每件产品(或工序)的加工费用最低为原则来制定的。每个工件的工序成本为

$$C = t_m M + t_{ct}\frac{t_m}{T}M + t_{ot}M + \frac{t_m}{T}C_t \qquad (6-22)$$

式中  $M$——该工序单位时间内所分担的全厂的开支；

$C_t$——磨刀成本。

同样，令 $dC/dT = 0$，得：

$$T = \left(\frac{1-m}{m}\right)\left(t_{ct} + \frac{C_t}{M}\right) = T_c \qquad (6-23)$$

由此可知，最高生产率耐用度 $T_p$ 比最低成本耐用度 $T_c$ 要低一些。一般情况下，多采用最低成本耐用度；只有当生产任务紧迫或生产中出现不平衡的薄弱环节时，才选用最高生产率耐用度。

综合分析上述两式和各种具体情况，选择刀具耐用度时，可考虑如下几点。

(1) 根据刀具复杂程度、制造成本、磨刀成本来选择。

(2) 对于机夹可转位车刀和陶瓷刀具，由于换刀时间短，为了充分发挥其切削性能，提高生产效率，耐用度可选得低些，一般取 15~30min。

(3) 对于装刀、换刀和调刀比较复杂的多刀机床、组合机床与自动化加工刀具，耐用度应选得高一些，特别应保证刀具可靠性。

(4) 车间内某一工序的生产率限制了整个车间的生产率提高时，该工序的刀具耐用度要选得低一些；当某工序单位时间内所分担到的全厂开支较大时，刀具耐用度也应选得低一些。

(5) 大件精加工时，为保证至少完成一次走刀，避免切削时中途换刀，刀具耐用度应按零件精度和表面粗糙度来确定。

此外，在柔性加工时，要保证刀具的可靠性和刀具材料切削性能的可预测性，应根据多目标优化后的综合经济效果来选定刀具耐用度。

### 6.7.2  切削用量与生产率的关系

在常用切削用量变化范围内，切削用量与刀具耐用度的关系见式(6-18)。

切削用量对生产率的影响可用下例说明。

用高速钢车刀加工钢，当刀具耐用度一定时，切削用量之间的关系大致可概括为

$$v_c = \frac{C_v}{a_p^{1/3} f^{2/3}}$$

设 $f$ 保持不变，背吃刀量由 $a_p$ 增至 $3a_p$ 时，则有

$$v_{c3a_p} = \frac{C_v}{3^{1/3} a_p^{1/3} f^{2/3}} \approx 0.7 v_c$$

这时的生产率为

$$p_{3a_p} = A_0 \times 0.7v_c \times 3a_p \times f \approx 2p$$

即生产率可提高 1 倍。

若 $a_p$ 保持不变，进给量由 $f$ 增至 $3f$ 时，则

$$v_{c3f} = \frac{C_v}{a_p^{1/3}3^{2/3}f^{2/3}} \approx 0.5v_c$$

这时的生产率为

$$p_{3f} = A_0 \times 0.5v_c \times 3a_p \times f \approx 1.5p$$

即生产率可提高 0.5 倍。

由上述计算可知，在刀具耐用度一定时，增加背吃刀量比增加进给量对提高生产率有利得多。

## 思 考 题 与 练 习 题

1. 金属切削时的摩擦有何特点？

2. 简述金属切削的摩擦机理。

3. 金属切削时，前区和后区的摩擦系数各与什么因素有关？

4. 切削加工中常用的切削液有哪几类？它的主要作用是什么？

5. 切削液是怎么起润滑和冷却作用的？

6. 应如何合理选择和正确使用切削液？举例说明。

7. 加工材料不同对刀具磨损形态有什么影响？

8. 刀具磨损的原因是什么？刀具材料不同，其磨损原因是否相同？为什么？

9. 刀具磨钝标准是什么意思？它与哪些因素有关？

10. 刀具磨损过程可分为几个阶段？各阶段的特点是什么？

11. 什么是黏结磨损和扩散磨损？影响它们的主要因素是什么？

12. 刀具耐用度的经验公式是如何得到的？刀具耐用度的分布有何特点？

13. 什么是最高生产率耐用度和最低成本耐用度？

14. 切削用量与生产率之间有何关系？

# 第7章　工件材料的切削加工性

本章将从工件材料方面来分析影响生产率及表面质量的因素，以及提高它们的途径。

从生产实践中可知，有些材料容易切削（生产率高，表面质量好），而另一些材料却很难切削；本章主要分析工件材料的物理力学性能及化学成分是如何影响切削加工性的，如何改善工件材料的切削加工性。

## 7.1　切削加工性及其衡量指标

### 7.1.1　切削加工性的概念

切削加工性（Machinability）是指工作材料切削加工的难易程度。由于切削加工的具体情况和要求不同，切削加工的难易程度就有不同的内容。例如，粗加工时，要求刀具的磨损慢和加工生产率高，而在精加工时，则要求工件有高的精度和较小的表面粗糙度。显然，这两种情况所指的切削加工的难易程度是不相同的。此外，如普通机床与自动化机床、单件小批与成批大量生产、单刀切削与多刀切削、工件尺寸和工序不同等，都使切削加工性的衡量标志不同。因此，切削加工性只能是相对的概念。

### 7.1.2　切削加工性的衡量指标

1. 切削加工性的衡量方法

由于切削加工性的概念的相对性，它的衡量指标也是多种多样的，但可以归纳为以下几个方面。

1）以加工质量衡量切削加工性

一般零件的精加工，以表面粗糙度衡量切削加工性。易获得很小表面粗糙度的材料，切削加工性高。对一些特殊精密零件，已加工表面的变质层的深度、残余应力和硬化程度成为衡量切削加工性的标志，因为变质层的深度、残余应力和硬化程度对零件的尺寸和形状的长期稳定性以及磁、电及抗蠕变等性能有很大的影响。

2）以刀具耐用度衡量切削加工性

这种方法是比较通用的，主要包括以下几种。

（1）保证相同的切削条件下，切削这种材料时刀具耐用度的数值。

（2）在相同的切削条件下，保证切削这种材料达到刀具磨钝标准时所切的金属体积。

（3）在相同的耐用度的前提下，切削这种材料所允许的切削速度值。

3）以单位切削力衡量切削加工性

在机床动力不足或机床—夹具—刀具—工件工艺系统刚性不足时，这是一种衡量方法。

4) 以断屑性能衡量切削加工性

这是对材料断屑性能要求很高的机床,如自动机床、组合机床及自动线上进行切削时,或者对断屑性能要求很高的工序,如深孔钻削、盲孔镗削等工序,所应用的衡量方法。

由此可知,同一种材料很难在各种衡量方法中,同时获得良好的评价。因此,在生产实践中,常采用某一指标来衡量工件材料的切削加工性。

2. 常用的切削加工性衡量指标

最常用的切削加工性衡量指标是 $v_{cT}$,它的含义是:当刀具耐用度为 $T$(min 或 s)时,切削某种材料所允许的切削速度。$v_{cT}$ 越高,则材料的切削加工性越好。一般情况下,可取耐用度 $T=60$min,对于一些难切削材料,可取 $T=30$min 或取 $T=15$min。对机夹可转位刀具,耐用度 $T$ 可以取得更小一些。若取 $T=60$min,则 $v_{cT}$ 写成 $v_{c60}$。

通常,以强度 $\sigma_b=0.637$GPa 的 45 钢的 $v_{c60}$ 作为基准,写作 $(v_{c60})_j$,其他被切削的工件材料的 $v_{c60}$ 与之相比,则得相对加工性 $k_v$,即

$$k_v = v_{c60}/(v_{c60})_j$$

当 $k_v>1$ 时,表明该材料比 45 钢易切,如有色金属、易切钢、较易切钢等。

当 $k_v<1$ 时,表明该材料比 45 钢难切,如调质的 2Cr13、45Cr 钢、50CrV 等。

各种材料的相对加工性 $k_v$ 乘以 45 钢的切削速度,即可得出切削各种材料的可用速度。

目前,常用的工件材料按相对加工性可分为八级,如表 7-1 所列。

表 7-1 工件材料切削加工性等级

| 加工性等级 | 名称及种类 | | 相对加工性 $k_v$ | 代 表 性 材 料 |
|---|---|---|---|---|
| 1 | 很容易切削材料 | 一般有色金属 | >3.0 | 5-5-5 铜铝合金,铜铝合金<br>铝镁合金 |
| 2 | 容易切削材料 | 易削钢 | 2.5~3.0 | 退火 1.5Cr$\sigma_b$=0.372~0.441GPa(38~45kgf/mm²)<br>自动机钢 $\sigma_b$=0.392~0.490GPa(40~50kgf/mm²) |
| 3 | | 较易削钢 | 1.6~2.5 | 正火 30 钢 $\sigma_b$=0.441~0.549GPa(~56kgf/mm²) |
| 4 | 普通材料 | 一般钢及铸铁 | 1.0~1.6 | 45 钢,灰铸铁,结构钢 |
| 5 | | 稍难切削材料 | 0.65~1.0 | 2Cr13 调质 $\sigma_b$=0.8288GPa(85kgf/mm²)<br>85 钢扎制 $\sigma_b$=0.8829GPa(90kgf/mm²) |
| 6 | 难切削材料 | 较难切削材料 | 0.5~0.65 | 45Cr 调质 $\sigma_b$=1.03GPa(105kgf/mm²)<br>60Mn 调质 $\sigma_b$=0.9319~0.981GPa(95~100kgf/mm²) |
| 7 | | 难切削材料 | 0.15~0.5 | 50CrV 调质,1Cr18Ni9Ti 未淬火<br>$\alpha$ 相钛合金 |
| 8 | | 很难切削材料 | <0.15 | $\beta$ 相钛合金,镍基高温合金 |

# 7.2 影响切削加工性的因素

## 7.2.1 工件材料物理力学性能对切削加工性的影响

**1. 硬度对切削加工性的影响**

（1）工件材料常温硬度的影响。一般情况下，同类材料中硬度高的加工性低。材料硬度高时，切屑与前刀面的接触长度减小，因此前刀面上法应力增大，摩擦热量集中在较小的刀屑接触面上，促使切削温度增高和磨损加剧。工件材料硬度过高时，甚至引起刀尖的烧损及崩刃。

对 0.2%C 的碳素钢（HB115）、中碳镍铬钼合金钢（HB190）、淬火回火后的中碳镍铬钼合金钢（HB300）、淬火及回火后的中碳镍铬钼高强度钢（HB400）进行 $v_c-T$ 关系的切削试验，得曲线如图7-1所示。

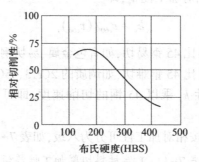

图7-1 碳钢硬度与切削加工性关系

（2）工件材料高温硬度对切削加工性的影响。工件材料的高温硬度越高，切削加工性越低。刀具材料在切削温度的作用下，硬度下降。工件材料的高温硬度高时，刀具材料硬度与工件材料硬度之比下降，这时刀具的磨损有很大的影响。高温合金、耐热钢的切削加工性低，这是一个重要的原因。

（3）工件材料中硬质点对切削加工性的影响。工件材料中的硬质点形状越尖锐、分布越广，则工件材料的切削加工件越低。硬质点对刀具的磨损作用有两种：一是硬质点的硬度都很高，对刀具有擦伤作用；二是工件材料晶界处微细硬质点能提高材料的强度和硬度，而使切削时对剪切变形的抗力增大，使材料的切削加工性降低。

（4）材料的加工硬化性能对切削加工性的影响。工件材料的加工硬化性能越高，则切削加工性越低。某些高锰钢及奥氏体不锈钢切削后的表面硬度，比原始基体高1.4~2.2倍。材料的硬化性能高，首先使切削力增大，切削温度增高；其次，刀具被硬化的切屑擦伤，副后刀面产生边界磨损；最后，当刀具切削已硬化表面时，磨损加剧。

**2. 工件材料强度对切削加工性的影响**

工件材料的强度包括常温强度和高温强度。

工件材料强度越高，切削力就越大，切削功率随之增大，切削温度随之增高，刀具磨损增大。因此，在一般情况下，切削加工性随工件材料强度的提高而降低。

合金钢与不锈钢的常温强度和碳素钢相差不大，但高温强度却比较大，因此合金钢及不锈钢的切削加工性低于碳素钢。

3. 工件材料的塑性与韧性对切削加工性的影响

工件材料的塑性以延伸率 $\delta$ 表示。延伸率 $\delta$ 越大,塑性越大。强度相同时,延伸率 $\delta$ 越大,则塑性变形的区域也随之扩大,因而塑性变形所消耗的功率越大。

工件材料的韧性以冲击值 $a_k$ 值表示。$a_k$ 值大的材料,表示它在破断之前所吸收的能量越多。塑性大的材料在塑性变形时因塑性变形区域增大而使塑性变形功增大;韧性大的材料在塑性变形时,塑性区域可能不增大,但吸收的塑性变形功却增大。尽管原因不同,但塑性和韧性的增大都会导致同一后果,即塑性变形功增大。

对于同类材料,强度相同时,塑性大的材料切削力较大,切削温度也较高,而且容易与刀具发生黏结,因而刀具的磨损大,已加工表面也粗糙。因此,工件材料的塑性越大,它的切削加工性也越低。有时,为了改善提高塑性材料的切削加工性,可通过硬化或热处理来降低塑性(如进行冷拔等塑性加工等使其硬化)。

但塑性太低时,切屑与前刀面的接触长度缩短太多,使得切屑负荷(切削力和切削热)都集中在刀刃附近,这将使得刀具磨损加剧。由此可见,塑性过大或过小都使切削加工性下降。

材料的韧性对切削加工性的影响与塑性相似。韧性对断屑的影响比较明显,在其他条件相同时,材料的韧性越高,断屑越困难。

4. 工件材料的导热系数对切削加工性的影响

工件材料的导热系数对切削温度的影响已在第5章加以分析。在一般情况下,导热系数高的材料,它们的切削加工性都比较高,而导热系数低的材料,切削加工性都低。但导热系数高的工件材料,在加工过程中温升较高,这对控制加工尺寸造成一定困难,所以应加以注意。

## 7.2.2 化学成分对切削加工性的影响

1. 钢的化学成分的影响

为了改善钢的性能,钢中可加入一些合金元素,如铬(Cr)、镍(Ni)、钒(V)、钼(Mo)、钨(W)、锰(Mn)、硅(Si)和铝(Al)等,其中 Cr、Ni、V、Mo、W、Mn 等元素大都能提高钢的强度和硬度,Si 和 Al 等元素容易形成氧化铝和氧化硅等硬质点使刀具磨损加剧。这些元素含量较低时(一般以 0.3% 为限),对钢的切削加工性影响不大,超过这个含量水平,对钢的切削加工性是不利的。钢中加入少量的硫、硒、铅、铋、磷等元素后,能略降低钢的强度,同时又能降低钢的塑性,故对钢的切削加工性有利。例如,硫能引起钢的红脆性,但若适当提高锰的含量,可以避免红脆性。硫与锰形成的 MnS 及硫与铁形成的 FeS 等,质地很软,可以成为切削时塑性变形区中的应力集中源,能降低切削力,使切屑易于折断,减少积屑瘤的形成,从而使已加工表面粗糙度减小,减少刀具的磨损。硒、铅、铋等元素也有类似的作用。磷能降低铁素体的塑性,使切屑易于折断。

根据以上的事实,研制出了含硫、硒、铅、铋或钙等的易削钢。其中以含硫的易削钢用得较多。图 7-2 是各种化学元素对结构钢切削加工性影响的大致趋势。

表 7-2 指出了几种常用结构钢车削时的相对加工性。

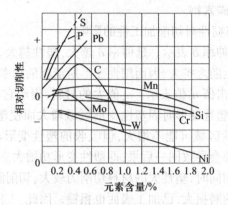

图 7-2 各元素对结构钢切削加工性的影响

"+"表示切削加工性改善；"-"表示切削加工性恶化

表 7-2 几种常用结构钢车削时的相对加工性

| 钢种 | 钢号 | 热处理方式 | 抗拉强度 $\sigma_b$ /GPa(或 kgf/mm²) | 相对加工性 | | 切削力修正系数 |
| --- | --- | --- | --- | --- | --- | --- |
| | | | | 高速钢车刀 $T = 60/\min$ | 硬质合金车刀 $T = 60/\min$ | |
| 碳素钢 | 8 | 正火或高温回火 | 0.313~0.411（32~42） | 0.88 | 0.88 | 1.0 |
| | 20 | 正火或轧制 | 0.411~0.539（42~55） | 1.0 | 1.0 | 1.0 |
| | 30 | 正火 | 0.441~0.589（45~56） | 2.0 | 2.0 | 0.75 |
| | 45 | 调质 | 0.637~0.727（65~75） | 1.25 | 1.25 | 0.95 |
| | | 退火 | 0.588~0.686（60~70） | 1.25 | 1.25 | 0.9 |
| | | 调质 | 0.686~0.784（70~80） | 1.0 | 1.0 | 1.0 |
| | | 调质 | 0.784~0.833（80~85） | 0.83 | 0.83 | 1.05 |
| | 50 | 调质 | 0.833（85） | 0.77 | 0.77 | 1.10 |
| | 80 | 扎制 | 0.882（90） | 0.70 | 0.70 | 1.15 |
| 铬钼钢 | 30CrMo | 正火调质 | 0.686~0.784（70~80） | 1.1 | 1.20 | 1.0 |
| | | | 0.882~0.980（90~100） | 0.77 | 0.73 | 1.2 |

（续）

| 钢种 | 钢号 | 热处理方式 | 抗拉强度 $\sigma_b$ /GPa(kgf/mm²) | 相对加工性 | | 切削力修正系数 |
|---|---|---|---|---|---|---|
| | | | | 高速钢车刀 $T=60/\min$ | 硬质合金车刀 $T=60/\min$ | |
| 锰钢 | 50Mn | 退火调质 | 0.686~0.784 (70~80) | 0.88 | 0.88 | 0.9 |
| | | | 0.838~0.931 (85~95) | 0.70 | 0.70 | 1.15 |
| 镍铬钢 | 30CrNi3 | 调质 | 0.882~0.980 (90~100) | 0.77 | 0.77 | 1.20 |
| 铬钢 | 45Cr | 退火调质 | 0.784 (80) | 1.0 | 0.93 | 1.03 |
| | | | 1.039 (105) | 0.60 | 0.60 | 1.30 |
| 铬锰硅钢 | 30CrMnSi | 正火回火调质 | 0.637~0.727 (65~75) | 1.05 | 1.1 | 0.95 |
| | | | 0.980~1.078 (100~110) | 0.55 | 0.60 | 1.30 |
| 铬钒钢 | 50CrV | 退火调质 | 0.882 (90) | 0.83 | 0.83 | 1.15 |
| | | | 1.274~1.372 (130~140) | — | 0.40 | 1.15 |

**2. 铸铁的化学成分的影响**

铸铁的化学成分对切削加工性的影响，主要取决于这些元素对碳的石墨化作用。铸铁中碳元素以两种形式存在：与铁结合成碳化铁，或作为游离石墨。石墨硬度很低，润滑性能很好。因此，碳以石墨形式存在时，铸铁的切削加工性就高。而碳化铁的硬度高，加剧刀具的磨损。因此，碳化铁含量越高，铸铁的切削加工性越低。总之，应该按结合碳（碳化铁）的含量来衡量铸铁的加工性。铸铁的化学成分中，凡能促进石墨化的元素，如硅、铝、镍、铜、钛等都能提高铸铁的切削加工性；凡是阻碍石墨化的元素，如铬、钒、锰、钼、钴、磷、硫等都会降低切铸铁削加工性。

### 7.2.3 金属组织对切削加工性的影响

金属的成分相同，但组织不同时，其机械物理性能也不同，自然也使切削加工性不同。

**1. 钢的不同组织对切削加工性的影响**

图7-3为各种金属组织的 $v_c$-$T$ 关系。一般情况下，铁素体的塑性较高，珠光体的塑性较低。钢中含有大部分铁素体和少部分珠光体时，切削速度及刀具耐用度都较高。纯铁（含碳量极低）是完全的铁素体，由于塑性太高，其切削加工性十分低，切屑不易折断，切屑易黏结在前刀面上，已加工表面的粗糙度极大。

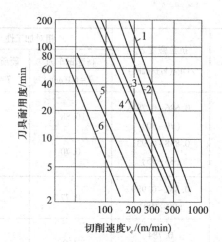

图 7-3　钢的各种金属组织的 $v_c\text{-}T$ 关系

1—10%珠光体；2—30%珠光体；3—50%珠光体；4—100%珠光体；

5—回火马氏体 300HB；6—回火马氏体 400HB

珠光体呈片状分布，刀具在切削时，要不断与珠光体中硬度为 800HBW 的 $Fe_3C$ 接触，因而刀具磨损较大。片状珠光体经球状化处理后，组织为"连续分布的铁素体+分散的碳化物颗粒"，刀具的磨损较小，而耐用度较高。因此，在加工高碳钢时，希望它有球状珠光体组织。切削马氏体、回火马氏体和索氏体等硬度较高的组织时，刀具磨损大，耐用度很低，宜选用很低的切削速度。

如果条件允许，可用热处理的方法改变金属组织来改善金属的切削加工性。

2. 铸铁的金属组织对切削加工性的影响

铸铁按金属组织来分，有白口铁、麻口铁、珠光体灰口铁、灰口铁、铁素体灰口铁和各种球墨铸铁（包括可锻铸铁）等。

白口铁是铁水急骤冷却后得到的组织，它的组织中有少量碳化物，其余为细粒状珠光体。珠光体灰口铁的组织是珠光体及石墨。灰口铁的组织为较粗的珠光体、铁素体及石墨。铁素体的灰口铁的组织为铁素体及石墨。球墨铸铁中碳元素大部分以球状石墨的形态存在，这种铸铁的塑性较大，切削加工性也大有改进。

铸铁的组织比较疏松，内含游离石墨，塑性和强度也都较低。铸铁表面往往有一层带型砂的硬皮和氧化层，硬度很高，对粗加工刀具是很不利的。切削铸铁时常得到崩碎切屑，切削力和切削热都集中作用在刀刃附近，这些对刀具都是不利的，所以加工铸铁的切削速度都低于钢的切削速度。铸铁的相对加工性如表 7-3 所列。

表 7-3　铸铁的相对加工性

| 铸铁种类 | 铸 铁 组 织 | 硬度（HBS） | 延伸率 $\delta/\%$ | 相对加工性 $k_v$ |
|---|---|---|---|---|
| 白口铁 | 细粒珠光体+碳化铁等碳化物 | 600 | — | 难切削 |
| 麻口铁 | 细粒珠光体+少量碳化物 | 263 | — | 0.4 |
| 珠光体口铁 | 珠光体+石墨 | 225 | — | 0.85 |
| 灰口铁 | 粗粒珠光体+石墨+铁素体 | 190 | — | 1.0 |

(续)

| 铸铁种类 | 铸铁组织 | 硬度(HBS) | 延伸率δ/% | 相对加工性 $k_v$ |
|---|---|---|---|---|
| 铁素体灰口铁 | 铁素体+石墨 | 100 | — | 3.0 |
| 球墨铸铁<br>(或可锻铸铁) | 石墨为球状<br>(白口铁经长时间退火后变为可锻<br>铸铁,碳化物析出球状石墨) | 265 | 2 | 0.6 |
| | | 215 | 4 | 0.9 |
| | | 207 | 17.5 | 1.3 |
| | | 180 | 20 | 1.8 |
| | | 170 | 22 | 3.0 |

微量稀土元素对金属的机械物理性能及组织有很大的影响,在钢和合金中加入稀土元素对其性能的改善具有独特的效果。在合金中加入稀土元素一般可以细化晶粒,改善组织结构,因而可以增加其机械强度,改善其加工性能。例如,在不锈钢中加入少量的铈,能使其耐腐蚀性能显著增强;在铸铁中加入适量的铈,可使其强度提高1倍以上,耐磨性能和耐疲劳性能都可提高,韧性也高;在防锈耐热钢中加入少量稀土后,能显著提高其热加工塑性,同时在高温下的抗氧化性也增强了;铈被认为是铝的最好合金元素,它能提高铝的机械强度。

# 7.3 改善切削加工性的途径

分析影响材料切削加工性的因素,目的在于寻求改善切削加工性的途径。综上所述,不难看出,材料的成分与组织对切削加工性影响最大,改善材料的切削加工性主要应从两个方面考虑。

**1. 改变金相组织**

相同成分的材料,当金相组织不同时,加工性有差别。所以用热处理控制金相组织,可以改善材料的切削加工性。

材料硬度过高或太低都不易切削。实践证明,把材料硬度控制在170～230HB范围内,加工性最好。或者说,对切削加工性而言,这是最佳硬度范围。为改善表面粗糙度,硬度可适当提高到250HB。生产中经常采用的预备热处理,其目的就是通过控制硬度改善材料加工性。例如,低碳钢退火处理后塑性好,加工性差,改用正火处理(或冷拔塑性变形),使其硬度略有提高,改善了加工性。高碳钢,通过退火后组织中碳化物为片状,硬度较高不易加工,改用球化退火可使硬度降低,有利于切削加工。含碳量较低的中碳钢,为改善表面粗糙度,常用正火处理以适当提高硬度;中碳钢则采用退火或调质处理,降低硬度,有利于切削加工。

总之,通过热处理来控制金相组织,从而改善材料的切削加工性,既行之有效,又便于实施,故能得以广泛应用。

**2. 调整材料的化学成分**

调整材料的化学成分是改善切削加工性的根本措施。但是,材料的加工性往往与其使用性能相矛盾。因此，只能在不影响材料使用性能的前提下，力求有较好的切削加工件。

以改善切削加工性为目的，在钢中加入一种或几种合金元素，如 S、Pb、Ca、P 等，这类钢称为易切钢。

硫易切钢以碳钢为基材，加入 0.1%～0.35% 的 S，因 FeS 在晶界上析出，而引起热脆性，故应同时加入少量的 Mn，以生成 MnS（熔点高达 1600℃），硫以 MnS 的形式存在于钢中，有润滑断屑作用，缩短刀具和切屑的接触长度，减小了变形，减缓了工件对刀具的擦伤与磨损，从而改善了材料的切削加工性。

此外，还有铅易切钢和钙易切钢等，都是调整化学成分而发展的易切削的材料。

# 7.4　难加工材料的切削加工性

一般将相对切削加工性等级在 5 级以上的材料称为难加工材料。

难加工材料种类繁多，性能各异。为了研究它们的加工方法，必须将材料归纳分类。分类方法有多种，最常用的一种分类方法，主要是根据材料的化学成分、力学性能和用途来分，虽然对研究加工方法不是最好的，但是和一般材料手册的分类方法基本相同，便于考查。

我国机械工业中难加工材料大约有以下几类：高锰钢、高强度钢、不锈钢、纯金属、高温合金及钛合金等。

表 7-4 给出几种难加工材料的相对加工性及各项因素的影响。

1. 高锰钢的切削加工性

钢的锰含量在 11%～14% 时，称为高锰钢。当高锰钢全部都是奥氏体组织时，才能获得较好的使用性能（如韧性、强度及无磁性等），因此又称为高锰奥氏体钢。常用的有高碳高锰耐磨钢和中碳高锰无磁钢。高锰钢是很难切削的。

切削加工困难的主要原因是加工硬化严重和导热性低。高锰钢在切削加工过程中，因塑性变形而使奥氏体组织转变为细晶粒马氏体组织，硬度由原来的 180～220HB 提高到 450～500HB。高锰钢的导热系数约为 45 钢的 1/4，因此切削温度高。此外，高锰钢的韧性约为 45 钢的 8 倍，延伸率较大，这不但使切削力增大，而且使切屑强韧，不易折断。因此，对刀具材料提出了很高的强度和韧性要求。高锰钢的延伸率随温度的升高有所下降，但超过 600℃ 时又很快增长，故切削速度不能过高。否则，过高的切削温度会使延伸率增大，切削加工更加困难。

高锰钢的线膨胀系数约为 $20 \times 10^{-8}/℃$，与黄铜差不多。在切削温度作用下，工件局部很快膨胀，影响加工精度。因此，尺寸精度要求高的工件应特别注意。

高锰钢车削时，宜选用强度和韧性较高的硬质合金。为减小加工硬化，刀刃应保持锋利。为增强刀刃和改善散热条件，可选用前角 $\gamma_o = -5° \sim 5°$，并磨出负倒棱 $b_{\gamma 1} = 0.2 \sim 0.8mm$，$\gamma_{o1} = -5° \sim -15°$。后角宜选用较大数值，通常取 $\alpha_o = 8° \sim 12°$，主偏角 $\kappa_r = 45°$，副偏角 $\kappa_r' = 15° \sim 20°$。系统刚性高时，主偏角和副偏角可选取小一些，刃倾角 $\lambda_s = -3° \sim -5°$。若前角为较大正值时，则刃倾角的绝对值必须增大，数值应在 $-20° \sim -30°$。

**表7-4　难切削材料的切削加工性**

| 难切削材料（淬火或析出硬化状态） | | 材料 | 牌号举例 | 用途举例 | 影响因素 | | | | | | | 相对切削加工性 |
|---|---|---|---|---|---|---|---|---|---|---|---|---|
| | | | | | 硬度 | 高温强度 | 高硬质点 | 加工硬化 | 与刀具黏结 | 化学亲合性 | 导热性能 | |
| | | 高锰钢 | ZGM13 | 耐磨零件，如挖掘土机铲斗、拖拉机履带板 | 1~2 | 1 | 1~2 | 4 | 2 | 1 | 4 | 0.2~0.4 |
| | 高强度钢 | 低合金 | 40Mn18Cr3 | 高强度零件，如轴、高强度螺栓 | 3~4 | 1 | 1 | 2 | 1 | 1 | 2 | 0.2~0.5 |
| | | 中合金 | 30CrMnSiNi2A　18CrMn2MoBA | 高强度构件、模具 | 2~3 | 2 | 2~3 | 2 | 1 | 1 | 2 | 0.2~0.45 |
| | | 马氏体时效钢 | 4Cr5MoSiV | 高强度结构零件 | 4 | 2 | 1 | 1 | 1 | 1 | 2 | 0.1~0.25 |
| | 不锈钢 | 析出硬化 | 0Cr17Ni7Al　0Cr15Ni7Mo2Al | 高强度耐蚀零件 | 1~3 | 1 | 1 | 2 | 3 | 1 | 3 | 0.3~0.4 |
| | | 奥氏体 | 1Cr18Ni9Ti　Cr14Mn14Ni3Ti | 耐蚀高强度高温（500℃以下）工作零件 | 1~2 | 1~2 | 1 | 3 | 3 | 2 | 3 | 0.5~0.6 |
| | | 马氏体 | 2Cr13　Cr17Ni2 | 弱腐蚀介质中工作的高强度零件 | 2~3 | 1 | 1 | 2 | 1 | 2 | 2 | 0.5~0.7 |
| | | 铁素体 | 0Cr13　Cr17 | 强腐蚀介质中工作的零件 | 1 | 1 | 1 | 1 | 1 | 2 | 2 | 0.5~0.8 |
| | 高温合金 | 铁基 | GH36，GH135；K13，K5 | 燃气轮机涡轮盘、涡轮叶片、导向片、燃烧室及其高温承力件及紧固件 | 2 | 2~3 | 2~3 | 3 | 3 | 2 | 3~4 | 0.15~0.3 |
| | | 镍基 | GH33，GH49；K3，K5 | | 2~3 | 3 | 3 | 3~4 | 3~4 | 3 | 3~4 | 0.08~0.2 |
| | 钛合金 | α相 | TA7，TA8，TA2 | 比强度高，热强度高，耐蚀。在航空、造船、化工及医药工业中应用 | 2~3 | | 1 | 2 | 1 | 4 | 4 | 0.4~0.6 |
| | | （α+β）相 | TC4，TC6，TC9 | | 2 | | | | | | | 0.28~0.24 |
| | | β相 | TB1，TB2 | | 2 | | | | | | | 0.24~0.3 |

切削高锰钢时，速度不宜太高，一般取 $v_c = 20 \sim 40\text{m/min}$，由于加工硬化的严重，进给量和切削深度不宜过小，以免刀刃在硬化层中切削。进给量应大于 $0.16\text{mm/r}$，一般 $f = 0.2 \sim 0.8\text{mm/r}$；切削深度在粗车时，$a_p = 3 \sim 6\text{mm}$，半精车时，$a_p = 1 \sim 3\text{mm}$。

为提高切削效率，可用加热（如用等离子电弧）切削法。这时，效率可提高 $7 \sim 10$ 倍，表面粗糙度可大为减小。

**2. 冷硬铸铁和淬硬钢的切削加工性**

冷硬铸铁是特殊性能铸铁的一种。冷硬铸铁的零件表面层有硬度高、耐磨性好的白口组织，而零件的内层材料具有较高抗压强度的灰口组织和麻口组织，一般冷硬铸铁材料的零件表层硬度可达 $450 \sim 550\text{HB}$。

在冷硬铸铁中加入一定数量的某些合金元素，能调节冷硬铸铁的白口层的深度和硬度。例如，加入钨、锰、钼、铬、硼、碲会使白口层的深度增加；加入镍、锰、铬、钼等可使白口层的硬度增加。

一般冷硬铸铁件的表面层具有很高的硬度。同时，一般冷硬铸铁件的尺寸和加工余量又都比较大，这样就给工作表面的切削加工带来很大的困难。冷硬铸铁难于切削加工的主要原因归纳起来有以下几个方面。

（1）切削力大，刀具负荷重。由于被切金属层的硬度高，加工余量大，所以产生的切削力大。如车削表层硬度为 $52 \sim 55\text{HRC}$ 的冷硬铸铁轧辊时的单位切削力 $k_c$ 为 $2.85 \sim 3.43\text{GPa}(290 \sim 350\text{kgf/mm}^2)$，$f = 0.8 \sim 1.2\text{mm/r}$，刀具负荷越重，越易导致刀片的碎裂和工艺系统的振动。

（2）切削温度高，刀具磨损快。切削冷硬铸铁时，由于切削力大，消耗的能量大，产生的热量多，因此切削过程中，切削温度比切削普通灰铸铁时要高几倍到几十倍，这样高的切削温度将导致刀具的磨损加快。

（3）切削力集中在刀刃附近，刀具易产生崩刃。冷硬铸铁表面层的塑性低、硬度高、脆性大。切削时，刀具与切屑的接触长度小，切削力集中在刃口附近，因此切削时刀具易产生崩刃和刀片局部碎裂，造成刀具的脆性破损。

（4）在切入切出加工表面时，易产生崩边现象，影响加工表面的质量和造成刀具破损。冷硬铸铁的表层为白口组织，性质硬而脆，在刀具切入或切出工件时，常会在加工表面上产生"崩边"而影响加工质量，严重时还会造成废品，同时引起刀具的脆性破损。

材料经淬火、回火后形成马氏体组织的钢称为淬硬钢。钢的硬度为 $45 \sim 65\text{HRC}$，抗拉强度 $\sigma_b = 1.2 \sim 2.1\text{GPa}(120 \sim 210\text{kgf/mm}^2)$。

淬硬钢的主要性能是硬度、强度高、脆性大、导热性差、切削加工性差，属于很难切削加工的材料，因此给切削加工造成很大困难。它在切削过程中有以下特点。

（1）切削力大，切削温度高，刀具易磨损。因淬硬钢硬度高、强度大，切削时产生的切削力大，单位切削力甚至可达 $4\text{GPa}(400\text{kgf/mm}^2)$ 以上。其导热性差，因此产生较高的切削温度，使刀具易磨损。

（2）淬硬钢径向切削力较大。径向切削力往往大于主切削力，所以在选择刀具几何参数时应注意此特点，以免工艺系统刚性不足时引起振动。

（3）切削淬硬钢时，切屑与前刀面接触长度短，因此切削力和切削温度集中在切削刃附近,易使刀具磨损和崩刃。

(4) 容易获得较高的表面质量。钢经淬火后,延伸率减小,冲击韧性降低。淬硬钢本身性脆,虽然它的切屑呈带状,但容易断屑,且不易黏刀,因此不易产生积屑瘤,可使工件得到高的光洁表面,为以切削方法代替磨削加工淬硬钢创造了条件。

**3. 纯金属的切削加工性**

常用的纯金属如紫铜、纯铝、纯铁等,其硬度、强度较低,导热系数大,对切削加工有利;但其塑性很高,切屑变形大,易发生冷焊,生成积屑瘤,断屑困难,不易获得好的加工表面质量。同时,它们的线膨胀系数较大,不易控制工件尺寸精度。

加工纯金属,可用高速钢刀具,也可用硬质合金刀具。加工紫铜、纯铝用 YG 类硬质合金,加工纯铁用 YT 类。高速精车紫铜、纯铝时可选用聚晶金刚石刀具以获得极小的表面粗糙度值。应采用大前角($\gamma_o = 25° \sim 35°$,$\alpha_o = 10° \sim 12°$),磨出锋利的切削刃,以减少切屑变形。尽量采用较高的切削速度。

**4. 不锈钢的切削加工性**

不锈钢按其组织可分为铁素体不锈钢、马氏体不锈钢、奥氏体不锈钢、析出硬化不锈钢。铁素体与马氏体不锈钢为导磁材料,其他两种为非磁性材料。

铁素体不锈钢是不锈钢中切削加工性最高的一种,它的切削加工性与合金结构钢相似。奥氏体不锈钢的 Cr、Ni 含量大。Cr 能提高不锈钢的强度及韧性,使不锈钢具有与刀具黏结的倾向;Ni 能稳定奥氏体组织。奥氏体组织塑性大,容易产生加工硬化,此外,导热性能也很低(约为 45 钢的 1/3),所以奥氏体不锈钢较难切削。马氏体不锈钢淬火后的硬度和强度较高,切削也比较困难,而未经调质的马氏体不锈钢(如 2Cr13),虽可用较高的切削速度,但很难获得较小的表面粗糙度。析出(沉淀)硬化不锈钢是经一定的热处理后,从晶体内析出颗粒极小的碳化物等细微杂质的不锈钢。这类不锈钢对晶界腐蚀不敏感,但因析出(沉淀)硬化后,机械强度提高、韧性提高,难以进行塑性变形。因此,硬化后切削是很困难的,应在硬化处理前进行加工。

根据不锈钢的性质和切削加工的特点,切削加工时应考虑的共同性问题如下。

(1) 因切削力大,切削温度高,故刀具材料应选用强度高、导热性好的硬质合金。

(2) 为使切削轻快,应选用较大的前角、较小的主偏角。

(3) 为避免出现黏结现象,前刀面和后刀面应仔细研磨以保证较小的表面粗糙度,用较高的切削速度或极低的切削速度。

(4) 不锈钢的切屑强韧,故应对断屑、卷屑、排屑采取相应的可靠的措施。

(5) 不锈钢的导热性能低,切削区域的温度高,加之线膨胀系数较大,容易产生热变形,精加工时容易影响尺寸精度。

(6) 工艺系统的刚性应尽可能高。

车削不锈钢时,前角 $\gamma_o = 25° \sim 35°$ 或 $\gamma_o = 20° \sim 25°$(对强度、韧性、硬度较大的不锈钢),后角 $\alpha_o = 10° \sim 12°$(精车),$\alpha_o = 6° \sim 10°$(粗车);倒棱 $b_{\gamma 1} = 0.05 \sim 0.2 \text{mm}$(精车),$b_{\gamma 1} = 0.1 \sim 0.3 \text{mm}$(粗车)。断屑槽可以与刀刃平行,也可做成角度型(角度2°~4°)。刀具材料一般选用细晶粒的 YG 硬质合金。不锈钢的车削用量如表 7-5 所列。

表7-5 不锈钢的车削用量

| 工件材料 | 车外圆及镗孔 | | | | | | 切 断 | | |
|---|---|---|---|---|---|---|---|---|---|
| | $v_c$/(m/min) | | $f$/(mm/r) | | $a_p$/mm | | $v_c$/(m/min) | | $f$/(mm/r) |
| | 工件直径 | | 粗加工 | 精加工 | 粗加工 | 精加工 | 工件直径 | | |
| | ≤20 | >20 | | | | | ≤20 | >20 | |
| 奥氏体不锈钢（1Cr18Ni9Ti 等） | 40~60 | 60~100 | 0.2~0.8① | 0.07~0.3 | 2~4 | 0.2~0.5② | 50~70 | 70~120 | 0.08~0.25 |
| 马氏体不锈钢（2Cr13,HB≤250） | 50~70 | 70~120 | 0.2~0.8① | 0.07~0.3 | 2~4 | 0.2~0.5② | 60~80 | 80~120 | 0.08~0.25 |
| 马氏体不锈钢（2Cr13,HB>250） | 30~50 | 50~90 | 0.2~0.8① | 0.07~0.3 | 2~4 | 0.2~0.5② | 40~60 | 60~90 | 0.08~0.25 |
| 析出硬化不锈钢 | 25~40 | 40~70 | 0.2~0.8① | 0.07~0.3 | 2~4 | 0.2~0.5② | 30~50 | 50~80 | 0.08~0.25 |

注：刀具材料：YG8；
① 粗镗时：$f = 0.2$mm/r~0.5mm/r；
② 精镗时：$a_p = 0.1$mm~0.5mm

5. 高温合金的切削加工性

高温合金按基体金属可分为铁基高温合金、镍基高温合金和钴基高温合金。

（1）铁基高温合金。我国常用的铁基高温合金牌号有 GH36（4Cr12Ni8Mn8MovNb）及 CH135（Crl5Ni35W2Mo2Al2.5Ti2）等，这些都是变形铁基高温合金，还有铸造铁基高温合金，如 K13、K14 等。

铁基高温合金的抗氧化性能不如镍基合金，高温强度不如钴基合金，但比较容易切削，价格也较为低廉。

铁基高温合金的组织是奥氏体，但比之于奥氏体不锈钢，表7-4 所列各项影响切削加工性的因素对降低切削加工性的作用更为严重。所以铁基高温合金的相对加工性仅为奥氏体不锈钢的1/2 左右。

改善铁基高温合金切削加工性的热处理方法是"退火"处理。退火处理可使铁基高温合金的"奥氏体-碳化物"型组织的固溶体稳定性增加，在切削加工时碳化物析出少或不析出，从而使硬化减少，改善了切削加工性。

（2）镍基高温合金。镍基高温合金也分变形合金和铸造合金两种。常用的变形合金的牌号是 CH33（Cr20Ni77AlTi2.5），铸造合金的牌号是 K3（17Cr12Ni68W5Mo4Co5Al5Ti3）等。奥氏体不锈钢仅在 650℃ 以下具有抗氧化性，在温度更高的工作条件下，应该采用镍基高温合金。

镍基高温合金导热性低，加工硬化严重，切削时与刀具黏结现象严重，故切削非常困难。影响高温合金切削加工性的因素有：$\gamma'$ 相（金属间化合物，是高温合金的主要强化相）数量的多少，材料的真实强度 $S_b$（特别是高温时的真实强度），材料的延伸率 $\delta$ 及收缩率 $\psi$。$\gamma'$ 相数量越多，$S_b$ 越大，$\delta$ 和 $\psi$ 越大，则切削加工越困难。铸造合金比变形合金切削加工性差，镍基合金比铁基合金切削加工性差。

镍基高温合金在切削时，硬化程度可达 200%~500%。因此，剪切面上剪切应力高，切削力大,可达45钢的2~3倍。切削温度也很高,可高达750~1000℃。

因此,在切削高温合金时,应十分注意降低切削温度和减少加工硬化。切削镍基高温合金应该考虑的共同问题如下。

(1)刀具的刀刃应该始终保持锋利。前角应为正值,但不能过大,后角一般应稍大一些。

(2)切削用量的合理选择很重要,一般是低切削速度,中等偏小的进给量,较大的背吃刀量。应该使刀刃在冷硬层以下进行切削。

镍含量对镍基高温合金的切削速度影响很大。镍含量较低时,切削速度可稍高一些。例如,含镍60%时,$v_c = 13\text{m/min}$;含镍50%时,$v_c = 20\text{m/min}$;含镍45%时,$v_c = 26\text{m/min}$。

(3)应该选择合适的切削液。对于镍基高温合金应避免使用含硫的切削液,否则会对工件造成应力腐蚀,影响零件的疲劳强度。

(4)工艺系统刚性要求高,机床功率应足够大。

硬质合金车刀切削高温合金时的几何参数可参照表7-6。

表7-6 镍基高温合金用车刀几何参数

| 工 件 材 料 | | 前角 $\gamma_o$ | 后角 $\alpha_o$ | 刀尖圆角半径 $\gamma_\varepsilon$/mm |
|---|---|---|---|---|
| 变形合金 | 粗车 | 0°~5° | 10°~14° | 0.5~0.8 |
| | 精车 | 5°~8° | 14°~18° | 0.3~0.5 |
| 铸造合金 | | ≈10° | ≈10° | ≈1 |

改善镍基高温合金切削加工性的一个办法是进行"淬火"处理。镍基高温合金的基体是"奥氏体-金属间化合物",淬火加热时,可使合金内部的金属间化合物转变为固溶体。"淬火"的迅速冷却使金属间化合物析出较少。这样的组织,可使切削力减小,从而改善切削加工性。

6. 其他难加工材料

钛合金是一种"比强度"(强度/密度)和"比刚度"(刚度/密度)较高,在温度550℃以下耐蚀性很高的材料。它是应用很广的飞行器结构材料,也应用于造船、化工等行业。

钛合金从金属组织上可分为 $\alpha$ 相钛合金(包括工业纯钛)、$\beta$ 相钛合金、$(\alpha+\beta)$ 相钛合金。硬度及强度按 $\alpha$ 相、$(\alpha+\beta)$ 相 $\beta$ 相的次序增加,而切削加工性按这个次序下降。

钛合金的切削加工性是较低的,其原因如下。

(1)钛合金导热性能低,切屑与前刀面的接触面积很小,致使切削温度很高,可为45钢切削温度的2倍。

(2)钛合金在600℃以上的温度时,与气体发生剧烈的化学作用。吸收气体的钛层的硬度显著上升,钛与氧、氮产生间隙固溶体,对刀具有强烈的磨损作用。

(3)钛合金塑性较低,特别是和周围的气体发生化学变化后,硬度增高,剪切角增大,切削与前刀面的接触长度很小,使前刀面上应力很大,刀刃容易发生破损。

(4)钛合金的弹性模量低,弹性变形大,接近后刀面处工件表面的回弹量(弹性恢复)大,所以已加工表面与后刀面的接触面积特别大,摩擦也比较严重。切削过程的这种特点使某些工序,如丝锥攻丝、铰孔及拉削(特别是花键拉削)等特别困难。

根据钛合金的性质和切削过程的特点,切削时应考虑的共同问题如下。

（1）尽可能使用硬质合金刀具，以提高生产率，应该选用与钛合金亲合力小、导热性能良好的强度高的细晶粒钨钴类硬质合金。成形和复杂刀具可选用高温性能好的高速钢。

（2）为增大切屑与前刀面的接触长度，以提高耐用度。应采用较小的前角，后角应比切普通钢的大。刀尖采用圆弧过渡刃，刀刃上避免有尖角出现。

（3）刀刃的粗糙度应尽可能小，以保证排屑流畅和避免崩刃。

（4）切削速度宜低，切削深度可以较大，进给量应适当。进给量过大易引起刀刃的烧损；进给量过小时，将因刀刃在加工硬化层中工作而磨损过快。

（5）应进行充分冷却，慎用含氯的切削液（切削温度超过 260℃时，不宜使用）。在使用含氯的切削液时，使用后应将工件充分清洗，以防止应力腐蚀。

（6）工艺系统应有足够的刚度和功率。

钛合金车削时，车刀的几何参数，切削用量等可参考表 7-7~表 7-9 等。

表 7-7　车削钛合金的车刀几何参数

| 工序 | 材料强度 $\sigma_b$ /GPa | $\gamma_o$ | $\alpha_o$ | $\alpha_o'$ | $\kappa_r$ | $\kappa_r'$ | $\lambda_s$ | 刀尖圆角半径 $r_\varepsilon$ /mm |
|---|---|---|---|---|---|---|---|---|
| 荒车 | ≤1.176 | 5° | 10° | | | | 0° | 2~3 |
| | >1.176 | 0°~5° | 6°~8° | | 45°~70° | | 0°~5° | |
| 粗车 | ≤1.176 | 5° | 10° | 6°~8° | | 6° | | 1~2 |
| | >1.176 | 0°~5° | 6°~8° | | | | 0°~3° | |
| 精车 | ≤1.176 | 5° | 10° | | 75°~90° | | 0° | 0.5 |
| | >1.176 | 5° | 6°~8° | | | | | |

表 7-8　不同 $a_p$、$f$ 组合时的最佳切削速度

| $a_p$/mm | 1 | | | | 2 | | | | 3 | | |
|---|---|---|---|---|---|---|---|---|---|---|---|
| $f$/(mm/r) | 0.10 | 0.15 | 0.20 | 0.30 | 0.10 | 0.15 | 0.20 | 0.30 | 0.10 | 0.20 | 0.30 |
| $v_c$/(m/min) | 60 | 52 | 43 | 36 | 49 | 40 | 34 | 28 | 44 | 30 | 26 |

表 7-9　车削钛合金的切削用量（用硬质合金刀具）

| 工序 | 材料强度 $\sigma_b$/GPa | 切削深度 $a_p$/mm | 进给量 $f$/(mm/r) | 切削速度 $v_c$/(m/min) |
|---|---|---|---|---|
| 荒车 | ≤0.931 | 大于氧化皮厚度 | 0.10~0.20 | 25~30 |
| | 0.931<$\sigma_b$≤1.176 | | 0.08~0.15 | 16~21 |
| | >1.176 | | 0.07~0.12 | 8~13 |
| 粗车 | ≤0.931 | >2 | 0.20~0.40 | 40~50 |
| | 0.931<$\sigma_b$≤1.176 | | 0.20~0.30 | 26~34 |
| | >1.176 | | 0.20~0.30 | 13~23 |
| 精车 | ≤0.931 | 0.08~0.5 | 0.10~0.20 | 74~93 |
| | 0.931<$\sigma_b$≤1.176 | | 0.07~0.15 | 52~60 |
| | >1.176 | | 0.07~0.15 | 24~43 |

综上所述,提高难切削材料切削加工性的途径有以下几种。

(1) 选择合适的刀具材料,这是最重要的方面。

(2) 对工件材料进行相应的热处理,尽可能在最适宜的组织状态下进行切削。

(3) 提高机床—夹具—刀具—工件这一工艺系统的刚性,提高机床的功率。

(4) 刀具表面应该仔细研磨,达到尽可能小的粗糙度,以减少黏结、减少因冲击造成的微崩刃。

(5) 合理选择刀具几何参数,合理选择切削用盘。

(6) 对断屑、卷屑、排屑和容屑给予足够的重视。

(7) 注意使用切削液,以提高刀具耐用度。

## 思考题与练习题

1. 切削加工性的衡量指标有哪些?工件材料加工性 $v_{cT}$ 的含义是什么?

2. 相对加工性的实质是什么?采用相对加工性的意义何在?

3. 金相组织对工件材料的切削加工性有何影响?

4. 如何提高工件材料的切削加工性?

5. 难加工材料冷硬铸铁、淬硬钢及纯金属加工困难的原因是什么?

# 第8章　已加工表面质量

## 8.1　已加工表面质量的概念

切削加工的目的在于获得精度上、质量上合乎要求的工件。要保证工件的表面质量，必须研究已加工表面的形成过程，以及研究影响表面质量的因素。

已加工表面质量（Surface Quality），也可称为表面完整性（Surface Integrity）。它包含两方面的内容。

（1）表面几何学方面。主要是指零件最外层表面的几何形状，通常用表面粗糙度表示。

（2）表面层材质的变化。零件加工后在一定深度的表面层内出现变质层，在此表面层内晶粒组织发生严重畸变，金属的力学、物理及化学性质均发生变化。零件表面层材质的特性可以用多种形式表达，如塑性变形、硬度变化、微观裂纹、残余应力、晶粒变化、热损伤区以及化学性能及电特性的变化等。

因此，表面质量的标志有以下几个。

1. 表面粗糙度

表面粗糙度对工件的耐磨性、密封性、疲劳强度、耐蚀性有很大的影响。经过切削加工的表面总是具有一定的粗糙度。表面粗糙度大的零件，由于实际接触面积小，单位压力大，因此耐磨性差，容易磨损。表面粗糙度大的零件装配后，接触刚度低，运动平稳性差，从而影响机器的工作精度，使机器达不到预期的性能。对于液压油缸及滑阀，表面粗糙度大会影响密封性，甚至影响正常工作。

零件受周期作用的载荷时，表面粗糙度越大，越易产生应力集中，因而疲劳强度越低。此外，表面粗糙度大的零件，在粗糙表面的凹谷和细裂缝处，腐蚀性的物质容易吸附和积聚，从而使零件易于被腐蚀。

但是，不能说表面粗糙度越小越好，例如，机床导轨的表面粗糙度以 $Ra1.25\sim0.36\mu m$ 较为合理，表面粗糙度太小反而不利于润滑油的储存，使导轨磨损加快。此外，表面粗糙度过小还将造成制造成本的增加。因此，研究减小表面粗糙度的同时，还应注意表面粗糙度的合理选用。

2. 表面层的冷作硬化层的厚度及冷硬程度

工件经过切削加工后，已加工表面的硬度将高于工件材料原来的硬度，这一现象称为加工硬化。表面硬化在某些情况下可以提高工件的耐磨性和疲劳强度，但切削加工后所产生的加工硬化常伴随着大量显微裂纹，反而会降低零件的疲劳强度和耐磨性。此外，工件表面的加工硬化还将使后继工序的切削加工增加困难，因为它会加速刀具磨损和增大切削力，一般总希望减小加工硬化。

3. 表面层金属组织的变化情况

表面组织的变化包括以下几方面。

(1) 晶格的扭曲、拉长,晶粒的破碎及纤维化。

(2) 相变。

表层金属组织变化的后果,都反映在硬化及残留应力,因此不单独讨论。

4. 残余应力的大小、性质

工件经过切削加工后,已加工表面还常有残余应力,残余应力会使加工好的零件逐渐变形,从而影响工件的形状和尺寸精度,残余拉应力还容易使表面产生微裂纹,从而降低零件的耐磨性、疲劳强度和耐腐蚀性。残余应力分为拉应力和压应力。就疲劳强度而言,残余压应力比残余拉应力好一些。

总体来说,零件加工后的表面状态常常严重影响其使用性能,实践证明,许多产品零件的报废,往往起源于零件的表面缺陷。因此,表面质量问题日益引起人们的高度重视,并作为分析机械故障的重要因素之一。

## 8.2　已加工表面的形成过程

### 8.2.1　已加工表面的形成

在分析切屑形成过程时,往往把刀具理想化,认为刀刃绝对尖锐,刀具没有磨损,但实际上,无论怎样仔细刃磨的刀具,刀刃都可认为具有一个钝圆半径 $r_\beta$,$r_\beta$ 的大小与刃磨质量、刀具材料及刀具前后刀面的夹角 $\beta$ 有关。刃磨后高速钢刀具的 $r_\beta$ 可能为 3 ~ 10μm,硬质合金刀具的 $r_\beta$ 为 18 ~ 32μm,用细颗粒金刚石砂轮磨削时,$r_\beta$ 最小可达 3 ~ 6μm,刀具磨损时,刀刃钝圆半径 $r_\beta$ 还将增大。此外,刀具开始切削不久,后刀面就会产生磨损,从而形成一段 $\alpha_{oe} = 0°$ 的棱带。因此,研究已加工表面的形成过程时,必须考虑刀刃钝圆半径 $r_\beta$ 及后刀面磨损棱带 VB 的作用。

图 8-1 表示已加工表面的形成过程,当切削层金属以速度 $v_c$ 逐渐接近刀刃时,便发生压缩与剪切变形,最终沿剪切面 OM 方向剪切滑移而成为切屑。但由于有刀刃钝圆半径 $r_\beta$ 的关系,整个切削层 $a_c$ 厚度中,将有 $\Delta h_D$ 一层金属无法沿 OM 方向滑移,而从刀刃钝圆部分 O 点下面挤压过去,即切削层金属在 O 点处分离为两部分,O 点以上的部分成为切屑并沿前刀面流出,O 点以下的部分经过刀刃挤压而留在已加工表面上,该部分金属经过刀刃钝圆部分 B 点之后,又受到后刀面上 VB 一段棱带的挤压并相互摩擦,这种剧烈的摩擦又使工件表面金属受到剪切应力,随后开始弹性恢复,假设弹性恢复的高度为 $\Delta h$,则已

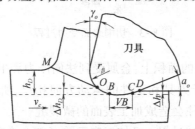

图 8-1　已加工表面的形成过程

加工表面在 $CD$ 长度上继续与后刀面摩擦。刀刃钝圆部分、$VB$ 及 $CD$ 三部分构成后刀面上的总接触长度，它的接触情况对已加工表面质量有很大影响。

图 8-2 为用光弹法测定的刃前区应力分布图，由图可知，正应力 $\sigma_N$ 在 $O$ 点处最大，在 $O$ 点两侧急剧减小，而剪应力 $\tau$ 在 $O$ 点为零，在 $O$ 点两侧的剪应力逐渐增加，且方向恰好相反，即切削层金属在 $O$ 点分离，$O$ 点以上的金属成为切屑而流出，$O$ 点以下的金属受挤压面沿后刀面流出。$O$ 点的位置与刀刃钝圆半径 $r_\beta$ 有关，当 $r_\beta$ 增大时，$O$ 点上移，相应的 $\Delta h_D$（见图 8-2）也增大。

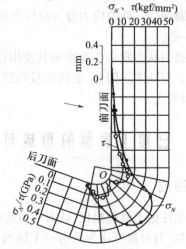

图 8-2 为用光弹法测定的刃前区应力分布

刀具：光弹材料，$\gamma_o = 10$，$\alpha_o = 10°$，$r_\beta = 0.2$mm；

工件材料：铅；切削条件：$\tau = 0.175$m/min，$\sigma_0 = 0.235$mm，自由切削

### 8.2.2 切削表面的受力过程

（1）当金属流到 $O$ 点时，它在垂直刀刃表面的方向上受到的是压应力，而在刀刃表面的切线方向上受到的是张应力（见图 8-3），金属就沿 $O$ 点撕裂，形成了新的表面。

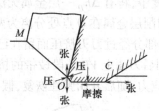

图 8-3 切削表面受力过程

（2）由 $O$ 点开始到 $C$ 点的面积上，金属受到法向压力和平行后刀面的摩擦力。等到金属流到分离点 $C$ 处时，由于刀具和工件的运动方向相反，所以该处工件表面的应力就变成张应力。这种张应力往往会造成加工表面的微裂缝。

（3）切削表面的受热冷却过程。已加工表面除了有一个受力变形过程外，还有一个受热冷却的过程。它对表面质量也有很大影响。这个过程可以用图 8-4 的例子来说明：

因中点画线代表刀具,横坐标 $x$ 代表已加工表面上各点,纵坐标是表面温度。后刀面和工件的接触长度是 0.5mm。通过试验测出已加工表面温度,用曲线 $\theta-x$ 表示。由图可知,当金属流到后刀面接触区时,由于变形和摩擦的关系,温度急剧升高到 500~600℃,但在离开后刀面的刹那间,温度又急剧下降到 100℃ 以下。假定 $v_c=200\text{m/min}$,那么已加工表面上每一质点的加热和冷却过程持续的时间不过是万分之几秒,可以说是一次"热冲击"。这种热冲击往往会造成工件表面的热应力。冷却后就会使已加工表面上造成残余拉应力。

如果将三个变形区联系起来,如图 8-5 所示,那么当切削层金属进入第一变形区时,晶粒因压缩而变长倾斜;当切削层金属逐渐接近刀刃时,晶粒伸长更多,成为包围住刀刃周围的纤维层,最后在 $O$ 点断裂。一部分金属成为切屑沿前刀面流出,另一部分金属绕过刀刃沿后刀面流出,并继续经受变形而成为已加工表面的表层。因此,已加工表面表层的金属纤维被拉伸得更长更细,其纤维方向平行于已加工表面,这个表层的金属具有和基体组织不同的性质,所以称为加工变质层。

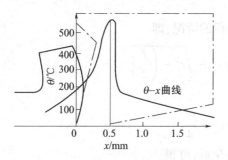

图 8-4 已加工表面受热过程示意图

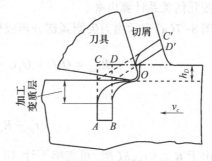

图 8-5 加工变质层

## 8.3 已加工表面粗糙度

表面粗糙度是以已加工表面微观不平度的高度来衡量的。切削加工后的已加工表面粗糙度,按其在切削过程中形成的方向分为纵向粗糙度和横向粗糙度,沿切削速度方向的粗糙度称为纵向粗糙度(见图 8-6),垂直于切削速度方向(进给方向)的粗糙度称为横向粗糙度。对于没有横向进给的切削加工(如拉削及周铣),横向粗糙度很小,理论上等于

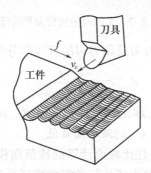

图 8-6 工件表面的纵向与横向粗糙度

刀刃的粗糙度。而对于有横向进给的切削加工（如纵车外圆、刨削及端铣等），由于进给量的影响，一般情况下，横向粗糙度比纵向粗糙度大 2~3 倍。

### 8.3.1 表面粗糙度产生的原因

切削加工时，虽然刀具表面和刀刃都磨得很光，但已加工表面的粗糙度却远远大于刀具表面的粗糙度，其产生原因可归纳为以下两方面。

（1）几何因素所产生的粗糙度。它主要决定于残留面积的高度。

（2）由于切削过程不稳定因素所产生的粗糙度。其中包括积屑瘤、鳞刺、切削过程中的变形、刀具的边界磨损、刀刃与工件相对位置变动等。

#### 1. 残留面积

切削时，由于刀具与工件的相对运动及刀具几何形状的关系，有一小部分金属未被切下来而残留在已加工表面上，称为残留面积，其高度直接影响已加工表面的横向粗糙度。理论的残留面积高度 $R_{max}$ 可以根据刀具的主偏角 $\kappa_r$、副偏角 $\kappa'_r$、刀尖圆弧半径 $r_\varepsilon$ 和进给量 $f$，按几何关系计算出来。

图 8-7（a）表示由刀尖圆弧部分形成残留面积的情况，即

$$R_{max} = O_1O = O_1C - OC = r_\varepsilon - \sqrt{r_\varepsilon^2 - \left(\frac{f}{2}\right)^2}$$

或

$$(r_\varepsilon - R_{max})^2 = r_\varepsilon^2 - \frac{f^2}{4}$$

由于 $R_{max} \ll r_\varepsilon$，故 $R_{max}^2$ 可忽略不计，则上式简化后，可得

$$R_{max} = \frac{f^2}{8r_\varepsilon} \tag{8-1}$$

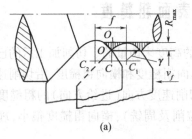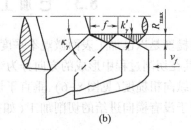

（a）        （b）

图 8-7　车削时的残留面积高度

图 8-7（b）表示 $r_\varepsilon = 0$，由主刀刃及副刀刃的直线部分形成残留面积的情况，此时有

$$R_{max} = \frac{f}{\cot\kappa_r + \cot\kappa'_r} \tag{8-2}$$

由式（8-1）及式（8-2）可知，理论残留面积高度 $R_{max}$ 随进给量 $f$ 的减小、刀尖圆弧半径 $r_\varepsilon$ 的增大或主偏角 $\kappa_r$、副偏角 $\kappa'_r$ 的减小而降低。

实际得到的粗糙度最大值往往比理论计算的残留面积高度要大，只有在高速切削塑性材料时，两者才比较接近。这是由于实际的粗糙度还受到积屑瘤、鳞刺、切屑形态、振动及刀刃不平整等等因素的影响。但理论残留面积是已加工表面微观不平度的基本形态，

实际的表面粗糙度都是由其他影响因素在这个基础上附加的结果。因此,理论残留面积高度是构成表面粗糙度的基本因素,有时也将理论残留面积高度称为理论粗糙度。

2. 积屑瘤

当切削钢、铜合金及铝合金等塑性金属时,常在靠近刀刃及刀尖的前刀面上产生积屑瘤,积屑瘤的硬度很高,在相对稳定时,可以代替刀刃进行切削。由于积屑瘤会伸出刀刃及刀尖之外,从而产生一定的过切量 δ(见图 8-8),加以积屑瘤的形状不规则,因此,刀刃上各点积屑瘤的过切量不一致,从而在加工表面上沿着切削速度方向刻划出一些深浅和宽窄不同的纵向沟纹。其次,积屑瘤作为整体来说,虽然它的底部相对比较稳定,但它的顶部常是反复成长与分裂,分裂的积屑瘤一部分附在切屑底部而排出,另一部分则留在已加工表面上形成鳞片状毛刺。同时,积屑瘤顶部的不稳定又使切削力波动而有可能引起振动,因此,进一步使加工表面粗糙度增大,可以说,除了残留面积所形成的已加工表面粗糙度,要算积屑瘤的成长与分裂对表面粗糙度的影响最为严重。

图 8-9 为车削时加工表面微观几何形状的实例。当 $v<50\text{m/min}$ 时,由于积屑瘤的存在,使加工表面粗糙度显著增大。而当 $v>50\text{m/min}$ 时,由于积屑瘤逐渐消失,加工表面大致呈现为规则的波形曲线,其间距等于进给量,廓形与刀具刃形相似,加工表面粗糙度显著减小。

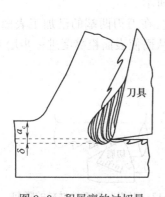

图 8-8　积屑瘤的过切量

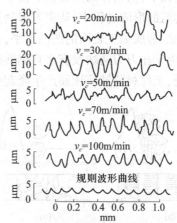

图 8-9　切削速度对车刀表面微观几何形状的影响

刀具:硬质合金,$\gamma_o=0°$,$\alpha_o=\alpha'_o=6°$,

$\lambda_s=0°$,$\kappa_r=90°$,$\kappa'_r=8°$,$r_\varepsilon=0.5\text{mm}$;

工件:合金钢;切削条件:$a_p=2\text{mm}$,不加切削液

3. 鳞刺

鳞刺就是已加工表面上出现的毛刺,在较低及中等的切削速度下,用高速钢、硬质合金或陶瓷刀具切削低碳钢、中碳钢、铬钢、不锈钢、铝合金及紫铜等塑性材料时,无论是车、刨、插、钻、拉、滚齿、插齿及螺纹切削等工序中都可能出现鳞刺。鳞刺的晶粒和基体材料的晶粒相互交错。鳞刺与基体材料之间没有分界线,鳞刺的表面微观特征是鳞片状,有一定高度,它的分布近似于沿整个刀刃宽度,其宽度近似地垂直于切削速度方向。鳞刺的出现使已加工表面的粗糙程度增加,因此,它是塑性金属切削加工中获得良好加工质量的一个障碍。

鳞刺的成因是前刀面上摩擦力的周期变化。当摩擦力大时,切屑在短期内黏结在前刀面上,使塑性变形困难。于是切屑代替前刀面继续推挤切削层,从而使切削层和工件之间出现导裂(见图8-10)。等推挤到一定程度后,切削力增大,切屑克服了前刀面上的黏结和摩擦,又开始沿前刀面流动。刀具向前切去,把导裂留在已加工表面上,成为鳞刺。

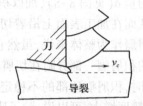

图8-10 鳞刺的形成示意图

鳞刺既然是前刀面上摩擦力变化造成的,那么增大前角和后角,减少切削厚度、调整切削速度,鳞刺就会减少。此外,材料硬度增大时,鳞刺现象就会减轻。

4. 切削过程中的变形

在挤裂或单元切屑的形成过程中,由于切屑单元带有周期性的断裂,这种断裂要深入到切削表面以下,从而在加工表面上留下挤裂的痕迹而成为波浪形,如图8-11(a)所示。而在崩碎切屑的形成过程中,从主刀刃处开始的裂纹在接近主应力方向斜着向下延伸形成过切,因此,造成加工表面的凹凸不平,如图8-11(b)所示。

此外,由于在刀刃两端没有来自侧面的约束力,因此,在刀刃两端的已加工表面及待加工表面处,工件材料被挤压而产生隆起(见图8-12),从而使表面粗糙度进一步增大。

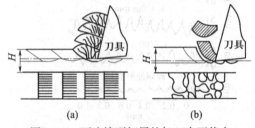

图8-11 不连续型切屑的加工表面状态
(a) 挤裂切屑;(b) 崩碎切屑

图8-12 刀刃两端工件材料的隆起

5. 刀具的边界磨损

刀具磨损后有时会在副后刀面上产生沟槽形边界磨损,如图8-13(a)所示,从而在已加工表面上形成锯齿状的凸出部分,如图8-13(b)所示。因此,使加工表面粗糙度增大。

图8-13 刀具的边界磨损

6. 刀刃与工件相对位置变动

由于机床主轴轴承回转精度不高及各滑动导轨面的形状误差等使运动机构发生的跳动,材料的不均匀性及切屑的不连续性等造成的切削过程波动,均会使刀具、工件间的位移发生变化,从而使切削厚度、切削宽度或切削力发生变化。因此,在很多情况下,这些不稳定因素会在加工系统中诱发起自激振动,使相对位置变化的振幅更加扩大,以致影响到背吃刀量的变化,从而使表面粗糙度增大。

上述产生表面粗糙度的原因中,纵向粗糙度主要决定于积屑瘤、鳞刺、切屑形态及加工系统的振动等;而横向粗糙度,除了这些原因之外,更重要的是受残留面积及副刀刃对已加工表面挤压面产生的材料隆起等所支配。

### 8.3.2 影响表面粗糙度的因素

由上述分析可知,要减小表面粗糙度,必须减小残留面积,消除积屑瘤和鳞刺,减小工件材料的塑性变形及切削过程中的振动等,具体可以从以下几个方面着手。

1. 刀具方面

由式(8-1)及式(8-2)可知,为了减小残留面积,刀具应采用较大的刀尖圆弧半径 $r_\varepsilon$、较小的副偏角 $\kappa'_r$,尤其是使用 $\kappa'_r=0°$ 的修光刃,对减小表面粗糙度甚为有效;但修光刃不能过长,否则会引起振动,反而使粗糙度增大,一般只要比进给量稍大一些即可。

刀具前角 $\gamma_o$ 一般对粗糙度的影响不大,但对于塑性大的材料,使用大前角的刀具,是减少积屑瘤和鳞刺,从而减小表面粗糙度的有效措施。例如,拉削 1Cr18Ni9Ti 不锈钢的花键拉刀,前角从 10° ~ 15° 增加到 22° 时,表面粗糙度可从 $Ra10\mu m$ 减小至 $Ra2.5 ~ 1.25\mu m$。

刀面及刀刃的表面粗糙度,对工件表面粗糙度有直接影响。由于刀具表面粗糙度的减小,有利于减小摩擦,从而可抑制积屑瘤和鳞刺的生成,因此,刀具前刀面与后刀面的粗糙度必须小于工件所要求的表面粗糙度,并且最好不要大于 $Ra2.5~1.25\mu m$,否则会显著降低刀具耐用度。

刀具材料不同时,由于与工件材料的亲合力不同,因而产生积屑瘤的难易程度不同,而且导热系数及前刀面摩擦系数的不同,又将使切削温度发生变化,因此,积屑瘤的成长程度也不同,从而使表面粗糙度产生差异。当切削碳素钢时,在其他条件相同的情况下,用高速钢刀具加工的工件表面粗糙度最大(见图8-14);而按硬质合金、陶瓷及碳化钛基硬质合金刀具的顺序,工件表面粗糙度逐步减小。

此外,刀具的强烈磨损及破损,也都将使加工表面粗糙度增大;尤其是副刀刃上的边界磨损,对加工表面粗糙度的影响更为严重。

2. 工件方面

工件材料性质中,对表面粗糙度影响较大的是材料的塑性和金相组织。材料的塑性越大,积屑瘤和鳞刺越易生成,故表面粗糙度越大。因此,为了减小表面粗糙度,在切削低碳钢、低合金钢时,常将工件预先进行调质处理,以提高其硬度,降低塑性。对于中碳钢及中碳合金钢,在较高的切削速度时,粒状珠光体的表面粗糙度较小;在较低的切削速度时,片状珠光体加细晶粒的铁素体的表面粗糙度较小。易切钢中含有硫、铅等元素,可以减小加工表面粗糙度。此外,工件材料的韧性越大,加工时材料的隆起将越大,从而使已加工

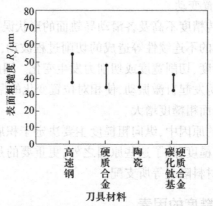

图 8-14　刀具材料对表面粗糙度的影响

刀具：$\gamma_o=0°$，$\alpha_o=\alpha'_o=6°$，$\lambda_s=0°$，$\kappa_r=75°$，$\kappa'_r=0°$，$r_\varepsilon=0mm$；

工件：25 号碳素钢；切削条件：$v_c=20m/min$，$a_p=0.5mm$，$f=0.4mm/r$，不加切削液，车外圆

表面粗糙度越大。

切削灰铸铁时，切屑是崩碎的，同时石墨易从铸铁表面脱落而形成凹痕。因此，在相同的切削条件下，灰铸铁的已加工表面粗糙度，一般要比结构钢大一些，减小灰铸铁中石墨的颗粒尺寸，可使表面粗糙度减小一些。

**3. 切削条件方面**

切削塑性材料时，在低、中切削速度的情况下，易产生积屑瘤及鳞刺，从而表面粗糙度都较大。提高切削速度可以使积屑瘤和鳞刺减小甚至消失，并可减小工件材料的塑性变形，因而可以减小表面粗糙度，图 8-15 表示切削速度对表面粗糙度的影响，当切削速度超过积屑瘤消失的临界值时（图 8-15 中 $v_c>100m/min$ 时）表面粗糙度急剧地减小并稳定在一定值上，基本上不再变化；但由于材料隆起等原因，这时的实际粗糙度仍比理论粗糙度要大些。

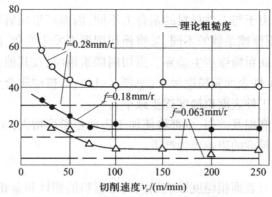

图 8-15　切削速度及进给量对表面粗糙度的影响

工件：35 钢；刀具：YT15；$a_p=2mm$

切削脆性材料时，由于不产生积屑瘤，故切削速度对表面粗糙度基本上没有明显影响。

减小进给量，不仅可以减小残留面积，而且可以抑制积屑瘤和鳞刺的产生，故可以减小加工表面粗糙度。

采用高效切削液,可以减小工件材料的变形和摩擦,而且是抑制积屑瘤和鳞刺的产生,减小表面粗糙度的有效措施,但随着切削速度的提高,其效果将随之减小。此外,按加工表面粗糙度要求,选择与之相应的机床精度,也是控制表面粗糙度的一个措施。

# 8.4 加 工 硬 化

## 8.4.1 加工硬化产生的原因

切削加工后,工件已加工表面层将产生加工硬化,其原因是在已加工表面的形成过程中,表层金属经受了复杂的塑性变形。由第一变形区的形成过程可知,在切削层趋近刀刃时,不仅是切削表面以上的金属经受塑性变形,而且此变形区的范围要扩展到切削表面以下,使将成为已加工表面层的一部分金属也产生塑性变形。此外,由于存在刀刃钝圆半径 $r_\varepsilon$,使整个切削厚度中,有一薄层金属没有被刀刃切下,而是从刀刃钝圆部分下面挤压过去,从而产生很大的附加塑性变形。随后,由于弹性恢复,刀具的后刀面继续与已加工表面摩擦,使已加工表面再次发生剪切变形。经过以上几次变形,一方面使金属的晶格发生扭曲,晶粒拉长、破碎,阻碍了金属进一步的变形而使金属强化,硬度显著提高。另一方面,已加工表面除了上述的受力变形过程外,还受到切削温度的影响。切削温度(低于 $A_{c1}$ 点时)将使金属弱化,更高的温度将引起相变。因此,已加工表面的硬度就是这种强化、弱化和相变作用的综合结果。当塑性变形起主导作用时,已加工表面就硬化;当切削温度起主导作用时,还需视相变的情况而定。若磨削淬火钢引起退火,则使表面硬度降低产生软化,但在充分冷却的条件下,会出现硬化(再次淬火)。

加工硬化通常以硬化层深度 $h_d$ 及硬化程度 $N$ 表示,$h_d$ 是表示已加工表面至未硬化处的垂直距离,单位为 μm。硬化程度 $N$ 是已加工表面的显微硬度增加值对原始显微硬度的百分数,即

$$N = \frac{H - H_0}{H_0} \times 100\%$$

式中　$H$——已加工表面的显微硬度,单位为 GPa(或 kgf/mm$^2$);

　　　$H_0$——原基体金属的显微硬度,单位为 GPa(或 kgf/mm$^2$)。

也有用加工前、后硬度之比表示的,即

$$N = \frac{H}{H_0} \times 100\%$$

一般硬化层深度 $h_d$ 可达几十微米到几百微米,而硬化程度可达 120%~200%。硬化程度大时,硬化层深度也大。

## 8.4.2 影响加工硬化的因素

由于已加工表面的硬度是强化与弱化作用的综合结果,因此,凡是增大变形摩擦的因素都将加剧硬化现象,凡是有利于弱化的因素,如较高的温度、较低的熔点等,都会减轻硬化现象。

### 1. 刀具方面

刀具的前角越大,切削层金属的塑性变形越小,故硬化层深度 $h_d$ 越小,如图 8-16 所示。

刀刃钝圆半径 $r_\varepsilon$ 越大,已加工表面在形成过程中受挤压的程度越大,故加工硬化也越大,如图 8-17 所示。

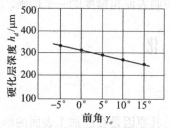 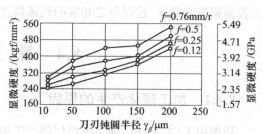

图 8-16　前角对硬化层深度的影响　　　图 8-17　刀刃钝圆半径对加工硬化的影响

刀具:YG6X 端铣刀;工件:1Cr18Ni9Ti;切削用量:　　　工件:45 钢

$v_c = 51.7\text{m/min}, a_p = 0.5\text{mm} \sim 3\text{mm}, a_f = 0.5\text{mm/z}$

随着刀具后刀面磨损量 $VB$ 的增加,后刀面与已加工表面的摩擦随之增大,从而加工硬化层深度也增大,如图 8-18 所示。

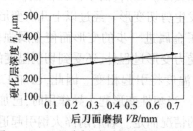

图 8-18　刀具磨损对硬化层深度的影响

刀具:YG6X 端铣刀;工件:1Cr18Ni9Ti;切削用量: $v_c = 51.7\text{m/min}, a_p = 0.5\text{mm} \sim 3\text{mm}, a_f = 0.5\text{mm/z}$

## 2. 工件方面

工件材料的塑性越大,强化指数越大,则硬化越严重。就一般碳素结构钢而言,含碳量越少,则塑性越大,硬化越严重。而高锰钢 Mn12,由于强化指数很大,切削后已加工表面的硬度可增高 2 倍以上。有色金属由于熔点较低,容易弱化,故加工硬化比结构钢小得多,如铜件的已加工表面硬化比钢件小 30%,铝件比钢件小 75% 左右。

## 3. 切削条件方面

切削速度增加时,一方面塑性变形减小,塑性变形区也缩小,因此,硬化层深度减小;另一方面,切削温度升高,可使弱化过程进行得快些;但切削速度增高又会使导热时间缩短,从而弱化来不及充分进行,而当切削温度超过 $A_{cs}$ 时,表面层组织将产生相变,使形成淬火组织;因此,硬化层深度及硬化程度又将增加;如图 8-19 所示,硬化层深度先是随切

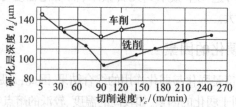

图 8-19　切削速度对硬化层深度的影响

刀具:硬质合金;工件:45 钢;切削用量:车削时 $a_p = 0.5\text{mm}, f = 0.14\text{mm/r}$;铣削时 $a_p = 3\text{mm}, a_f = 0.04\text{mm/z}$

削速度的增加而减小,然后又随切削速度的增加而增大。

增加进给量,将使切削力及塑性变形区范围增大。因此,硬化程度及硬化层深度都随之增加,如图8-20所示;而背吃刀量改变时,对硬化层深度的影响则不太显著,如图8-21所示。

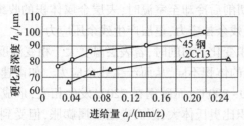

图8-20 进给量对硬化层深度的影响
刀具:单齿硬质合金端铣刀;切削用量:$a_p = 2.5\text{mm}$,$v_c = 320\text{m/min}$(45钢),$v_c = 180\text{m/min}$(2Cr13)

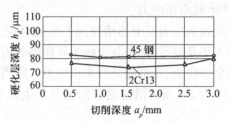

图8-21 背吃刀量对硬化层深度的影响
刀具:单齿硬质合金端铣刀;切削用量:$v_c = 320\text{m/min}$(45钢),$a_f = 0.075\text{mm/z}$(45钢);
对于2Cr13钢 $v_c = 180\text{m/min}$(2Cr13),$a_f = 0.07\text{mm/z}$(2Cr13)

此外,采用有效的冷却润滑措施也可使加工硬化层深度减小,例如,细车镍基钛合金叶片的叶背时,利用高压喷射切削液,可使硬化层深度由0.15mm减小至0.065mm。

# 8.5 残余应力

## 8.5.1 残余应力产生的原因

残余应力是指在没有外力作用的情况下,在物体内部保持平衡而存留的应力。残余应力分为残余拉应力与残余压应力。切削加工后的已加工表面常有残余应力,其产生原因有以下几方面。

(1)机械应力引起的塑性变形。切削过程中,刀刃前方的工件材料受到前刀面的挤压,从而使将成为已加工表面层的金属,在切削方向(沿已加工表面方向)产生压缩塑性变形,而在与已加工表面垂直方向产生拉伸塑性变形,切削后受到与之连成一体的里层未变形金属的牵制,从而在表层产生残余拉应力($+\sigma$),里层产生残余压应力($-\sigma$)。

另外,在已加工表面形成过程中,刀具的后刀面与已加工表面产生很大的挤压与摩擦,使表层金属产生拉伸塑性变形,刀具离开后,在里层金属作用下,表层金属产生残余压应力。相应地,里层金属产生残余拉应力。

刀刃前方的压缩塑性变形与刀刃后方的拉伸塑性变形相比较:前者大时,已加工表面最终产生残余拉应力,后者大时,产生残余压应力。

（2）热应力引起的塑性变形。切削时,由于强烈的塑性变形与摩擦,使已加工表面层的温度很高,而里层温度很低,形成不均匀的温度分布。温度高的表层,体积膨胀,将受到里层金属的阻碍,使表层金属产生热应力,当热应力超过材料的屈服极限时,会使表层金属产生压缩塑性变形。切削后冷却至室温时,表层金属体积的收缩又受到里层金属的牵制,因而使表层金属产生残余拉应力,里层产生残余压应力。

（3）相变引起的体积变化。切削时,若表层温度大于相变温度,则表层组织可能发生相变,由于各种金相组织的体积不同,从而产生残余应力。如高速切削碳钢时,刀具与工件接触区的温度可达 600～800℃;而碳钢在 720℃ 发生相变,形成奥氏体,冷却后变为马氏体。由于马氏体的体积比奥氏体大,因而表层金属膨胀,但受到里层金属的阻碍,从而使表层产生残余压应力,里层产生残余拉应力。当加工淬火钢时,若表层金属产生退火,则马氏体转变为屈氏体或索氏体,因而表层体积缩小,但受到里层金属的牵制,从而使表层产生残余拉应力,里层产生残余压应力。

已加工表面层内呈现的残余应力是上述诸原因产生残余应力的综合结果,而最后已加工表面层内残余应力的大小及符号,则由其中起主导作用的因素所决定。因此,在已加工表面层最终可能存留残余拉应力,也可能是残余压应力。应当指出,已加工表面不仅沿切削速度方向会产生残余应力 $\sigma_v$,而且沿进给方向也会产生残余应力 $\sigma_f$,在已加工表面最外层,往往是 $\sigma_v > \sigma_f$。

切削碳钢时,无论是切削方向还是进给方向,一般在已加工表面层常为残余拉应力,其值可达 0.78～1.08GPa（80～110kgf/mm$^2$）,而残余应力层的深度可达0.4～0.5mm。

### 8.5.2　影响残余应力的因素

影响残余应力的因素较为复杂。总体来说,凡能减小塑性变形和降低切削温度的因素都能使已加工表面的残余应力减小。

1. 刀具方面

当前角由正值逐渐变为负值时,表层的残余拉应力逐渐减小,但残余应力层的深度增大,如图 8-22 所示。这是由于刀具的前角越小,刀刃前方金属的压缩变形及刀具对已加工表面的挤压与摩擦作用越大,从而残余拉应力减小。当在一定的切削用量时,采用绝对

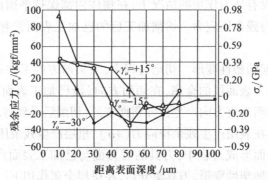

图 8-22　前角对残余应力的影响

刀具:硬质合金;工件:45 钢;切削用量:$v_c = 320$m/min,$a_p = 2.5$mm,$a_f = 0.08$mm/z

值较大的负前角,甚至可使已加工表面层得到残余压应力(图 8-23)。

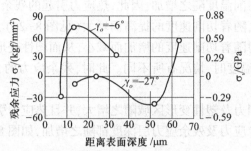

图 8-23　端铣时前角对残余应力的影响

刀具:硬质合金;工件:45 钢;切削用量:$v_c = 320\text{m/min}$,$a_p = 2.5\text{mm}$,$a_f = 0.08\text{mm/z}$

刀具后刀面的磨损量 VB 增加时,一方面使后刀面与已加工表面的摩擦增加,但另一方面也使已加工表面上的切削温度升高,从而由热应力引起的残余应力的影响逐渐加强。因此,使已加工表面的残余拉应力增大。相应地,残余应力层的深度也随之增加,如图 8-24 所示。

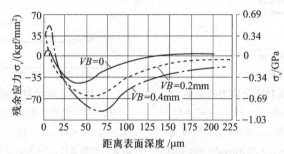

图 8-24　刀具磨损量 VB 对残余应力的影响

刀具:单齿硬质合金端铣刀,轴向前角 $0°$,径向前角 $-15°$,$\alpha_o = 8°$,$\kappa_r = 45°$,$\kappa'_r = 5°$;

工件:合金钢;切削条件:$v_c = 55\text{m/min}$,$a_p = 1\text{mm}$,$a_f = 0.13\text{mm/z}$,不加切削液

### 2. 工件方面

塑性较大的材料,例如,工业纯铁、奥氏体不锈钢,在切削加工后,通常产生残余拉应力;而且塑性越大,残余拉应力越大。

切削灰铸铁等脆性材料时,加工表面将产生残余压应力(见图 8-25)。其原因是由于切削时,后刀面的挤压与摩擦起主导作用,使加工表面层产生拉伸变形,从而产生残余压应力。

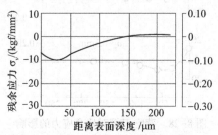

图 8-25　刨削铸铁时加工表面的残余应力

刀具:$\gamma_o = 12.5°$,$\kappa_r = 53°$,$r_\varepsilon = 1\text{mm}$;切削条件:$v_c = 36\text{m/min}$,$a_p = 2.5\text{mm}$,$f = 0.21\text{mm/行程}$,不加切削液

### 3. 切削条件方面

切削速度增加时,切削温度随之增加,因此,热应力引起的残余拉应力起主导作用,从而表面上的残余拉应力,随着切削速度的提高而增大(见图8-26),但残余应力层的深度却减小,这是由于切削力随着切削速度的增加而减小,从而塑性变形区域随之减小。当切削温度超过金属的相变温度时,情况有所不同。此时,残余应力的大小及符号,取决于表层金相组织的变化。

进给量增加时,切削力及塑性变形区域随之增大,并且热应力引起的残余拉应力占优势,从而表面上的残余拉应力及残余应力层深度都随之增加,如图8-27所示。

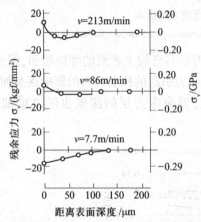 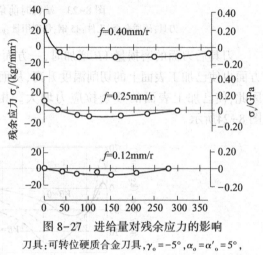

图 8-26　切削速度对残余应力的影响　　　　图 8-27　进给量对残余应力的影响

刀具:可转位硬质合金刀具,$\gamma_o=-5°$,$\alpha_o=\alpha'_o=5°$,　　刀具:可转位硬质合金刀具,$\gamma_o=-5°$,$\alpha_o=\alpha'_o=5°$,

$\lambda_s=-5°$,$\kappa_r=75°$,$\kappa'_r=15°$,$r_\varepsilon=0.8mm$;工件:45钢　　$\lambda_s=-5°$,$\kappa_r=75°$,$\kappa'_r=15°$,$r_\varepsilon=0.8mm$;工件:45钢

(退火);切削条件 $a_p=0.3mm$,$f=0.05mm/r$,不加切削液　　(退火);切削条件:$a_p=2mm$,$v_c=86m/min$,不加切削液

加工退火钢时,背吃刀量对残余应力的影响不太显著,如图8-28所示。而加工淬火后回火的45钢时,随着背吃刀量的增加,表面的残余拉应力将稍为减小些。

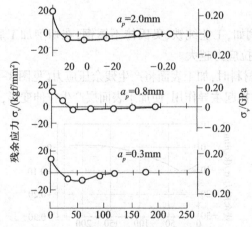

图 8-28　背吃刀量对残余应力的影响

刀具:可转位硬质合金刀具,$\gamma_o=-5°$,$\alpha_o=\alpha'_o=5°$,$\lambda_s=-5°$,$\kappa_r=75°$,$\kappa'_r=15°$,$r_\varepsilon=0.8mm$;

工件:45钢(退火);切削条件:$f=0.12m/r$,$v_c=160m/min$,不加切削液

# 8.6 精密切削加工的表面质量

经济加工精度在 IT5 级~IT6 级以上,表面粗糙度在 $Ra1.25\sim0.63\mu m$ 以下的切削加工称为精密切削加工。精密切削加工是用很小的和进给量,从半精加工后的工件上切去很薄一层金属,从而取得较高的加工精度和表面质量。按照可能达到的加工精度和表面质量的高低,它还可分为一般精密切削加工和超精密切削加工两类。

由于精密切削加工时的切削厚度很小,而加工表面质量的要求又很高,因此,精密切削加工最关键的问题是如何均匀、稳定地切除如此微薄的金属层。积屑瘤的形状很不规则,其顶部很不稳定,积屑瘤基体的前端也难以稳定地切除微薄的金属层,而且积屑瘤凸出于刀刃之外部分的不平度在一定程度上将反映在加工表面上,因此,消除积屑瘤和鳞刺是精密切削加工时提高表面质量的重要途径。

根据精密切削加工的特点,可以采取以下的措施来提高表面质量。

## 8.6.1 刀具方面的措施

### 1. 刀刃不平度及刀刃钝圆半径

如果刀具的刀刃不平整,则易使实际切削厚度不均匀和不稳定,从而使加工表面粗糙度增大。例如,有锯齿形的刀刃与无锯齿形刀刃相比,工件表面粗糙度要增大一些,而凹形刀刃与直线形刀刃相比,工件表面粗糙度将从 $Rz0.1\mu m$ 增大至 $Rz0.3\mu m$。

刀刃钝圆半径 $r_\varepsilon$ 的大小,直接影响着刀具的切薄能力。最小稳定的切削厚度 $h_{D\min}$ 与 $r_\varepsilon$ 的关系为 $h_{D\min}=0.293r_\varepsilon$,因此,刀具的 $r_\varepsilon$ 值减小,可以稳定切除的切削厚度薄些。由耐磨铸铁进行的薄切削试验得出,在 $h_D=0.25r_\varepsilon$ 时,高速钢刀具仍可顺利切削,$h_D/r_\varepsilon$ 有着合理数值,此外,减小刀刃钝圆半径,还可使受刀刃钝圆部分挤压的金属层厚度 $\Delta h_D$ 减小,这对于减小加工硬化及残余应力、减小表面粗糙度都非常有利。

综上所述,精密切削的刀具,其刀刃必须刃磨得平整锋利,即不但要求前、后刀面有小的粗糙度(尤其应注意降低后刀面的粗糙度),而且要求刀刃的微观不平度极小,不能有锯齿、崩口、毛刺和裂纹等,此外,刀刃钝圆半径亦应合理地小一些。

### 2. 刀具材料

单晶金刚石是精密切削的良好刀具材料。单晶金刚石刀具的刀刃可以刃磨得非常锋利,其刀刃不平度可达 $0.1\mu m$,刀刃钝圆半径 $r_\varepsilon$ 可小至 $1\mu m$ 以下。金刚石与其他材料(除钢、铁外)的亲合力小,与被切金属不易发生黏结。此外,金刚石的摩擦系数非常小,导热性也好。因此,切削温度较低,从而不易产生积屑瘤和鳞刺。又因为以金刚石有很高的硬度及耐磨性,能使刀具长时间内保持锋利,所以用金刚石刀具加工时,可得到具有镜面光泽的加工表面及较轻的加工硬化。例如,在 $v_c=600m/\min,a_p=0.05mm,f=0.02mm/r$ 的条件下加工硬铝,用硬质合金车刀切削时,硬化层深度为 $18\mu m$;而用金刚石车刀切削时,硬化层深度仅为 $6\mu m$。因此,金刚石刀具目前广泛应用于铜、铝及其合金等有色金属、纯金属、稀贵金属(如金、银)等的精密加工,但金刚石刀具不适于加工钢、铸铁等铁族金属。此外,聚晶金刚石也不可能刃磨得像单晶金刚石那样锋利。

对于硬质合金刀具,采用细颗粒的硬质合金,可使加工表面粗糙度减小一些。因此,作为精密切削加工用的硬质合金,应选用超微细颗粒。但由于受到成本等因素的限制,一般最小颗粒尺寸约为 $0.3\mu m$。因此,要想使硬质合金刀具的刀刃钝圆半径在 $2\sim3\mu m$ 以下,是非常困难的。

### 8.6.2 切削条件方面的措施

#### 1. 切削用量

精密切削时,随着切削速度的提高,鳞刺的大小及高度显著减小,从而使已加工表面糙度得到改善,而且加工表面层的塑性变形影响深度也有所减小。但是由于切削过程中的振动对工件的精度及表面粗糙度影响较大,因此,即使在同一机床上,不同转速时的加工表面粗糙度差别也很大。所以有人建议在精密切削时,先将机床各挡速度对表面粗糙度的影响进行试验,然后选出最佳的切削速度。

在一般薄切削下,切削厚度对加工表面粗糙度的影响仍与普通切削厚度大致相同,即当切削厚度(或进给量)减小时,由于积屑瘤高度有所降低,可使加工表面粗糙度减小。但最小进给量都有一个合理值,如图 8-29 所示,当进给量过小时,由于机床走刀机构爬行等问题,加工表面粗糙度反而增大。

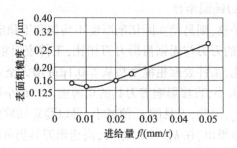

图 8-29 进给量对表面粗糙度的影响

刀具:H19 硬质合金刀具,$\gamma_o=0°$,$\alpha_o=6°$,$\kappa_r=7°$,$\kappa'_r=2°$;

工件:H62 黄铜;切削条件:$v_c=68m/min$,$a_p=0.01mm$,不加切削液

#### 2. 工艺系统刚性及机床精度

工艺系统刚性对精密切削加工表面质量的影响很大。随着工艺系统刚性的提高,加工表面粗糙度将随之减小,加工硬化及残余应力也将减小。而高精度的机床则是精密切削时,获得良好表面质量的关键。尤其是超精密切削加工时,要求机床主轴径向跳动与轴向窜动量应小于 $0.5\mu m$,机床运动要平稳,振动要小,振幅应在 $0.2\mu m$ 以内,进给机构的运动也要平稳、均匀、无爬行现象。除此之外,良好的环境(外界振动小、超静、恒温等)也是精密切削加工的重要条件。

#### 3. 切削液

在工艺系统刚性较好的情况下,由于抑制积屑瘤和鳞刺是精密切削加工时减小加工表面粗糙度的重要途径。在精密切削时,采用适当的切削液,对改善表面粗糙度的效果,比减小切削厚度的效果要大。这是由于切削液对降低切削温度,减轻刀具与工件接触区的摩擦,减小已加工表面层塑性变形区的影响深度,都起了良好的作用,尤其对于减小积屑瘤和鳞刺的大小和高度,有着十分显著的效果。

## 思考题与练习题

1. 工件已加工表面质量的含义包括哪些方面？

2. 简述已加工表面的形成过程。

3. 积屑瘤和鳞刺是如何形成的？它们对切削过程各有什么影响？

4. 残余应力是如何产生的？它对已加工表面质量产生什么影响？

5. 影响加工表面粗糙度的因素有哪些？要减小加工表面粗糙度,可采取哪些措施？

# 第9章 刀具合理几何参数的选择及切削用量优化

## 9.1 概　述

刀具合理的几何参数和切削用量,对提高加工生产率、保证加工质量、降低加工成本等具有重要意义。

刀具合理几何参数的选择是切削刀具理论与实践的重要课题。中国有句谚语说:"工欲善其事,必先利其器",刀具正是切削加工的直接作用工具,它的完善程度对切削加工的现状和发展起着决定性的作用。

什么是刀具的合理(或最佳)几何参数? 在保证加工质量的前提下,能够满足生产效率高、加工成本低的刀具几何参数称为刀具的合理几何参数。

一般来说,选定刀具几何参数的合理值问题,本质上是多变量函数针对某一目标计算求解最佳值的问题。但是,内于影响切削加工效益的因素很多,而且影响因素之间又是相互作用的,因而建立数学模型的难度较大。实用的优化或最佳化工作,只能在固定若干因素后,改变少数参量,取得试验数据,并且采用适当方法(如方差分析法、回归分析法等)进行处理,得出优选结论。

当确定了刀具几何参数后,还需选定合理的切削用量才能进行切削加工。在机床、刀具和工件等条件一定的情况下,切削用量的选择最富有灵活性和能动性。对于充分发挥机床和刀具的功能,以取得生产的最大效益来说,切削用量的选择如果得当,就可能最大限度地挖掘出生产潜力;倘若选择不当,会造成很大的浪费或导致生产事故。

选择合理的切削用量必须联系合理的刀具耐用度。如前所述,若简单、直观地从概念来分析,似乎是刀具耐用度越高越好,但在实际生产中并非如此,因为刀具耐用度同切削用量和生产效率密切相关。若把刀具耐用度定得过高,则要求采用较低的切削用量,这就相应地增多了工件的加工工时,生产效率就比较低。若刀具耐用度定得过低,虽然可以采用较高的切削用量,工件加工工时可以缩短,但换刀与磨刀的工时和费用却会显著增加,同样达不到高效率、低成本的要求。因此,有必要通过对合理的刀具耐用度分析,选择合理的切削用量三要素。

## 9.2 刀具合理几何角度及其选择

刀具几何参数主要包括刀具角度、刀刃与刃口形状、前面与后面形式等。

### 一、前角及前刀面形状的选择

1. 前角的功用及选择

前角是刀具上重要的几何参数之一,它的大小决定着切削刃的锋利程度和强固程度,对切削过程有一系列的重要影响。

增大刀具的前角可以减小切屑变形,从而使切削力和切削功率减小,切削时产生的热量减少,使刀具耐用度得以提高。

但是,增大前角会使楔角减小,这样一方面使刀刃强度降低,容易造成崩刃;另一方面会使刀头散热体积减小,刀头能容纳热量的体积减小,致使切削温度增高。因此,刀具的前角太大时,刀具耐用度也会下降。

对于由各种材料制成的刀具,前角太大或太小,刀具耐用度都较低。在一定的加工条件下,存在一个刀具耐用度为最大的前角——通常称为合理前角。

实践证明,刀具合理前角主要取决于刀具材料和工件材料的种类与性质。

(1) 刀具材料的强度及韧性较高时可选择较大的前角  例如,高速钢的强度高、韧性好;硬质合金脆性大,怕冲击,易崩刃。因此,高速钢刀具的前角可比硬质合金刀具选得大一些,可大 $5° \sim 10°$。陶瓷刀具的脆性更大,故前角应选择得比硬质合金刀具还要小一些。

(2) 刀具的前角还取决于工件材料的种类和性质。

① 加工塑性材料(如钢)时,应选较大的前角;加工脆性材料(如铸铁)时,应选较小的前角。

切削钢料时,切屑变形很大,切屑与前刀面的接触长度较长,刀屑之间的压力和摩擦力都很大,为了减小切屑的变形和摩擦,宜选较大的前角。用硬质合金刀具加工一般钢料时,前角可选 $10° \sim 20°$。

切削灰铸铁时,塑性变形较小,切屑呈崩碎状,它与前刀面的接触长度较短,与前刀面的摩擦不大,切削力集中在切削刃附近。为了保护切削刃不致损坏,宜选较小的前角。加工一般灰铸铁时,前角可选 $5° \sim 15°$。

② 工件材料的强度或硬度较小时,切削力不大,刀具不易崩刃,对刀具强固的要求较低,为了使切削刃锋利,宜选较大前角。当材料的强度或硬度较高时,切削力较大,切削温度也较高,为了增加切削刃的强度和散热体积,宜取较小前角。例如,加工铝合金时,前角可取 $30° \sim 35°$;加工中硬钢时,前角可取 $10° \sim 20°$;加工软钢时,前角可取 $20° \sim 30°$。

③ 用硬质合金车刀加工强度很大的钢料或淬硬钢,特别是断续切削时,应从刀具破损的角度出发选择前角,这时常需采用负前角。材料的强度或硬度越高,负前角的绝对值也越大。采用负前角时,切削刃和刀尖部分受到的是压应力,硬质合金的抗压强度比抗弯强度高 3 倍~4 倍,切削刃不易因受压而损坏。抗弯强度更差的陶瓷和立方氮化硼刀具,也经常采用负前角。

但是负前角刀具会增大切削力(特别是径向力)和能耗,易引起机床振动;因此,只在工件材料的强度和硬度很高、切削时冲击很大,采用正前角要产生崩刃,且工艺系统刚性很好时,才采用负前角。

加工一般脆性金属时，由于这类金属的抗压强度大于抗拉强度，用正前角刀具较容易切除切屑，故通常不采用负前角。

（3）选择合理前角时还要考虑一些具体加工条件　例如，粗加工时，特别是断续切削时，切削力和冲击一般都比较大，工件表面硬度也可能很高，为使切削刃有足够强度，宜取较小前角；精加工时，对切削刃强度要求较低，为使刀刃锋利，降低切削力，以减小工件变形和减小表面粗糙度，宜取较大前角。

在工艺系统刚性较差或机床电动机功率不足时，宜取较大的前角；但在自动机床上加工时，为使刀具切削性能稳定，宜取小一些的前角。

用不同刀具材料加工各种工件材料时，合理前角的参考值可查相关的手册。

2. 倒棱及其参数的选择

增大刀具前角，有利于切屑形成和减小切削力；但增大前角，又使切削刃强度减弱。若在正前角的前刀面上磨出倒棱（见图9-1），则可二者兼顾。

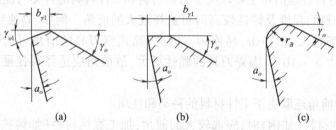

图9-1　前刀面上的倒棱

倒棱的主要作用是增强切削刃，减小刀具破损。这对脆性较大的刀具材料，如硬质合金和陶瓷，尤其在用这些材料做的刀具进行粗加工或断续切削时，对减少崩刃和提高刀具耐用度的效果是很显著的（可提高1~5倍）；用陶瓷刀铣削淬硬钢时，没有倒棱的切削刃是不可能进行切削的。

此外，刀具倒棱处的楔角较大，使散热条件也得到改善。

倒棱的宽度值一般与切削厚度（或进给量）有关。

当倒棱参数选得恰当时，由于其宽度甚小，切屑仍主要沿正前角的前刀面流出，故切削力增加得并不多，振动的强度也没有什么变化。由于倒棱增强了切削刃，故前角还可比不带倒棱的前刀面选择得大一些。

用硬质合金车刀切削带硬皮的工件时，如果切削时冲击较大，而机床的刚性和功率许可时，那么倒棱的宽度和角度的绝对值还可增大。然而，如果倒棱宽度太大，使切屑完全沿倒棱流出时，那么负倒棱就起到了负前角前刀面的作用了。

对于进给量很小（$f \leqslant 0.2mm/r$）的精加工刀具，由于切下的切屑很薄，为了使切削刃锋利和减小刀刃钝圆半径，不宜磨出倒棱。

加工铸铁、铜合金等脆性材料的刀具，以及形状复杂的刀具如成形车刀等，一般也都不磨倒棱。

采用刀刃钝圆[见图9-1(c)]也是增强切削刃的有效方法，这可以减少刀具的早期破损，使刀具耐用度可能提高200%。在断续切削时，适当增大钝圆半径，可大大增加刀具崩刃前所受的冲击次数。目前，经钝圆处理的硬质合金可转位刀片已经获得广泛的应用。钝圆刃还有一定的切挤、熨压及消振作用。

3. 带卷屑槽的前刀面形状及其参数选择

在加工韧性金属时,为了使切屑卷成螺旋形或折断成 C 形,使其易于排出和清理,常在前刀面上磨出卷屑槽。卷屑槽可做成直线圆弧形、直线形和全圆弧形三种,每种形状的卷屑槽可得到不同的卷屑效果。

## 二、后角的选择

后角的主要功用是减小切削过程中刀具后刀面与加工表面之间的摩擦。后角的大小还影响作用在后刀面上的力、后刀面与工件的接触长度及后刀面的磨损强度,因而对刀具耐用度和加工表面质量有很大的影响。

适当增大后角可提高刀具耐用度,这是因为:

(1)刀具切削过的工件表面由于弹性变形、塑性变形和刀刃圆弧的作用,加工表面上总有一个弹性恢复层,增大后角可减小弹性恢复层与后刀面的接触长度,因而可减小后刀面的摩擦与磨损。

(2)后角增大,楔角则减小,刀刃钝圆半径也减小,刀刃易切入工件,可减小工件表面的弹性恢复,当切下的切屑层很薄时,这一点尤其重要。

(3)当后刀面磨损标准 $VB$ 相同时,用后角较大的刀具磨钝时,所磨去的金属体积较大[见图 9-2(a)],这也是刀具耐用度较高的原因之一。

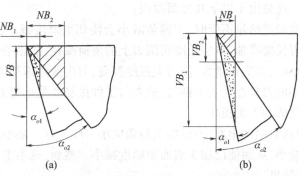

图 9-2　后角的大小对刀具材料磨损体积的影响
(a) $VB$ 一定; (b) $NB$ 一定

但是,当后角太大时,由于楔角会显著减小,将削弱切削刃的强度,减小散热体积而使散热条件恶化,并使刀具耐用度降低。而且重磨时磨去的材料量增多,将增加磨刀及刀具费用。由此可知,加工条件不同时,也存在一个刀具耐用度为最大的合理后角。

合理后角的大小主要取决于切削厚度(或进给量)的大小。

当切削厚度很小时,磨损主要发生在后刀面上,为了减小后刀面的磨损和增加切削刃的锋利程度,宜取较大的后角。当切削厚度很大时,前刀面上的磨损量加大,这时后角取小些可以增强切削刃及改善散热条件。同时,由于这时楔角较大,可以使月牙洼磨损深度达到较大值而不致使切削刃碎裂,因而可提高刀具耐用度。

刀具合理后角除决定于切削厚度外,还与一些切削条件有关。

(1)工件材料的强度或硬度较高时,为了加强切削刃,宜取较小的后角,工件材料较软,塑性较大,已加工表面易产生加工硬化时,后刀面摩擦对刀具磨损和加工表面质量影响较大,这时应取较大的后角。

（2）当工艺系统刚性较差,容易出现振动时,应适当减小后角。为了减小或消除切削时的振动,还可以在车刀后面上磨出消振棱,如图9-3所示。这样的一些刃带可以增加后刀面与加工表面的接触面积,可以产生同振动位移方向相反的摩擦阻力;当使用恰当时,不仅可以减小振动,而且可以对工件表面起一定的熨压作用,提高加工表面质量。

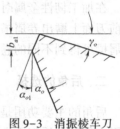

图9-3  消振棱车刀

（3）对于尺寸精度要求较高的刀具,宜取较小的后角。因为当径向磨损量 $NB$ 选为定值时[见图9-2(b)],后角较小所磨损掉的金属体积较多,刀具可连续使用较长时间,故刀具耐用度较高。

生产现场中,车削一般钢和铸铁时,车刀的后角通常选用 $4° \sim 6°$。

车刀的副后角一般取其等于主后角。切断刀及切槽刀的副后角,由于受到其结构强度的限制,只能取得很小。

### 三、主偏角、副偏角及刀尖形状的选择

**1. 主偏角的功用及选择**

主偏角对刀具耐用度影响很大,并且可以在很大范围内变化。随着主偏角的减小,刀具耐用度得以提高。这是由于以下几方面原因:

（1）当背吃刀量和进给量不变时,主偏角减小会使切削厚度减小,切削宽度增加,这时参加切削的切削刃长度增加,单位长度切削刃上的负荷减轻,散热条件亦得以改善。

（2）主偏角减小时,刀尖角增大,使刀尖强度提高,刀尖散热体积增大。

（3）主偏角较小的刀具在切入工件时,最先与工件接触处是远离刀尖的地方,因而可减少因切入冲击而造成的刀尖损坏。

由此可知,从刀具耐用度出发,刀具的主偏角应小一些为好。减小主偏角还可使工件表面残留面积高度减小,从而使已加工表面粗糙度减小。然而,减小主偏角会导致径向力增大,这会引起下述结果。

（1）随着径向力的增大和工件刚性减小,切削时产生的挠度 $f$ 也增大,因而会降低加工精度。

（2）在工艺系统刚性不足的情况下,径向力增大会引起振动。振动会使刀具（特别是刀具材料脆性大时）耐用度显著下降,和已加工表面粗糙度显著增大。

在工艺系统刚性很强时,随着主偏角减小,刀具耐用度或可用切削速度显著提高;但当工艺系统刚性不足时,主偏角太大或太小都会使刀具耐用度下降。由此可知,合理主偏角的大小也决定于工艺系统的刚性。当刚性允许时,主偏角宜取小一些。

在选择车刀主偏角时,还应考虑工件形状及具体条件。

**2. 副偏角的功用及选择**

车刀副切削刃的主要作用是最终形成已加工表面。副偏角的大小对刀具耐用度和已加工表面粗糙度都有影响。

副偏角过小会增加副切削刃参加切削工作的长度,增大副后刀面与已加工表面的摩擦和磨损,因此刀具耐用度较低。此外,副偏角太小,也易引起振动。

但是,副偏角太大会使刀尖强度降低和散热条件恶化,因此刀具耐用度也较低。由此可知,副偏角也存在一个合理值。在副偏角较小时,加工表面粗糙度也较小。

由上述可知,在工艺系统刚性较好,不产生振动的条件下,副偏角不宜取大。为了提高已加工表面质量,在生产中还使用了带有修光刃的刀具,如图 9-4 所示。用带有修光刃的车刀切削时,径向分力很大。因此,工艺系统刚性必须很好,否则易引起振动。

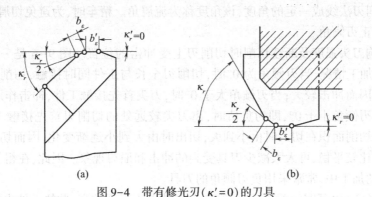

图 9-4  带有修光刃($\kappa_r'=0$)的刀具

(a)车刀;(b)端铣刀

### 3. 刀尖形状及尺寸的选择

主切削刃和副切削刃连接的地方称为刀尖。该处的强度较差,散热条件不好。因此,在切削时,刀尖处切削温度较高,很易磨损。当主偏角及副偏角都很大时,这一情况尤为严重。因此,强化刀尖可显著提高刀具的耐崩刃性和耐磨性,从而可以提高刀具耐用度。此外,刀尖部分的形状对残留面积高度和已加工表面粗糙度有很大影响。刀尖处的过渡刃如图 9-5 所示。

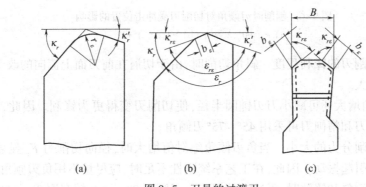

图 9-5  刀具的过渡刃

(1)圆弧形过渡刃。圆弧形过渡刃不仅可提高刀具耐用度,还可大大减小已加工表面粗糙度。精加工车刀常采用圆弧形过渡刃。

(2)直线形过渡刃。粗加工时,背吃刀量比较大,为了减小径向分力和振动,并使硬质合金刀片能得到充分利用,通常采用较大的主偏角。但这时刀尖强度较差,散热条件恶化。为了改善这种情况，提高刀具耐用度，常常磨出直线形过渡刃，如图 9-5 (b)所示。

### 四、刃倾角的选择

刃倾角有如下的一些功用。

(1) 控制切屑流出方向。直角切削时，主切削刃与切削速度向量成90°，切屑在前刀面上近似沿垂直于主切削刃的方向流出。斜角切削时，切削速度向量不垂直于主切削刃，而是与主切削刃法线成一定的角度，该角度称为流屑角。精车时，为避免切屑擦伤已加工表面，则常取正刃倾角。

(2) 影响刀头强度及断续切削时切削刃上受冲击的位置。图 9-6 是一把主偏角为90°的刨刀的加工情况，当刃倾角为 0°时，切削刃全长与工件同时接触，切削力在瞬间由零增至最大，因而冲击较大；当刃倾角大于 0°时，刀尖首先接触工件，冲击作用在刀尖上，容易崩尖；当刃倾角小于 0°，即为负值时，离刀尖较远处的切削刃首先接触工件，保护了刀尖。此外，切削面积在切入时由小到大，切出时由大到小逐渐变化，因而切削力也是逐渐变化，切削比较平稳，可大大减少刀具受到的冲击和崩刃现象。因此，在粗加工时，特别是冲击较大的加工中，常常采用负刃倾角的刀具。

由图 9-6(b)也可明显看出，负刃倾角车刀的刀头强度较高，散热条件也较好。

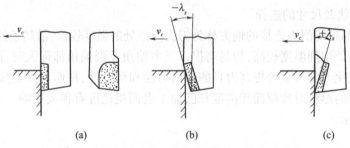

图 9-6  刨削时刃倾角对切削刃受冲击位置的影响

(a) $\kappa_r = 90°, \lambda_s = 0$；(b) $-\lambda_s$；(c) $+\lambda_s$

(3) 影响切割刃的锋利程度  斜角切削时，由于切屑在前刀面上流向的改变，使实际起作用的前角增大。

此外，刃倾角增大还可减小刀刃钝圆半径，使切削刃变得更为锋利。因此，切下极薄切屑的微量精车刀和精刨刀可采用 45°～75°刃倾角。

(4) 影响切削分力的大小  当负刃倾角绝对值增大时，径向切削力 $F_y$ 显著增大，将导致工件变形及引起振动。因此，在工艺系统刚性不足时，应尽量不用负刃倾角。

在加工一般钢料和铸铁时，无冲击的粗车取刃倾角 0°～-5°，精车取 0°～+5°。

最后应该指出，刀具各角度之间是互相联系互相影响的。孤立地选择某一角度并不能得到所希望的合理值。

由此可见，对于任何一个刀具合理几何参数，都应该在多因素的相互联系中确定。不同刀具的合理几何参数可参考手册。

## 9.3 制定切削用量的原则

制定切削用量就是要确定具体切削工序的背吃刀量、进给量、切削速度及刀具耐用度。制定切削用量时,要综合考虑生产率、加工质量和加工成本。

所谓"合理的"切削用量,是指充分利用刀具的切削性能和机床性能(功率、扭矩),在保证质量的前提下,获得高的生产率和低的加工成本的切削用量。

切削用量三要素对切削加工生产率、刀具耐用度和加工质量都有很大的影响。

1. 对切削加工生产率的影响

按切削工时 $t_m$ 计算的生产率为

$$p = 1/t_m$$

$$t_m = \frac{l_w \Delta}{n_w a_p f} = \frac{\pi d_w l_w \Delta}{10^3 v_c a_p f} \tag{9 - 1}$$

于是,有

$$p = \frac{10^3 v_c a_p f}{\pi d_w l_w \Delta} = A_0 v_c a_p f \tag{9 - 2}$$

由式(9-2)可知,切削用量三要素中的任何一个参数增加 1 倍,都可提高生产率 1 倍。

在以上计算生产率时,没有考虑辅助工时。由于切削用量三要素对辅助工时的影响各不相同,故对考虑辅助工时在内的切削加工生产率的影响也各不相同。

2. 对刀具耐用度的影响

用 YT5 硬质合金车刀切削抗拉强度为 0.637GPa 的碳钢时($f > 0.70$mm/r),切削用量与刀具耐用度的关系为

$$T = \frac{C_T}{v_c^5 f^{2.25} a_p^{0.75}}$$

切削用量三要素中任何一项增大,都要使刀具耐用度下降。首先对刀具耐用度影响最大的是切削速度,其次是进给量,影响最小的是背吃刀量。

由此可以得出结论,从刀具耐用度出发,在选择切削用量时,应首先采用最大的背吃刀量,再选用大的进给量,然后根据确定的刀具耐用度选择切削速度。

3. 对加工质量的影响

切削用量三要素中,$a_p$ 增大,切削力 $F_c$ 成比例增大,使工艺系统弹性变形增大,并可能引起振动,因而会降低加工精度和增大表面粗糙度。进给量 $f$ 增大,切削力也将增大,而且表面粗糙度会显著增大。切削速度增大时,切屑变形和切削力有所减小,表面粗糙度也有所减小。因此,在精加工和半精加工时,常常采用较小的背吃刀量和进给量。为了避免或减小积屑瘤和鳞刺,提高表面质量,硬质合金车刀常采用较高的切削速度(一般为 $80 \sim 100$m/min 以上),高速钢车刀则采用较低的切削速度(如宽刃精车刀为 $3 \sim 8$m/min)。

# 9.4 切削用量三要素的确定

## 9.4.1 背吃刀量的选择

背吃刀量根据加工余量确定。切削加工一般分为粗加工、半精加工和精加工。粗加工（表面粗糙度为 $Ra50 \sim 12.5\mu m$）时，一次走刀应尽可能切除全部余量，在中等功率机床上，背吃刀量可达 $8 \sim 10mm$。半精加工（表面粗糙度为 $Ra6.3 \sim 3.2\mu m$）时，背吃刀量取 $0.5 \sim 2mm$。精加工（表面粗糙度为 $Ra1.6 \sim 0.8\mu m$）时，背吃刀量取 $0.1 \sim 0.4mm$。

在下列情况下，粗车可能要分几次走刀。

（1）加工余量太大时，一次走刀会使切削力太大，会产生机床功率不足或刀具强度不够。

（2）工艺系统刚性不足，或加工余量极不均匀，以致引起很大振动时，如加工细长轴和薄壁工件。

（3）断续切削，刀具会受到很大冲击而造成打刀时。

在上述情况下，如需分两次走刀，也应将第一次走刀的背吃刀量尽量取大一些，第二次走刀的背吃刀量尽量取小一些，以保证精加工刀具有高的刀具耐用度、高的加工精度及较小的加工表面粗糙度。第二次走刀（精走刀）的背吃刀量可取加工余量的 $1/4 \sim 1/3$。

用硬质合金刀具、陶瓷刀、金刚石和立方氮化硼刀具精细车削和镗孔时，切削用量可取为 $a_p = 0.05 \sim 0.2mm$，$f = 0.01 \sim 0.1mm/r$，$v_c = 240 \sim 900m/min$；这时表面粗糙度可达 $Ra0.32 \sim 0.1\mu m$，精度达到或高于 IT5（孔的精度达到 IT6），可代替磨削加工。

## 9.4.2 进给量的选择

粗加工时，对工件表面质量没有太高要求，这时切削力往往很大，合理的进给量应是工艺系统所能承受的最大进给量。这一进给量受到下列一些因素的限制：机床进给机构的强度，车刀刀杆的强度和刚度，硬质合金或陶瓷刀片的强度和工件的装夹刚度等。

精加工最大进给量受加工精度和表面粗糙度的限制。

工厂中，进给量常常根据经验选取。粗加工时，根据加工材料、车刀刀杆尺寸、工件直径及已确定的背吃刀量来选择进给量。具体选择可参照有关表格，此时已兼顾了切削力的大小，并考虑了刀杆的强度和刚度、工件的刚度等因素。例如，当刀杆尺寸增大、工件直径增大时，可以选较大的进给量。当背吃刀量增大时，由于切削力增大，故应选择较小的进给量。加工铸铁时的切削力较加工钢时小，故加工铸铁可选择较大的进给量。

在半精加工和精加工时，则按粗糙度要求，根据工件材料、刀尖圆弧半径、切削速度，按相关表格来选择进给量。这里也已考虑了几个主要因素对加工表面粗糙度的影响。当刀尖圆弧半径增大、切削速度提高时，可以选择较大的进给量。

然而，按经验确定的粗车进给量在一些特殊情况下，如切削力很大、工件长径比很大、刀杆伸出长度很大时、有时还需对所选定的进给量进行校验（一项或几项）。

首先,根据所选定的背吃刀量和进给量按切削力的指数公式计算出切削力 $F_f$、$F_p$、$F_c$。然后,进行以下各项校验。

(1) 刀杆的强度。

(2) 刀杆刚度。

(3) 刀片强度。

(4) 工件装夹刚度(加工精度)。

(5) 机床进给机构强度。

以上的各项校验,并不需要逐项进行,只需根据加工条件校验其中一项或几项。最后,所选择的进给量应按机床说明书确定。

### 9.4.3 切削速度的确定

根据已经选定的背吃刀量、进给量及刀具耐用度,就可按下述公式计算切削速度和机床转速,即

$$v_c = \frac{C_v}{T^m a_p^{\sqrt{x_v}} f^{\sqrt{y_v}}} k_v \qquad (9-3)$$

加工其他工件材料,和用其他车削方法加工时的系数及指数,见切削用量手册。其中 $k_{vc}$ 为切削速度的修正系数,即

$$k_{vc} = k_{Mv} k_{sv} k_{tv} k_{kv} k_{k_r v} k_{k'_r v} k_{r_\varepsilon v} k_{Bv} \qquad (9-4)$$

式中 $k_{Mv}$、$k_{sv}$、$k_{tv}$、$k_{kv}$、$k_{k_r v}$、$k_{k'_r v}$、$k_{r_\varepsilon v}$、$k_{Bv}$——工件材料、毛坯表面状态、刀具材料、加工方式、车刀主偏角 $k_r$、车刀副偏角 $k'_r$、刀尖圆弧半径 $r_\varepsilon$ 及刀杆尺寸对切削速度的修正系数,其值可参见有关表格。

切削速度确定之后,机床转速为

$$n = 1000 v_c / \pi d_w \qquad (9-5)$$

式中 $d_w$——工件未加工前的直径。

所选定的转速应按机床说明书最后确定。

在实际生产中,存在以下情况:

(1) 粗车时,背吃刀量和进给量均较大,选择较低的切削速度;精加工时背吃刀量和进给量均较小,选择较高的切削速度。

(2) 加工材料的强度及硬度较高时,应选较低的切削速度;反之,则选较高的切削速度。材料的加工性越差,例如,加工奥氏体不锈钢、钛合金和高温合金时,则切削速度也选得越低。易切碳钢的切削速度则较同硬度的普通碳钢为高。加工灰铸铁的切削速度较中碳钢为低。而加工铝合金和铜合金的切削速度则较加工钢的高得多。

(3) 刀具材料的切削性能越好时,切削速度也选得越高。表中硬质合金刀具的切削速度比高速钢刀具要高好几倍,而涂层硬质合金的切削速度又比未涂层的刀片有明显提高。陶瓷、金刚石和立方氮化硼刀具的切削速度又比硬质合金刀具高得多。

此外,在选择切削速度时还应考虑以下几点。

(1) 精加工时,应尽量避免积屑瘤和鳞刺产生的区域。

(2) 断续切削时,为减小冲击和热应力,宜适当降低切削速度。

（3）在易发生振动的情况下，切削速度应避开自激振动的临界速度。

（4）加工大件、细长件和薄壁工件时，应选用较低的切削速度。

（5）加工带外皮的工件时，应适当降低切削速度。

### 9.4.4 机床功率校验

切削功率 $p_c$ 可按下式计算，即

$$p_c = F_c \times v_c \times 10^{-3} \tag{9-6}$$

式中   $p_c$——切削功率，单位为 kW；

       $F_c$——切削力，单位为 N；

       $v_c$——切削速度，单位为 m/s。

机床有效功率 $p'_E$ 为

$$p'_E = p_E \times \eta_m \tag{9-7}$$

式中   $p_E$——机床电动机功率。

若 $p_c < p'_E$，则选择的切削用量可在指定的机床上使用；若 $p_c \ll p'_E$，则机床功率没有得到充分利用，这时可以规定较低的刀具耐用度（如采用机夹可转位刀片的合理耐用度可选为 15～30min），或采用切削性能更好的刀具材料，以提高切削速度的办法使切削功率增大，以期充分利用机床功率，最终达到提高生产率的目的。

如 $p_c > p'_E$，则选择的切削用量不能在指定的机床上采用。这时，要么调换功率较大的机床，要么根据所限定的机床功率降低切削用量（主要是降低切削速度）。但这时虽然机床功率得到充分利用，刀具的切削性能却未能充分发挥。

## 9.5 切削用量优化的概念

### 一、关于最佳切削速度

#### 1. $v_c$-$T$ 关系中的极值

由于 $v_c T^m = C_0$，即切削速度增大时，刀具耐用度下降。而这一条件只在较窄的速度和一定的进给量范围内才能成立。如果在从低速到高速较宽速度范围内进行试验，或者切削耐热合金等难加工材料时，所得的 $v_c$-$T$ 关系就不是单调的函数关系，而是在某一速度范围内刀具耐用度有最大值，如图 9-7 所示。

#### 2. 切削速度 $v$ 与切削路程 $l_m$ 的关系

图 9-7 中同时也绘出了 $v_c$-$l_m$ 关系曲线。由图可以看出，在某一切削速度时，$l_m$ 也有最大值。而且 $l_m$ 最大值与 $T$ 最大值对应的 $v$ 是不相同的。从生产率和经济性的观点，根据切削路程选择切削用量比根据耐用度选择更为合理，在达到同样磨钝标准时，如果切削路程最长，也就是切削每单位长度工件的刀具磨损量最小，即相对磨损最小。试验证明，用相对磨损最小的观点建立的试验数据是符合刀具尺寸耐用度为最高的要求的。尺寸耐用度高，加工精度也高。尺寸耐用度可认为是根据加工精度要求和刀具径向磨损量来确定的耐用度。

### 3. 最佳切削温度概念

大量切削试验证明,对给定的刀具材料和工件材料,用不同切削用量加工时,都可以得到一个切削温度,在这个切削温度下,刀具磨损强度最低,尺寸耐用度最高。这一切削温度称为最佳切削速度。例如,用 YT15 加工 40Cr 钢时,在切削厚度为 $0.037 \sim 0.5mm$ 变化时,此温度均为 730℃ 左右。最佳切削温度时的切削速度则称为最佳切削速度。

### 4. 各切削速度之间的关系

图 9-8 为切削速度对刀具耐用度、切削路程长度、刀具相对磨损、加工成本 $C$ 及生产率的影响曲线。最高刀具耐用度的切削速度 $v_{cT}$、最佳切削速度 $v_{c0}$、经济切削速度 $v_c$ 及最高生产率切削速度 $v_{cp}$ 之间存在下列关系,即

$$v_{cT} < v_{c0} < v_c < v_{cp}$$

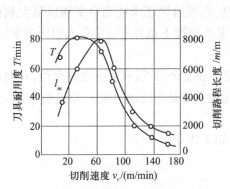

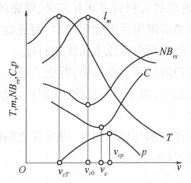

图 9-7　切削速度与刀具耐用度和
切削路程长度的关系

工件材料:37Cr12Ni8Mn8MoVNb;

切削用量:$a_p = 1mm$,$f = 0.21mm$,$VB = 0.3mm$

图 9-8　切削速度对刀具耐用度、
切削路程长度、刀具相对磨损、
加工成本及生产率的影响示意图

(1)切削时用最大刀具耐用度的切削速度 $v_{cT}$ 工作是不合理的。因为这时的生产率 $p$ 和对应刀具尺寸耐用度的切削路程长度 $l_m$ 都很低,而加工成本 $C$ 和刀具磨损强度 $NB_{rs}$ 则较高。

(2)在用最佳切削速度 $v_{c0}$ 工作时,刀具磨损强度 $NB_{rs}$ 达最低值,刀具消耗少,切削路程最长,加工精度最高。因此,这个速度是比较合理的。但这时的加工成本不是最低,也不是最高。

(3)在以经济切削速度 $v_c$ 工作时,加工成本最低,切削路程也较长。但磨损强度稍有增加,加工精度有所下降。这一切削速度也算是比较合理的。

(4)如果进一步把切削速度提高到最高生产率切削速度 $v_{cp}$,那么虽然生产率可达到最高,但是导致刀具磨损的加剧和加工成本的显著提高。

由此可见,从生产率、加工经济性和加工精度综合考虑,根据最高耐用度和最大生产率选择切削用量就不如根据最大切削路程和加工经济性来选择。

对于一般加工材料,最佳切削速度 $v_{c0}$ 与经济切削速度 $v_c$ 很相近,二者通常位于机床同一挡速度范围;对于难加工材料二者是重合的。因此,采用最佳切削速度 $v_{c0}$ 可同时获得较好的经济效果。

## 二、切削用量的优化

要进行切削用量的优化选择，首先要确定优化目标，在该优化目标与切削用量之间建立起目标函数，并根据工艺系统和加工条件的限制建立起各约束方程，然后联立来解目标函数方程和诸约束方程，即可得出所需的最优解。

1. 目标函数

切削加工中常用的优化目标如下。

（1）最低的单件成本。

（2）最高的生产率（最短的单件加工时间）。

（3）最大的单件利润。

在以上三者中，从提高经济效益的观点出发，比较合理的指标应该是最大利润指标。但是，追求最大利润必须有充足、可靠的市场信息，在现阶段还未能完全实现以最大利润为目标的切削用量的优化选取，而最高生产率在某些情况下也并不一定是人们所追求的，因此常用最低单件成本为优化目标。

在切削用量三要素中，背吃刀量 $a_p$ 主要取决于加工余量，没有多少选择余地，一般都已事先选定，而不参与优化。因此，切削用量的优化主要是指切削速度 $v_c$ 及进给量 $f$ 的优化组合。

单件成本与切削速度、进给量之间的关系可如下建立。

由式（9-1）得

$$t_m = \frac{\pi d_w l_w \Delta}{10^3 v_c f a_p} = \frac{C_1}{v_c f}$$

由于

$$T = \frac{C_T}{v_c^x f^y a_p^z} = \frac{C_2}{v_c^x f^y}$$

将以上两式代入式 $\begin{cases} f T^{m_1} = C_1 \\ a_p T^{m_2} = C_2 \end{cases}$，得

$$C = \frac{B_1}{v_c f} + B_2 v_c^{x-1} f^{y-1} + B_3 \tag{9-8}$$

式中  $C_1$、$C_2$、$B_1$、$B_2$、$B_3$——常数。

为求成本最低时得切削速度和进给量，可将成本 $C$ 分别对 $v_c$ 和 $f$ 求偏导数并令其等于零，即

$$\frac{\partial C}{\partial v} = 0 \text{ 和} \frac{\partial C}{\partial f} = 0 \tag{9-9}$$

但是，同时满足式（9-9）的最佳切削条件是不存在的。可行的方法是，在已加工表面粗糙度、机床功率等允许的范围内尽量选用大的进给量，再根据这个进给量确定成本最低的最佳切削速度。

2. 约束条件

生产中由于受各种条件的限制，切削速度 $v$ 和进给量 $f$ 的数值是不可能任意选取的。

例如,最大进给量会受到加工表面粗糙度的限制,还会受到工件刚度、刀具强度及刚度的限制;切削速度会受到刀具耐用度的限制等。这些约束条件可能包括以下几点。

（1）机床方面。如机床功率、切削速度和进给量的范围、走刀机构强度等。

（2）工件方面。如工件刚度、尺寸和形状精度、加工表面粗糙度等。

（3）刀具方面。如刀具强度及刚度、刀具最大磨损、刀具耐用度等。

（4）切削条件方面。如最小背吃刀量、积屑瘤、磨钝标准、断屑等。

根据以上约束条件,可建立一系列的约束条件不等式。所获得的目标函数及约束方程可以用线性规划进行求解。如果目标函数及部分约束条件不是线性的,则首先对每个函数取对数,使其线性化,然后求解。运用计算机,根据线性规划原理,可以很快获得切削速度和进给量的最优解。

### 三、加工自动化及柔性化对切削用量选择的影响

刀具耐用度有着很大的分散性,在单件或小批生产中,常采用平均刀具耐用度来选择切削用量。但在一批刀具中,约有50%的刀具实际耐用度高于或低于平均刀具耐用度。因此,对于数控机床、加工中心及自动生产线来说,将刀具用到其平均耐用度是不合理的,因而根据平均耐用度决定的切削用量也不是最佳的。在加工中不宜换刀的情况下,通常根据生产线的加工节拍,确定一个合理的换刀时间,并采用较低的切削用量,在刀具未达磨钝标准前就强迫换刀,以保证刀具可靠地正常工作。

在计算机数控系统与计算机辅助制造综合运用中,刀具和切削用量的制定和优化可概括如下。

（1）针对具体工序选择合适刀具。

（2）根据加工要求,先设定背吃刀量和切削宽度,再确定进给量和切削速度;然后用工艺系统的约束条件进行验证;若超出许用限度,则重新规划走刀方式和走刀次数;最后计算每种走刀方式的切削时间,以减少切削时间(追求最高生产率)为目标对各种走刀方式进行优选。

（3）选择切削液。

（4）在加工中根据反馈的信息对以上各项进行优化,并通过机器的自学习,使上述决策水平得到提高。

切削用量的优化也与制造过程控制的复杂程度有关。在多级控制管理系统中,有着信息流和物料流的控制;切削用量的优化是一个属于基层的以综合经济效益为准则的在诸多约束条件下的多目标综合性优化问题,有人已用神经网络和基因遗传算法来进行深入的试验研究。一般说来,在柔性制造及计算机集成制造系统中,在选择刀具材料、刀具形式、刀具耐用度、切削速度与进给量时,必须十分重视刀具的可靠性和切屑的良好处理,而刀具则常采用机夹可转位涂层刀片。

## 思考题与练习题

1. 前角的功用是什么? 选择前角的主要依据是什么?

2. 后角的功用是什么? 选择后角的主要依据是什么?

3. 刃倾角的功用是什么？选择刃倾角的主要依据是什么？

4. 主偏角的大小对切削过程有何影响？

5. 选择切削用量的原则是什么？从刀具耐用度出发时，按什么顺序选择切削用量？从机床动力出发时按什么顺序选择切削用量？为什么？

6. 粗加工时进给量的选择受哪些因素的限制？

7. 影响切削速度的因素有哪些？解释其原因。

8. 什么是最佳切削速度？

9. 切削用量优化的目标有哪些？如何选取约束条件？

# 第 10 章 高 速 切 削

## 10.1 概 念

### 10.1.1 高速加工技术的产生与发展

泰勒(Frederick W.Taylor)是最早研究金属切削理论的学者之一,他在一个世纪以前就提出了著名的泰勒公式,并由此而赢得了"金属切削奠基人"的美誉。

20 世纪上半叶,一些研究者发现,随着切削速度的提高,刀具磨损加快,也加剧了振动和刀具破损。但当切削速度大幅度提高后,又可以进行正常的切削。因此,对泰勒公式提出了质疑。

在机械加工中,切削温度是一个重要的制约参数,1924—1931 年,德国切削物理学家萨洛蒙(Carl.J.Salomon)进行了一系列的高速切削试验,于 1931 年正式提出了高速切削的理论并申请了专利。萨洛蒙指出,在常规的切削速度范围内(图 10-1 中 A 区),切削温度随切削速度的增大而升高,但当切削速度增大到某一数值 $v_c$ 之后,切削速度再增加,切削温度反而降低;$v_c$ 值与工件材料的种类有关;对每种工件材料,存在一个速度范围,在这个速度范围内(图 10-1 中 B 区),由于切削温度太高,任何刀具都无法承受,切削加工不可能进行,这个速度范围称为"死谷"(Dead Valley)。受当时试验条件的限制,这一理论未能完全被试验验证,但是他的思想给后来的研究者一个非常重要的启示:若能越过这个"死谷"而在高速区(图 10-1 中 C 区)进行加工,则有可能用现有刀具进行高速切削。Salomon 高速切削理论的最大贡献在于创造性地预言了超越泰勒切削方程式的非切削工作区域的存在,由此而被后人誉为"高速切削之父"。

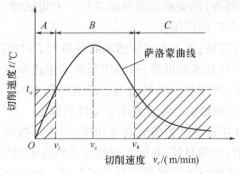

图 10-1 高速切削概念示意

此外,T.Vonkarman 和 P.Ouwez 于 1950 年提出了"塑性波临界冲击速度"(Critical Impact Speed of Plastic Wave)假说。他们预测在切削速度增大到接近或超过被切削材料的塑性变形应力波速度时(估计钢铁材料的塑性变形应力波传播速度为 515m/s),材料破坏机制可能出现根本性变化，即或许不再产生塑性变形而直接脆性破坏，这样就会使得在普通速度下难以切削的金属材料在高速下变得异常容易。很明显，这是一个在当时条件下比 Salomon 的临界切削速度高许多的关于材料切削性能的更为大胆的预言。

20 世纪 50 年代，美国工程师 Robert L.Vaughan 领导的研究小组使用了具有极高切削速度的独特方法——"弹道切削"，即将刀具装在加农炮里从滑台上射向工件或将工件当作子弹射向固定的刀具，并用高速摄影机拍下弹道切削的全过程。Vaughan 的研究指出，随着切削速度的提高，塑性材料的切屑形态将从带状、片状向碎屑状不断演变；单位切削力初期呈上升趋势，然后急剧下降；在高速条件下刀具磨损比普通速度下减小 95%，且几乎不受切削速度的影响。Vaughan 由此推论，对于常用的金属材料，其理论切除效率可提高 50~1 000 倍。20 世纪 70 年代美国海军和空军先后与 Lockheed 飞机制造公司合作进行了一系列高速铣削试验来研究论证生产条件下进行高速加工的可能性，并指出，高速铣削可以大大缩短工件的加工过程，大幅度提高生产效率。另外，由于铣削力减小了约 70%，从而成功地实现了厚度 0.33mm 薄筒件的铣削。1979 年美国的"先进加工研究计划"的研究成果表明，随着切削速度的提高，刀具磨损主要取决于刀具材料的导热性；铝合金的最佳切削速度范围在 1 500~4 500m/min。

日本约在 20 世纪 60 年代开始了对高速切削机制的研究，田中义信利用来复枪改制的高速切削装置，实现了高达 200~700m/s 的高速切削，对主切削力和加工表面的变形层性能进行了研究，并指出，高速下切屑的形成完全是剪切作用的结果，随着切削速度的提高，剪切角急剧增大，工件材料的变质层厚度与普通速度下相比降低了 50%。Y.Tanaka研究发现，在高速切削时，切削热的绝大部分被切屑带走，工件基本保持冷态。贵志浩三用 1 200m/s 的高速（这可能是实验室获得的最高切削速度）进行了切削试验，并指出，当切削速度超过材料的塑性波速度时，加工表面层残余应力及塑性区深度可分别减少 90%~95% 和 85%~90%。

在德国，高速切削得到了国家技术研究部的鼎力支持。以 Darmstadt 工业大学的生产工程与机床研究所为首的 40 家公司参加的两项联合研究计划，全面系统地研究了高速切削机床、刀具、控制系统等相关工艺技术，分别对各种工件材料（钢、铸铁、特殊合金、铝合金、铜合金和纤维增强塑料等）的高速切削性能进行了大量试验，取得了国际公认的高水平研究成果，并在德国工厂广泛应用。

进入 20 世纪 90 年代以后，各工业发达国家陆续加大了对高速加工技术研究的投入，特别是随着高速机床和刀具技术的进步，高速切削技术正逐步地走向工业应用阶段。目前，据统计，在美国和日本，大约有 30% 的公司已经使用高速加工，在德国，这个比例高于 40%。在飞机制造业中，高速切削已经普遍用于零件的加工。

我国早在 20 世纪 50 年代就开始研究高速切削，但由于各种条件限制，进展缓慢，直到 20 世纪 80 年代中后期，当的时候，我国才开始注意到高速切削技术在国外广泛应用于工业中，看到高速切削技术的巨大发展潜力和应用前景。我国企业有的通过与国外著名企业合资或者引进国外先进技术，开始生产高速加工机床；有的企业通过自主研发，在普通加工中心上进行改造，使用不同的控制系统、主轴系统与改进的进给系统。如沈阳机床（集团）有限责任公司同意大利菲迪亚合作生产的 D165 高速铣削加工中心，主轴最高转速达 40 000r/min，各轴最大移动速度为 30m/min，定位精度为 8μm，重复定位精度为

5μm。大连机床集团有限责任公司开发的 HDS500 卧式加工中心,主轴最高转速达 18 000r/min,功率为 15kW,快速移动速度达 62 m/min,定位精度为 8μm,重复定位精度为 5μm。

### 10.1.2　高速加工技术的内涵

高速加工技术是指采用超硬材料刀具和磨具,利用能可靠地实现高速运动的高精度、高自动化和高柔性的制造设备,以提高切削速度来达到提高材料切除率、加工精度和加工质量的先进加工技术。其显著标志是使被加工塑性金属材料在切除过程中的剪切滑移速度达到或超过某一阈值,开始趋向最佳切除条件,使得切除被加工材料所消耗的能量、切削力、工件表面温度、刀具和磨具磨损、加工表面质量等明显优于传统切削速度下的指标,而加工效率则大大高于传统切削速度下的加工效率。

目前,世界各国尚未统一对高速切削速度范围的认识,但通常把切削速度比常规高出 5~10 倍以上的切削加工称为高速切削。德国 Darmstadt 工业大学的研究给出了七种材料的高速加工的速度范围:铝合金 2 000~7 500m/min;铜合金 900~5 000m/min;铸铁 800~3 000m/min;钢 600~3 000m/min;超耐热镍基合金 80~500m/min;钛合金 150~1 000m/min;纤维增强塑料 2 000~9 000m/min。此外,高速加工的切削速度也可按工艺方法划分,分别是车削 700~7 000m/min、铣削 300~6 000m/min、钻削 200~1 100m/min;磨削 150m/s 以上。

高速加工也可以简单地以主轴转速来判断是否为高速切削,通常可以认为机床的主轴转速超过 20 000r/min 的为高速加工机床,而主轴转速超过 10 000r/min 的可作为准高速机床。

高速加工目前已可覆盖大多数工程材料,可加工各种表面形状的零件,可由毛坯一次加工成成品,并实现精密甚至超精密加工。高速磨削可实现小的磨粒切深,使陶瓷等硬脆材料不再以脆性断裂形式产生切屑,而是以塑性变形形式产生切屑,使磨削表面质量提高。对镍基合金、钛合金等难加工材料也会在高应变率的作用下改善其切削加工性能,从而得到高的加工质量。国外有学者认为,如果把数控技术看成是现代制造技术的第一个里程碑,那么,高速加工技术就是现代制造技术的第二个里程碑;高速加工技术与精密超精密加工、高能束加工和自动化加工共同构成了当今四大先进加工技术。

## 10.2　理 论 基 础 及 特 点

### 10.2.1　高速切削机理的研究

美国科学家罗伯特·金和麦克唐纳研究发现,切削温度随切削速度增加而逐渐上升,但切削力呈下降趋势。为了解释这一现象,切削机理的研究集中在切屑成形理论、金属断裂、突变滑移、绝热剪切以及各种材料的切屑成形方面。

切屑断裂发生在加工过程中不稳定(延展材料随着塑性变形而发生应变硬化,传统速度切削时,塑性剪切应变限制在材料的部分弱剪切区,在这个区里,应变硬化强化了材料,而且应变区在材料上扩散,使切削力增加。但如果切削速度足够快,使应变硬化来不及发生,变形只发生在小范围内,会使切削力小于传统速度的切削力)的初始阶段,导致初始剪切区金属的热软化和应变硬化。剪力集中带的形成是由于这些材料的导热性能差而引起的剪切带热能量的集中。

在快速塑变过程中,局部发热产生温度梯度,最高的温度出现在发热最大的点。如果被切削材料应变强化速率下降,就会导致切削点局部温度升高。当下降速率等于或大于应变硬化材料的速率时,金属将继续保持局部变形而不扩散。这个不稳定过程导致突变条件产生,该过程称为绝热滑移。

在加工软钢的切削速度接近 390m/min 时,可以看到明显的突变剪切发生。在这个速度下,明显的剪切使材料强化开始下降。在临界速度附近,滑移平面紧密结合在一起。随着速度升高,分离加快,完全突变滑移发生在变形区域之间的距离达到形状最大时。突变滑移就是以这种方式减少了材料的强化。当各变形区相隔得更宽时,强化过程进一步降低,而平均应力下降。

沃汉提到,随着切削温度的升高,达到绝热条件后,热能量被限制在特定的滑移区。因为特定滑移区的软化,发生附加滑移,最终得到完全剪切。研究结果表明,剪切区有一个原来固体材料的量,当切削速度提高后,在剪切区会产生一个很小的熔化区,从而导致固体材料量的减少,剪切区分解出一个平行于剪切平面的极小厚度的平面。因而,可得出结论:根据剪切层能量平衡方程的解,绝热过程可能发生,并产生非常薄的传递层。

罗伯特·金博士的研究小组在总结了很多科学家对高速切削机理的研究结果的基础上,进一步发展了突变滑移和绝热剪切理论,为高速切削条件下切削力下降的现象做出了理论解释:由于高速切削过程比普通切削过程快得多,发生突变滑移和绝热剪切,使切削区的应变硬化来不及发生,因而切削力在高速切削时反而下降。

切削力学理论分析表明,切削时切削力与工件的剪切强度、切削面积、刀具前角、后刀面与工件的摩擦系数以及剪切角有关,而剪切强度和摩擦系数直接受切削温度,也即受切削速度的影响,剪切角则与切削速度相关。因此,切削速度直接影响切削力的大小。在高速切削范围内随切削速度增加,切削温度升高,摩擦系数减小,剪切角增大,切削力降低。切削时产生的热量主要流入刀具、工件和被切屑带走。随切削速度的提高,切屑带走的热量增加。因此,高速切削范围内,随切削速度提高,切削温度开始升高很快,但当切削速度达到某一临界值后,因切屑带走的热量随切屑深度提高而增加,切削温度上升缓慢,直至很少有变化。

高速切削时,刀具的损坏形式主要是磨损和破损,磨损的机理主要是黏结磨损和化学磨损(氧化、扩散、溶解)。金刚石、立方氮化硼和陶瓷刀具高速断续切削高硬材料时,常发生崩刃、剥落和碎断形式的破损。高速切削时,对以磨损为主损坏的刀具可以按磨钝标准,根据刀具磨损寿命与切削用量和切削条件之间的关系确定刀具磨损寿命。对于以破损为主损坏的刀具,则按刀具破损寿命分布规律,确定刀具破损寿命与切削用量和切削条件之间的关系。例如,对钛及钛合金的切削加工目前选用的刀具材料以 YG(K)类硬质合金为主,但是精细 TIN 涂层硬质合金刀具、PCD 刀具高速切削加工钛及钛合金的加工效果远好于普通硬质合金;天然金刚石刀具的加工效果更好,但其应用受加工成本制约。加工钛合金,还广泛应用车铣复合加工。车铣复合加工改善了刀具散热条件,降低了切削温度并减少了刀具磨损,从而可在较高的速度下切削加工钛及钛合金。

### 10.2.2　高速加工技术的特点

与常规切削加工相比,高速切削加工在提高生产率、降低生产成本、减少热变形和切削力,以及实现高精度、高质量加工等方面具有明显的优势。其优越性主要体现在以下几个方面。

(1)生产效率有效提高。随着切削速度的大幅度提高,进给速度也相应提高 5~10 倍,这样,单位时间材料切除率可提高 3~6 倍,因而零件加工时间通常可缩减到原来的 1/3。同时,非切削的空行程时间也大幅度减少,从而提高了加工效率和设备利用率,缩短了生产周期。

(2)延长刀具寿命,提高加工精度。在高速切削速度范围内,由于高速切削采用极浅的切削深度和窄的切削宽度,随切削速度的提高切削力平均可降低 30% 以上,这对于加工刚性较差的零件(如细长轴、薄壁件)来说,可减少加工变形,提高零件加工精度。同时,单位功率材料切除率的提高,有利于延长刀具使用寿命。

由于切屑以很高的速度被排出,带走大量的热量,且速度越高带走的热量越多,可达 90% 以上。因此,传给工件的热量大幅度减少,有利于减少工件的热变形和内应力,提高工件的加工精度。

(3)降低切削力,提高加工表面质量。高速切削不仅可以极大地减小切削力,削弱激振源,而且由于高转速使得切削系统的工作频率远远偏离了机床的低阶固有频率,使得加工过程平稳,有利于提高加工表面质量。

(4)可以加工强度较高的材料。高速切削可加工硬度高达 45~65HRC 的淬硬钢铁件。因此,对淬硬后的模具等复杂零件,可直接铣成,省去后续的传统放电加工或磨削加工。这就是所谓的"一次过"技术。图 10-2 为某模具制造过程中常规加工与高速切削加工的工序比较。

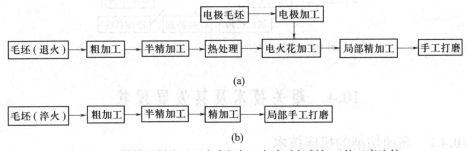

图 10-2　某模具制造过程中常规加工与高速切削加工的工序比较

(a)常规加工方式;(b)高速切削加工方式

## 10.3　高速切削加工的结构体系

高速切削加工技术是在机床结构及材料、高速主轴系统、快速进给系统、高性能 CNC 控制系统、机床设计制造技术、高性能刀夹系统、高性能刀具材料及刀具设计制造技术、高效高精度测试技术、高速切削加工理论、高速切削加工工艺等诸多相关的硬件与软件技术均得到充分发展的基础上综合而成的。因此高速切削加工技术是一个复杂的系统工程，是诸多单元技术集成的一项综合技术。主要包括高速切削加工理论、机床、刀具、工件、加工工艺及切削过程监控与测试等诸多方面，已形成了高速切削加工技术的研究与开发体系。

高速切削加工技术的研究体系如图 10-3 所示。其中，切削加工基础理论是高速切削技术应用和发展的基础，主要研究分析高速切削加工可行性、切削过程中的变形、切削力、切削温度、刀具磨损、破损与刀具寿命、切削过程的稳定性、加工表面质量等的特征及其与机床、刀具、工件和装夹与切削参数等诸多因素之间的关系；高速切削加工机床中高速主轴系统、快速进给系统、CNC 控制系统是实现高速加工的前提和基本条件；高速切削刀具材料性能、刀具结构和刀柄系统及切削工艺等是实现高速加工技术的关键技术；高速切削监控与测试技术、编程技术等对高速切削加工技术的应用和发展也起着非常重要的作用。

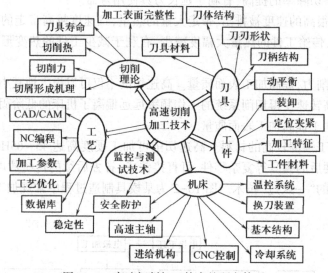

图 10-3  高速切削加工技术的研究体系

# 10.4  相关技术及其发展现状

### 10.4.1  高速切削的机床技术

1. 高速切削的主轴系统

在高速运转的条件下，传统的齿轮变速和皮带传动方式已不能适应要求，需要尽量扩大主轴恒功率的工作范围，缩短主轴的加速时间、减速时间和定位时间，实现高速、高精度控制。同时要求主轴刚度高、转速波动小、发热量小、定位精度高、稳定性好，因此在高速数控机床中，只能采用主轴电动机与主轴合二为一的结构形式。即采用无外壳电动机，将其空心转子直接套装在机床主轴上，带有冷却套的定子则安装在主轴单元的壳体内，使主轴部件从机床的传动系统和整体结构中相对独立出来，形成内装式电机主轴，又称为"主轴单元",简称"电主轴"。由于当前电主轴主要采用的是交流高频电动机,故也称为"高频主轴"。由于没有中间传动环节,有时又称它为"直接传动主轴"。图10-4所示为电主轴的典型结构。电动机的转子就是机床的主轴,机床主轴单元的壳体就是电动机机座,从而实现了变频电动机与机床主轴的一体化。由于它取消了从主电机到机床主轴之间的一切中间传动环节,把主传动链的长度缩短为零,故这种新型的驱动与传动方式称为"零传动"。

图10-4　电主轴的典型结构

高速电主轴的设计目标:在确保主轴和轴承部件不发生损坏,且满足加工精度与稳定性的前提下,对于特定工艺所需的切削速度和刀具条件,最大化主轴的动刚度和功率,以获得最大的材料去除率,提高加工效率。主要性能要求:高的转速和大的转速范围;高的刚性和回转精度;良好的热稳定性;可靠的刀具系统装夹性能;先进的冷却润滑系统;可靠的主轴状态监测系统等。

电主轴由无外壳电动机、主轴、轴承、主轴单元壳体、驱动模块和冷却装置等组成。电动机的转子采用压配方法与主轴做成一体,主轴则由前后轴承支承。电动机的定子通过冷却套安装于主轴单元的壳体中。主轴的变速由主轴驱动模块控制,而主轴单元内的温升由冷却装置限制。在主轴的后端装有测速、测角位移传感器,前端的内锥孔和端面用于安装刀具。

由于电主轴将电动机集成于主轴单元中,且转速很高,运转时会产生大量热量,引起电主轴温升,使电主轴的热态特性和动态特性变差,从而影响电主轴的正常工作。因此,必须采取一定措施控制电主轴的温度,使其恒定在一定值内。机床目前一般采取强制循环油冷却的方式对电主轴的定子及主轴轴承进行冷却,即将经过油冷却装置的冷却油强制性地在主轴定子外和主轴轴承外循环,带走主轴高速旋转产生的热量。为了减少主轴轴承的发热,还必须对主轴轴承进行合理的润滑,一般采用油雾润滑或喷油润滑。

电主轴的电动机均采用交流异步感应电动机,由于是用在高速加工机床上,启动时要从静止迅速升速至每分钟数万转乃至数十万转,启动转矩大,因而启动电流要超出普通电机额定电流5~7倍。其驱动方式有变频器驱动和矢量控制驱动器驱动两种。变频器的驱动控制特性为恒转矩驱动,输出功率与转矩成正比。机床最新的变频器采用先进的晶体管技术,可实现主轴的无级变速。机床矢量控制驱动器的驱动控制为在低速端为恒转矩驱动,在中、高速端为恒功率驱动。

国外中等规格加工中心的主轴转速现已普遍达到10 000r/min,甚至更高。美国福特汽车公司推出的HVM800卧式加工中心主轴单元采用液体动静压轴承最高转速为15 000r/min。瑞士米克朗公司作为铣削行业的先锋企业,一直致力于高速加工机床的研制开发,先后推出了主轴转速42 000r/min和60 000r/min的高速铣削加工中心。瑞士的

IBAG 公司可以提供几乎任何转速、转矩、功率、尺寸的电主轴，最大转速可以达到 140 000r/min，直径范围 33~300mm，转矩范围 0.02~300N·m。

电主轴与传统带传动和齿轮传动机构相比，具有结构紧凑、重量轻、惯性小、响应性能好，并可以避免振动和噪声的干扰，精度高（径向圆跳动可达 2μm，轴向圆跳动可达 1μm）等特点，是高速主轴单元的理想结构。

2. 高速切削机床的进给系统

高速切削进给系统是高速加工机床的重要组成部分，是评价高速机床性能的重要指标之一，不仅对提高生产率有重要意义，而且也是维持高速切削中刀具正常工作的必要条件。目前高速加工机床的最高转速已达 60 000~100 000r/min，主轴功率达 15~80kW。而为保证每齿进给量不变，确保零件的加工精度、表面质量和刀具寿命，进给部件的运动速度也必须相应提高 5~10 倍，目前机床快速运动和切削进给速度已达 30~120m/min。在加工过程中，机床的工作行程一般只有几毫米到几百毫米。在这样短的行程中要实现稳定的高速加工，除了要有高的进给速度，还要求进给系统有很高的加（减）速度，其范围高达（1~10）g，尽量缩短启动、变速、停止的过渡时间，能在瞬时达到高速和瞬时准停等，实现平稳的高速切削。否则，不但无法发挥高速切削的优势，而且会使刀具处于恶劣的工作条件下，还会因为进给系统的跟踪误差影响加工精度。

高速进给系统是高速加工机床极其重要的组成部分，对它的设计要求，首先应当是能提供高速切削时所要求的高的进给/快移速度和加减速度；其次是应具有所要求的调速宽度和轨迹跟踪精度；同时还应有很好承受动、静载荷的能力和刚度，从而保证高速加工应有的效率和质量。

目前广为应用的高速进给运动的传动方式主要有两种：一种是回转伺服电动机通过滚珠丝杠的间接传动；另一种是采用直线电动机直接驱动。

传统机床采用的回转伺服电动机通过滚珠丝杠的间接传动，其结构方面的限制（刚度低、惯量大、非线性严重、加工精度低、传动效率低、结果不紧凑等），及其工作台的惯性以及受螺母丝杠本身结构的限制，进给速度和加速度一般比较小。这种方法在应用中还存在一些弊端：

（1）由于中间传动环节的存在，使得传动系统的刚度降低，启动和制动初期的能耗都用在克服中间环节的弹性变形上。滚珠丝杠的弹性变形导致数控机床产生机械谐振。

（2）中间传动环节增加了运动体的惯量，在不增加系统放大倍数的情况下，系统的速度、位移响应变慢，而放大系数的增大又受系统稳定性的限制，过大的放大倍数会使系统不稳定。

（3）由于制造精度的限制，中间传动环节不可避免地存在间隙、摩擦及弹性变形等影响，使系统的非线性误差增加，使进一步提高系统的精度变得很困难。

针对普通滚珠丝杠在使用中存在的惯量大，导程小，进给/快移速度只有 10~20m/min 等问题，可以采用以下改进措施用于高速加工。

（1）加大丝杠导程和增加螺纹线数，前者可以提高丝杠的每转进给量（进给速度），后者可以弥补丝杠导程增大所带来的轴向刚度和承载能力的下降。

（2）将实心丝杠改为空心的，这既是为减少丝杠的重量和惯量，也是为便于对丝杠采取通水内冷，以利于提高丝杠转速，提高进给/快移速度和加速的能力，减少热影响。

（3）改进回珠器和滚道的设计制造质量,使滚珠的循环更流畅,摩擦损耗更少。

（4）采用滚珠丝杠固定,螺母与连接在移动部件上的伺服电动机集成在一起完成旋转和移动,从而避开了丝杠受临界转速的限制等。经过采取这些改进措施后,滚珠丝杠传动的进给方式可提供的进给/快移速度达 60~90m/min,加速度可达 1~2$g$。

直线电动机驱动系统如图 10-5(a)、(b)所示。目前,国内外机床专家和许多机床厂家普遍认为直线电机直接驱动是新一代机床的基本传动形式。

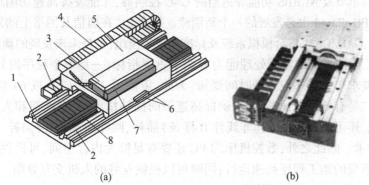

图 10-5　直线电动机驱动系统
1—定子冷却板；2—滚动导轨；3—动子冷却板；4—输电线路；
5—工作台；6—位置检测系统；7—动子部分；8—定子部分

与通过滚珠丝杠间接传动的方式相比,采用直线电动机直接驱动的主要特点和优点如下:

（1）定位精度高。直线电动机工作时,电磁力直接作用于机床工作台,没有中间的机械传递元件,其精度完全取决于反馈系统本身的精度。

（2）响应速度快。由于直线电动机与工作台无机械连接,且电气时间常数小,因此,直线电动机驱动机构有高的固有频率和高刚度,伺服性能较好。工作台对指令的响应快,跟踪误差小,加工轮廓精度得到很大提高。

（3）效率高。由于直线电动机驱动机构为"零传动"(工作台和驱动源间中间传动元件的效率损失),因而传递效率得到提高。

（4）高进给速度。由于直线电动机驱动单元直接驱动工作台,无任何中间机械传动元件,无旋转运动,不受离心力作用,可容易地实现高速直线运动,目前其最大进给速度可达 80~180m/min。

（5）行程不受限制。由于直线电动机的次级是一段一段地、连续地铺在机床上的,次级铺到哪里,初级工作台就可运动到哪里,不管有多远,对整个系统刚度不会有任何影响。机械磨损小,无需定期维护。

直线电动机直接驱动也存在一些缺点:

（1）由于电磁铁热效应对机床结构有较大的热影响,需附设冷却系统。

（2）存在电磁场干扰,需设置挡切屑防护。

（3）有较大功率损失。

（4）缺少力转换环节,需增加工作台制动锁紧机构。

（5）由于磁性吸力作用，造成装配困难。

（6）系统价格较高。

### 3. 高速 CNC 控制系统

由于主轴转速、进给速度和其加（减）速度都非常高，高速切削机床要求 CNC 控制系统具有快速数据处理能力和高的功能化特性，以保证在高速切削（特别是 4~5 轴坐标联动加工复杂曲面时）仍具有良好的加工性能。高速加工中心须选择传输速度快，CPU 运算速度快，预读单节及 NURBS 功能等适当的 CNC 控制器，才能发挥高速切削加工的效能。OPEN 架构及 PC-Based 也是发展的一个新潮流。结合 PC 在通信及网络上的发展，建立参数资料库系统、CAD/CAM 整合模拟系统及标准化电控模组，也是未来发展的新趋势。

高速 CNC 数控系统的数据处理能力有两个重要指标：一是单个程序段处理时间，为了适应高速，要求单个程序段处理时间要短，为此，需使用 32 位 CPU 或 64 位 CPU，并采用多处理器；二是有效控制误差，为了确保高速下的插补精度，要有前馈和大数目超前程序段处理功能，还可采用 NURBS（非线性 B 样条）插补、回冲加速、平滑插补、钟形加减速等轮廓控制技术。除此之外，数控机床的 PC 还要有足够大内存空间，可提供足够的缓冲内存，保证大容量的加工程序高速运行；同时可以提供友好的人机交互界面。

### 4. 高速切削加工中的测试技术

高速切削加工是在密封的机床工作区间里进行的，在加工过程中，操作人员很难直接进行观察、操作和控制，因此机床本身有必要对加工情况、刀具的磨损状态等进行监控、实时地对加工过程在线监测，这样才能保证产品质量，提高加工效率延长刀具使用寿命，确保人员和设备的安全。

高速加工的测试技术包括传感技术、信号分析和处理、在线测试等技术。近年来，在线测试技术在高速机床中使用得越来越多。现在已经在机床上使用的有主轴发热情况测试、滚珠丝杠发热测试、刀具磨损状态测试、工件加工状态监测等。测量传感器有热传感器、测试刀具的声发射传感器、工件加工可视监视器等。

智能技术已经应用于测试信号的分析和处理。例如，神经网络技术被应用于刀具磨损状态的识别。

## 10.4.2 高速切削的刀具技术

### 1. 高速切削加工对刀具材料的要求

由于高速切削加工的切削速度是常规切削的 5~10 倍，对刀具材料以及刀具结构、几何参数等都提出了新的要求。刀具材料的选择对加工效率、加工质量以及成本和刀具的寿命等有着重要的影响。因此，高速切削加工除了要求刀具材料具备普通刀具材料的一些基本性能，还需具备以下性能。

（1）高的硬度和耐磨性。高速切削加工刀具材料的硬度必须高于普通加工刀具材料的硬度，一般在 60HRC 以上。刀具材料的硬度愈高，其耐磨性愈好。

（2）高的强度和韧性。刀具材料要有很高的强度和韧性，以便承受切削力、振动和冲击，防止刀具脆性断裂。

（3）良好的热稳定性和热硬性。刀具材料能承受高温，具备良好的抗氧化能力。

（4）良好的高温力学性能。刀具材料要有高温强度、高温硬度和高温韧性。

（5）较小的化学亲合力。刀具材料与工件材料的化学亲和力要较小。

但是现有刀具材料很难同时满足上述要求,存在刀具材料与加工对象合理匹配问题。目前正在使用的高速切削刀具材料有钛基硬质合金、聚晶金刚石(PCD)压层硬质合金、聚晶立方氮化硼(CBN)、陶瓷等。刀体材料的选择应取决于材料拉伸强度与密度的比值和应用的转速范围,为减轻铣刀体所承受的离心力的作用,应该选择密度小、强度高的材料,钛合金由于对切口的敏感性不宜用于制造刀体,结构钢很适合于做刀体的材料。

2. 高速切削加工刀具材料的种类

要实现高速切削刀具材料是关键。目前国内外用于高速切削的刀具主要有聚晶立方氮化硼(PCBN)刀具、涂层刀具、聚晶金刚石(PCD)刀具、陶瓷刀具、和 TiC(N)基硬质合金刀具等,它们各有特性。适应不同的工件材料和不同的切削速度范围。

1）立方氮化硼刀具

立方氮化硼是 BN(氮化硼)同素异构体之一,其结构与金刚石相似,不仅晶格常数相近,而且晶体中的结合键也基本相同。由于立方氮化硼结构与金刚石相似,决定了其具有与金刚石相近的硬度,同时又具有高于金刚石的热稳定性和对铁族元素的高化学稳定性。CBN 具有很高的热稳定性,可承受 1 200℃ 以上的切削温度,并且在高温下(1 200～1 300℃)不与铁族金属发生化学反应,近年来广泛用于黑色金属的切削加工。由于受 CBN 制造技术的限制,目前制造直接用于切削刀具的大颗粒 CBN 单晶仍很困难且成本很高,因此 CBN 单晶主要用于制作磨料和磨具。

聚晶立方氮化硼刀具 PCBN(Polycrystalline Cubic Boron Nitride)是在高温高压下将微细的 CBN 材料通过结合相烧结在一起的多晶材料,是目前利用人工合成的硬度仅次于金刚石的刀具材料,与金刚石统称为超硬刀具材料。PCBN 刀具属于 CBN 的聚集体,除具备 CBN 的特点之外,PCBN 还与 CBN 的含量、粒径和黏结剂等因素有关。CBN 含量越高,PCBN 的硬度和耐磨性就越高。低 CBN 含量(50%～65%)的 PCBN 刀具主要用于精加工零件(45～65HRC)。而高 CBN 含量(80%～90%)的 CBN 刀具主要用来高速粗加工、半精加工镍铬铸铁,断续加工淬硬钢、硬质合金、金属陶瓷、重合金等。选择合适 CBN 含量的 PCBN 刀具可以在 500～1500m/min 高速下加工铸铁,在 100～400m/min 下加工 45～65HRC 的淬硬钢,在 100～200m/min 下加工耐热合金。表 10-1 为 CBN 的物理力学性能。

表 10-1 立方氮化硼的物理力学性能

| 硬度/GPa | 抗弯强度/MPa | 抗压强度/MPa | 弹性模量/GPa | 导热系数/[W·(m·K)] | 热稳定温度/℃ | 热膨胀系数/(10⁻⁶/K) |
|---|---|---|---|---|---|---|
| 45～90 | 300～1200 | 800～1500 | 720 | 40～80 | 1300～1500 | 2.1～5.6 |

PCBN 刀具由于其独特的结构和特性,近年广泛应用于黑色金属的切削加工,铸铁、耐热合金和硬度超过 HRC 45 的淬硬钢,如发动机箱体、齿轮、轴、轴承等汽车零部件。PCBN 刀具适合于干切削,可以用 2 000m/min 以上的速度高速加工灰铸铁。PCBN 刀具在高速硬切削方面的应用也比较广泛,尤其是精加工汽车发动机零部件,如硬度 60～65HRC 的齿轮、轴、轴承。

2）涂层刀具

高速切削对刀具材料的性能要求比较高,在高温下,既要有高的硬度和抗磨损性能,又要有高的强度和韧性。涂层刀具是解决这一矛盾的最佳方案之一，涂层刀具是利用气相沉积方法在高强度的硬质合金或高速钢基体表面涂覆几个微米的高硬度、高耐磨性的难熔金属或非金属化合物涂层而获得的，具有表面硬度高、耐磨性好、化学性能稳定、耐热耐氧化、摩擦因数小和热导率低等特性，主要用于精加工。涂层材料作为化学屏障和热屏障，减少了刀具与工件材料之间的扩散和化学反应，从而减少了月牙洼磨损，切削时可比未涂层刀具提高刀具寿命 2～5 倍以上，提高切削速度 20%～70%，提高加工精度 0.5～1级，降低刀具消耗费用 20%～50%。

根据刀具涂层的性质，涂层刀具可分为"硬"涂层刀具与"软"涂层刀具。通常意义上的涂层刀具一般指"硬"涂层刀具，如 TiC、TiN、$Al_2O_3$ 涂层刀具，具有硬度高、耐磨性好等优点。"软"涂层刀具，主要是在刀具表面镀一层 $MoS_2$、$WS_2$ 等软涂层材料，在特殊使用条件下，刀具表面固体润滑膜会转移到工件材料表面，形成转移膜，使切削过程中的摩擦发生在转移膜与润滑膜之间，因而具有优良的摩擦学特性。这种涂层刀具也称为自润滑刀具，其表面摩擦因数低，可以减小摩擦，降低切削力和切削温度。

涂层刀具的常用涂层材料主要包括碳化物（如 TiC、SiC、ZrC、WC、NbC、VC 等），氮化物（TiN、VN、TaN、ZrN、BN、AlN 等），氧化物（$Al_2O_3$、$SiO_2$、$Cr_2O_3$、$TiO_2$ 等），硼化物（$TiB_2$、$ZrB_2$、$NbB_2$、$WB_2$等），硫化物（$MoS_2$、$WS_2$、$TaS_2$ 等），以及金刚石、类金刚石、CBN 等超硬材料，其中应用最为广泛的是氮化钛（TiN）、氮碳化钛（TiCN）、氮铝化钛（TiAlN）。氮化钛涂层可增加表面硬度和耐磨性、降低摩擦系数，减少积屑瘤的产生，延长刀具寿命，适合于加工低合金钢和不锈钢；氮碳化钛涂层表面为灰色，硬度比氮化钛涂层要高，耐磨性更好。与氮化钛涂层相比，氮碳化钛涂层刀具能在更大的进给速度及切削速度下加工，工件材料去除率更高；氮铝化钛涂层呈现灰色或黑色，主要涂在硬质合金基体表面，切削温度达800℃时仍能进行加工，氮铝化钛涂层刀具适合加工淬硬钢、钛合金、镍合金，还有铸铁和高硅铝合金等。

涂层刀具的典型涂层结构有单涂层、多元涂层、多层涂层、纳米涂层、金刚石与类金刚石涂层、CBN 涂层等。

涂层工艺有化学气相沉积法（CVD 法）和物理气相沉积法（PVD 法）。PVD 法主要用于高速钢刀具，CVD 法和 PVD 法均可用于硬质合金刀具涂层。PVD 法的硬质合金刀具有较好抗破损性能，适于断续切削，但耐磨不如 CVD 法的硬质合金刀具。

3）金刚石刀具

金刚石是碳的同素异构体，它是自然界已经发现最硬的材料，其显微硬度达到10000HV。金刚石刀具有两种，即天然金刚石刀具和人造金刚石刀具。天然金刚石的性质较脆，容易沿晶体的解理面破裂，导致大块崩刃，虽然能够刃磨出非常锋利的切削刃，但加工、焊接都非常困难。因此，很多场合下已经被人造金刚石代替。天然金刚石主要应用在超精密加工领域如微型机械的微型零件、原子核反应堆及其他高技术领域的各种反射镜、导弹或火箭中的导航陀螺、计算机硬盘芯片等。

人造聚晶金刚石（Polycrystalline Diamond，PCD）是 20 世纪 60 年代发展起来的，它是以石墨为原料，加入催化剂，经高温高压烧结而成的。它有很高的硬度（8 000～12 000HV）和导热性、低的热胀系数、高的弹性模量和较低的摩擦系数，刀刃非常锋利。它可加工各种有色金属和极耐磨的高性能非金属材料，如铝、铜及其合金、纤维增塑材料、金属基复合材料、木材、复合材料等。PCD 刀片可分为整体人造聚晶金刚石刀片和聚晶金刚石复合刀片。目前，大多数使用的 PCD 都是与硬质合金基体烧结而成的复合刀片，便于焊接。随着制造业的快速发展，PCD 刀具的生产和应用逐年增加。

金刚石刀具具有以下特点：

（1）极高的硬度和耐磨性：金刚石刀具的显微硬度达 10 000HV，是自然界最硬的物质。具有极高的耐磨性，天然金刚石的耐磨性为硬质合金的 80～120 倍，人造金刚石的耐磨性为硬质合金的 60～80 倍。加工高硬度材料时，金刚石刀具寿命为硬质合金刀具的 10～100 倍，甚至高达几百倍。

（2）很低的摩擦因数：金刚石与一些有色金属之间的摩擦因数约为硬质合金刀具的一半，通常 0.1～0.3，摩擦因数低可以降低加工变形，减小切削力。

（3）切削刃非常锋利：金刚石刀具的切削刃可以磨得非常锋利，刀具钝圆半径可达 0.1～0.5μm，因此，金刚石刀具能进行超薄切削和超精密加工。

（4）很高的导热性能：金刚石的导热系数为硬质合金的 1.5～9 倍，为铜的 2～6 倍。由于导热系数及热扩散率高，切削热容易散出，故切削温度低。

（5）较低的热膨胀系数：金刚石的热膨胀系数比硬质合金小几倍，约为高速工具钢的 1/10。因此金刚石刀具不会产生很大的热变形，即由切削热引起的刀具尺寸变化很小。

（6）各向异性：单晶金刚石是利用超高压装置，在 5～6Gpa，1 400～1 600℃的温度下人工合成的，它的晶体不同晶面及晶向的硬度、耐磨性能、微观强度、研磨加工的难易程度以及与工件材料之间的摩擦因数等相差很大，因此，设计和制造单晶金刚石刀具时，必须正确选择晶体方向，对金刚石原料必须进行晶体定向。

金刚石刀具适合加工各种有色金属如铝、铜、镁及其合金、陶瓷、硬质合金和耐磨性极强的纤维增塑材料、金属基复合材料、木材等非金属材料，切削加工时切削速度、进给速度和切削深度加工条件取决于工件材料以及硬度。金刚石刀具在汽车和摩托车行业中加工含硅量较高（10% 以上）的部件时，如发动机铝合金活塞的裙部、销孔、汽缸体、变速箱、化油器等，对刀具寿命要求较高，硬质合金刀具难以胜任，而金刚石的刀具寿命是硬质合金的 10～50 倍，可保证零件的尺寸稳定性，大大提高切削速度、加工效率和加工质量。

金刚石刀具不适合加工钢铁类材料，因为金刚石热稳定性差，切削温度达到 800℃时，就会失去其硬度，且在高温下铁原子容易与碳原子相互作用使其转化为石墨结构，刀具容易损坏。表 10-2 为金刚石材料的物理力学性能。

表 10-2　金刚石的物理力学性能

| 硬度/GPa | 抗弯强度/MPa | 抗压强度/MPa | 弹性模量/GPa | 导热系数/[W/(m·K)] | 热稳定温度/℃ | 热膨胀系数/(10^{-6}/K) |
|---|---|---|---|---|---|---|
| 60～100 | 210～490 | 1 500～2 500 | 900 | 1460 | 700～800 | 0.9～1.2 |

4）硬质合金刀具

硬质合金是高硬度、难熔的金属化合物粉末（WC、TiC 等），用钴或镍等金属做黏结剂压坯、烧结而成的粉末冶金制品。硬质合金的硬度、耐磨性、耐热性、化学稳定性都高于高速钢，是目前应用最为广泛的刀具材料之一，硬质合金主要有以下几种：

（1）碳化钨（WC）基硬质合金。通常意义上的硬质合金一般指 WC 基硬质合金，又称钨钴(WC-Co)硬质合金。该刀具的主要成分是 WC,按照代号分为 YG、YT、YW 三类。YG 类硬质合金有较高的抗弯强度和较好的冲击韧性,导热性较好,主要用于加工铸铁、有色金属和非金属材料。YT 类硬质合金具有较高的硬度、耐热性、抗氧化性,适合于加工塑性材料,如钢材。YW 类硬质合金兼有 YG、YT 类硬质合金的大部分最佳性能,既可以加工钢材,又可以加工铸铁和有色金属,称为通用硬质合金。通常用于加工各种高合金钢、耐热合金和各种合金铸铁、特硬铸铁等难加工材料。

(2) 碳(氮)化钛[TiC(N)]基硬质合金。TiC(N)基硬质合金是以 TiC 或 TiN 为主要硬质相,以 Ni-Co 或 Ni-Co-Mo 为黏结相的硬质合金,代号 YN。该合金硬度高(一般可达 91-93.5 HRA,个别的为 94-95 HRA,达到了陶瓷刀具的硬度水平),耐磨性好,并具有理想的抗月牙洼磨损能力,高速切削钢材时有较低的磨损率。此外,它还有较高的抗氧化能力、耐热性好、化学稳定性好等优点。TiC(N)基硬质合金具有接近于陶瓷的硬度和耐热性,但抗弯强度却比陶瓷高得多,填补了 WC 基硬质合金与陶瓷材料之间的空白,因此又称金属陶瓷,适于在 200～400m/min 的高速下切削一般钢和合金钢,也可用于铸铁的精加工。

各种 TiC(N)基硬质合金的力学性能对比见表 10-3。

表 10-3  不同 TiC(N)基硬质合金的力学性能对比

| 分类 | 密度(g/cm³) | 硬度(HRA) | 抗弯强度(MPa) | 弹性模量(GPa) |
| --- | --- | --- | --- | --- |
| TiC 基 | 5.2 | 93 | 1400 | 410 |
| 强韧 TiC 基 | 6.3 | 92 | 1500 | 450 |
| TiCN 基 | 7.2 | 92.5 | 1500 | 480 |
| TiN 基 | 5.6 | 91 | 1600 | 510 |

(3) 超细晶粒硬质合金。超细晶粒硬质合金是一种高硬度、高强度的硬质合金,具有硬质合金的高硬度和高速钢的强度。由于超细硬质合金所用原料 WC 粉末粒度很细,具有很高的烧结活性,易自然团聚,不利于 WC - CO 的球磨混合均匀,在烧结过程中易出现 WC 晶粒不均匀长大等诸多问题,因此对原料要求高,生产难度较大。

超细晶粒硬质合金刀具适合于在高速钢刀具耐磨性不够、由于振动引起传统的硬质合金磨损、因切削速度过低而不宜使用传统硬质合金的情况下使用。对于一些涂层刀片不能发挥其优越性的情况下,这种材料更能显示其独特的效果,如用于加工铁基、镍基和钴基高温合金,钛基合金和耐热不锈钢以及各种喷涂焊、堆焊材料等难加工材料。由于该种硬质合金刀具晶粒极细,可以将刀具磨得非常锋利、光洁,故多用于精密刀具制作。超细晶粒硬质合金强度高、韧性和抗热冲击性能好,适于制造尺寸较小的整体复杂硬质合金刀具,可大幅度提高切削速度,如超细晶粒硬质合金已开始在 IT 业的 PCB 微型钻上得到广泛应用。而在模具行业,切削刀片方面也正在取代普通的 WC - CO 硬质合金产品,其产量出现高速增长趋势。

(4) 涂层硬质合金。涂层硬质合金刀具是在普通硬质合金刀片表面上,采用化学气相沉积(CVD)或物理气相沉积(PVD)的工艺方法涂覆一薄层(约 4～12μm)耐磨性高、硬度高的难熔金属化合物(TiCN、TiAlN、TiAlCN、CBN、Al₂O₃、CNₓ 等),使刀片既保持了普通硬质合金基体的强度和韧性,又使其表面有更高的硬度、更好的耐磨损性和耐热性。

涂层技术是提升刀具性能的主要手段之一。通过涂层提高了切削刀具抗各种磨损的能力,延长了刀具的寿命,提高了被加工零件的表面精度,也提高了切削速度和进给速度,从而提高了金属切削效率。

(5) 陶瓷刀具。陶瓷刀具广泛应用于高速切削、干切削、硬切削等加工过程,可以高效加工传统刀具根本不能加工的高硬材料,实现"以车代磨"。与硬质合金刀具相比,陶瓷刀具具有硬度高|(93.5~95.5 HRA),耐高温(在 1200℃ 以上的高温下仍能进行切削,这时陶瓷的硬度与 200~600℃ 时硬质合金的硬度相当),化学稳定性好等优点,其最佳切削速度可以比硬质合金刀具高 2~10 倍,刀具寿命可比硬质合金高几倍以至十几倍,从而大大提高了切削加工生产效率。陶瓷刀具的广泛应用对提高生产率、降低加工成本、节省贵重金属具有十分重要的意义。

陶瓷刀具主要分为氧化铝基($Al_2O_3$)、氮化硅基($Si_3N_4$)和 $Si_3N_4$–$Al_2O_3$ 复合陶瓷刀具(Sialon 陶瓷刀具)。氧化铝基陶瓷刀具在高速切削钢时具有比氮化硅基陶瓷刀具更优越的切削性能,而氮化硅基陶瓷刀具适于加工铸铁。现代陶瓷刀具材料大多数为复合陶瓷,Sialon 陶瓷刀具是用氮化铝、氧化铝和氮化硅的混合物在高温下进行热压烧结而得到的材料。Sialon 陶瓷刀具材料具有很高的强度和韧性。已成功应用于铸铁、镍基合金、硅铝合金等难加工材料的加工,是高速粗加工铸铁和镍基合金的理想刀具材料之一。

目前国内外广泛使用的,以及正在开发的陶瓷刀具材料基本上都是根据图 10-6 所示的组合,采取不同的增韧补强机制来进行显微结构设计的。其中氧化铝基的陶瓷刀具有 20 多个品种,约占陶瓷总量的三分之二;氮化硅基陶瓷刀具有 10 多个品种。

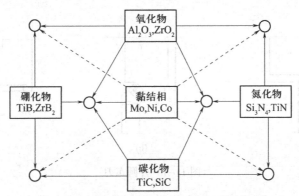

图 10-6    陶瓷刀具材料的种类及其可能的组合

---

## 思考题与练习题

1. 高速切削原理及特点是什么?

2. 高速切削加工用刀具材料及其结构难点是什么?

3. 高速切削加工的关键技术有哪些?

4. 从刀具技术、机床技术、加工工艺等几个方面分析高速加工与普通加工的异同。

# 第11章 车 刀

车削加工是金属切削加工中应用最广泛的切削加工方法之一，车刀是金属切削加工中使用最广的一种刀具。使用各种形式的车刀，可以在各类车床上完成工件的外圆、内孔、端面、切槽、切断以及螺纹等回转成形表面的加工。车刀属于单刃简单刀具，却是设计、分析各类刀具的基础。

本章主要讲解焊接车刀、可转位车刀设计与制造的要点，为学习车刀及其他刀具打下基础。

## 11.1 车刀的种类与用途

车刀按加工表面特征来分类，有外圆车刀、端面车刀、切断车刀、内孔车刀、螺纹车刀、成形车刀等。

（1）外圆车刀。主要用来加工工件的圆柱形或圆锥形外表面，如图11-1所示。

（2）端面车刀。专门用来加工工件的端面，如图11-2所示。

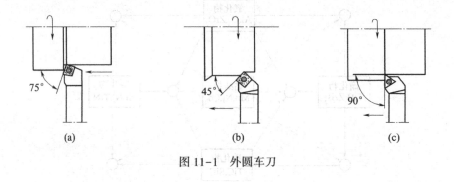

图11-1　外圆车刀

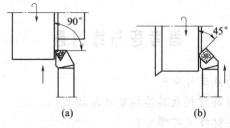

图11-2　端面车刀

（3）切断车刀。专门用于切断工件，如图11-3所示。

（4）内孔车刀。专门用来加工工件内孔，如图11-4所示。

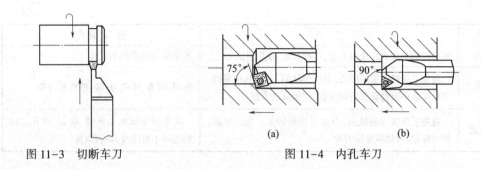

图 11-3 切断车刀　　　　　　　　图 11-4　内孔车刀

（5）螺纹车刀。专门用来加工螺纹,如图 11-5 所示。

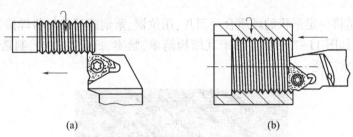

(a)　　　　　　　　　　(b)

图 11-5　螺纹车刀

车刀按结构来分类,有整体式、焊接式、机械夹固式和机夹可转位式车刀等,如图 11-6所示。

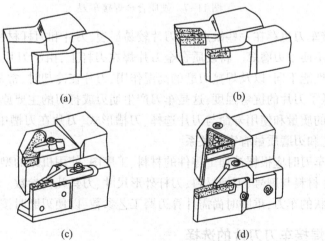

(a)　　　　　　　　　　(b)

(c)　　　　　　　　　　(d)

图 11-6　车刀的结构形式

（a）整体式；（b）焊接式；（c）机夹式；（d）可转位式

车刀结构特点、类型与用途如表 11-1 所列。

表 11-1　车刀结构特点、类型与用途

| 名　称 | 特　点 | 适 用 场 合 |
| --- | --- | --- |
| 整体式 | 用整体高速钢制造,刃口可磨得较锋利 | 小型机床或加工有色金属 |

（续）

| 名　称 | 特　点 | 适用场合 |
|---|---|---|
| 焊接式 | 焊接硬质合金或高速钢刀片,结构紧凑,使用灵活 | 各类车刀特别是小刀具 |
| 机夹式 | 避免了焊接产生的应力、裂纹等缺陷,刀杆利用率高。刀片可集中刃磨获得所需参数,使用灵活方便 | 外圆、端面、镗孔、割断、螺纹车刀等 |
| 可转位式 | 避免了焊接刀的缺点,刀片可快换转位。生产率高,断屑稳定,可使用涂层刀片 | 大中型车床加工外圆、端面、镗孔。特别适用于自动线、数控机床 |

# 11.2　焊　接　车　刀

焊接车刀是将一定形状的硬质合金刀片,用黄铜、紫铜或其他材料焊接在普通结构钢刀杆上而制成,如图 11-7 所示。由于其结构简单、紧凑、抗振性能好、制造方便、使用灵活,因此得到非常广泛。

图 11-7　硬质合金焊接车刀

但是,焊接车刀也存在一些缺点,如刀片较易崩裂,刀片和刀杆材料得不到充分利用,刀杆尺寸大时不便于刃磨等。将硬质合金刀片焊在刀杆上,由于刀片与刀杆材料的线膨胀系数和导热性能不同,以及焊接刃磨的高温作用,刀片在冷却时,常常产生内应力,极易产生裂纹,降低了刀片的抗弯强度,这是车刀产生崩刃或打刀的主要原因。

焊接车刀的质量和使用寿命与刀片选择、刀槽形式、刀片在刀槽中的位置、刀具几何参数、焊接工艺和刃磨质量有密切关系。

选用焊接车刀时应根据被加工零件的材料、工序图、使用机床的型号、规格,合理选择车刀形式、刀片材料与牌号、刀柄材料、刀杆外形尺寸、刀具几何参数。对于大刃倾角刀具或特殊几何形状的车刀,重磨时尚需计算刃磨工艺参数,以便刃磨时按其调整机床。

## 11.2.1　焊接车刀刀片的选择

焊接车刀的硬质合金刀片形状和尺寸有统一的标准规格,根据冶金工业部标准YB850—75,我国硬质合金焊接刀片的型号分 A、B、C、D、E、F 六种,每种又分若干组,每组有尺寸系列。刀片型号的表示方法是一个字母加三位数字,第一位数字表示组别,它和字母合起来表示刀片的形状。后两位数字表示刀片的主要尺寸,主要尺寸相同而其他尺寸不同时,在数字后面加 A、B、C 等,以示区别。如为左切刀片,则在型号末尾标以"Z",例如:

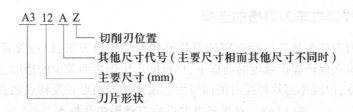

A3 12 A Z
切削刃位置
其他尺寸代号(主要尺寸相而其他尺寸不同时)
主要尺寸(mm)
刀片形状

上述型号表示为 A3 型刀片,长度均为 12mm,厚度是 6mm,左偏刀刀片。

设计和制造焊接车刀时,应根据其不同用途,选用合适的硬质合金牌号和刀片形状规格。表 11-2 选录了部分刀片型号供参考,实际选用时可查有关资料。

表 11-2 常用硬质合金刀片型号示例

| 刀 片 简 图 | 型 号 示 例 | 主 要 尺 寸/mm | 主 要 用 途 |
|---|---|---|---|
| 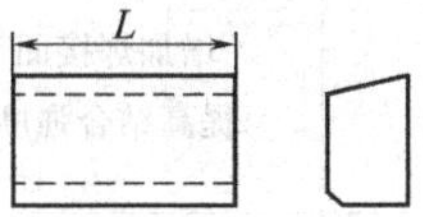 | A108 | $L=8$ | 外圆车刀 |
| | A116 | $L=16$ | 镗刀 切槽刀 |
| 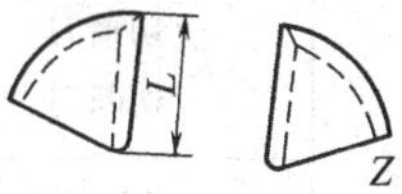 | A208 | $L=8$ | 端面车刀 |
| | A225Z | $L=25$(左) | 镗刀 |
| 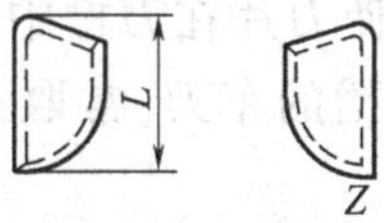 | A312Z | $L=12$(左) | 外圆车刀 |
| | A340 | $L=40$ | 端面车刀 |
| 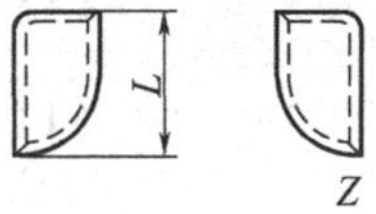 | A406 | $L=6$ | 外圆车刀 镗刀 |
| | A430Z | $L=30$(左) | 端面车刀 |
| 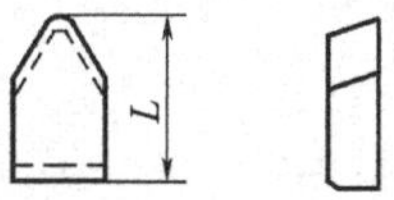 | C110 | $L=10$ | 螺纹车刀 |
| | C122 | $L=22$ | |
| 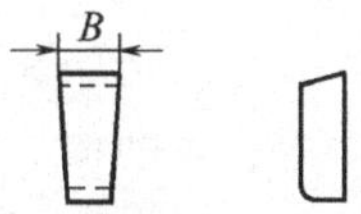 | C304 | $B=4.5$ | 切断刀 |
| | C312 | $B=12.5$ | 切槽刀 |

焊接车刀刀片的主要尺寸根据车刀用途和主、副偏角的大小来选择。外圆车刀刀片长度 $L$ 可按下式估算,即

$$L = (1.6 \sim 2) a_w \tag{11-1}$$

式中 $a_w$——切削刃的工作长度。

切槽刀的宽度应根据工件槽宽来决定,切断刀的宽度 $B$ 可按下式估算,即

$$B = 0.6\sqrt{d} \tag{11-2}$$

式中 $d$——工件直径。

### 11.2.2　焊接式车刀刀槽的选择

焊接式车刀刀杆头部应按所选定的刀片形状尺寸作出刀槽,以便放置刀片,进行焊接。但刀槽应该在保证焊接强度的前提下,尽可能选用焊接面较少的槽形,并使车刀刀头具有足够的强度,以减小刀片焊接时的内应力。常用的刀槽形式及特点如表11-3所列。

表 11-3　焊接车刀常用的刀槽形式及特点

| 简图 | | | | |
|---|---|---|---|---|
| 名称 | 开口槽 | 半封闭槽 | 封闭槽 | 嵌入槽 |
| 特点 | 焊接面最小<br>刀片应力小<br>制造简单 | 夹持牢固<br>焊接面大<br>易产生应力 | 夹持牢固<br>焊接应力大<br>易产生裂纹 | 增加焊接面<br>提高结合强度 |
| 用途 | 外圆车刀<br>弯头车刀<br>切槽车刀 | 90°外圆车刀<br>内孔车刀 | 螺纹车刀 | 底面较小的刀片<br>切槽刀<br>切断刀 |
| 配用刀片 | A1、C3 | A2、A3、A4 | C1 | A1、C3 |

为了提高硬质合金焊接车刀的刃磨效率,刀槽参数的选择,应使刀片在刀槽中安装后,刃磨面积较少,可重磨次数增加。图11-8(a)所示为不磨断屑槽的车刀,常取 $\gamma_{og} = \gamma_o + 5°$;图11-8(b)所示为圆弧卷屑槽的车刀,应取

$$\gamma_{og} = \gamma_o - \gamma_j \qquad (11-3)$$

$$\sin \gamma_j = \frac{l_{Bn}}{2r_{Bn}} \qquad (11-4)$$

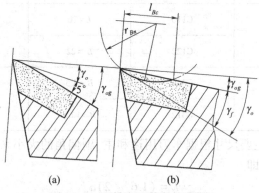

图 11-8　刀槽底面前角的选择

（a）平面前刀面；（b）圆弧卷屑槽前刀面

### 11.2.3　焊接式车刀刀杆截面形状和尺寸选择

焊接式车刀刀杆常采用中碳钢制造。刀杆截面形状主要有矩形、正方形和圆形三种,

外形尺寸主要是高度、宽度和长度,已标准化。外圆车刀、切槽刀、切断刀等一般选用矩形刀杆,截面尺寸按机床中心高选择,如表 11-4 所列。也可按切削层面积选取,如表 11-5 所列。当刀杆高度尺寸受到限制时,可加宽为正方形,以提高其刚性。刀杆的长度一般为其高度的 6 倍。切断车刀工作部分的长度需大于工件的半径。内孔车刀一般选用圆形刀杆,长度大于工件孔深。

表 11-4　常用车刀刀杆截面尺寸　　　　　　　　　　（单位:mm）

| 机床中心高 | 150 | 180~200 | 260~300 | 350~400 |
|---|---|---|---|---|
| 正方形刀柄截面($H^2$) | 162 | 202 | 252 | 302 |
| 矩形刀柄截面($B×H$) | 12×20 | 16×25 | 20×30 | 25×40 |

表 11-5　按切削层参数选择刀杆截面尺寸　　　　　　（单位:mm）

| 刀杆截面尺寸 | | 最大切削层面积 | 最大背吃刀量 |
|---|---|---|---|
| 矩形($B×H$) | 方形($H×H$) | $A_c$/mm² | $a_p$/mm |
| 16×25 | 20×20 | 4 | 6 |
| 20×30 | 25×25 | 8 | 10 |
| 25×40 | 30×30 | 18 | 13 |
| 30×45 | 40×40 | 25 | 18 |
| 40×60 | 50×50 | 40 | 25 |
| 50×80 | 65×65 | 60 | 36 |

## 11.3　机夹车刀

机夹车刀是将一定形状的硬质合金刀片,采用机械夹固的方法夹紧在普通结构钢刀杆上而制成,如图 11-9 所示。

图 11-9　机夹式车刀

使用中刀刃磨损后可进行多次重磨。机夹硬质合金刀片不经过高温焊接,避免了因焊接而引起的刀片硬度降低和由内应力导致的裂纹,提高了刀具耐用度;刀杆可以重复使用,刀片的可磨次数多,利用率较高。但是,这种结构的车刀在使用过程中仍需要刃磨,还不能完全避免由于刃磨而可能引起的裂纹。目前,常用机夹车刀主要有切断车刀、切槽车刀、螺纹车刀、大型车刀和金刚石车刀等。

机夹式车刀要求刀片夹紧可靠，重磨后能调整切削刃的位置，结构简单，断屑可靠。目前，常用的夹紧结构有上压式、自锁式和弹性夹紧式。

### 1. 上压式

图 11-10 所示为上压式机夹切槽车刀。它是利用螺钉、压板将刀片压紧在刀槽中，压板上可装置挡屑块以控制断屑。

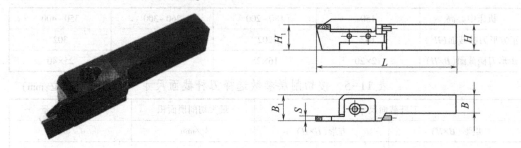

图 11-10 上压式机夹切槽车刀

### 2. 自锁式

图 11-11 所示为自锁式机夹切断车刀。它是利用切削合力将刀片夹紧在斜槽中，这种结构简单、使用方便。但要求刀槽与刀片配合紧密，切削时无冲击振动。

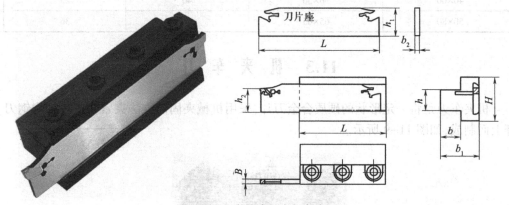

图 11-11 自锁式机夹切断车刀

### 3. 弹性夹紧式

图 11-12 所示为弹性夹紧式切槽车刀。它是利用刀杆上开的弹性槽夹紧刀片，刀片装卸、调整方便。

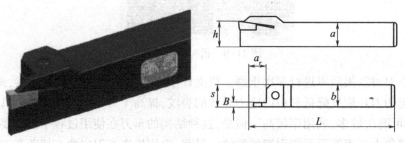

图 11-12 弹性夹紧式切槽车刀

# 11.4 可转位车刀

可转位车刀是将一定形状的可转位刀片,采用机械夹固的方法夹紧在普通结构钢刀杆上而制成,主要组成部分有刀片、刀垫、夹紧元件和刀杆。图 11-13 所示为可转位陶瓷车刀。

图 11-13 可转位陶瓷车刀

可转位车刀刀片上的前刀面和断屑槽在压制刀片时已经制出,车刀的工作前角和工作后角,是靠刀片在刀槽中的安装定位来获得的,刀片的每一条边都可作为切削刃,一个切削刃用钝后,可以迅速转动刀片改用另一个新的切削刃工作,直到刀片上所有切削刃均已用钝,刀片就报废回收,更换新刀片后,车刀又可继续工作。因此,可转位车刀与焊接车刀、机夹车刀相比,具有一系列的优点。

(1) 由于避免焊接、刃磨或重磨时高温引起的缺陷,因而刀具耐用度较高。

(2) 由于刀刃用钝后,只需更换新刀刃或新刀片,大大缩短了换刀、调刀时间,因而生产率较高。

(3) 由于不重磨刀片有利于使用涂层、陶瓷等新型刀具材料,有利于推广新技术、新工艺。

(4) 由于刀片有合理的断屑槽形与几何参数,因而加工质量稳定。

(5) 可转位车刀和刀片已经系列化、标准化,因而可简化刀具的管理。

可转位车刀由于在刃形、几何参数等方面受到刀具结构和工艺限制,目前主要用于大中型车床加工外圆、端面、镗孔。特别适用于自动线、数控机床。

## 11.4.1 可转位车刀刀片

可转位车刀刀片形状、尺寸、精度、结构等在 GB/T 2076—1987 ~ GB/T 2081—1997 中已有详细规定。共用一定顺序的 10 个代号表示,其标注示例如表 11-6 所列。

表 11-6 可转位车刀刀片标记示例

| 号 位 | 1 | 2 | 3 | 4 | 5 | 6 | 7 | 8 | 9 | 10 |
|---|---|---|---|---|---|---|---|---|---|---|
| 表达特性 | 刀片形状 | 后角 | 偏差等级 | 类型 | 刀刃长度 | 刀片厚度 | 刀尖圆弧半径 | 刃口形状 | 切削方向 | 断屑槽型与宽度 |
| 举 例 | T | N | U | M | 16 | 04 | 08 | E | R | A2 |

常用刀片形状与代号有 18 种,其中常用的 T、S、W、C、R、V、D 的特点及适用场合如表 11-7 所列。

表 11-7　常用刀片形状特点及适用场合

| 代号 | 形状简图 | 刀片特点及适用场合 |
|---|---|---|
| T | 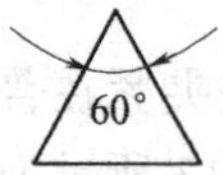 60° | 刀尖强度差，只宜选用较小的切削用量。常用于刀尖角小于 90° 的外圆、端面车刀及加工盲孔、台阶孔内孔车刀 |
| S | 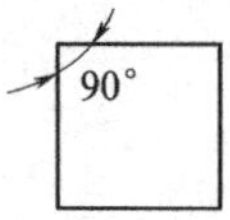 90° | 刀刃较短，刀尖强度较高。主要用于 75°、45° 车刀，加工通孔内孔车刀 |
| W |  80° | 有三条较短的刀刃，刀尖角为 80°，刀尖强度高，主要在卧式车床用作加工外圆、台阶面的 93° 外圆车刀，也用于加工台阶孔的内孔车刀 |
| C | 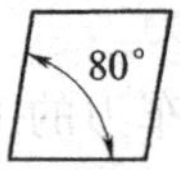 80° | 有两种刀尖角。100° 刀尖角的刀尖强度高，一般用于 75° 车刀，粗车外圆、端面。80° 刀尖角的刀尖强度较高，不用换刀即可加工外圆、端面，也用于加工台阶孔的内孔车刀 |
| R | 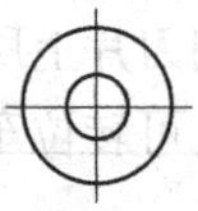  | 用于加工成形曲面或精车刀具，径向力大 |
| V |  35° | 刀尖角为 35°，刀尖强度低，用于仿形加工。车刀切入角不大于 50° |
| D |  35° | 刀尖角为 55°，刀尖强度较低，主要用于仿形加工。当作 93° 车刀时，切入角不大于 27°~30° |

刀片尺寸主要根据切削用量来选择。

国标推荐的刀片断屑槽型主要有 16 种。其中常用典型槽型 A、K、V、W、C、B、G、M 的特点及适用场合如表 11-8 所列。

表 11-8　常用断屑槽型特点及适用场合

| 代号 | 形状简图 | 刀片特点及适用场合 |
|---|---|---|
| A |   | 槽宽前、后相等，断屑范围比较窄。用于切削用量变化不大的外圆、端面与内孔车削 |
| K |   | 槽前窄后宽，断屑范围比较宽。主要用于半精车和精车 |
| V | 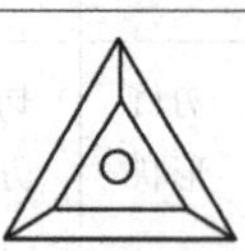  | 槽前、后等宽，切削刃强度较好，断屑范围较宽。用于外圆、端面与内孔的精车、半精车和粗车 |
| W |   | 三级断屑槽型，断屑范围较宽，粗、精车都能断屑，但切削力较大。主要用于半精车和精车，要求系统刚性好 |

（续）

| 代号 | 形状简图 | 刀片特点及适用场合 |
|------|---------|------------------|
| C | 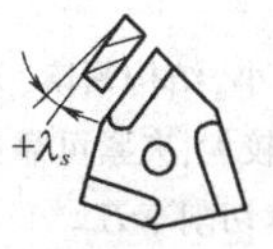 | 加大刃倾角,切削径向力小。用于系统刚性较差的情况 |
| B |  | 圆弧变截面全封闭式槽型,断屑范围广,用于硬材料、各种材料半精加工,精加工,以及耐热钢的半精加工 |
| G | 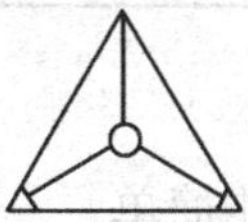 | 无反屑面,前面呈内孔下凹的盆形,前角较小。用于车削铸铁等脆性材料 |
| M | 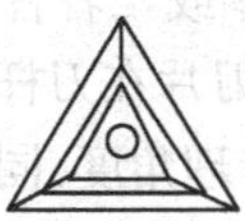 | 为两极封闭式断屑槽,刀尖角为82°。用于背吃刀量变化较大的仿形车削 |

### 11.4.2　可转位车刀夹紧结构的选择

可转位车刀夹紧结构应满足以下几点。

（1）在转换切削刃或更换新刀片后,刀片位置要能保持足够的精度,刀尖位置误差应在零件加工精度允许范围之内。

（2）转换切削刃和更新刀片要方便、迅速。

（3）刀片夹紧要可靠,应保证切削过程中不致松动而使刀尖移位。但夹紧力也不宜过大,且应均匀分布,以免压碎刀片。夹紧力的方向应将刀片推向定位支撑面,并尽可能与切削力方向一致,这样更有利于可靠的夹紧。

（4）夹紧结构必须简单、紧凑,不致削弱刀杆刚性,而且制造、使用应方便。

目前,比较有代表性的几种夹紧结构及其特点如表11-9所列。

表11-9　可转位车刀典型夹紧结构特点及适用场合

| 名称 | 结构示意图 | 定位面 | 夹紧元件 | 主要特点和适用场合 |
|------|-----------|--------|---------|------------------|
| 杠杆式 | 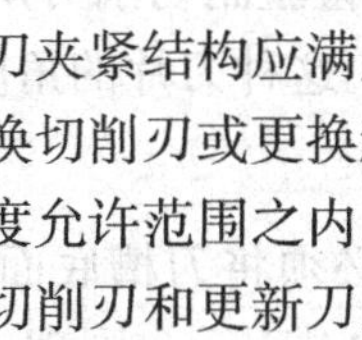 | 底面周边 | 杠杆螺钉 | 定位精度高,调节余量大,夹紧可靠,拆卸方便。卧式车床、数控车床均能使用 |
| 楔销式 | 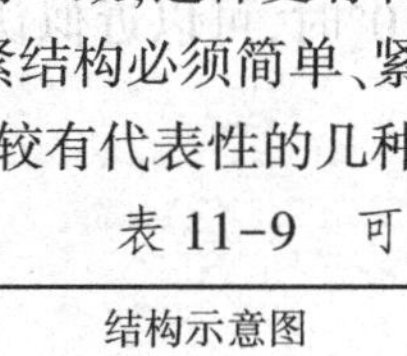 | 底面孔周边 | 楔块螺钉 | 刀片尺寸变化较大时亦可夹紧,装卸方便。适用于卧式车床进行连续切削车刀 |

（续）

| 名称 | 结构示意图 | 定位面 | 夹紧元件 | 主要特点和适用场合 |
|------|-----------|--------|----------|------------------|
| 偏心式 | | 底面周边 | 偏心螺钉 | 夹紧元件小,结构紧凑,刀片尺寸误差对夹紧影响较大,夹紧可靠性差。适用于轻、中型连续切削车刀 |
| 压孔式 | | 底面周边 | 锥形螺钉 | 结构简单,零件少,定位精度高,容屑空间大。对螺钉质量要求高。适用于数控车床上使用的内孔车刀和仿形车刀 |

### 11.4.3 可转位车刀几何角度的设计计算

为了制造和使用方便,可转位车刀刀片几何角度都做得尽可能简单。一般取刀片本身的刃倾角为零( $\lambda_b = 0°$ ),取刀片前角 $\gamma_{nb}$ 和后角 $\alpha_{nb}$ 中的一个为零或二者皆为零。车刀的几何角度则由刀片在刀杆上的安装角度来实现。设计时要计算刀片在刀杆上的安装角度,也就是刀槽底面的倾斜角度。计算的原则是保证主切削刃的合理角度,同时使副切削刃有必要的后角 $\alpha_o'$ 。

因此,可转位车刀的角度计算是在已知刀片角度 $\gamma_{nb}$ 、 $\alpha_{nb}$ 、 $\lambda_b$ 、 $\varepsilon_b$ 和车刀角度 $\gamma_o$ 、 $\alpha_o$ 、 $\lambda_s$ 、 $\kappa_r$ 的条件下,求刀槽角度 $\gamma_{og}$ 、 $\lambda_{sg}$ 、 $\gamma_{gg}$ 和车刀刀尖角 $\varepsilon_r$ ,检验副切削刃角度 $\alpha_o'$ 。

下面以最常用的刀片为例,讲述可转位车刀角度计算。这种刀片的角度为

$$\gamma_{nb} > 0°, \quad \alpha_{nb} = 0°, \quad \lambda_b = 0°$$

由于 $\alpha_{nb} = 0°$ ,要使刀片装在刀杆上以后具有后角 $\alpha_o$ ,必须将刀槽底面做成带有负前角的斜面,这个负前角称为刀槽前角,用 $\gamma_{og}$ 表示,如图 11-14 所示。同理,刀槽还应做有负的刃倾角 $\lambda_{sg}$ 以保证副切削刃的后角 $\alpha_o'$ 。

#### 1. 前角的计算

如图 11-15 所示,由于可转位车刀 $\lambda_s$ 较小,故当 $\alpha_{nb} = 0°$ 时,可以近似认为刀槽前角 $\gamma_{og}$ 的绝对值等于车刀后角 $\alpha_o$ ,即

$$|\gamma_{og}| = \alpha_o \tag{11 - 5}$$

或

$$\gamma_{og} = -\alpha_o \tag{11 - 6}$$

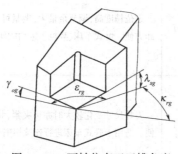

图 11-14 可转位车刀刀槽角度

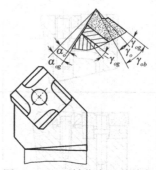

图 11-15 可转位车刀的前角

由图可见，车刀前角 $\gamma_o$ 是刀片和刀槽在正交平面中前角的代数和，即

$$\gamma_o = \gamma_{ob} + \gamma_{og} \tag{11-7}$$

故

$$\gamma_o = \gamma_{ob} - \alpha_o \tag{11-8}$$

其中

$$\tan\gamma_{ob} = \tan\gamma_{nb}/\cos\lambda_s \tag{11-9}$$

**2. 刃倾角的计算**

如前所述，对刀片后角 $\alpha_{nb} = 0°$、$\lambda_b = 0°$ 的刀片，应使刀槽具有负的刃倾角 $\lambda_{sg}$ 以获得副切削刃的后角 $\alpha_o'$，即

$$\lambda_s = \lambda_{sg} < 0° \tag{11-10}$$

$\lambda_{sg}$ 的负值尽可能不要取得太大，以减少径向切削力。

**3. 刀槽倾角的计算**

所谓刀槽倾角 $\gamma_{gg}$，就是刀槽底面的最大负前角。按最大负前角加工刀槽是比较简便的。刀槽倾角 $\gamma_{gg}$ 可按最大前角的计算公式求得，即

$$\tan\gamma_{gg} = -\sqrt{\tan^2\gamma_{og} + \tan^2\lambda_{sg}} \tag{11-11}$$

刀槽倾角 $\gamma_{gg}$ 所在剖面的方位角 $\tau_{gg}$ 为

$$\tan\tau_{gg} = \frac{\tan\gamma_{og}}{\tan\lambda_{sg}} \tag{11-12}$$

**4. 刀尖角的计算**

车刀刀尖角 $\varepsilon_r$ 是刀片刀尖角 $\varepsilon_{rb}$ 在基面中的投影，由于刀槽倾角 $\gamma_{gg}$ 的存在，车刀刀尖角 $\varepsilon_r$ 不等于刀片刀尖角 $\varepsilon_{rb}$，如图11-16所示，即

$$\varepsilon_r = \tau_{gg} + \omega_g \tag{11-13}$$

而

$$\tan\omega_g = \frac{PN}{AN} = \frac{QM}{AN} \cdot \frac{AM}{AM}$$

$$\tan\omega_g = \tan\omega_b/\cos\gamma_{gg} \tag{11-14}$$

其中

$$\omega_b = \varepsilon_b - \tau_{gb} \tag{11-15}$$

而

$$\tan\tau_{gb} = \frac{MS}{AM} = \frac{NR}{AM} \cdot \frac{AN}{AN} = \tan\tau_{gg} \cdot \cos\gamma_{gg} \tag{11-16}$$

计算顺序为

$$\tau_{gg} \to \tau_{gb} \to \omega_b \to \omega_g \to \varepsilon_r$$

**5. 校验副切削刃的后角 $\alpha_o'$**

如前所述，对 $\varepsilon_b < 90°$ 的刀片，当 $|\lambda_{sg}| < |\gamma_{og}|$ 时，有可能出现负的副切削刃的后角，即 $\alpha_o' < 0°$，此时车刀将不能正常工作。为了避免出现这种情况，必须对 $\varepsilon_b < 90°$ 的车刀进行副切削刃的后角 $\alpha_o'$ 的校验，使之不小于零。方法如下。

由

$$\alpha_o' = -\gamma_{og}'$$

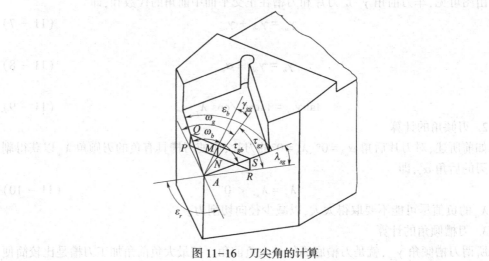

图 11-16　刀尖角的计算

因为

$$\tan\gamma'_{og} = \tan\gamma_{og}\cos(\kappa_r + \kappa'_r) + \tan\lambda_{sg}\sin(\kappa_r + \kappa'_r) = -\tan\gamma_{og}\cos\varepsilon_r + \tan\lambda_{sg}\sin\varepsilon_r$$

故

$$\tan\alpha'_o = -\tan\gamma'_{og} = \tan\gamma_{og}\cos\varepsilon_r - \tan\lambda_{sg}\sin\varepsilon_r \qquad (11-17)$$

若 $\alpha'_o \leqslant 0°$，则需改变刀槽角度 $\gamma_{og}$ 和 $\lambda_{sg}$，直到 $\alpha'_o > 0°$。

上述方法外，还可以根据 $\alpha'_o > 0°$ 的条件，预先求出 $\lambda_{sg}$ 的极限值，以保证 $\alpha'_o > 0°$。方法如下。

为使 $\alpha'_o > 0°$，则应

$$\tan\gamma_{og}\cos\varepsilon_r - \tan\lambda_{sg}\sin\varepsilon_r > 0°$$

故

$$\tan\lambda_{sg} < \frac{\tan\gamma_{og}}{\tan\varepsilon_r} \qquad (11-18)$$

式(11-18)说明，当 $\lambda_{sg}$ 小于某一数值时（负值的绝对值大于某一数值时），可保证 $\alpha'_o > 0°$。

对于一般的可转位车刀，可近似地取 $\varepsilon_r \approx \varepsilon_b$，代入上式验算副切削刃的后角 $\alpha'_o$，这样可以省略刀尖角 $\varepsilon_r$ 的计算，使用简便，也有相当高的精确度。

## 思考题与练习题

1. 车刀按用途和结构来分有哪些类型？各适用于什么场合？

2. 常用硬质合金焊接车刀的刀片型号及其适用范围如何？

3. 列举几种生产实际中采用的机夹硬质合金车刀和可转位车刀的结构(可参阅有关杂志和资料)。

4. 可转位车刀的几何角度是如何获得的？如何验算车刀角度？

# 第12章 成形车刀

成形车刀是加工回转体成形表面的专用刀具,它的切削刃形状是根据工件的廓形设计的。成形车刀主要用于大批大量生产,在半自动或自动车床上加工内、外回转体的成形表面。当生产批量较小时,也可在普通车床上加工成形表面。

成形车刀的特点如下。

(1)加工质量稳定。采用成形车刀加工,工件成形表面的形状和尺寸主要取决于刀具切削刃的形状和制造精度,所以,它可保证稳定的加工质量。一般加工精度可达 IT9 ~ IT10 级,表面粗糙度可达 2.5~10μm。

(2)生产率较高。工件成形表面是由刀具一次切削成形,减少了复杂的工艺过程。

(3)刀具寿命长。成形车刀刀刃可经多次重磨而保持刃形不变,使用期限长。

但成形车刀的设计、计算和制造比较麻烦,制造成本也较高,整个刀刃可能由几段不同刃段组成,故切削时径向力大,易产生振动,影响工件精度和表面粗糙度。一般是在成批、大量生产中使用。目前,多在纺织机械厂、汽车厂、拖拉机厂、轴承厂等工厂中使用。

本章重点讲述径向进给的棱体和圆体成形车刀的设计计算,并对成形车刀的误差、结构尺寸等作简要介绍。

## 12.1 成形车刀种类和用途

成形车刀的种类很多,一般按刀体结构形状和刀具进给方式来分类。

1. 按刀体结构形状分类

(1)平体成形车刀。如图 12-1(a)所示,其外形为平条状,刀体结构和普通车刀相同。它具有体积小、装夹简便、制造容易和成本低等优点,适用于小批生产,可用于各类车床来加工外成形表面。例如,螺纹车刀和铲刀,就属于平体成形车刀。缺点是重磨次数少,不能加工内成形表面。

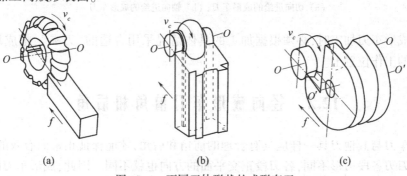

图 12-1 不同刀体形状的成形车刀

(a)平体成形车刀;(b)棱体成形车刀;(c)圆体成形车刀

（2）**棱体成形车刀** 如图 12-1(b)所示，其外形呈棱柱状，具有加工精度高，刀刃强度高，散热条件好，切削用量大，生产率高，设计、刃磨、检验较简便等优点。但比圆体刀制造复杂，重磨次数少，专用刀夹外形尺寸大，也只能用来加工外成形表面。它适用于大、中型六角车床。

（3）**圆体成形车刀** 如图 12-1(c)所示，其本身就是一个回转体，与前两种成形车刀相比，具有可重磨次数更多，制造较容易，且可用来加工内、外成形表面等优点，因而用得较多。缺点是刀刃强度较弱，散热条件差，刀夹制造复杂、外形尺寸较大及加工圆锥面时的双曲线误差较大等。

**2. 按刀具进给方式分类**

（1）径向进给成形车刀。如图 12-1 所示，车刀工作时，切削刃沿工件半径方向切入，切削行程短，生产效率高，因此应用广泛。但由于切削宽度较大，径向力较大，容易引起工件变形与振动，故不宜加工刚性较差的细长轴。

（2）切向进给的成形车刀。如图 12-2(a)所示，切削时，切削刃沿工件表面的切线方向切入。切削刃相对于工件有较大的偏角，所以它不是全部同时参加切削工作，而是分先后逐渐切入和切出，始终只有一小段切削刃在工作，从而减小了切削力。但切削行程较长，生产率较低。它适用于加工细长杆或刚性较差的外成形表面。

（3）轴向进给的成形车刀。如图 12-2(b)所示，刀具沿工件轴线方向进刀，在加工单面阶梯形工件时，每段切削刃只切取较小的切削截面，故切削力较小，适于加工刚性差的零件，但不能加工双面凹凸和双面阶梯形工件。

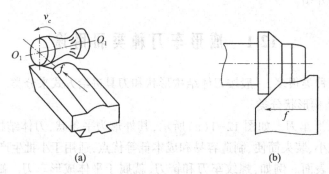

图 12-2　不同进给方向的成形车刀

(a) 切向进给的成形车刀；(b) 轴向进给的成形车刀

各种成形车刀加工时，必须根据加工的具体情况采用合适的"刀夹"，把成形车刀装夹在正确的工作位置上。

## 12.2　径向成形车刀前角和后角

成形车刀与其他刀具一样应具有合理的前角和后角，才能保证正常而有效的工作，但成形车刀刀刃各段刃形不同，各刃段正交平面的方向也就不同。因此，成形车刀的前角和后角的形成、标注和变化规律均不同于普通车刀。

1. 成形车刀前角和后角的形成

为了便于制造、测量和重磨,成形车刀的前、后角规定在其进给剖面内(垂直于工件轴线的剖面),如图 12-3 所示。成形车刀不同于其他刀具,其前、后角的获得,不是直接磨出而是预先磨出一定角度。然后,依靠刀具相对工件的安装位置而形成的。

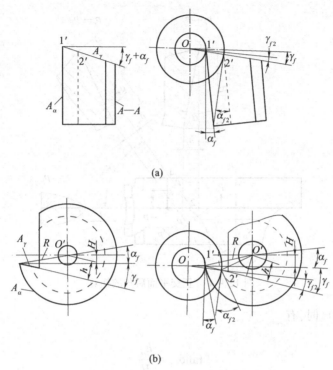

(a)

(b)

图 12-3 成形车刀前后角的形成
(a) 棱体成形车刀前后角的形成;(b) 圆体成形车刀前后角的形成

图 12-3(a)所示为棱体成形车刀前后角的形成。制造时,刀具的楔角为 $90° - (\gamma_f + \alpha_f)$,安装时,车刀倾斜 $\alpha_f$ 角,即可形成所需的前后角。

图 12-3(b)所示为圆体成形车刀前后角的形成。制造时,使车刀中心到前刀面的距离为 $h = R\sin(\gamma_f + \alpha_f)$,安装时,使刀尖位于工件中心高度位置,并使刀具中心比工件中心高 $H$,$H = R\sin\alpha_f$,即可形成所需的前后角。

成形车刀的名义前角和后角是指切削刃最外一点 $1'$。从图 12-3 可以看出,切削刃上 $1'$ 与工件中心等高,其余点(如 $2'$)低于工件中心水平位置,因此,其余各切削刃点的基面和切削平面的位置在变动,各点的前角和后角都不相同,离工件中心越远,后角越大,前角越小,且圆体成形车刀的变化比棱体成形车刀的要大。

成形车刀的前角和后角值不仅影响刀具的切削性能,而且影响零件的廓形精度,因此,要求在刀具的制造、重磨、使用时,均不得改变。

成形车刀前角大小可根据工件材料选择,后角则根据刀具类型而定,具体数值可参考有关设计资料选取。

**2. 成形车刀正交平面内的后角**

当成形车刀进给平面后角 $\alpha_f$ 的值确定后,切削刃各点在正交平面内的后角 $\alpha_o$ 则随着各点主偏角 $\kappa_r$ 的变化而变化。

如图 12-4 所示, $\alpha_{fx}$ 是成形车刀切削刃上任意点 $x$ 处的进给后角, $\alpha_{ox}$ 是成形车刀切削刃上任意点 $x$ 处正交平面内的后角, $\kappa_{rx}$ 是成形车刀切削刃上任意点 $x$ 处的主偏角。

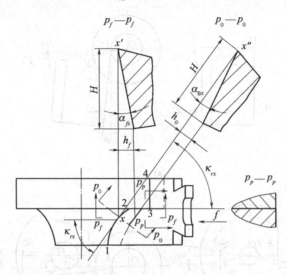

图 12-4 正交平面后角的换算

当 $\gamma_f = 0°, \lambda_s = 0°$ 时,有

$$\tan\alpha_{ox} = \frac{h_o}{H}$$

$$\tan\alpha_{Fx} = \frac{h_F}{H}$$

$$\sin\kappa_{rx} = \frac{h_o}{h_f}$$

$$\tan \alpha_{ox} = \tan \alpha_{fx} \sin \kappa_{rx} \tag{12-1}$$

由式(12-1)可以看出, $\alpha_{ox}$ 随着 $\kappa_{rx}$ 的减小而减小,当 $\kappa_{rx} = 0°$ 时, $\alpha_{ox} = 0°$ 。这时该处的后刀面与加工表面产生严重摩擦,为此,在设计时应采取必要措施加以改善。常用的改善措施有以下几种。

(1) 如图 12-5(a)所示,在不影响零件使用性能的前提下,改变零件的工艺结构。

(2) 如图 12-5(b)所示,在 $\kappa_{rx} = 0°$ 的切削刃处磨出凹槽,以减小摩擦面积。

(3) 如图 12-5(c)所示,在 $\kappa_{rx} = 0°$ 的刃段处磨出 1°~3° 的副偏角,以减小摩擦。

(4) 如图 12-5(d)所示,采用斜装成形车刀,形成 $\kappa_{rx}$ 。这种方法适于加工有大端面的零件,但不能加工凹凸曲折的工件。

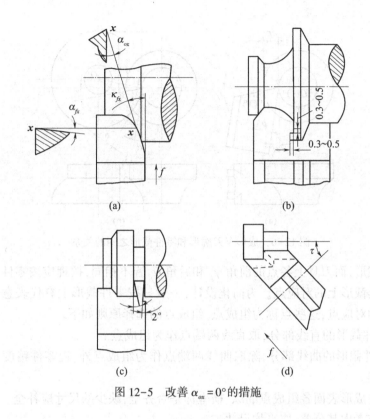

图 12-5　改善 $\alpha_{ox} = 0°$ 的措施

# 12.3　径向成形车刀的廓形设计

## 12.3.1　径向成形车刀廓形设计的必要性

成形车刀廓形设计,是指根据零件的截形来确定刀具的廓形。

零件的截形是指零件轴向剖面内的形状,其尺寸参数包括截形宽度和深度,如图12-6 中 1—2—3 形状;成形车刀的廓形是指刀具后刀面法向剖面内的形状,如图 12-6 中 1′—2′—3′形状。

当成形车刀的前角 $\gamma_f$ 和后角 $\alpha_f$ 都等于 0° 时,成形车刀的后刀面法向剖面重合于零件轴向剖面,此时,成形车刀廓形与零件的截形完全相同,但因 $\alpha_f = 0°$ 而没有实用意义。

当成形车刀的前角 $\gamma_f$ 和后角 $\alpha_f$ 都大于 0° 或 $\gamma_f = 0°$ 而 $\alpha_f > 0°$ 时,成形车刀的廓形不重合于零件的截形。对于 $\lambda_s = 0°$ 的径向成形车刀,成形车刀的廓形宽度等于零件的截形宽度。因此,径向成形车刀的廓形设计是根据零件的截形深度 $T$ 和成形车刀的前角 $\gamma_f$、后角 $\alpha_f$ 来修正成形车刀的廓形深度 $P$ 及与之相关的尺寸。

## 12.3.2　径向成形车刀廓形修正计算的基本原理和方法

### 1. 修正计算前的准备工作

(1) 确定成形表面的组成点。如前所述,成形车刀有了前、后角后,刀具的廓形将不

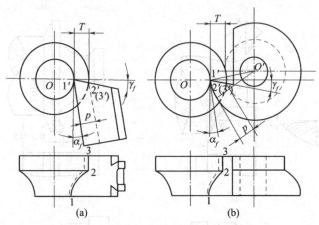

图 12-6　成形车刀廓形和零件截形之间的关系

同于零件的截形,而刀具上各点的前角 $\gamma_f$ 和后角 $\alpha_f$ 皆不相同,按理应按零件廓形上的每一点来求刀具截形上的对应点。为简化设计,一般只按零件截形上有代表意义的点来求刀具廓形上的对应点,这些点称为组成点,组成点的选择原则如下。

①　对零件截形的直线部分,取直线两端点作为组成点。

②　对零件截形的曲线部分,除取曲线两端点作为组成点外,视零件精度要求还需在中间取若干点。

（2）检查成形表面各组成点的纵、横坐标是否齐全,缺少的尺寸应补全。各组成点的坐标尺寸均应考虑其公差,取平均尺寸。

（3）对成形表面的各组成点编号,并标注其纵、横坐标尺寸。一般将零件廓形中半径最小处的一点标为点1（切削刃上基准点）,其他各点的纵、横坐标尺寸都相对于这点来标注。

（4）根据零件材料的性质和成形车刀的类型,选定所需要的前角 $\gamma_f$ 和后角 $\alpha_f$ 数值。

（5）圆体成形车刀必须先确定它的外圆直径 $D_0$（可参考刀具设计手册）。

现将径向棱体和圆体成形车刀廓形的修正计算原理和方法分述于下。

**2. 径向棱体成形车刀廓形的修正计算**

如图 12-7 所示,已知工件截形表面各组成点的半径 $r_1$、$r_2$、$r_3$、$r_4$,轴向尺寸 $l_2$、$l_3$、$l_4$,成形车刀的前角 $\gamma_f$ 和后角 $\alpha_f$ 已按加工的具体情况选定,现需求出成形车刀后刀面在其法向剖面 $N$—$N$ 内的截形。

在工件的端面视图中,过点1作刀具前刀面的投影线,使它与点1处的基面（水平线）之间的夹角为 $\gamma_f$ 角,与工件上的 $r_2$、$r_3$、$r_4$ 圆的交点分别为 $2'$、$3'$、$4'$;过点1作刀具后刀面（柱面）的一条直母线,使它与点1处的切削平面（铅垂线）之间的夹角为 $\alpha_f$ 角,分别过 $2'$、$3'$、$4'$ 作刀具后刀面相应的各条直母线,它们与过点1的直母线之间的垂直距离（$p_2$、$p_3$、$p_4$）即为后刀面法向剖面 $N$—$N$ 内的截形上各组成点的深度尺寸。至于轴向尺寸 $l_2$、$l_3$、$l_4$,则与工件上的完全相同。由 $p_2$、$p_3$、$p_4$ 和 $l_2$、$l_3$、$l_4$ 作为纵、横坐标尺寸,即可作出后刀面法向剖面的截形 $N$—$N$。

由图 12-7 可知,前刀面上的 $2'$、$3'$、$4'$ 到点1的距离 $A_2$、$A_3$、$A_4$ 与相应的法向截形深度

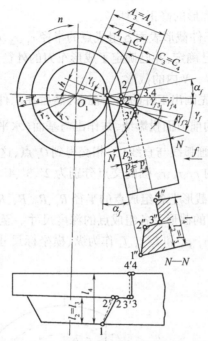

图 12-7　径向棱体成形车刀廓形的修正计算

$p_2$、$p_3$、$p_4$ 之间有一定的关系。根据图中的关系,即可顺序求出各组成点的廓形深度。

(1) $h = r_1 \sin \gamma_f$

(2) $A_1 = r_1 \cos \gamma_f$

(3) $\sin \gamma_{f2} = \dfrac{h}{r_2}$

(4) $A_2 = r_2 \cos \gamma_{f2}$

(5) $C_2 = A_2 - A_1$

(6) $p_2 = C_2 \cos (\gamma_f + \alpha_f)$

(7) $\sin \gamma_{f3} = \dfrac{h}{r_3}$

(8) $A_3 = r_3 \cos \gamma_{f3}$

(9) $C_3 = A_3 - A_1$

(10) $p_3 = C_3 \cos (\gamma_f + \alpha_f)$

从上述各式中可知,$h$ 及 $A_1$ 是共用的数值,求刀具廓形组成点中任意一点 $x$ 的廓形深度的步骤如下。

$$h = r_1 \sin \gamma_f \tag{12-2}$$

$$A_1 = r_1 \cos \gamma_f \tag{12-3}$$

$$\sin \gamma_{fx} = \frac{h}{r_x} \tag{12-4}$$

$$A_x = r_x \cos \gamma_{fx} \tag{12-5}$$

$$C_x = A_x - A_1 \tag{12-6}$$

$$P_x = C_x \cos(\gamma_f + \alpha_f) \qquad\qquad (12\text{-}7)$$

**3. 径向圆体成形车刀廓形的修正计算**

如图 12-8 所示，已知工件截形表面各组成点的半径 $r_1$、$r_2$、$r_3$、$r_4$，轴向尺寸 $l_2$、$l_3$、$l_4$，成形车刀的前角 $\gamma_f$ 和后角 $\alpha_f$ 已确定，并已确定了成形车刀的外径 $D_1(=2R_1)$，现需求出成形车刀后刀面在其法向剖面 $N$—$N$ 内的截形。

和棱体成形车刀一样，先画出工件的两个视图，然后在工件的端面视图中，过基准点 1 作出与该点基面成 $\gamma_f$ 角的前刀面投影线，并作出与基面（水平线）成 $\alpha_f$ 角的直线 $\overline{1O_c}$。以点 1 为中心，以 $R_1$ 为半径画弧线与直线 $\overline{1O_c}$ 相交得到 $O_c$ 点，这点就是成形车刀的中心。设前刀面投影线与工件上的 $r_2$、$r_3$、$r_4$ 圆的交点分别为 $2'$、$3'$、$4'$。将这些点与 $O_c$ 相连，则 $\overline{1O_c}$、$\overline{2'O_c}$、$\overline{3'O_c}$、$\overline{4'O_c}$ 为法向截形上各组成点的半径 $R_1$、$R_2$、$R_3$、$R_4$；它们与点 1 的半径差即为后刀面法向剖面 $N$—$N$ 内的截形上各组成点的深度尺寸。至于轴向尺寸 $l_2$、$l_3$、$l_4$，则与工件上的完全相同。由 $p_2$、$p_3$、$p_4$ 和 $l_2$、$l_3$、$l_4$ 作为纵、横坐标尺寸，即可作出后刀面法向剖面的截形 $N$—$N$。

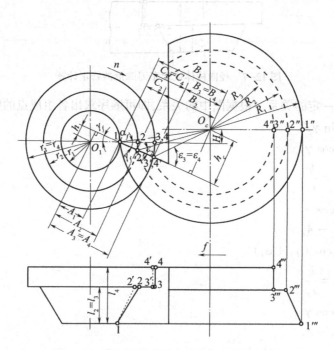

图 12-8　径向圆体成形车刀廓形的修正计算

通过 1 点作前刀面的延长线，刀具中心 $O_c$ 与该延长线的垂直距离为 $h_c$，由图 12-8 可知

$$h_c = R_1 \sin(\gamma_f + \alpha_f)$$

$$B_1 = R_1 \cos(\gamma_f + \alpha_f)$$

前刀面上 $C_2$、$C_3$、$C_4$ 的求法与棱体成形车刀完全相同。根据图 12-8 中的关系，即可得出求各组成点半径的顺序为

（1）$B_2 = B_1 - C_2$

（2）$\tan \varepsilon_2 = \dfrac{h_c}{B_2}$

（3）$R_2 = \dfrac{h_c}{\sin \varepsilon_2}$

（4）$B_3 = B_1 - C_3$

（5）$\tan \varepsilon_3 = \dfrac{h_c}{B_3}$

（6）$R_3 = \dfrac{h_c}{\sin \varepsilon_3}$

从上述各式中可知，$h_c$ 及 $B_1$ 是共用的数值，求刀具廓形组成点中任意一点 $x$ 的廓形深度的步骤为

$$h_c = R_1 \sin (\gamma_f + \alpha_f) \qquad (12-8)$$

$$B_1 = R_1 \cos (\gamma_f + \alpha_f) \qquad (12-9)$$

$$B_2 = B_1 - C_2 \qquad (12-10)$$

$$\tan \varepsilon_2 = \frac{h_c}{B_2} \qquad (12-11)$$

$$R_2 = \frac{h_c}{\sin \varepsilon_2} \qquad (12-12)$$

$$P_x = R_x - R_1 \qquad (12-13)$$

### 12.3.3　成形车刀圆弧廓形的近似计算

按照上述方法计算，当工件廓形为圆弧时，对应的刀具廓形为非圆弧曲线。如果零件上圆弧廓形精度不高时，那么成形车刀相应廓形部分常以近似圆弧来代替曲线，从而简化设计与制造。成形车刀圆弧廓形的近似计算如表 12-1 所列。

表 12-1　成形车刀圆弧廓形的近似计算

| 种类 | 对称圆弧 | 不对称圆弧 |
|---|---|---|
| 计算图 | | |
| 已知条件 | 刀具廓形深度 $p$ 及廓形宽度 $L$ | 刀具廓形深度 $p_a$、$p_b$ 及廓形宽度 $L$ |
| 计算公式 | （1）$\tan \theta = \dfrac{2p}{L}$ <br> （2）$R = \dfrac{L}{2\sin 2\theta}$ | （1）$\tan \theta = \dfrac{p_b - p_a}{L}$ <br> （2）$R = \dfrac{p_a + p_b - 2\sqrt{p_a p_b}\cos \theta}{2\sin^2 \theta}$ <br> （3）$l_0 = \sqrt{p_a(2R - p_a)}$ |

### 12.3.4 成形车刀附加刀刃

大多数成形车刀用在半自动、自动车床上加工棒料。为了减轻下一道工序切断刀的负荷，并对零件两侧端面去毛刺、倒角、修光等，成形车刀配置了附加切削刃。附加切削刃是位于成形刀刃的两侧，如图12-9所示，其中一侧用于切断的预加工，另一侧用于倒角。

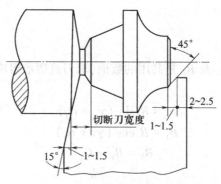

图 12-9　成形车刀的附加切削刃

## 12.4　成形车刀加工圆锥面时的误差

用成形车刀加工的零件，其外形很多是圆锥部分或曲线部分(可以看成许多圆锥部分组成)。若用普通成形车刀加工，则加工后的工件外形经检验发现圆锥部分的母线不是直线，而是一条内凹的双曲线，圆锥体实际上变成了双曲线体，因而产生了误差。这个误差称为双曲线误差。为探讨双曲线误差产生的原因，下面以加工圆锥表面为例，说明双曲线误差的来源，并叙述消除或减少这种误差的方法。

### 12.4.1 双曲线误差产生的原因

图12-10所示为用径向棱体成形车刀加工圆锥面。

当 $\gamma_f \neq 0°$ 时，前刀面 $M—M$ 不通过工件轴线，因而切削刃不在工件的轴向剖面内。由图可知，平面 $M—M$ 与圆锥面的交线是双曲线 $C_M$。要切出正确的工件形状，切削刃应与双曲线 $C_M$ 的形状完全一致，那么，成形车刀后刀面在法向剖面 $N—N$ 内的截形就应为内凹的双曲线 $C_N$。这样，刀具制造较困难。为了制造方便，就用直线代替双曲线 $C_N$。这样切出的工件，在 $M—M$ 剖面内的形状同样也为直线。但由于这条直线不在工件轴向剖面内，由它形成的回转面就不是圆锥面，而是单叶回转双曲面，因此便产生了双曲线误差 $\Delta_1$。

图12-11所示为用径向圆体成形车刀加工圆锥面。

当 $\gamma_f \neq 0°$ 时前刀面 $M—M$ 也不通过工件轴线，它与圆锥面的交线是双曲线 $C_M$。要切出正确的工件表面，切削刃的形状就应与双曲线 $C_M$ 完全一致，即切削刃形状应是双曲线 $C_N$，否则，会使工件表面产生误差 $\Delta_1$。但为了制造方便，成形车刀后刀面通常做成圆锥

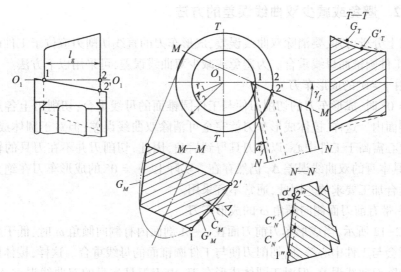

图 12-10　径向棱体成形车刀加工圆锥面时的误差

$G_T$— 要求的工件廓形；$G'_T$— 实际切出的工件廓形；$G_M$—$M$—$M$ 剖面内工件的正确廓形；

$G'_M$— 实际切出的工件 $M$—$M$ 剖面内廓形；$C_M$—$M$—$M$ 剖面内应有的切削刃形状；

$C_N$— 刀具法向剖面($N$—$N$) 内应有的截形；$C'_N$ —刀具法向剖面内的实际截形

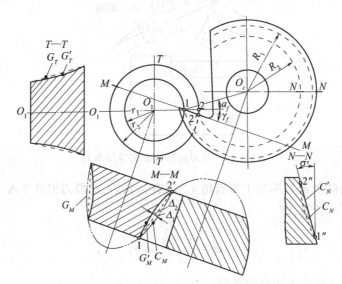

图 12-11　径向圆体成形车刀加工圆锥面时的误差

$G_T$— 要求的工件廓形；$G'_T$— 实际切出的工件廓形；$G_M$—$M$—$M$ 剖面内工件的正确廓形；

$G'_M$— 实际切出的工件 $M$—$M$ 剖面内廓形；$C_M$—$M$—$M$ 剖面内应有的切削刃形状；

$C_N$—( 当切削刃要求为$\overline{12'}$ 直线时) 刀具法向剖面内应有的截形；$C'_N$ —刀具法向剖面内的实际截形

面 $C'_N$。由于刀具前刀面亦不通过刀具轴线，所以，实际切削刃就是一条外凸的双曲线 $C'_M$，这样又使工件多产生一个误差 $\Delta_2$。所以，用 $\gamma_f \neq 0°$ 的圆体成形车刀加工圆锥面时，它的加工误差一般都比用棱体成形车刀时大。

### 12.4.2　避免或减少双曲线误差的方法

通过以上分析可知,要消除双曲线误差,成形车刀的直线切削刃应位于工件的轴向剖面内,应与工件圆锥面母线重合。为避免或减少双曲线误差,可采用以下方法。

1. 采用 $\gamma_f = 0°$ 的成形车刀

当 $\gamma_f = 0°$ 时,成形车刀的切削刃便与工件圆锥面的母线重合,切削刃上各点均位于工件轴向剖面内。这样,棱体成形车刀就完全可消除双曲线误差;但对于圆体成形车刀,由于刀具中心需高于工件中心,以使刀具得到后角,因此,切削刃并不在刀具的轴向剖面内,因而刀具本身的双曲线误差 $\Delta_2$ 仍然存在。实际上, $\gamma_f = 0°$ 的成形车刀在绝大多数情况下是不适合加工要求的。因此,通常不宜采用。

2. 采用带有前刀面侧向倾角 $\omega$ 的成形车刀

如图 12-12 所示,当成形车刀前刀面在 $A—A$ 剖面内有侧向倾角 $\omega$ 时,低于工件中心的切削刃就会与工件中心等高,切削刃便与工件圆锥面的母线重合。这样,棱体成形车刀就完全可消除双曲线误差;但对于圆体成形车刀,由于刀具本身的双曲线误差 $\Delta_2$ 仍然存在,不能完全消除双曲线误差,但已大大减少了误差的数值。

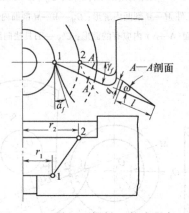

图 12-12　前刀面倾斜 $\omega$ 的成形车刀

前刀面侧向倾角 $\omega$ 并不等于刃倾角 $\lambda_s$ ,因有 $\omega$ 角后,这段刀刃处于水平位置,即 $\lambda_s = 0°$ 。 $\omega$ 角可用下式计算,即

$$\omega = \frac{r_2 - r_1}{l} \sin \gamma_f \qquad (12-14)$$

式中　$r_1$ 、 $r_2$ ——工件上 1、2 点的半径;

　　　$l$ ——工件上 1、2 点的轴向距离;

　　　$\gamma_f$ ——成形车刀的前角。

如果刀具廓形除了 1-2 部分外,还有其他部分,由于整个前刀面侧向倾斜了 $\omega$ 角,那么,其他部分各点刀刃将会高于或低于工件中心线,这部分工件表面加工时双曲线误差仍然存在。因此,需要避免或减少双曲线误差的部分,应该是廓形中加工要求较高的那部分。

这种成形车刀的设计计算与普通成形车刀稍有不同,设计时可参考有关资料。

## 12.5　成形车刀的样板与技术条件

### 12.5.1　成形车刀的样板设计

制造成形车刀时,一般是用样板来检验刀具廓形的精确度。成形车刀的截形尺寸一般不注在刀具图上,而是详细的标注在样板图上。成形车刀样板如图 12-13 所示。

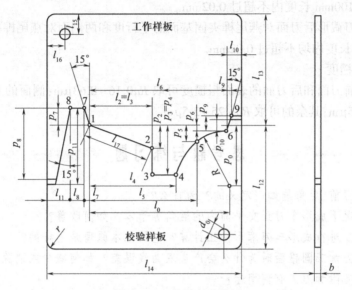

图 12-13　成形车刀样板

成形车刀样板是成对制造的,其中,一块是工作样板,用来检验成形车刀的廓形;另一块是校验样板,用来检验工作样板的精度。

样板的廓形应与刀具廓形(包括附加刀刃在内)完全一致;在廓形部分有较大转折的转角处,应设计出小孔或凹槽,以避免热处理裂纹。为便于样板穿挂,在非工作端设计出 $d_0 = 3 \sim 5mm$ 的小孔,边距 $l_{15}$ 及 $l_{16}$ 一般为 $4 \sim 6mm$,样板长度 $l_{12}$ 及 $l_{13}$ 一般不小于 $30mm$,样板厚度一般约为 $2mm$,圆角半径 $r = 2 \sim 3mm$。

样板上各组成点的坐标尺寸也应以刀具截形上点 1 为基准来标注,以减少累积误差。样板上的尺寸公差可取为刀具截形尺寸公差的 $1/3 \sim 1/2$,一般不小于 $\pm 0.01mm$,角度公差取 $\pm 1'$,样板上成形表面粗糙度应达 $Ra0.08 \sim 0.16\mu m$。

样板一般用低碳钢制造,经表面渗碳淬火后硬度达 56~62HRC。

### 12.5.2　成形车刀的技术要求

1. 刀具材料、热处理和硬度

(1) 刀具切削部分为 W18Cr4V,热处理硬度 63~66HRC。

(2) 焊接式棱体成形车刀,刀体为 40Cr 或 45 钢,热处理硬度 40~45HRC。

2. 尺寸公差

(1) 刀具截形深度公差取工件相应公差的 $1/3 \sim 1/2$。截形宽度公差取工件相应公差的 2/3～1/2。

（2）刀具截形角度公差取±1′。

（3）圆体刀的外径公差取为 h11，孔径公差取为 H8，前刀面偏距 $h_c$ 的公差取为 ±0.1～0.3mm。

（4）棱体刀的楔角公差可取为±10′～±30′。

3．形位公差

（1）圆体刀切削刃对内孔轴线的圆跳动公差可取为 0.02～0.03mm。前刀面对轴心线平行度误差在 100mm 长度内不超过 0.02mm。

（2）棱体刀截形后刀面对燕尾榫夹固基面的平行度和两侧面对燕尾榫夹固基面的垂直度在 100mm 长度内均不超过 0.02mm。

4．表面粗糙度

成形车刀前刀面和后刀面的表面粗糙度可取 $Ra0.16～0.63\mu m$；侧面的表面粗糙度可取 $Ra0.63～1.25\mu m$；其余的可取 $Ra1.25～2.5\mu m$。

## 思考题与练习题

1．成形车刀前、后角是如何定义的？为什么？

2．什么情况下成形车刀正交平面内的后角等于零？如何改善？

3．为什么要进行成形车刀廓形修正计算？它的基本原理是怎样的？

4．成形车刀加工圆锥面时为什么会产生双曲线误差？如何减少或消除双曲线误差？

5．成形车刀附加刀刃有何用途？

# 第13章 孔加工刀具

## 13.1 孔加工刀具种类和用途

孔加工刀具是用于在工件实心材料中形成孔或将已有孔扩大的刀具。由于各种零件上经常有很多孔需要加工,因此孔加工刀具应用非常广泛。

由于孔加工刀具是在工件体内工作的,它的结构尺寸受到一定的限制,因而它的容屑和排屑、强度与刚度、导向以及润滑冷却等问题就显得尤为突出,必须根据具体加工情况作适当考虑。

孔加工刀具的结构类型很多,根据其用途可以分为以下几种。

### 1. 扁钻

如图 13-1 所示,扁钻是结构最简单、使用得最早的一种钻孔刀具。扁钻有整体和装配的两种形式,如图 13-1(a)和图 13-1(b)所示。因切削时前角小、导向差、排屑困难、重磨次数少,故生产效率低。但因结构简单,制造方便,在钻削硬脆材料的浅孔或阶梯孔和成形孔,特别在加工 0.03~0.5mm 直径的微孔时,整体扁钻仍有应用。装配式扁钻主要用于大尺寸孔的加工。由于刀杆刚性好,可用高性能的高速钢和硬质合金刀片或可转位刀片等制造,并便于快速更换和修磨成各种形状,故适合在自动线或数控机床上使用,能获得较好的技术经济效果,因而近年来也得到了推广应用。此外,扁钻也常用于孔加工复合刀具上。

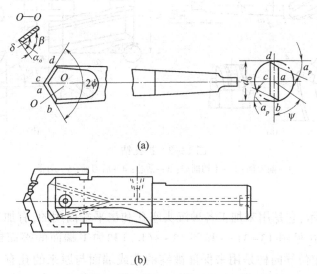

(a)

(b)

图 13-1 扁钻

**2. 麻花钻**

麻花钻的出现解决了上述扁钻所存在的一些问题。它主要是用来在实心材料上钻孔，有时也可用于扩大已有孔的直径。它是目前孔加工中使用得最广泛的一种粗加工用刀具，可加工孔径范围为 0.1~80mm。随刀柄形式的不同，可分为直柄的和锥柄的两种麻花钻；按制造材料分，则有高速钢麻花钻和硬质合金麻花钻。采用物理沉积法（PVD）的 TiN 涂层高速钢麻花钻目前已应用极广，其耐用度和钻孔精度都有较大提高。硬质合金麻花钻一般做成镶片焊接式或可转位式，在加工铸铁、淬火钢及印制线路板时，其生产率可比高速钢麻花钻高很多。直径 5mm 以下的硬质合金麻花钻一般做成整体的。

**3. 深孔钻**

它是加工深度与直径之比大于 5~10 倍的深孔时用的钻头。加工深孔时有许多特点，在设计和使用深孔钻时应加以考虑。

**4. 扩孔钻**

如图 13-2 所示，扩孔钻常用来对工件上已有的孔进行扩大或提高孔的加工质量。它既可用作孔的最后加工，也可用作铰孔前的预加工，在成批或大量生产时应用较广。扩孔钻的外形和麻花钻相类似，只是加工余量小，主切削刃较短，因而容屑槽浅，刀齿数目较麻花钻多，刀体强度高，刚性好，故加工后的质量比麻花钻加工的质量好。一般加工后孔的公差能达 IT10~IT11 级，表面粗糙度 $Ra3.2~6.3\mu m$。直径为 10~32mm 的扩孔钻做成整体的，如图 13-2（a）所示；直径 25~80mm 的扩孔钻做成套装的，如图 13-2（b）所示。切削部分的材料可以用高速钢制造，也可镶焊硬质合金刀片。

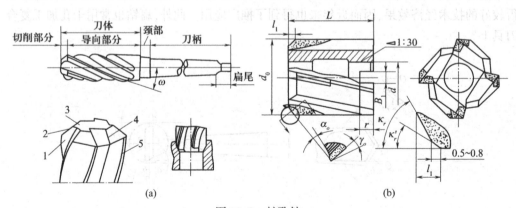

图 13-2　扩孔钻
1—前刀面；2—主切削刃；3—钻芯；4—后刀面；5—刃带

**5. 锪钻**

如图 13-3 所示，它是用来加工各种沉头座孔和锪平端面用的，有加工圆柱形或圆锥形沉头座孔的锪钻[见图 13-3（a）和图 13-3（b）]和加工端面的端面锪钻[见图 13-3（c）]。锪钻上的定位导向柱是用来保证被锪的孔或端面与原来的孔有一定的同轴度或垂直度的。导向柱可以拆卸，以便制造锪钻的端面齿。根据直径的大小，锪钻可制成带锥柄的和套装的；可用高速钢制造，或镶焊硬质合金的刀片。

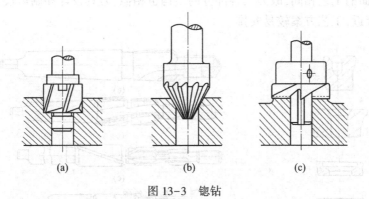

(a)                    (b)                    (c)

图 13-3   锪钻

**6. 铰刀**

它是提高工件上已有孔的加工质量的半精加工和精加工刀具。切削余量更小,刀齿数目更多。按手用或机用的不同,有合金工具钢、高速钢和硬质合金的铰刀。

**7. 镗刀**

镗刀可以用于在车床、铣床和镗床等机床上对工件孔进行镗削。镗孔的加工范围很广,可以对不同直径和形状的孔进行粗、精加工,特别是加工一些大直径的孔,镗刀几乎是唯一的刀具。一般镗孔后的孔公差可达 1T7 级,表面粗糙度 $Ra0.8 \sim 1.6\mu m$,若在高精度镗床上进行高速镗孔,则能达到更高的加工质量。

设计镗刀时,应注意其刚性和耐磨性,以保证镗孔的加工质量。镗刀工作时,悬伸长,刚性差,易产生振动。因此,主偏角一般选得较大。

**8. 孔加工复合刀具**

孔加工复合刀具是由两把或两把以上同类或不同类的孔加工刀具经复合后同时或按先后顺序完成不同工序(或工步)的刀具。

孔加工复合刀具的加工范围很广,它不仅可以从实心材料上加工同轴孔或型面孔,也可进行扩孔、镗孔、铰孔、锪端面及锪沉头孔等。图 13-4 表示一些复合孔的加工范例。使用孔加工复合刀具,可同时或按先后次序加工几个表面,因而减少机动或辅助时间,提高生产率。

孔加工复合刀具的结构,可以保证加工表面的相互位置精度,如同轴度和端面与孔的垂直度等,因而可加工要求较高的和较复杂的零件。用这种刀具加工时,可减少工件的安装次数或夹具的转位次数,降低了工件的定位误差,使工件的加工余量也较均匀,有利于提高工件的加工质量。此外,因加工时工序较为集中,可减少机床的工位数和台数,节约了投资,加工成本也较低。因此,孔加工复合刀具正在不断扩大,它的应用范围,特别在组合机床和自动线加工方面,使用已很广泛。但是,孔加工复合刀具的强度和刚度一般较差,排屑困难,制造和刃磨都比较复杂,刀具成本也较高。因此,只有在大批或大量生产时应用才合算。

孔加工复合刀具的种类很多,按复合刀具的类型可分成以下几种。

(1) 由同类刀具复合的,如复合钻[见图 13-5(a)]、复合扩孔钻[见图 13-5(b)]、复合铰刀[见图 13-5(c)]、复合镗刀[见图 13-5(d)]等。由同类刀具复合成的孔加工刀具,对不同表面的工艺相同,故刀具各部分的结构也相似,刀具设计和制造较为方便,而且切削用量也接近,工艺方案较易安排。

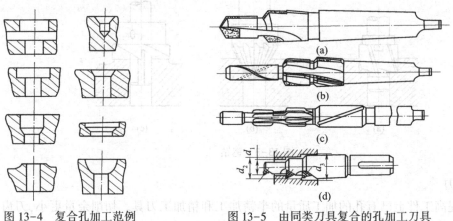

图 13-4　复合孔加工范例

图 13-5　由同类刀具复合的孔加工刀具

（2）由不同类刀具复合的,如钻-扩复合刀具（图 13-6（a））、钻—铰复合刀具[见图 13-6（b）]、钻-扩-铰复合刀具[见图 13-6（d）]、扩-铰复合刀具[见图 13-6（c）]等。由不同类刀具复合成的孔加工刀具,在设计和制造方面都较困难,而且不同刀具的切削用量也不同,因此工艺安排比较复杂。

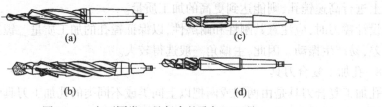

图 13-6　由不同类刀具复合的孔加工刀具

# 13.2　麻 花 钻

## 13.2.1　麻花钻的结构和几何角度

### 1. 麻花钻的结构

麻花钻由于受结构和切削条件等的限制,加工后孔的质量较低(孔公差 IT11 级以下;表面粗糙度大于 $Ra6.3\mu m$),因而一般常只用于孔的粗加工。

图 13-7 为麻花钻的结构图,它由刀体、颈部和刀柄所组成。刀体又分成切削部分和导向部分,切削部分是麻花钻进行切削的主要部分。颈部是刀体和刀柄的连接部分。刀柄用于装夹钻头和传递力矩。尺寸大的钻头用锥柄,尺寸小的钻头用直柄。

由于麻花钻用于在实心的工件上钻孔,故它的直线形主切削刃需要很长,几乎延续到钻头的中心,因而要求有较大的容屑槽,刀齿数目也很少,只有两个。两个主切削刃是由横刃连接的,为了便于排屑,麻花钻的容屑槽做成螺旋形的。后刀面一般做成圆锥面或螺旋面的一部分,以满足刀刃上的各点有不同的后角值。麻花钻的两个刃瓣由钻心连接。

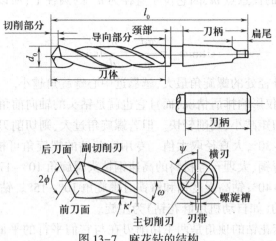

图 13-7　麻花钻的结构

钻心的大小直接影响钻头的强度、刚度和横刃长度。为了增加麻花钻钻削时的强度和刚度,钻心直径应沿轴线方向从钻尖向柄部逐渐增大,每 100mm 长度增大 1.4~2.0mm。为了减少麻花钻与孔壁的摩擦,导向部分上做有两条窄的刃带,其外径由钻尖向柄部逐渐减少,每 100mm 长度缩小 0.03~0.12mm。

2. 麻花钻的几何角度

麻花钻的主要几何角度如图 13-8 所示。

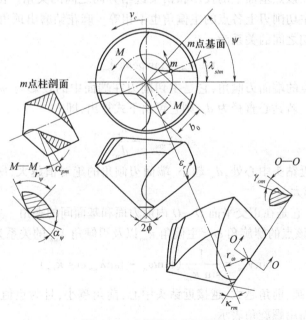

图 13-8　麻花钻的几何参数

（1）螺旋角 $\omega$。钻头外圆柱与螺旋槽表面的交线(螺旋线)上任意点的切线和钻头轴线之间的夹角,即

$$\tan\omega = \frac{\pi d_0}{p_z} \qquad (13-1)$$

对于主切削刃上的任意点 $m$，因它位于直径为 $d_m$ 的圆柱上，所以通过 $m$ 点的螺旋线的螺旋角 $\omega_m$ 为

$$\tan\omega_m = \frac{\pi d_m}{p_z} = \frac{d_m}{d_0}\tan\omega \qquad (13-2)$$

由此可见，钻头外径处的螺旋角最大，越靠近中心螺旋角越小。

螺旋角的大小不仅影响排屑情况，而且它也就是钻头的轴向前角。螺旋角增大，则前角也增大，轴向力和扭矩减小，切削轻快。但若螺旋角过大，则切削刃强度削弱，故标准麻花钻的螺旋角为 18°~30°，大直径取大值。专用麻花钻的螺旋角可根据加工材料性质选定。如加工黄铜、软青铜、大理石等材料的高速钢钻头螺旋角 10°~17°；钻削轻合金、紫铜的材料时螺旋角 35°~40°；钻高强度钢和铸铁时螺旋角 10°~15°。钻头螺旋槽的方向，一般为右旋；特殊用途的（如自动机用麻花钻）为左旋。

（2）顶角 $2\phi$。麻花钻的顶角是两主切削刃在与它们平行的平面上投影的夹角。顶角越小，则主切削刃越长，单位切削刃上的负荷减轻，轴向力减小，且可使刀尖角增加，有利于散热，提高钻头耐用度。但若顶角过小，则钻尖强度减弱，且由于切屑平均厚度减小，变形增加，扭矩增大，故当钻削强度和硬度高的工件时，钻头易折损。通常应根据工件材料选择钻头的顶角值：钻削黄铜、铝合金时为 130°~140°；钻中硬铸铁、硬青铜时为 90°~100°；钻大理石时为 80°~90°。加工钢和铸铁的标准麻花钻取 118°。

（3）主偏角 $\kappa_r$ 和端面刃倾角 $\lambda_{st}$。和车刀相同，麻花钻主切削刃上任意一点 $m$ 的主偏角，是主切削刃在该点基面上的投影和钻头进给方向之间的夹角。由于主切削刃上各点的基面不同，故主切削刃上各点的主偏角也不相等。麻花钻磨出顶角后，各点的主偏角也就随之确定，它们之间的关系为

$$\tan\kappa_{rm} = \tan\phi\cos\lambda_{stm} \qquad (13-3)$$

式中 $\lambda_{stm}$——$m$ 点的端面刃倾角，它是主切削刃在端面中的投影与 $m$ 点的基面间的夹角。若钻心直径为 $d_c$，则它可由下式算出，即

$$\sin\lambda_{stm} = -\frac{d_c}{d_m} \qquad (13-4)$$

由此可知，越近钻头中心处，$d_m$ 越小，端面刃倾角的绝对值越大，所以主偏角和半顶角 $\phi$ 的差别也就越大。

（4）前角 $\gamma_o$。它是在正交平面 O—O 内前刀面和基面间的夹角。主切削刃上任意一点 $m$ 的前角 $\gamma_{om}$ 与该点的螺旋角 $\omega_m$、主偏角 $\kappa_{rm}$ 以及刃倾角 $\lambda_{stm}$ 的关系为

$$\tan\gamma_{om} = \frac{1}{\sin\kappa_{rm}}(\tan\omega_m + \tan\lambda_{stm}\cos\kappa_{rm}) \qquad (13-5)$$

越接近钻头外圆，前角越大；越接近钻头中心，前角越小，且为负值。在图样上，钻头的前角不予标注，而用螺旋角表示。

（5）后角 $\alpha_p$。为了测量方便，钻头主切削刃上任意一点 $m$ 的后角，经常是用通过 $m$ 点的圆柱剖面中的轴向后角 $\alpha_{pm}$ 来表示（见图 13-8）。钻头的后角沿主切削刃是变化的（见图 13-9）。名义后角是指钻头外圆处的后角，该处的后角 $\alpha_p$ 为 8°~10°；靠近中心接近横刃处的后角 $\alpha_p$ 为 20°~25°，这样可以增加横刃切削时的前角和后角，改善切削条件（见图 13-8 中的 M—M 剖面），并能与切削刃上变化的前角相适应，而使各点

的楔角大致相等。此外，又能弥补由于钻头轴向进给运动而使切削刃上每点实际工作后角减少所产生的影响。

（6）横刃角度。它包括横刃斜角 $\psi$、横刃前角 $\gamma_\psi$ 和横刃后角 $\alpha_\psi$（见图 13-8）。横刃斜角 $\psi$ 是在端面投影中横刃和主切削刃之间的夹角。当钻头后面磨成以后，横刃斜角即自然形成。斜角的大小与顶角以及靠钻心处的后角有关，顶角和后角越大，斜角越小，横刃越长，一般为 50°～55°。横刃前角 $\gamma_\psi$ 为负值，横刃后角 $\alpha_\psi$ 与横刃前角 $\gamma_\psi$ 的绝对值互余。标准麻花钻

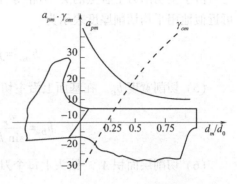

图 13-9　麻花钻前角、后角分布情况

的横刃前角为-54°，横刃后角为 36°，因此横刃切削条件非常不利，切削时因发生强烈的挤压而产生很大的轴向力。试验表明，用标准麻花钻加工时，约有 50% 的轴向力是由横刃产生的。因此，对于直径较大的麻花钻，一般都需要修磨横刃。

（7）副偏角 $\kappa_r'$ 与副后角 $\alpha_o'$。副偏角 $\kappa_r'$ 是由钻头导向部分的外径向柄部缩小而形成的。因缩小量很小，其值也极小。钻头的副后刀面是圆柱面上的刃带，由于切削速度方向和刃带的切线方向重合，故副后角 $\alpha_o'$ 为 0°。

### 13.2.2　切削要素

钻孔时的切削要素（见图 13-10）主要包括以下几点。

（1）切削速度 $v_c$。切削速度是指钻头外径处的主运动速度为

$$v_c = \frac{\pi d_0 n}{1000} \qquad (13-6)$$

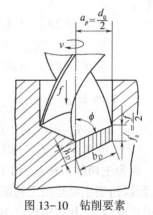

图 13-10　钻削要素

式中　$v_c$——切削速度，单位为 m/s；

　　　$d_0$——钻头外径，单位为 mm；

　　　$n$——钻头或工件的转速，单位为 r/s。

（2）进给量 $f$ 和每齿进给量 $f_z$。钻头每转一周沿进给方向移动的距离称进给量 $f$（mm/r）。由于钻头有两个刀齿，故每个刀齿的进给量为

$$f_z = f/2$$

（3）背吃刀量 $a_p$。它是钻头直径的 1/2，即

$$a_p = d_0/2$$

（4）切削厚度 $h_D$。沿垂直于主切削刃在基面上的投影的方向上测出的切削层厚度为

$$h_D = f_z \sin \kappa_r = \frac{f}{2} \sin \kappa_r \qquad (13-7)$$

由于主切削刃上各点的 $\kappa_x$ 不相等，因此各点的切削厚度也不相等。为了计算方便，可近似地用平均切削厚度表示为

$$h_{Dav} = f_z \sin\phi = \frac{f}{2}\sin\phi \qquad (13-8)$$

（5）切削宽度 $b_D$。在基面上沿主切削刃测量的切削层宽度。近似地可表示为

$$b_D = \frac{a_p}{\sin k_r} \approx \frac{a_p}{\sin\phi} = \frac{d_0}{2\sin\phi} \qquad (13-9)$$

（6）切削层面积 $A_D$。钻头上每个刀齿的切削层面积为

$$A_D = h_{Dav} \cdot b_D = f_z a_p = \frac{f d_0}{4} \qquad (13-10)$$

### 13.2.3 钻削力和功率

钻头切削时受到工件材料的变形抗力以及钻头与孔壁和切屑间的摩擦力。和车削一样，钻头每个切削刃上都受到 $F_x(F_f)$、$F_y(F_p)$、$F_z(F_c)$ 三个分力的作用，如图 13-11 所示。在理想的情况下，$F_y$ 基本平衡，而其余的力合并成为轴向力 $F$ 和圆周力 $F_z$。圆周力 $F_z$ 构成扭矩 $T$，消耗主要功率，即

$$F = F_c + F_\psi + F_f \qquad (13-11)$$
$$T = T_c + T_\psi + T_f \qquad (13-12)$$

其中

$$F_c = 2F_{x0} \quad （主切削刃）$$
$$F_\psi = 2F_{x\psi} \quad （横刃）$$
$$F_f = 2F_{x1} \quad （副切削刃）$$
$$T_c = 2F_{z0}\rho \approx \frac{F_{z0}d_0}{2} \quad （主切削刃）$$
$$T_\psi \approx F_{z\psi}b_\psi \quad （横刃）$$
$$T_f = F_{z1}d_0 \quad （副切削刃）$$

因为主切削刃最长，切下的切屑最多，负荷最大，所以扭矩主要是由主切削刃产生的，约占80%；横刃长度较短，其扭矩约占10%左右。但因横刃是负前角工作的，因此其轴向力很大，占 50%~60%（不修磨时）；而主切削刃的轴向力约占40%。轴向力大时，容易使孔钻偏，甚至将钻头折断，故修磨横刃是减小钻削时轴向力的一个主要方法。

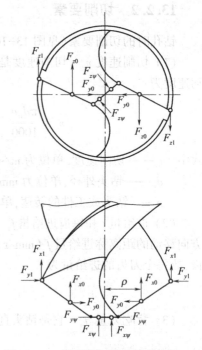

图13-11　麻花钻切削时受力情况

通过钻削试验，可以得出钻小时的扭矩 $T$ 和轴向力 $F$ 的表达式以及所需的切削功率 $P_c$，即

$$F = 9.81 C_F d_0^{X_F} f^{Y_F} K_F \qquad (13-13)$$
$$T = 9.81 C_M d_0^{X_M} f^{Y_M} K_M \qquad (13-14)$$

$$P_c = 2\pi Tn \, 10^{-3} \tag{13-15}$$

$F$ 的单位为 N;$T$ 的单位为 N·m;$P_c$ 的单位为 kW。

表 13-1 中列出了麻花钻切削时上述表达式中的轴向力系数 $C_F$、扭矩系数 $C_M$、轴向力指数 $X_F$、$Y_F$,扭矩指数 $X_M$、$Y_M$;轴向力修正系数 $K_F = K_{Fm}K_{Fw}$;扭矩修正系数 $K_M = K_{Mm}K_{Mw}$。

表 13-1　麻花钻轴向力和扭矩表达式中的系数、指数及修正系数

| 工 件 材 料 | 刀具材料 | $C_F$ | $X_F$ | $Y_F$ | $C_M$ | $X_M$ | $Y_M$ |
|---|---|---|---|---|---|---|---|
| 钢 $\sigma_b = 0.637\text{GPa}$ | 高速钢 | 61.2 | 1.0 | 0.7 | 0.0311 | 2.0 | 0.8 |
| 不锈钢 1Cr18Ni9Ti | 高速钢 | 143 | 1.0 | 0.7 | 0.041 | 2.0 | 0.7 |
| 灰铸铁 190HBS | 高速钢 | 42.7 | 1.0 | 0.8 | 0.021 | 2.0 | 0.8 |
| | 硬质合金 | 42 | 1.2 | 0.75 | 0.012 | 2.2 | 0.8 |
| 可锻铸铁 150HBS | 高速钢 | 43.3 | 1.0 | 0.8 | 0.021 | 2.0 | 0.8 |
| | 硬质合金 | 32.5 | 1.2 | 0.75 | 0.01 | 2.2 | 0.8 |
| 中等硬度非均质铜合金 100HBS~140HBS | 高速钢 | 31.5 | 1.0 | 0.8 | 0.012 | 2.0 | 0.8 |

| 切削条件变化后的修正系数 $K_M$、$K_F$ | 工件材料($m$) | 钢 $K_{Mm} = K_{Fm} = \left(\dfrac{\sigma_b}{0.637}\right)^{0.75}$ | | 灰铸铁 $K_{Mm} = K_{Fm} = \left(\dfrac{H_B}{190}\right)^{0.6}$ | 可锻铸铁 $K_{Mm} = K_{Fm} = \left(\dfrac{H_B}{150}\right)^{0.6}$ |
|---|---|---|---|---|---|
| | 钻头磨损情况($\omega$) | | 磨损后 $K_{Mw}=1$ $K_{Fw}=1$ | | 未磨损 $K_{Mw}=0.87$ $K_{Fw}=0.9$ |

注:1. 表中的 $\sigma_b$ 以 GPa 为单位;

2. 轴向力公式是按修磨横刃的钻头计算的,不修磨横刃时应乘以系数 1.33;

3. 加工材料的强度或硬度改变时,轴向力和扭矩应乘以系数 $K_{Fm} = K_{Mm}$;

4. 当用新钻头时,轴向力和扭矩应分别乘以 $K_{Fw}$ 和 $K_{Mw}$

### 13.2.4　麻花钻几何形状的改进

**1. 标准麻花钻的缺点**

麻花钻和扁钻相比,在结构上要完善得多,有一定的前角,导向及排屑好,重磨次数较多等。但它也还存在着不少缺点,特别是切削部分的几何参数,例如:

(1)前角沿主切削刃变化很大,从外圆处的约正 30° 到接近中心处的约负 30°,各点切削条件不同。

(2)横刃前角为负值,约为负(54°~60°),而横刃宽度 $b_\psi$ 如又较大,切削时挤压工件严重,轴向力大。

(3)主切削刃长,切屑宽,卷屑和排屑困难,且各点的切削速度大小及方向差异很大。

(4)刃带处副后角为零,而该点的切削速度又最高,刀尖角小,散热条件差。因此,该处磨损较快,影响钻头的耐用度。

麻花钻结构上的这些缺点,严重地影响了它的切削性能。为了进一步提高它的工作

效率,需要按具体加工情况加以修磨改进。

**2. 麻花钻常见的修磨方法**

在生产中,一般常从下述几个方面对麻花钻进行修磨:

1）修磨横刃

麻花钻上横刃的切削情况最差。为了改善钻削条件,修磨横刃极为重要。

一般修磨横刃的方法有以下几种。

（1）缩短横刃。如图 13-12（a）所示,磨短横刃,减少其参加切削工作的长度,可以显著地降低钻削时的轴向力,尤其对大直径钻头和加大钻心直径的钻头更为有效。由于这种修磨方法效果很好,又较简便,因此直径 12mm 以上的钻头,均常采用。

（2）修磨前角。如图 13-12（b）所示,将钻心处的前刀面磨去一些,可以增加横刃的前角。这是改善横刃切削条件的一种措施。

（3）综合式磨法。如图 13-12（c）所示,综合上面两种方法,同时进行修磨。

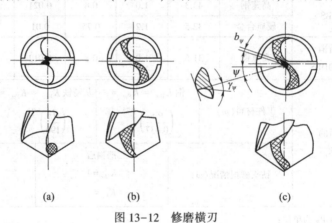

（a）          （b）          （c）

图 13-12　修磨横刃

2）修磨多重顶角

钻头外圆处的切削速度最大,而该处又是主、副切削刃的交点,刀尖角较小,散热差,容易磨损。为了提高钻头的耐用度,将该转角处修磨出双重顶角[见图 13-13（a）]、三重

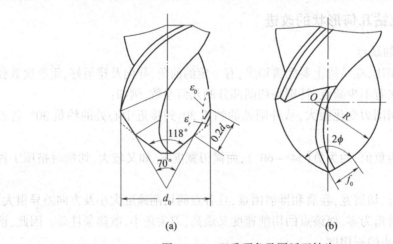

（a）          （b）

图 13-13　双重顶角及圆弧刃钻头

顶角(当钻头直径较大时)或带圆弧刃的钻头[见图13-13(b)]。经修磨后的钻头,在接近钻头外圆处的切削厚度减小,切削刃长度增加,单位切削刃长度的负荷减轻;顶角减小,轴向力下降;刀尖角加大,散热条件改善,因而可提高钻头的耐用度和加工表面质量。但钻削很软的材料时,为避免切屑太薄和扭矩增大,一般不宜采用这种修磨方法。

3)修磨前刀面

修磨前刀面的目的主要是改变前角的大小和前刀面的形式,以适应加工材料的要求。在加工脆性材料(如青铜、黄铜、铸铁、夹布胶木等)时,由于这些材料的抗拉强度较低,呈崩碎切屑,为了增加切削刃强度,避免崩刃现象,可将靠近外圆处的前刀面磨平一些以减小前角,如图13-14(a)所示。当钻削强度、硬度大的材料时,则可沿主切削刃磨出倒棱,稍为减小前角来增加刃口的强度[见图13-14(b)]。当加工某些强度很低的材料(如有机玻璃)时,为减少切屑变形,可在前刀面上磨出卷屑槽,加大前角,使切削轻快,以改善加工质量[见图13-14(c)]。

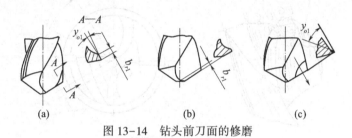

图13-14 钻头前刀面的修磨

4)开分屑槽

当钻削韧性材料或尺寸较大的孔时,切屑宽而长,排屑困难,为便于排屑和减轻钻头负荷,可在两个主切削刃的后刀面上交错磨出分屑槽(见图13-15),将宽的切屑分割成窄的切屑,也可在前刀面上开出分屑槽,但制造较困难。

5)修磨刃带

因钻头的侧后角为零度,在钻削孔径超过12mm无硬皮的韧性材料时,可在刃带上磨出 $\alpha_o'=6°\sim8°$ 的副后角,如图13-16所示。钻头经修磨刃带后,可减少磨损和提高耐用度。

图13-15 钻头后刀面开分屑槽

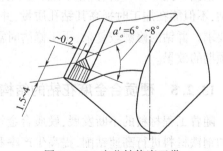

图13-16 麻花钻修磨刃带

从上面的修磨方法可以看出,改善麻花钻的结构,既可以根据具体工作条件对麻花钻进行适当的修磨,也可以在设计和制造钻头时即考虑如何改进钻头的切削部分形状,以提高其切削性能。

3. 群钻

群钻是在长期的钻孔实践中,经过不断总结经验,综合运用了麻花钻各种修磨方法而制成的一种效果较好的钻头。群钻有许多种,标准群钻是其中的基本形式,它适合钻削普通钢材。其他形式则是在此基础上根据加工材料和工艺要求的不同加以变化而成的。

标准群钻(见图 13-17)是用标准麻花钻修磨而成的。

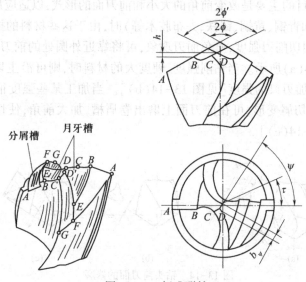

图 13-17 标准群钻

这样修磨的群钻有很多优点。

(1) 群钻的横刃长度只有普通钻头的 1/5,主刃上前角平均值增大,使进给抗力下降 35%~50%,扭矩下降 10%~30%。因此,进给量比普通钻头约提高 3 倍,钻孔效率大大提高。

(2) 群钻的寿命可提高 2~3 倍。

(3) 由于钻心的定心作用好,钻孔精度提高,形位公差与加工表面粗糙度值也均较小。

根据不同加工材料(如铜、铝合金、有机玻璃等)和工艺要求而扩展成的其他形式的群钻,不但能在加工时提高其钻孔质量,并能满足对不同工作情况(如薄板、斜孔等)的加工要求。群钻的修磨较复杂,手工修磨时需有较熟练的技巧或采用修磨夹具,否则较难达到预期的效果。

## 13.2.5 硬质合金麻花钻的结构特点

随着工程材料的不断发展,硬质合金钻头在生产中应用已非常广泛。它不仅能对普通的钢铁材料进行高速钻削,提高生产率和耐用度,且可加工各种有色金属以及橡胶、塑料、玻璃、石材等非金属材料,在工艺系统刚度足够大的情况下还能成功地应用于加工高强度材料。

小尺寸硬质合金钻头做成整体式;较大尺寸的一般作成刀片焊接式[见图 13-18(a)]或可转位式[见图 13-18(b)]。硬质合金牌号常用 YG 类;刀体材料则用 9SiCr,经热处理以提高强度和硬度。硬质合金钻头钻削时,若工艺系统刚度不足、横刃太长等常易引起刀片崩刃,应设法避免。

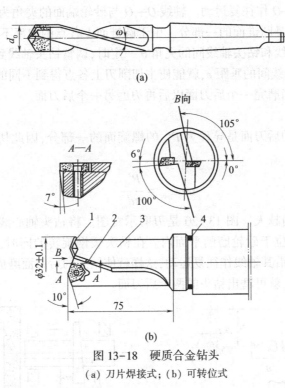

图 13-18　硬质合金钻头

(a) 刀片焊接式; (b) 可转位式

硬质合金钻头的结构特点有以下几点。

(1) 硬质合金钻头的前角较小,相应的斜角也取得较小。

(2) 为了增强硬质合金钻头的刚度,故钻心直径 $d_c$ 较粗,常取 $d_c = (0.25 \sim 0.30)d_0$;在钻削难加工材料上小尺寸孔时,可取 $d_c = (0.30 \sim 0.35)d_0$。由于 $d_c$ 较大,为了不减少排屑空间,故在设计时容屑槽应加宽,因而横刃需经修磨,一般横刃长度应小于 $(0.10 \sim 0.15)d_0$。

(3) 由于硬质合金刀片长度不长,又为了减少钻孔时钻头的悬伸长度以增加刚度,因此钻头工作部分较短。

(4) 为减少切削速度较高时的摩擦,作有较大的刀片倒锥量,其值为 $(0.01 \sim 0.08)$ mm/刀片全长;刀体则作成圆柱形,其直径比刀片小端的尺寸小 $0.2 \sim 0.3$ mm。

(5) 硬质合金钻头加工时切削用量较大,最好采用加强锥柄。

### 13.2.6　麻花钻的刃磨

麻花钻的刃磨是沿后刀面进行的,刃磨时应保证主切削刃上的后角值"内大外小",即靠近钻心处后角要较大,靠近外圆处要较小。同时,又因横刃是两个主切削刃后刀面的交线,因此,刃磨后还应使横刃得到合适的横刃斜角、横刃前角及横刃后角。

刃磨标准麻花钻后刀面的方法主要有两种,即圆锥面磨法和螺旋面磨法。

**1. 圆锥面磨法**

图 13-19 为圆锥面磨法示意图,这种磨法在生产中应用较广。装夹钻头的夹具带着钻头一起绕着轴线 $O$—$O$ 作往复运动。轴线 $O$—$O$ 与砂轮端面的夹角为通常为 $13°\sim15°$,这样,钻头的后刀面就是圆锥面的一部分。由于圆锥面上各点的曲率不同,越接近锥顶曲率越大,所以当圆锥轴线和钻头轴线间的夹角 $\theta$ 一定时,调整钻头轴线到圆锥顶点的距离 $a$ 和圆锥轴线到钻头轴线间的垂距 $e$,就能使主切削刃上各点得到不同的后角以及适当的顶角和横刃斜角等。当磨完一个后刀面以后再刃磨另一个后刀面。

**2. 螺旋面磨法**

用这种方法磨出的后刀面是导程为 $P'_z$ 的螺旋面的一部分,因此切削刃上任意一点 $m$ 处的后角为

$$\tan\alpha_{pm} = \frac{P'_z}{\pi d_m} \tag{13-16}$$

即越靠近钻头中心后角越大。图 13-20 是刃磨示意图。将钻头轴心线相对于砂轮平面倾斜安装,使主切削刃位于砂轮磨削平面内。在钻头缓慢旋转的同时,砂轮除高速旋转外,还由平面凸轮带动沿其轴线作往复运动,这样就使钻头的后刀面磨成螺旋面。钻头每转一周,砂轮往复两次,就可磨出钻头的两个后刀面。

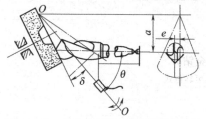
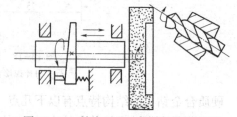

图 13-19　钻头后刀面圆锥面磨法示意　　　　图 13-20　钻头后刀面螺旋面磨法示意

用这种方法磨出的钻头,在靠近中心处的后角比用圆锥面磨法所得的还要大一些,故横刃的负前角较小,因而钻削时轴向力较小。但用这种钻头切削硬脆材料时,其强度较差,只适宜于钻削中等强度以下的钢材,所以这种磨法不如圆锥面磨法用得广泛。

# 13.3　深孔钻结构特点及工作原理

## 13.3.1　深孔加工特点

深孔一般是指孔的"长径比"大于$(5\sim10)$的孔。对于普通的深孔,如 $1/d = 5\sim20$,可以将普通的麻花钻接长而在车床或钻床上加工。对于 $1/d \geqslant 20\sim100$ 的特殊深孔(如枪管和液压筒等),则需在专用设备或深孔加工机床上用深孔刀具进行加工。

随着深孔技术的不断发展,特别是硬质合金刀具在深孔加工方面的广泛应用,使深孔加工质量和生产率都有了较大提高。

深孔加工不同于普通的孔加工,一些问题更为突出,因而在设计和使用深孔刀具时,应更予以重视。这些问题主要有以下几种。

(1)断屑和排屑。深孔加工时必须保证可靠地断屑和排屑,否则切屑堵塞就会引起

刀具损坏。

（2）冷却和润滑。孔加工属于半封闭式切削,摩擦大,切削热不易散出,工作条件差,而加工深孔时,切削液更难注入,必须采取有效的冷却和润滑措施。

（3）导向。由于深孔的长径比大,钻杆细长,刚性较低,容易产生振动,并使钻孔偏歪而影响加工精度和生产率,因此深孔钻的导向问题需很好地解决。

### 13.3.2　深孔钻的类型及其结构的主要特点

#### 1. 外排屑深孔钻

外排屑深孔钻以单面刃的应用较多。单面刃外排屑深孔钻最早用于加工枪管,故又称为枪钻。枪钻的结构较简单[见图 13-21(a)],它由切削部分和钻杆部分所组成,其工

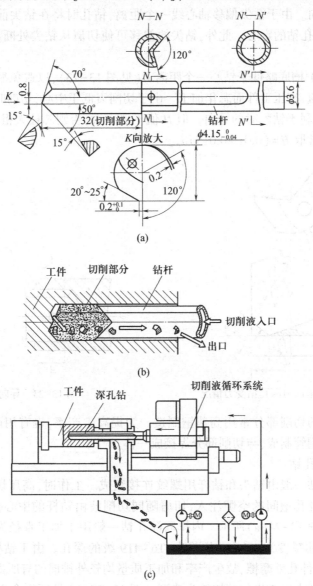

(a)

(b)

(c)

图 13-21　外排屑深孔钻

作原理如图 13-21(b) 和图 13-21(c) 所示。工作时,高压切削液(为 3.5~10MPa)由钻杆后端的中心孔注入,经月牙形孔和切削部分的进油小孔到达切削区,然后迫使切屑随同切削液由 120° 的 V 形槽和工件孔壁间的空间排出。因切屑是在深孔钻的外部排出,故称外排屑。这种排屑方法无需专门辅具,排屑空间亦较大。但钻头刚性和加工质量会受到一定的影响,因此适合于加工孔径为 2~20mm、表面粗糙度 $Ra3.2~0.8\mu m$、公差 IT8~IT10 级,长径比大于 100 的深孔。

枪钻的前刀面为平面,前角一般取 0°,以便于制造。后角一般取 10°~15°,加工硬材料时取小值。

枪钻切削部分的一个重要特点是它只有一侧有切削刃,没有横刃(图 13-22),钻尖偏离轴线 $e$,作用在钻头上的合力的径向分力始终指向切削部分的导向面,这就可保证深孔钻得到良好的导向。由于钻尖偏移轴心线一个距离,钻孔时将在钻尖前方形成一个小圆锥体,它有助于深孔钻的定心。此外,钻尖的偏移可使切屑从钻尖处断离分成两段,便于排屑。

枪钻上的 120° 槽底略低于钻心一个距离 $H$(见图 13-23),以避免靠近中心处的切削刃工作后角为负值,挤压工件而恶化加工。由于切削刃低于中心,切削时会在钻心处留下一个芯柱,它也有利于钻削时的导向。但 $H$ 值不能太大,否则芯柱太粗不易折断,反而会损坏钻头。一般常取 $H=(0.01~0.015)d_0$。

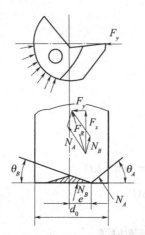

图 13-22 单面刃深孔钻受力情况

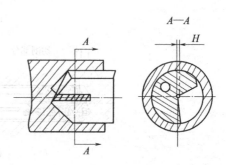

图 13-23 导向芯柱

这种深孔钻的切削部分常用高速钢制造。为提高生产率,也有用硬质合金制造的。钻杆一般用无缝钢管制成,与切削部分焊接成一体。

2. 内排屑深孔钻

内排屑深孔钻一般由钻头和钻杆用螺纹连接组成。工作时,高压切削液(2~6MPa)由钻杆外圆和工件孔壁间的空隙注入,切屑随同切削液由钻杆的中心孔排出,故名内排屑。工作原理如图 13-24(a) 所示。内排屑深孔钻一般用于加工直径为 5~120mm、长径比小于 100、表面粗糙度为 $3.2\mu m$、公差为 IT6~IT9 级的深孔。由于钻杆为圆形,刚性较好,且切屑不与工件孔壁摩擦,故生产率和加工质量均较外排屑的有所提高。

内排屑深孔钻中以错齿的结构较为典型。图 13-24(b) 是硬质合金可转位式错齿内排屑深孔钻的结构简图,它目前已较好地用于加工孔径为 60mm 以上的深孔。这种深孔钻的刀齿分布特点:它共有三个刀齿,排列在不同的圆周上,因而没有横刃,降低了轴向力。不平衡的圆周力和径向力由圆周上的导向块承受。由于刀齿交错排列,可使切屑分段,排屑方便。不同位置的刀齿可根据切削条件的不同,选用不同牌号的硬质合金,以适应对刀片强度和耐磨性等的要求。切削刃的切削角度可以通过刀齿在刀体上的适当安装而获得。外圆上的导向块可用耐磨性较好的 $YW_2$ 制造。

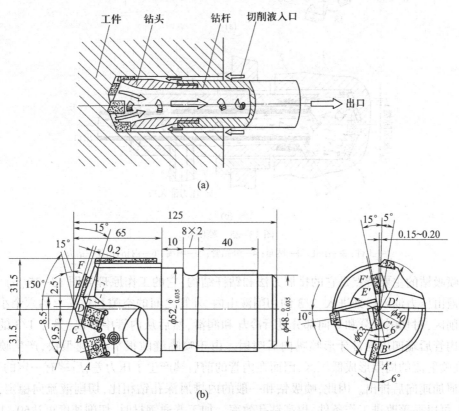

图 13-24　内排屑深孔钻

为了提高钻杆的强度和刚度,以及尽可能增大钻杆的内孔直径以便于排屑,钻杆和钻头的连接一般采用细牙矩形螺纹。钻杆材料选用强度较好的合金钢管或结构钢管,经热处理制造而成。

3. 喷吸钻

喷吸钻是一种新型深孔钻,因为它利用切削液体的喷射效应排出切屑,故切削液的压力可较低,一般仅为 1~2MPa。工作时不需要专门的密封装置,可在车床、钻床或镗床上应用。喷吸钻是一种内排屑的深孔钻,常作成硬质合金错齿结构。它由喷吸钻头[见图 13-25(a)]和内、外钻管组成。喷吸钻头的结构形式、几何参数、定心导向、分屑、排屑等情况,基本上均和错齿内排屑深孔钻相类似,用以加工表面粗糙度 $Ra0.8~3.2\mu m$、公差为 IT7~IT10 级、孔径为 6~65mm 的深孔,效率较高。

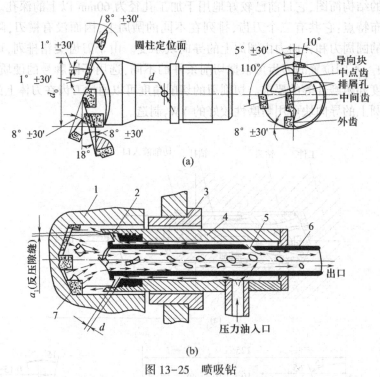

图 13-25　喷吸钻

1—工件；2—小孔；3—钻套；4—外钻管；5—喷嘴；6—内钻杆；7—钻头

　　喷吸钻的主要特点是它的排屑方法和钻杆结构，它的工作原理如图 13-25(b) 所示。切削液由压力油入口处进入，2/3 的切削液由内、外管之间的空隙和钻头上的六个小孔流达切削区，对切削部分和导向部分进行冷却和润滑，然后从内管中排出；另外 1/3 的切削液从内管后端四周的月牙形喷嘴向后喷射。由于喷嘴缝隙很窄，流速很快，产生喷射效应，在喷射流的周围形成低压区，因而在内管的前后端产生了压力差，后端有一定的吸力，将切屑加速向后排出。因此，喷吸钻和一般的内排屑深孔钻相比，切削液流向稳定，排屑通畅，可以显著改进工作条件，提高钻孔效率。加工普通钢材时，切削速度可达60~100m/min，进给量可达 0.15~0.30mm/r。

　　喷吸钻因有内、外双重钻管，使排屑空间减少，故对断屑问题应更予以注意，一般以能均匀地断成 C 形切屑最为合宜，故直径为 16~65mm 的喷吸钻都采用错齿排列，并在刀片前刀面上开断屑台。当孔径较大时，可以采用可转位式刀片的结构。

　　为了加大排屑空间和增加钻管的强度和刚度，也可采用单管喷吸钻。它的特点是不用内管，因而可增加管壁厚度和排屑孔径。这种深孔钻用于加工直径较小的深孔，但其喷吸装置需采用专门喷嘴和分路及密封装置，结构较为复杂。

　　4. 套料钻

　　钻削直径大于 60mm 的孔，采用套料钻可以将材料中心部分的料芯留下再予以利用，减少了金属切削量，提高生产率。在重型机械制造中，套料钻应用较多。图 13-26 为套料钻的工作示意图。

　　套料钻的刀体和钻杆由矩形螺纹连接。它一般用多齿切削，刀齿分布在圆形刀体的前端面上,这样切削力压向定位基面,夹压可靠。齿数主要根据孔径、刀体强度和排屑空间等决定。工作时大都采用外排屑方式,即切屑由高压切削液经钻杆外部排出。为了保持排屑通畅,一般应使实际的切屑宽度为排屑间隙的1/3～1/2,所以各刀齿上有交错的分屑槽。套料钻也需应用导向块,以保证加工质量。

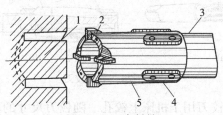

图 13-26  套料钻

1—料芯;2—刀齿;3—钻杆;4—导向块;5—刀体

# 13.4  铰刀

## 13.4.1  铰刀的种类和用途

铰刀是对已有的孔进行半精加工和精加工用的工具。它可以用手操作或在车床、钻床、镗床等机床上工作。由于铰削余量小,切屑厚度 $a_{ch}$ 薄,和钻头或扩孔钻相比,铰刀齿数多,导向好,容屑槽浅,刚性增加,因此铰孔的加工精度一般可达 H7～H9 级,表面粗糙度 $Ra1.6～0.4\mu m$。

由于铰刀切削刃具有一定的钝圆半径 $r_n$,因而铰刀在 $r_n > a_c$ 的情况下工作时,其前角 $\gamma_{oc}$ 为负值,会产生挤压作用,如图 13-27 所示。此外,由于已加工表面的弹性恢复和铰刀校准部的刃带 $b_{a1}$ 也会增强这种挤压作用,因此铰削过程是一个切削和挤压的联合作用过程。

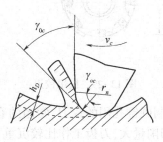

图 13-27  铰刀工作情况

铰刀的生产率较高,费用较低,既可铰削圆柱孔,也可铰削圆锥孔,因此在孔的精加工中应用广泛。

铰刀种类很多,根据使用方式可分为手用铰刀和机用铰刀;根据用途则有圆柱孔铰刀和圆锥孔铰刀。此外,还可按刀具材料、结构等进行分类,如硬质合金铰刀、镶片铰刀等。

(1)手用铰刀。最常用的手用铰刀是整体式的[见图 13-28(a)],直柄方头,结构简单,用手操作,使用方便。但磨损后尺寸不能调节,故使用寿命短。在修配及单件生产中铰通孔时,常采用可调节式手用铰刀,如图 13-28(b)所示。当调节两端螺母使楔形刀片在刀体斜槽内移动时,就可改变铰刀尺寸。随铰刀直径的不同,其调节范围也不同。手用铰刀常用合金工具钢 9SiCr 制造。

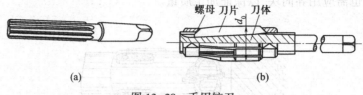

图 13-28　手用铰刀

（2）机用铰刀。机用铰刀用于机床上铰孔。随铰刀尺寸的不同,柄部有直柄的和锥柄的,如图 13-29(a)和图 13-29(b)。当加工较大尺寸的孔时,为节约刀具材料,铰刀可作成套式的,如图 13-29(c)所示,铰刀上 1：30 的锥孔作定位用,端面键用以传递扭矩。套式铰刀经多次修磨后外径要减小。为延长使用寿命,可作成镶齿式的,如图 13-29(d)所示。机用铰刀一般用高速钢 W18Cr4V 制造,但目前硬质合金机用铰刀的应用越来越多,且已列入国家标准。

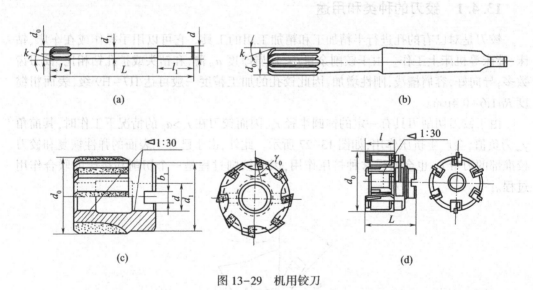

图 13-29　机用铰刀

（3）圆锥孔铰刀。它是铰制圆锥孔用的铰刀,常用的有莫氏锥度铰刀和 1：50 锥度的销子孔铰刀。铰圆锥孔时,切削量大,刀齿工作比较沉重,因此常用两把铰刀组成一套,分别承担粗、精加工,如图 13-30 所示。在用手工铰孔时,柄部为直柄方头;当在机床上成批铰孔时,柄部为锥柄。在粗加工用的铰刀上,刀齿上开着按右螺旋分布的梯形分屑槽;精铰刀作成直线形刀齿,用以修整孔形。

（4）硬质合金铰刀。用硬质合金铰刀铰孔有较高的耐用度和生产率,并可对淬火钢、高强度钢和耐热钢等材料铰孔,效果显著。硬质合金铰刀目前大都采用刀片焊接式,工作部分长度较短,且刀齿数目较少,以保证刀齿刃口强度和有足够的容屑空间。图 13-31(a)为锥柄硬质合金铰刀;图 13-31(b)为硬质合金无刃铰刀,它的特点是具有很大的负前角并具有刃带,工作时主要起挤压作用,铰出的孔会有极微量的收缩,适用于对铸铁、硬

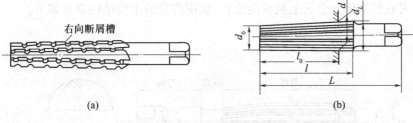

右向断屑槽

(a)

(b)

图 13-30 莫氏锥度铰刀

青铜等孔的精加工,铰削余量小于 0.05mm,用充足的煤油作切削液。

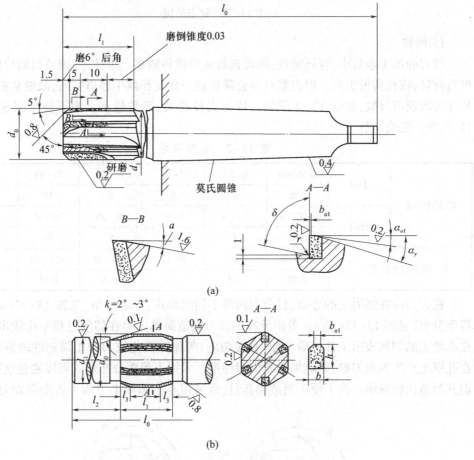

磨倒锥度0.03

磨6°后角

莫氏圆锥

(a)

$k_r = 2° \sim 3°$

(b)

图 13-31 硬质合金铰刀

## 13.4.2 铰刀的结构及几何参数

图 13-32 所示为铰刀的典型结构,它由刀体、颈部和刀柄所组成。刀体又可分为切削部分和校准部分。切削部分为由主偏角 $\kappa_r$ 所形成的锥体,起主要的切削作用。在此锥体的前端,有一引导锥,便于将铰刀引入孔中。校准部分是由能起导向、校准和挤光作用

的圆柱部分及为减少摩擦并防止铰刀将孔径扩大的倒锥部分组成（在铰削韧性材料时，实践证明，可在校准部分全长上制成倒锥）。切削部分的主要结构要素如下。

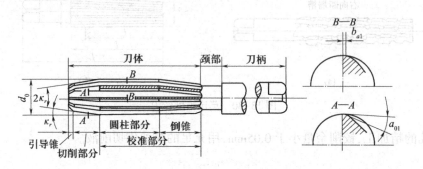

图 13-32　铰刀结构

### 1. 齿数

铰刀的加工余量小，容屑槽浅，因此齿数可以做得较多。齿数多，则铰刀的导向好，每齿负荷轻，铰孔质量也高。但齿数过多会降低铰刀强度和减小容屑空间，故通常根据铰孔尺寸选取铰刀齿数，如表 13-2 所列。铰刀直径越大，齿数越多。为了便于测量铰刀直径，齿数一般取偶数。

表 13-2　铰刀齿数

| 高速钢铰刀 | 手用 | 直径/mm | 1~2.8 | 3~13 | 14~26 | 27~40 | 42~50 |
|---|---|---|---|---|---|---|---|
| | | 齿数 | 4 | 6 | 8 | 10 | 12 |
| | 机用 | 直径/mm | 1~2.8 | 3~20 | 21~35 | 36~48 | 50~55 |
| | | 齿数 | 4 | 6 | 8 | 10 | 12 |
| 硬质合金铰刀 | | 直径/mm | <6 | 6~12 | >12~24 | >24~40 | >40 |
| | | 齿数 | ≤3 | 3~4 | 4~6 | 6~8 | ≥10 |

铰刀刀齿在圆周上的分布，目前有两种不同的形式：等距分布[见图 13-33（a）]和不等距分布[见图 13-33（b）]。等距分布的铰刀制造简单。但在切削过程中可能由于黏附在孔壁上的切屑或因工件材质不纯（存在杂质）等原因而使铰刀产生周期性的振动，致使在孔壁上产生纵向刀痕，影响加工表面粗糙度。采用不等距分布形式可以避免这种现象，但其制造比较麻烦。为了便于制造和测量，常采用在半圆周上刀齿不等距但相对的刀齿

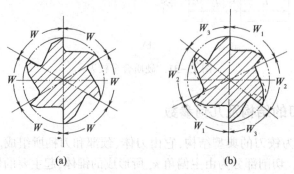

图 13-33　铰刀刀齿的分布

的齿间角相等的分布形式。目前,上述两种形式均已被采用,手用铰刀大多用不等距分布,机用铰刀则常采用等距分布。

2. 齿形和齿槽方向

铰刀刀齿通常做成直线齿背以便于制造,如图 13-34(a)所示。为了提高硬质合金铰刀刀齿支承面的刚性和强度,常做成折线齿背,如图 13-34(b)所示。直径小于 3mm 的铰刀,一般做成半圆形、三角形或五角形,如图 13-34(c)所示,以增加切削刃强度和导向性能,其中以五角形的强度较大,故常采用。但由于这种刀齿形状的前角为负值,切削时实际上产生挤压作用,如图 13-31(b)所示的硬质合金无刃铰刀。

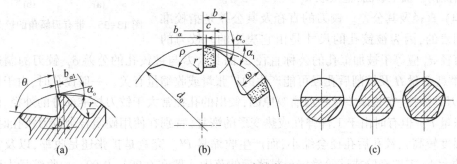

图 13-34  铰刀齿槽截形

铰刀的齿槽方向一般做成直槽以便于制造,但也可做成螺旋槽。螺旋槽的铰刀切削较为平稳,特别在铰削轴向有凹槽的工件时必须使用螺旋槽铰刀。螺旋槽的方向视工件情况而定。加工通孔时,为使切屑向前导出并装夹牢靠,采用左螺旋槽铰刀;加工不通孔时,需用右螺旋槽铰刀使切屑沿螺旋槽向刀柄方向排出,但这时作用于铰刀上的轴向力和进给方向相同,可能产生自动进给而影响加工质量,因此切削用量应减小。铰刀螺旋角 $\omega$ 的推荐值为:在加工普通钢材和可锻铸铁时,$\omega = 12° \sim 20°$;加工灰铸铁及硬钢时,$\omega = 7° \sim 8°$;加工轻金属时 $\omega = 30° \sim 45°$。硬质合金螺旋铰刀,为制造方便,可制成斜齿的,斜角一般为 $3° \sim 5°$。

3. 几何角度

(1) 切削锥角。切削锥角的大小影响铰刀参加工作的长度和切屑厚薄以及各分力间的比值,对加工质量有较大影响,如 $\kappa_r$ 小,则参加工作的切削刃较长,切屑薄,轴向力小,且切入时的导向好。但变形较大,而切入和切出的时间也长。因此,手用铰刀宜取较小的 $\kappa_r$ 值,通常 $\kappa_r = 0.5° \sim 1°$。机用铰刀工作时,其导向和进给由机床保证,故 $\kappa_r$ 可选用较大值,一般在加工钢材时,$\kappa_r = 15°$,铰削铸铁和脆性材料时,$\kappa_r = 3° \sim 5°$,加工不通孔时,$\kappa_r = 45°$。

(2) 前角和后角。由于铰刀切下的切屑很薄,切屑和前刀面的接触长度很短,前角的作用不显著,为制造方便,在精加工时,常取 $\gamma_o = 0°$。粗铰韧性材料时,为减小切削力和抑制积屑瘤的产生,取 $\gamma_o = 5° \sim 10°$。由于铰削时切屑厚度薄,后角 $\alpha_o$ 值应较大。但考虑到铰刀重磨后径向尺寸不致变化过大,故一般取 $\alpha_o = 6° \sim 10°$。刃磨后角时,切削部分的刀齿必须磨尖而不留刃带;校准部分则必须留有 0.05mm ~ 0.3mm 的刃带,以挤光和校准孔径,并便于制造和检验铰刀。

（3）轴向刃倾角。在直槽高速钢铰刀的切削部分切削刃上，磨有与轴线倾斜成 15°~20° 的负轴向刃倾角 $\lambda_{sx}$ [见图 13-35（a）]，可以使切屑向前排出，不致擦伤已加工表面，故可提高铰削塑性材料通孔时的加工质量。为了使这种带刃倾角的铰刀能用来加工盲孔，可在铰刀端部开一较大的凹孔[见图 13-35（b）]以容纳切屑。实践证明，这对于提高铰刀耐用度和加工表面质量也有很好的效果。直槽硬质合金铰刀为便于制造，一般取 $\lambda_{sx} = 0°$，但有时为避免切屑擦伤已加工表面，也可取 $\lambda_{sx} = -(3° \sim 5°)$。

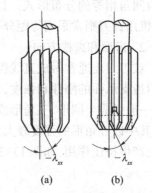

(a)　　(b)

图 13-35　带有刃倾角的铰刀

（4）直径及其公差。铰刀的直径及其公差是指校准部分而言的，因为被铰孔的尺寸是由它决定的。铰刀的公称直径 $d_0$ 应等于被加工孔的公称直径 $d$，而其公差与被铰孔的公差 $\delta_d$、铰刀的制造公差 $G$、磨耗备量 $H$ 及铰削后孔径可能产生的扩张量或收缩量有关。一般铰孔时，由于切削振动、刀具振摆、安装误差及积屑瘤等原因，铰出的孔径常大于铰刀校准部分的外径，而产生扩张量 $P$。但有时由于工件弹性或热变形的恢复（特别在使用硬质合金铰刀铰孔时，因切削温度较高），铰孔后孔径会缩小，而产生收缩量 $P'$。究竟是扩张还是收缩，以及它们数值的大小，需按经验或试验确定。扩张量的范围一般在 $0.003 \sim 0.02\text{mm}$；收缩量大致在 $0.005 \sim 0.02\text{mm}$。图 13-36 为铰刀直径及其公差分布图。当铰孔后产生扩张现象，则由图 13-36（a）可见，铰刀在制造时的最大直径 $d_{0\text{max}}$ 和最小直径 $d_{0\text{min}}$ 应为

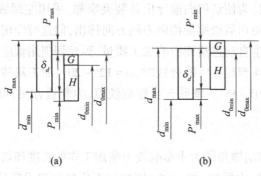

(a)　　(b)

图 13-36　铰刀外径的决定

$$d_{0\text{max}} = d_{\text{max}} - P_{\text{max}} \tag{13-17}$$

$$d_{0\text{min}} = d_{\text{max}} - P_{\text{max}} - G \tag{13-18}$$

若铰孔后孔径收缩，则由图 13-36（b）可得

$$d_{0\text{max}} = d_{\text{max}} + P'_{\text{max}} \tag{13-19}$$

$$d_{0\text{min}} = d_{\text{max}} + P'_{\text{min}} - G \tag{13-20}$$

铰刀的制造公差 $G$ 不能太大，否则磨耗备量 $H$ 小，降低了铰刀的使用寿命；但公差太小，也会使铰刀制造成本增加。国家标准中规定有铰刀的直径公差分配。

### 13.4.3 铰刀的合理使用

铰刀是精加工刀具,使用得合理与否,将直接影响铰孔的质量。也就是说,铰孔的精度和表面粗糙度除了与铰刀本身的结构与制造质量有关外,前道工序的加工质量、铰削用量、润滑冷却、工件材质、重磨质量及铰刀在机床上的装夹情况等因素,也都会影响铰孔质量。

(1) 底孔(前道工序加工的孔)好坏,对铰孔质量影响很大。底孔精度低,就不容易得到较高的铰孔精度。例如,上一道工序造成轴线歪斜,由于铰削量小,且铰刀与机床主轴常采用浮动连接,故铰孔时就难以纠正。对于精度要求高的孔,在精铰前应先经扩孔及镗孔或粗铰等工序,使底孔误差减小,才能保证精铰质量。

(2) 铰削用量选择合理,可以提高铰孔质量。铰削余量视工件材料和对铰孔质量等要求的不同,一般取直径上为 0.12~0.06mm。若铰削余量过大,则铰刀负荷重,铰孔表面质量和铰刀耐用度下降;反之,铰削余量过小,虽可提高铰孔精度,但可能因不能去除前道工序留下的表面不平度和变质层而影响铰孔质量。一般来说,提高铰削时的切削速度和增加进给量,铰孔精度会下降,表面粗糙度增加,特别是当提高切削速度时,铰刀磨损加剧,且易引起振动;在加工韧性很大的材料时,切削速度低,还可以避免积屑瘤的产生。一般在铰削钢材时,切削速度 $v_c = 1.5~5\text{m/min}$;铰削铸铁时,$v_c = 8~10\text{m/min}$。进给量 $f$ 不能取得太小,因为铰刀的切削锥角 $\kappa_r$ 小,切削厚度薄,由于受切削刃钝圆半径 $r_n$ 的影响,铰刀挤压作用明显,如果 $f$ 太小,那么既不利于润滑又会加速后刀面的磨损。铰削钢材时,通常取 $f = 0.3~2\text{mm/r}$;铰削铸铁时,$f = 0.5~3\text{mm/r}$;铰孔尺寸大和铰孔质量要求高时取较小值。

(3) 铰刀的磨损主要发生在切削部分和校准部分交接处的后刀面上。随着磨损量的增加,切削刃钝圆半径也逐渐加大,致使铰刀切削能力降低,挤压作用明显,铰孔质量下降。实践经验证明,使用过程中若经常用油石研磨该交接处,可提高铰刀的耐用度。

(4) 铰孔时正确选用切削液,对降低摩擦系数、改善散热条件及冲走细屑均有很大作用,因而选用合适的切削液除了能提高铰孔质量和铰刀耐用度,还能消除积屑瘤,减少振动,降低孔径扩张量。浓度较高的乳化油对降低粗糙度的效果较好,硫化油对提高加工精度效果较明显。铰削一般钢材时,通常选用乳化油和硫化油。铰削铸铁时,可应用润湿性较好、黏性较小的煤油。

(5) 铰削后孔径是扩大或收缩及其数值的大小,与具体加工情况有关。在批量生产时,应根据现场经验或通过试验来确定,然后才能确定铰刀外径,并进行研磨。工具厂供应备有留研量的铰刀,而研磨工作则由使用厂自己进行。铰刀外圆的研磨,可用铸铁研磨圈沿校准部分刃带进行,如图 13-37 所示。研磨时,铰刀装在两顶针间由车床主轴带动作低速转动,研磨圈沿铰刀轴线均匀移动。研磨圈上铣有斜槽,由三个螺钉支承在外套内。当调节螺钉时,可使研磨圈产生弹性收缩而与铰刀圆柱刃带轻微接触。研磨时,选用 200 号~500 号金刚砂粉和煤油拌和作为研磨剂。

(6) 铰刀用钝后重磨切削部分的后面,切削刃上应无缺口和毛刺,表面粗糙度不大于 $Ra0.4\mu\text{m}$。为了避免铰刀轴线或进给方向与机床回转轴线不一致,铰刀和机床通常不采用刚性连接,而采用浮动装置。

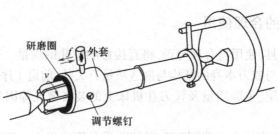

图 13-37　铰刀外圆的研磨

# 13.5　镗　刀

镗刀是广泛使用的孔加工刀具。一般镗孔达到精度 IT8～IT9 级,精细镗孔时能达到 IT6 级,表面粗糙度为 $Ra1.6～0.8\mu m$。镗孔能纠正孔的直线性误差,获得高的位置精度,特别适合于箱体零件的孔系加工。镗孔是加工大孔的唯一精加工方法。镗刀种类很多,可分为单刃镗刀和双刃镗刀。

## 13.5.1　单刃镗刀

图 13-38 为镗床上用的机夹式单刃镗刀。它具有结构简单、制造方便、通用性好等优点。为了使镗刀头在镗杆内有较大的安装长度,并具有足够的位置安置压紧螺钉和调节螺钉,在镗不通孔或阶梯孔时,镗刀头在镗杆内的安装倾斜角 $\delta$ 一般取 $10°～45°$;镗通孔时取 $\delta=0°$。

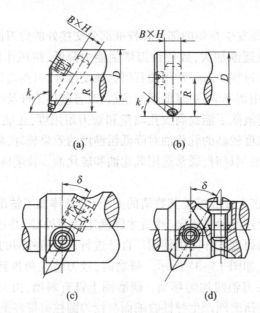

(a)　　　　(b)

(c)　　　　(d)

图 13-38　镗床上用的单刃镗刀

在设计不通孔镗刀时,应使压紧螺钉不妨碍镗刀进行切削。通常,镗杆上应设置调节直径的螺钉。镗杆上装刀孔通常对称于镗杆轴线,因而镗刀头装入刀孔后,刀尖高于工件中心,使切削时工作前角减小、后角增大。所以在选择镗刀的前、后角时要相应增大前角、减小后角。

上述镗刀尺寸调节较费时,调节精度不易控制。随着生产发展需要,开发了许多新型微调镗刀,图 13-39 所示为在坐标镗床和数控机床上使用的一种微调镗刀。它具有调节尺寸容易、调节精度高、能用于粗精加工等优点。

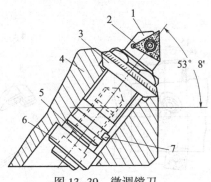

图 13-39　微调镗刀

1—镗刀头；2—刀片；3—微调螺母；4—镗刀杆；5—拉紧螺钉；6—垫片；7—导向键

微调镗刀是用拉紧螺钉 5 通过导向键 7、微调螺母 3 将镗刀头 1 一起压紧在镗杆上。调节时,转动带刻度的微调螺母 3,使镗刀头径向移动达到预定尺寸。镗不通孔时,镗刀头在镗杆上倾斜 53°8′。微调螺母的螺距为 0.5mm,微调螺母上刻线 80 格,调节时,微调螺母每转过一格,镗刀头沿径向移动量为

$$\Delta R = \left[ (0.5/80) \sin 53°8′ \right] \text{mm} = 0.005 \text{mm}$$

### 13.5.2　双刃镗刀

双刃镗刀有两个切削刃参加切削,背向力互相抵消,不易引起振动。常用的有固定式镗刀块、滑槽式双刃镗刀和浮动镗刀(浮动铰刀)等。

1. 固定式镗刀块

如图 13-40 所示,它可制成焊接式或可转位式,适用于粗镗、半精镗直径 $d$>40mml 的孔。工作时,镗刀块可通过楔或在两个方向上倾斜的螺钉夹紧在镗杆上。安装时,镗刀块对轴线的不垂直、不平行与不对称度,都会使孔径扩大。因此镗刀块与镗杆上方孔的配合要求很高(H7/h6),方孔对轴线的垂直度、对称度误差不大于 0.01mm。镗刀块刚性好,容屑空间大,因而它的切削效率高。加工时,可连续地更换不同镗刀块,对孔进行粗镗、半精镗、锪沉孔或端面等。镗刀块适用于小批生产加工箱体零件孔系。

2. 滑槽式双刃镗刀

图 13-41 为滑槽式双刃镗刀。镗刀头 3 凸肩置于刀体 4 凹槽中,用螺钉 1 将它压紧在刀体上。调整尺寸时,稍微松开螺钉 1,拧动调整螺钉 5,推动镗刀头上销子 6,使镗刀头 3 沿槽移动来调整尺寸。其镗孔范围为 $\phi25 \sim \phi250$mm,目前广泛用于数控机床。

3. 浮动镗刀(浮动铰刀)

图 13-42 为可调式硬质合金浮动镗刀。它在调节尺寸时,稍微松开紧固螺钉 2,转动调节螺母 4 推动刀体,可使直径增大。目前生产的浮动镗刀直径为 20~330mm,其调节量为 2~30mm。铰孔时,将浮动镗刀装入镗杆的方孔中,无需夹紧,通过作用在两侧切削刃上的切削力来自动定心。因此,它能自动补偿由于刀具安装误差和机床主轴

偏差而造成的加工误差，能达到加工精度 IT6 级～IT7 级，表面粗糙度 $Ra$ 1.6～0.2μm。浮动镗刀无法纠正孔的直线性误差和位置误差，故要求预加工孔的直线性好，表面粗糙度小于或等于 $Ra$3.2μm。浮动镗刀结构简单，刃磨方便，但操作费事，加工孔径不能太小，镗杆上方孔制造困难，切削效率低，因此适用于单件、小批生产中加工直径较大的孔。

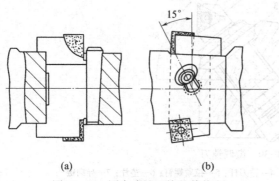

图 13-40  固定式镗刀块及其装夹

（a）用楔夹紧；（b）用双向倾斜的螺钉夹紧

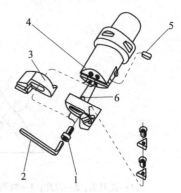

图 13-41  滑槽式双刃镗刀

1—螺钉；2—内六角扳手；3—镗刀头；
4—刀体；5—调整螺钉；6—销

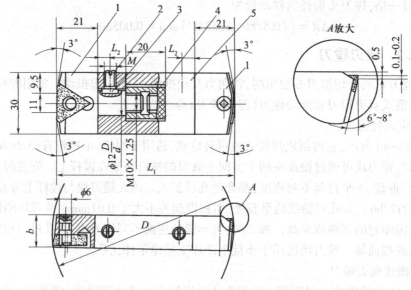

图 13-42  可调节硬质合金浮动镗刀

1—镗刀片；2—紧固螺钉；3—导向键；4—调节螺母；5—刀体

## 思考题与练习题

1. 试作图表示麻花钻的结构。

2. 麻花钻有哪些几何角度？它们有什么特点？试作图表示。

3. 试分析麻花钻的前角和后角以及刃磨后刀面的方法。

4. 钻削有哪些要素？试用图表示。

5. 试对钻削扭矩和轴向力进行分析说明。

6. 为什么要对麻花钻进行修磨？有哪些修磨方法？各适用于何种场合？

7. 标准群钻有些什么特点？为什么？

8. 深孔加工的特点是什么？深孔钻在结构上应如何考虑？它有哪些类型？

9. 铰削的特点是什么？铰刀的结构和几何角度应如何与铰削的要求相适应？

10. 决定铰刀外径尺寸时应考虑些什么问题？为什么？

11. 铰刀比麻花钻和扩孔钻能获得较高的加工质量，试分析其原因。

12. 为什么微调镗刀要产生预紧力和消除螺纹副的轴向间隙？

# 第14章  铣削与铣刀

## 14.1  铣刀的种类和用途

铣削是一种应用非常广泛的切削加工方法,不仅可以加工平面。沟槽、台阶、还可以加工螺纹、花键、齿轮及其他成形表面。铣刀又是一种多齿多刃回转刀具,铣削速度较高且无空行程,故加工生产率较高,已加工表面粗糙度较小。

铣刀的种类繁多,其类型与用途如表14-1所列。

表14-1  铣刀的类型与用途

| 分类方法 | 铣刀名称 | 特 点 与 用 途 |
|---|---|---|
| 按用途分类 | 圆柱铣刀 | 圆柱平面铣刀如图14-1(a)所示,切削刃成螺旋状分布在圆柱表面上,两端面无切削刃。常用来在卧式铣床上粗铣和半精铣平面,多用高速钢整体制造,也可以镶焊硬质合金刀片 |
| | 端铣刀 | 如图14-1(b)所示,端铣刀切削刃分布在铣刀端面。切削时,铣刀轴线垂直于被加工表面,多用于立式铣床上加工平面。端铣刀多采用硬质合金刀齿,故生产效率较高 |
| | 立铣刀 | 立铣刀如图14-1(c)所示,其圆柱面上的螺旋切削刃是主切削刃,端面上的切削刃是副切削刃。应与麻花钻头加以区别,一般不能作轴向进给,可加工平面、台阶面、沟槽等。用于加工三维成形表面的立铣刀,端部做成球形,称球头立铣刀。其球面切削刃从轴心开始。也是主切削刃,可作多向进给 |
| | 两面刃铣刀 | 两面刃铣刀如图14-1(d)所示,在圆柱表面和一个侧面上做有刀齿,用于加工台阶面 |
| | 三面刃铣刀 | 三面刃铣刀如图14-1(e)所示,在两侧面上都有刀齿,常用于加工沟槽 |
| | 锯片铣刀 | 实际上就是薄片槽铣刀,如图14-1(f)所示,与切断车刀类似,用于切断材料或切深而窄的槽 |
| | T型槽铣刀 | 铣削T型槽,如图14-1(g)所示 |
| | 键槽铣刀 | 键槽铣刀如图14-1(h)所示,是铣键槽的专用刀具。它仅有两个刃瓣,其圆周和端面上的切削刃都可作为主切削刃,使用时先轴向进给切入工件,然后沿键槽方向进给铣出全槽。为保证被加工键槽的尺寸,键槽铣刀只重磨端面刃 |
| | 角度铣刀 | 角度铣刀分单角度铣刀[见图14-1(i)]和双角度铣刀[见图14-1(j)],用于铣削沟槽和斜面 |
| | 成形铣刀 | 成形铣刀如图14-1(k)和图14-1(l)所示,用于加工成形表面。其刀齿廓形需根据被加工工件的廓形来确定 |

（续）

| 分类方法 | 铣刀名称 | 特点与用途 |
|---|---|---|
| 按齿背形式分类 | 尖齿铣刀 | 尖齿铣刀的齿背经铣制而成,并在切削刃后磨出一条窄的后刀面,用钝后仅需重磨后刀面,如图 14-2(a) 所示。与铲齿铣刀相比,尖齿铣刀耐用度较高,加工表面质量较好。对于切削刃为简单直线或螺旋线的铣刀,刃磨很方便,故使用广泛。在图 14-1 中,除图 14-1(k) 和图 14-1(l) 为成形铣刀外,其余皆为尖齿铣刀 |
| | 铲齿铣刀 | 铲齿铣刀的后刀面是铲制而成的,用钝后重磨前刀面[见图 14-2(b)]。当铣刀切削刃为复杂廓形时,可保证铣刀在使用过程中廓形不变。目前,多数成形铣刀为铲齿铣刀,它比尖齿成形铣刀容易制造,重磨简单,铲齿铣刀的后刀面如经过铲磨加工,可保证较高的耐用度和被加工表面质量 |
| 按刀齿疏密分 | 粗齿铣刀 | 铣刀刀齿数少,刀齿强度高,容屑空间大,用于粗加工 |
| | 细齿铣刀 | 细齿铣刀刀齿齿数多,容屑空间小,用于精铣 |

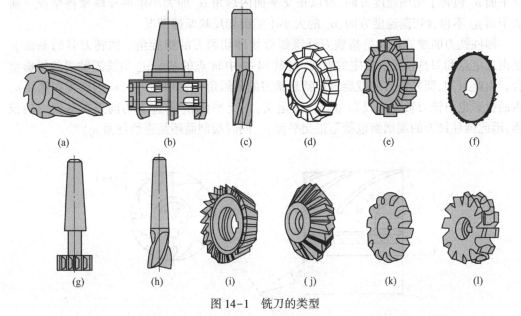

图 14-1　铣刀的类型

(a) 圆柱铣刀; (b) 端铣刀; (c) 端铣刀; (d) 两面刃铣刀; (e) 三面刃铣刀; (f) 锯片铣刀;
(g) T 形槽铣刀; (h) 键槽铣刀; (i) 单角度铣刀; (j) 双角度铣刀; (k) 凸圆弧成形铣刀; (l) 凸圆弧成形铣刀

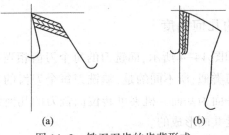

图 14-2　铣刀刀齿的齿背形式

(a) 尖齿铣刀; (b) 铲齿铣刀

# 14.2　铣刀的几何角度

铣刀种类虽多,但基本形式是圆柱铣刀和端铣刀,前者轴线平行于被加工表面。后者轴线垂直于被加工表面。铣刀刀齿数虽多,但各刀齿的形状和几何角度相同,所以可以用一个刀齿为对象进行研究。无论是端铣刀,还是圆柱铣刀,每个刀齿都可视为一把车刀。故车刀几何角度的概念完全可应用到铣刀上。

## 14.2.1　圆柱铣刀的几何角度

圆柱铣刀切削部分的几何角度如图 14-3 所示,圆柱铣刀的刀齿只有主切削刃,无副切削刃,故无副偏角。其主偏角 $\kappa_r = 90°$。按标准规定,圆柱铣刀的前角是以在垂直于切削刃的法剖面 $p_n$ 内度量的基面与前刀面间的夹角 $\gamma_n$ 为标准。而后角是在垂直于铣刀轴线的端剖面内度量。其原因是由于摩擦是发生在相对运动(近似为切削速度)方向上,正交平面 $p_o$ 包含了切削速度方向,所以正交平面内后角 $\alpha_o$ 的大小能够反映摩擦情况。而法剖面 $p_n$ 不包含切削速度方向,$\alpha_n$ 的大小不能确切反映摩擦情况。

圆柱铣刀的螺旋角 $\beta$ 是指铣刀外缘螺旋线即切削刃的螺旋角。回转刀具的基面 $p_r$ 是由选定点和刀具轴线所确定的平面,在图 14-3 中 $m$ 点的基面 $p_m$ 与铣刀轴线的投影重合。由此可知,圆柱铣刀的螺旋角 $\beta$ 就是铣刀的刃倾角 $\lambda_s$。切削刃上 $m$ 的切线在基面 $p_m$ 内的投影也与铣刀轴线的投影重合。按定义,正交平面 $p_o$ 垂直于切削刃在基面内的投影,因此圆柱铣刀的端剖面也就是正交平面 $p_o$,同时端剖面还是进给剖面 $p_f$。

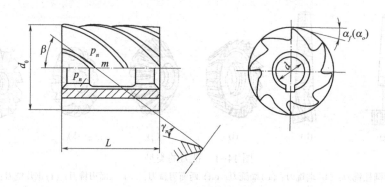

图 14-3　圆柱铣刀切削部分的几何角度

## 14.2.2　端铣刀的几何角度

端铣刀的标注角度如图 14-4 所示,而铣刀的每个刀齿相当于一把小车刀,端铣刀的几何角度与普通外圆车刀类似,所不同的是,端铣刀每个刀齿的基面只有一个,即以刀尖和铣刀轴线共同确定的平面为基面。机夹可转位面铣刀的几何角度,是刀体上刀槽的几何参数和刀片的几何角度共同形成的。

端铣刀刀齿的前角 $\gamma_o$ 和后角 $\alpha_o$ 都规定在正交平面 $p_o$ 内测量,前角 $\gamma_o$ 和法前角 $\gamma_n$ 的关系为

$$\tan \gamma_o = \tan \gamma_n / \cos \lambda_s$$

式中 $\lambda_s$——端铣刀刀齿的刃倾角。

刃倾角 $\lambda_s$ 的作用和选取原则类似于车刀,但铣削加工冲击较大,为了保护刀尖部分,对于切削钢材和铸铁的硬质合金端铣刀,刃倾角 $\lambda_s$ 常取负值,一般取 $\lambda_s = -(5° \sim 15°)$;只有在加工强度较低的材料时,才选用正的刃倾角 $\lambda_s = 5°$。

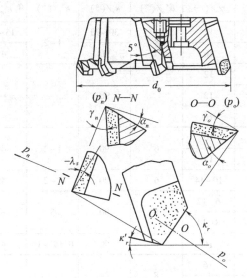

图 14-4  端铣刀几何角度

### 14.2.3  铣刀几何角度的特点

#### 1. 前角

表 14-2 是铣刀前角的常用数值。和车刀一样,铣刀的前角主要根据工件材料选择。工件材料越软,塑性越高时,切屑塑性变形较大,切屑与前刀面摩擦较大,前角取值也应较大;工件材料硬度较高,塑性较低时,前角宜取小一些。铣削脆性材料时,切屑沿前刀面滑走距离短,切削力和热集中在刀区,铣刀前角宜取较小的正值。硬质合金刀具强度低,脆性大,从刀具强度考虑,前角应比高速钢刀具小一些。无论是铣削塑性材料还是脆性材料,当其硬度较高时,硬质合金刀具的前角宜取负值,当采用负倒棱改善刃口强度时,前角也可以适当大一些。铣削是断续切削,刀齿切入、切出时均受到冲击,因此硬质合金铣刀的前角比车刀要小一些。

表 14-2  铣刀前角(圆柱铣刀为 $\gamma_n$,面铣刀为 $\gamma_o$)的常用数值

| 铣刀材料 | 工件材料 | | | | | |
|---|---|---|---|---|---|---|
| | 钢 $\sigma_b$/GPa | | | 铸铁(HBS) | | 铝镁合金 |
| | <0.589 | 0.589~0.981 | >0.981 | ≤150 | >150 | |
| 高速钢 | 20° | 15° | 10°~12° | 5°~15° | 5°~10° | 15°~35° |
| 硬质合金 | 5°~10° | -5°~5° | -10°~5° | 5° | -5° | 20°~30° |

#### 2. 后角

铣刀的后角主要根据切削厚度选择,切削厚度越小,后角值应越大。表 14-3 中列出

高速钢铣刀的后角、偏角、螺旋角、过渡刃长度数值。由于铣削时的切削厚度比车削时小，所以铣刀的后角比车刀大。由于切削厚度小，铣刀的磨损主要发生在后刀面，因此铣刀重磨后刀面比较合理。

表 14-3　铣刀的后角、偏角、过渡刃长度、螺旋角

| 铣刀类型 | | 主后角 $\alpha_o/(°)$ | 副后角 $\alpha'_o/(°)$ | 主偏角 $\kappa_r/(°)$ | 副偏角 $\kappa'_r/(°)$ | 过渡刃偏角 $\kappa_{re}/(°)$ | 过渡刃长度 $b_e/mm$ | 螺旋角 $\beta/(°)$ |
|---|---|---|---|---|---|---|---|---|
| 端铣刀 | 镶齿刃粗齿 | 12 | 8 | 30~90 | 1~2 | 15~45 | 1~2 | 10~15 |
| | 整体细齿 | 16 | | 90 | | 45 | | 15 |
| 圆柱铣刀 | 镶齿 | 12 | | 90 | | | | 20 |
| | 粗齿 | 12 | | | | | | 40~60 |
| | 整体细齿 | 16 | | | | | | 30~35 |
| 两面刃及三面刃铣刀 | 镶齿 | 10 | 6 | 90 | 1~2 | 45 | 1~2 | 8~15 |
| | 整体 | 12 | | | | | | 15~20 |
| 立铣刀 | | 10~14 | 6 | 90 | 1~2 | 45 | 0.5~1 | 30~45 |
| 键槽铣刀 | $d_0 \leqslant 5mm$ | 6~12 | 8 | 90 | 5 | — | — | 20 |
| | $d_0 > 5mm$ | 8~14 | | | | | | |
| 锯片铣刀 | | 16 | — | 90 | 0°15'~1° | 45 | 0.5 | — |
| 成形铣刀及角度铣刀 | 尖齿 | 16 | 8 | | | | | |
| | 铲齿 | 12 | | | | | | |

注：1. 套式端铣刀（镶齿及粗齿）加工直角台阶时，$\kappa_r = 90°$；

　　2. 三面刃铣刀可做成直角，即 $\beta = 0°$；也可做成交错齿，当宽度 $B \leqslant 12mm$ 时，$\beta = 15°$，当 $B > 12mm$ 时，$\beta = 20°$

3. 刃倾角 $\lambda_s$

刃倾角是主切削刃与基面间的夹角。圆柱铣刀的螺旋角 $\beta$ 就是圆周刃的刃倾角。采用螺旋齿圆柱铣刀铣削时刀齿逐渐切入和切出工件，螺旋角越大，切入、切出过程越缓慢，同时螺旋角增大还可使同时工作齿数增加，使切削过程平稳。增大螺旋角可使铣削过程的实际前角增大，从而改善切削条件。由于增大螺旋角可以提高铣削过程的平稳程度，提高生产率和铣刀的寿命，现在一般已不用直齿圆柱铣刀，都采用较大的螺旋角，刃倾角数值可参考表 14-3 选用。

# 14.3　铣削参数和铣削基本规律

## 14.3.1　铣削要素

铣刀种类繁多，但从铣削原理看又可以概括为端铣和周铣两类，其典型刀具是端铣刀和圆柱铣刀。铣削用量包括下列四个要素，如图 14-5 所示。

1. 铣削速度 $v_c$（m/min）

铣削速度是指铣刀旋转时外缘处的线速度，即

$$v_c = \frac{\pi d_0 n}{60 \times 1000} \tag{14-1}$$

式中　$d_0$——铣刀直径,单位为 mm;

　　　　$n$——铣刀转速,单位为 r/min。

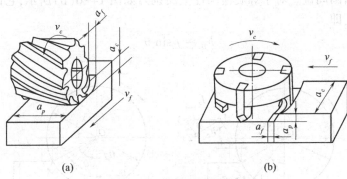

图 14-5　铣削用量四要素

（a）圆周铣；（b）端面铣。

2. 进给量

铣削时的进给量有以下几种表示方法。

（1）每转进给量 $f$ 是铣刀每转一转时的,工件相对于铣刀沿进给方向移动的距离,单位为 mm/r。

（2）每齿进给量 $f_z$ 是铣刀每转一个齿间角时,工件相对于铣刀沿进给方向移动的距离,单位为 mm/z,是衡量铣削效率和铣刀性能的重要指标。

（3）进给速度 $v_f$ 是指每分钟工件相对于铣刀沿进给方向移动的距离,即铣床工作台的进给速度,单位为 mm/min。

$f$、$f_z$、$v_f$ 三者之间有如下关系,即

$$v_f = fn = f_z z \tag{14-2}$$

3. 背吃刀量 $a_p$（mm）

如图 14-5 所示,它是平行于铣刀轴线方向度量的切削层尺寸。端铣时, $a_p$ 为切削层深度;而圆周铣削时, $a_p$ 为被加工表面的宽度。

4. 侧吃刀量 $a_e$（mm）

它是垂直于铣刀轴线方向和进给方向度量的切削层尺寸。端铣时, $a_e$ 为被加工表面宽度;而圆周铣削时, $a_e$ 为切削层的深度。

上述定义方法所确定的背吃刀量 $a_p$ 和侧吃刀量 $a_e$,对于端铣刀、立铣刀铣削水平面时,与人们的一般概念是一致的;但对于圆柱铣刀或立铣刀加工垂直平面、轮廓面时,则与一般概念相反。这样规定的目的是为了统一切削力等计算公式的形式和符号。

铣削速度、进给量、背吃刀量、侧吃刀量合称为铣削用量四要素。

## 14.3.2　铣削切削层参数

1. 切削层厚度 $h_D$

切削层厚度 $h_D$ 是在基面中测量的相邻刀齿主切削刃运动轨迹之间的距离。无论是圆周铣还是端铣,铣削时的切削层厚度都是随时变化的,如图 14-6 所示。

（1）直齿圆周铣。对于直齿圆柱平面铣刀如图 14-6（a）所示, $h_D$ 与瞬时接触角 $\theta$ 有

关,从近似三角形△123 可知

$$h_D = f_z \sin \theta \tag{14 - 3}$$

（2）螺旋齿圆周铣。对于螺旋齿圆柱平面铣刀如图14-6(b)所示,它的每个刀齿上的 $h_D$ 是变化的,即

$$h_D \approx f_z \sin \theta$$

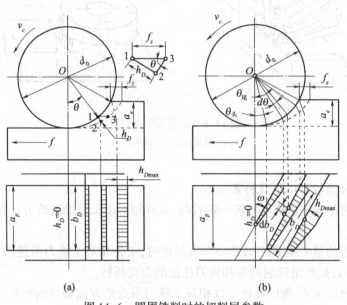

**图 14-6 圆周铣削时的切削层参数**
（a）直齿圆柱平面铣刀加工；（b）螺旋齿圆柱平面铣刀加工

（3）端铣 对于端铣刀如图14-7所示,它的每个刀齿上的 $h_D$ 也是变化的,由图可知

$$h_D = \overline{12}\sin \kappa_r = \overline{13}\cos \theta \sin \kappa_t = f_z \cos \theta \sin \kappa_r \tag{14 - 4}$$

2. 切削宽度 $b_D$

切削宽度是在基面中测量的铣刀主切削刃与工件切削层的接触长度。

（1）直齿圆周铣刀的切削宽度 $b_D = a_p$。

（2）螺旋齿圆柱铣刀加工时,由于刃倾角(螺旋角)的存在,具有斜角切削的特点,从切入到切出,各刀齿的主切削刃工作长度随刀齿的位置不同而不断变化。由于工作刀齿有重叠,故切削过程比较平稳,由图 14-6(b)可知

$$\mathrm{d}b_D = \frac{d_0}{2}\mathrm{d}\theta \frac{1}{\sin \omega} \tag{14 - 5}$$

（3）端铣刀每齿的切削宽度 $b_D$ 与车刀情况类似(见图14-7), $b_D = a_p / \sin k_r$。

3. 切削面积

每个刀齿切削面积为 $A_D = h_D b_D$,铣刀总切削面积 $A_{D_z\sum} = \sum_1^{z_e} A_D$。由于 $h_D$、$b_D$ 和同时工作齿数 $z_e$ 随时变化,故 $A_{D_z\sum}$ 也是随时变的。

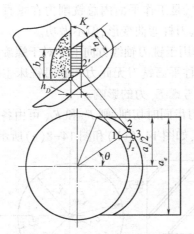

图 14-7　端铣刀切削厚度计算

（1）直齿圆周铣刀的切削面积。

$$A_{D_z\sum} = \sum_1^{z_e} h_D b_D = \sum_1^{z_e} f_z a_p \sin\theta \qquad (14-6)$$

（2）螺旋齿圆柱铣刀的切削面积。

$$dA_{D_z} = h_D db_D = f_z \frac{d_0}{2\sin\omega}\sin\theta d\theta$$

$$A_{D_z} = \int_{\theta_{头}}^{\theta_{尾}} dA_{D_z} = \frac{f_z d_0}{2\sin\omega}\int_{\theta_{头}}^{\theta_{尾}}\sin\theta d\theta = \frac{f_z d_0}{2\sin\omega}(\cos\theta_{头} - \cos\theta_{尾})$$

$$A_{D_z\sum} = \sum_1^{z_e} A_{D_z} = \sum_1^{z_e} \frac{f_z d_0}{2\sin\omega}(\cos\theta_{头} - \cos\theta_{尾}) \qquad (14-7)$$

（3）端铣刀。

每个刀齿上的面积为

$$A_{D_z} = h_D db_D = f_z a_p \cos\theta$$

切削层总面积为

$$A_{D_z\sum} = \sum_1^{z_e} A_{D_z} = \sum_1^{z_e} f_z a_p \cos\theta \qquad (14-8)$$

由上可知，切削层总面积 $A_{D_z\sum}$ 是变化的，当同时工作齿数 $z_e$ 越少时，$A_{D_z\sum}$ 相对变化越大。这就是铣削不均匀性产生的原因之一。

### 14.3.3　铣削力和铣削功率

1. 铣削分力

铣削时，铣刀的每个刀齿都产生铣削力，其同时工作刀齿所产生铣削力的合力即为铣刀的铣削力。每个刀齿和铣刀的铣削力一般为空间力，为方便研究，可根据实际需要进行分解。图 14-8（a）所示为螺旋齿圆柱铣刀单个刀齿产生铣削力的分解。

（1）铣削力 $F_c$。$F_c$ 是铣削时总铣削力在主运动方向上的投影分力，即是作用于铣刀切线方向上消耗机床主要功率的力。

（2）垂直铣削力 $F_{cN}$。$F_{cN}$ 是工作平面内总铣削力在垂直于运动方向上的分力，它作用在铣刀半径方向上，能引起刀杆弯曲变形，但不做功。

（3）背向力 $F_p$。该力作用于铣刀轴线方向上。对于螺旋齿圆柱平面铣刀，$F_p$ 是由螺旋齿而产生的，因此，直齿圆柱平面铣刀无此力。它对铣床主轴的轴承增加了轴向负荷，这就要求在选取轴承型号时考虑 $F_p$ 力的影响。

铣削加工时，若有 $z_e$ 个刀齿同时切削，则 $F_c$ 和 $F_{cN}$ 可由各刀齿上受到的各力 $F_{c1}$、$F_{c2}$、… 和 $F_{cN1}$、$F_{cN2}$、…合成而得，如图 14-8（b）和图 14-8（c）所示。

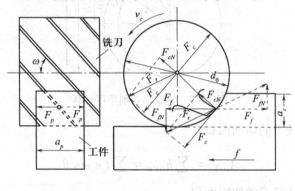

图 14-8　铣刀的铣削力

为了便于分析铣削力，常将切削力 $F_c$ 与垂直切削力 $F_{cN}$ 的合力 $F_r$ 进行分解，可分解为下列两个分力。

（1）进给力 $F_f$。$F_f$ 是工作平面内总铣削力在进给运动方向上的投影分力，它作用于铣床工作台纵向进给方向上。

（2）垂直进给力 $F_{fN}$。$F_{fN}$ 是工作平面内总铣削力在垂直于进给运动方向上的分力，它作用于铣床升降台运动方向上。

以上铣削力可写成下列公式，即

$$\sqrt{F_c^2 + F_{cN}^2} = \sqrt{F_f^2 + F_{fN}^2}$$

图 14-8（b）为逆铣加工，此时作用于工件上的 $F_f$ 与进给方向相反，使进给运动能够平稳地进行，而 $F_{fN}$ 的方向是朝上的，这就有可能将工件挑起来，故此时要注意工件的定位和夹紧问题。图 14-8（c）为顺铣加工，其作用于工件上的 $F_f$ 与工件进给方向一致，因此有将工件往前拉而引起进给速度不均匀的趋势，故此时应注意铣床进给机构中存在的间隙问题，但切削力的方向朝下，将引起工件装夹的稳定性。

由于铣刀刀齿位置是随时变化的，因此，当铣刀接触角 $\psi_i$ 不同时，各铣削分力的大小是不同的，可写成

$$F_f = F_c \sin \psi_i \pm F_{cN} \sin \psi_i \quad （逆铣为"+"，顺铣为"-"） \tag{14-9}$$

$$F_{fN} = F_c \sin \psi_i \pm F_{cN} \cos \psi_i \quad （逆铣为"+"，顺铣为"-"） \tag{14-10}$$

同理，端铣时，也可将铣削力按上述方法分解。

各铣削分力与铣削力 $F_c$ 的比值列于表 14-4，供参考。

表 14-4　各铣削分力的经验比值

| 铣 削 条 件 | 比 值 | 对称端铣 | 不对称铣削 | |
| --- | --- | --- | --- | --- |
| | | | 逆铣 | 顺铣 |
| 端铣 | $F_f/F_c$ | 0.30~0.40 | 0.60~0.90 | 0.15~0.30 |
| $a_e = (0.4~0.8)d_0$ | $F_{fN}/F_c$ | 0.85~0.95 | 0.45~0.70 | 0.90~1.00 |
| $f_z = 0.1~0.2$ | $F_0/F_c$ | 0.50~0.55 | 0.50~0.55 | 0.50~0.55 |
| 立铣、圆柱铣、盘铣和成形铣 | $F_f/F_c$ | | 1.00~1.20 | 0.80~0.90 |
| $a_e = 0.05d_0$ | $F_{fN}/F_c$ | | 0.20~0.30 | 0.75~0.80 |
| $f_z = 0.1~0.2$ | $F_0/F_c$ | | 0.35~0.40 | 0.35~0.40 |

**2. 铣削力经验公式**

与车削类似，铣削力通常也是根据由试验获得的经验公式来计算，如表 14-5~表 14-8 所列。

表中 $K_{F_c} = K_{MF_c} K_{\gamma F_c} K_{\kappa F_c}$，使用条件改变时的修正系数列于表 14-6 和表 14-8 中。

表 14-5　硬质合金铣刀铣削力经验公式

| 铣刀类型 | 工件材料 | 铣削力经验公式/N |
| --- | --- | --- |
| 端铣刀 | 碳　钢 | $F_c = 7753 a_p^{1.0} f_z^{0.75} a_e^{1.1} Z d_0^{-1.3} n^{-0.2} K_{F_c}$ |
| | 灰铸铁 | $F_c = 513 a_p^{0.9} f_z^{0.74} a_e^{1.0} Z d_0^{-1.0} K_{F_c}$ |
| | 可锻铸铁 | $F_c = 4615 a_p^{1.0} f_z^{0.7} a_e^{1.1} Z d_0^{-1.3} n^{-0.2} K_{F_c}$ |
| | 1Cr18Ni9Ti | $F_c = 2138 a_p^{0.92} f_z^{0.78} a_e^{1.0} Z d_0^{-1.15} K_{F_c}$ |

（续）

| 铣刀类型 | 工件材料 | 铣削力经验公式/N |
|---|---|---|
| 圆柱铣刀 | 碳钢 | $F_c = 948a_p^{1.0} f_z^{0.75} a_e^{0.88} Z d_0^{-0.87}$ |
| | 灰铸铁 | $F_c = 545a_p^{1.0} f_z^{0.8} a_e^{0.9} Z d_0^{-0.9}$ |
| 立铣刀 | 碳钢 | $F_c = 118a_p^{1.0} f_z^{0.75} a_e^{0.85} Z d_0^{-0.73} n^{0.1}$ |
| 盘铣刀、槽铣刀、锯片铣刀 | | $F_c = 2452a_p^{1.1} f_z^{0.6} a_e^{0.9} Z d_0^{-1.1} n^{-0.1}$ |

注：转速 $n$ 的单位为 r/min

### 表 14-6 硬质合金端铣刀铣削力修正系数

| 工件材料系数 $K_{mF_c}$ | | 前角系数（切钢）$K_{\gamma F_c}$ | | | | 主偏系数（切钢）$K_{\kappa_r F_c}$ | | | |
|---|---|---|---|---|---|---|---|---|---|
| 钢 | 铸铁 | -10° | 0° | 10° | 15° | 30° | 60° | 75° | 90° |
| $\left(\dfrac{\sigma_b}{0.637}\right)^{0.30}$ | $\left(\dfrac{HBS}{190}\right)^{0.55}$ | 1.0 | 0.89 | 0.79 | 1.23 | 1.15 | 1.0 | 1.06 | 1.14 |

注：$\sigma_b$ 的单位为 GPa

### 表 14-7 高速钢铣刀铣削力经验公式

| 铣刀类型 | 工件材料 | 铣削力经验公式/N |
|---|---|---|
| 立铣刀、圆柱铣刀 | | $F_c = C_{F_c} a_p f_z^{0.72} a_e^{0.86} d_0^{-0.65} Z K_{F_c}$ |
| 端铣刀 | | $F_c = C_{F_c} a_p^{0.95} f_z^{0.80} a_e^{1.1} d_0^{-1.1} Z K_{F_c}$ |
| 盘铣刀、锯片铣刀等 | 碳钢、青铜、铝合金、可锻铸铁等 | $F_c = C_{F_c} a_p f_z^{0.72} a_e^{0.86} d_0^{-0.86} Z K_{F_c}$ |
| 角度铣刀 | | $F_c = C_{F_c} a_p f_z^{0.72} a_e^{0.86} d_0^{-0.86} Z K_{F_c}$ |
| 半圆铣刀 | | $F_c = C_{F_c} a_p f_z^{0.72} a_e^{0.86} d_0^{-0.86} Z K_{F_c}$ |
| 立铣刀、圆柱铣刀 | | $F_c = C_{F_c} a_p f_z^{0.65} a_e^{0.83} d_0^{-0.83} Z K_{F_c}$ |
| 端铣刀 | 灰铸铁 | $F_c = C_{F_c} a_p^{0.9} f_z^{0.72} a_e^{1.14} d_0^{-1.14} Z K_{F_c}$ |
| 盘铣刀、锯片铣刀等 | | $F_c = C_{F_c} a_p f_z^{0.65} a_e^{0.83} d_0^{-0.83} Z K_{F_c}$ |

| 铣刀类型 | 铣削力系数 $C_{F_c}$ | | | | |
|---|---|---|---|---|---|
| | 碳钢 | 可锻铸铁 | 灰铸铁 | 青铜 | 镁合金 |
| 立铣刀、圆柱铣刀 | 641 | 282 | 282 | 212 | 160 |
| 端铣刀 | 812 | 470 | 470 | 353 | 170 |
| 盘铣刀、锯片铣刀等 | 642 | 282 | 282 | 212 | 160 |
| 角度铣刀 | 366 | — | — | — | — |
| 半圆铣刀 | 443 | — | — | — | — |

注：1. 铝合金 $C_{F_c}$ 可取为钢的 1/4；

2. 铣刀磨损超过磨钝标准时，$F_c$ 将增大，加工软钢时可增大 75%～95%；加工中硬钢、硬钢和铸铁时，可增大 30%～40%

表 14-8　高速钢铣刀铣削力修正系数

| 工件材料系数 $K_{mF_c}$ | | 前角系数 $K_{\gamma F_c}$ | | | | 主偏角系数 $K_{\kappa_r F_c}$（限于端铣） | | | |
|---|---|---|---|---|---|---|---|---|---|
| 钢 | 铸铁 | 5° | 10° | 15° | 20° | 30° | 60° | 75° | 90° |
| $\left(\dfrac{\sigma_b}{0.637}\right)^{0.30}$ | $\left(\dfrac{HBS}{190}\right)^{0.55}$ | 1.08 | 1.0 | 0.92 | 0.85 | 1.15 | 1.06 | 1.0 | 1.04 |

**3. 铣削功率 $P_c$**

铣削功率 $P_c$ 的计算公式与车削相同，即

$$P_c = F_c v_c / 1000 \tag{14-11}$$

式中　$F_c$——铣削力，单位为 N；

　　　$v_c$——铣削速度，单位为 m/s。

铣床电动机功率 $P_E$ 的计算公式为

$$P_E = P_c / \eta_m \tag{14-12}$$

式中　$\eta_m$——机床传动总效率。

### 14.3.4　铣削方式

**1. 周铣法**

圆周铣削（简称周铣）可看作端铣的一种特殊情况，即主偏角 $\kappa_r = 90°$，用立铣刀铣沟槽时是对称铣的特殊情况。用圆柱铣刀加工平面时，是不对称铣的特殊情况。如图14-9所示，圆周铣削分为逆铣和顺铣两种铣削方式。

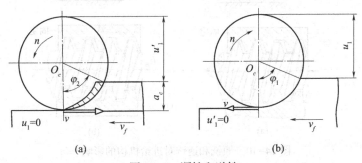

图 14-9　顺铣和逆铣
（a）顺铣；（b）逆铣

（1）逆铣。铣刀旋转切入工件的方向与工件的进给方向相反。逆铣时，每个刀齿的切削厚度由零增至最大。但切削刃并非绝对锋利，均有切削刃钝圆半径 $r_n$ 存在，所以刀齿刚接触工件的一段距离，并不能切入工件，而是在工件表面上挤压滑行，因而造成冷硬变质层；下一个刀齿在前一刀齿留下的冷硬层上挤压滑过，使铣刀磨损加剧，故刀具耐用度低，加工表面质量差。逆铣时，垂直进给力 $F_{fN}$ 指向上方，有将工件向上抬起的趋势，易引起振动，否则需加大夹紧力，这不利于薄壁或刚度差工件的加工。

（2）顺铣。铣刀旋转切入工件的方向与工件的进给方向相同。顺铣时，切入时的切削厚度最大，然后逐渐减小到零，从而避免了刀齿在已加工表面冷硬层上滑行的过程，故刀具耐用度高，已加工表面质量较好。顺铣时，$F_{fN}$ 始终压向工件，宜于薄壁或刚度差工件

的加工,如图14-10所示。

实践表明,顺铣时,铣刀耐用度可比逆铣提高2~3倍,但不宜用顺铣方式加工带硬皮的工件,否则会降低刀具耐用度,甚至打坏刀齿。

在不能消除丝杠螺母间隙的铣床上,只宜用逆铣,不宜用顺铣。因为在图14-10所示情况,铣床工作台的螺母是固定不动的,工作台进给是由转动的丝杠带动的。若丝杠按箭头方向回转,丝杠螺牙左侧始终紧靠在螺母螺牙右侧,依靠螺母丝杠间的摩擦力带动工作台向右作进给运动 $v_f$。此时,丝杠与螺母间的配合间隙 $\Delta$ 在丝杠螺牙的右侧。逆铣时,工作台(丝杠)受到的进给力 $F_f$ 与进给运动 $v_f$ 的方向始终相反[见图14-10(b)],使丝杠螺牙与螺母螺牙一侧始终保持接触,故进给运动较平稳。而顺铣时,进给力 $F_f$ 与工作台进给同向。当 $F_f$ 小时,工作台的进给运动是由丝杠驱动的;当 $F_f$ 足够大时,工作台运动便由 $F_f$ 驱动了,可使工作台突然推向前,直到丝杠与螺母螺牙另一侧面压紧为止,其效果等于突然加大了进给量。由 $f$ 变为 $(f+\Delta)$,这可能引起"扎刀"。因此,在没有消除丝杠螺母间隙装置的铣床上,不能采用顺铣,只能采用逆铣。

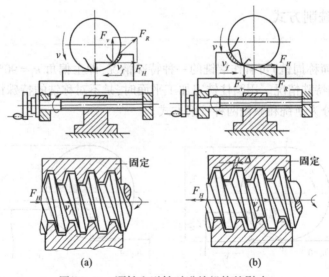

图14-10 顺铣和逆铣对进给机构的影响
(a) 顺铣; (b) 逆铣

### 2. 端铣法

端铣法是利用铣刀的端面齿来加工平面的,根据铣刀与工件加工面相对位置的不同,可分为对称铣、不对称逆铣和不对称顺铣三种铣削方式,如图14-11所示。

（1）对称铣削。如图14-11(a)所示,对称铣削切入、切出时的切削厚度相同,平均切削厚度较大。当采用较小的每齿进给量铣削淬硬钢,为使刀齿超过冷硬层切入工件,宜采用对称铣削。

（2）不对称逆铣,如图14-11(b)所示,不对称逆铣切入时的切削厚度较小,切出时的切削厚度较大。铣削碳钢和合金结构钢时,采用这种方式可减小切入冲击,使硬质合金端铣刀耐用度提高1倍以上。

（3）不对称顺铣,如图14-11(c)所示,不对称顺铣切入时的切削厚度较大,切出时的

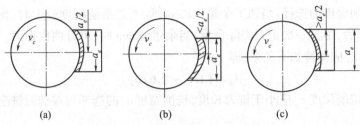

图 14-11　端铣的三种铣削方式

（a）对称铣；（b）不对称逆铣；（c）不对称顺铣

切削厚度较小。实践证明,不对称顺铣用于加工不锈钢和高温合金时,可减小硬质合金的剥落破损,切削速度可提高 40%～60%。

### 14.3.5　铣削特点

1. 多刃回转切削

铣削是典型的多刃回转刀具,其最大特点是难以消除刀齿的径向跳动,这是由于制造、刃磨误差、刀杆的弯曲变形、刀具轴线与主轴轴线不重合等原因造成的。刀齿的径向跳动会造成每个刀齿负荷不一致、磨损不均匀,直接影响加工表面质量。

2. 断续切削

铣削时,对于每个刀齿来讲是断续切削,有切入和切出过程,这就必然带来刀齿应力的周期循环变化和由周期受热、冷却所导致的热应力循环。特别应指出的是,切入过程的冲击,人们容易接受,而近年来的研究发现切出过程对刀齿也是一个冲击过程,且对刀具寿命的影响比切入冲击更大。切入冲击和切出冲击对于强度较高的高速钢刀具的影响较小,而对于硬质合金、陶瓷等强度较低的脆性材料影响甚大,这种断续切削方式将使刀齿经受机械冲击和热冲击(高速铣削时),硬质合金刀片在这种力、热联合冲击下,容易产生裂纹和破损。

由于切削厚度、切削宽度和同时工作齿数的周期变化,导致铣削过程中切削总面积的周期变化,切削力、转矩也必然是周期变化的,故铣削均匀性较差。

3. 必须注意解决切屑的容纳和排出问题

铣刀是多齿刀具,每个刀齿切离工件前,切屑都是容纳在两个刀齿之间的容屑槽中,此容屑方式称半封闭式容屑。每个容屑槽空间必须能足够地容纳每个刀齿切下的切屑,同时还必须让切屑顺利排出。否则,将损坏刀齿。

4. 可选用不同的切削方式

利用顺铣和逆铣、对称铣和不对称铣等切削方式,来适应不同材料的可加工性和加工要求,可以提高刀具耐用度和加工生产率。

### 14.3.6　铣削用量的选择

铣削用量的选择原则与车削相类似,在保证铣削加工表面质量和工艺系统刚度允许的前提下,首先应选用大的 $a_p$ 和 $a_e$,其次选用较大的每齿进给量 $f_z$,最后根据铣刀的合理耐用度确定铣削速度。具体情况如下:

**1. 铣削深度 $a_p$ 和铣削宽度 $a_e$ 的选择**

端铣刀铣削深度的选择：当加工余量≤8mm，且工艺系统刚度较大时，留出半精铣余量 0.5~2mm 以后，尽量一次走刀去除余量；当余量>8mm 时，可分两次走刀。铣削宽度 $a_e$ 与端铣刀直径 $d_0$ 应保持如下关系，即

$$d_0 = (1.1 \sim 1.6)a_e \tag{14-13}$$

圆柱铣刀铣削深度 $a_p$ 应小于铣刀长度，铣削宽度 $a_e$ 的选择与端铣刀铣削深度 $a_p$ 的选择相同。

**2. 进给量的选择**

每齿进给量 $f_z$ 是衡量铣削加工效率的重要指标。和车削一样，粗铣时 $f_z$ 主要受切削力限制，半精铣和精铣时，$f_z$ 主要受加工表面粗糙度的限制。

对于高速钢铣刀，过大的切削力将引起刀杆变形（带孔铣刀）和刀体损坏（带柄铣刀）。

对于硬质合金铣刀，由于刀片经受冲击载荷，刀片易破碎，故同样强度的硬质台金刀片允许的 $f_z$ 比车削时小。端铣刀粗铣中碳钢时，一般 $f_z = 0.10 \sim 0.35$mm。

**3. 铣削速度的确定**

铣削速度可用下式计算，也可查切削用量手册确定，即

$$v_c = \frac{C_v d_0^{q_v}}{T^m a_p^{x_v} f_z^{y_v} a_e^{u_v} Z^{p_v} 60^{1-m}} \tag{14-14}$$

式中　$v_c$——铣削速度，单位为 m/s；

　　　$T$——铣刀耐用度，单位为 s（铣刀耐用度推荐值列于表 14-9）。

指数 $m$、$x_v$、$y_v$、$u_v$、$p_v$、$q_v$ 与工件材料、刀具材料和铣刀类型有关。

当使用刀片材料为 YT15 的硬质合金端铣刀铣削中碳钢时，式（14-14）可写成

$$v_c = \frac{332 d_0^{0.2}}{T^{0.2} a_p^{0.1} f_z^{0.4} a_e^{0.2} 60^{0.8}}$$

当使用 YG6 硬质合金端铣刀铣削铸铁时，有

$$v_c = \frac{445 d_0^{0.2}}{T^{0.32} a_p^{0.15} f_z^{0.35} a_e^{0.2} 60^{0.68}}$$

表 14-9　铣刀耐用度的平均值　　　　　　　（单位：min）

| 名称 | 铣刀直径 $d_0$/mm | | | | | | | | | | |
|---|---|---|---|---|---|---|---|---|---|---|---|
| | <25 | 25~40 | 40~60 | 60~75 | 75~90 | 90~110 | 110~150 | 150~200 | 200~225 | 225~250 | 250~300 | 300~400 |
| 端铣刀 | — | 120 | 180 | | | | | | 240 | | 300 | 420 |
| 镶齿圆柱铣刀 | — | | | | 180 | | | | | | | |
| 细齿圆柱铣刀 | — | | 120 | 180 | | — | | | | | | |

(续)

| 名称 | 铣刀直径 $d_0$/mm | | | | | | | | | | |
|------|------|------|------|------|------|------|------|------|------|------|------|
| | <25 | 25~40 | 40~60 | 60~75 | 75~90 | 90~110 | 110~150 | 150~200 | 200~225 | 225~250 | 250~300 | 300~400 |
| 立铣刀 | 60 | 90 | 120 | — | | | | | | | | |
| 槽铣刀<br>锯片铣刀 | — | | | 60 | 75 | 120 | 150 | 180 | | | | |
| 成形铣刀<br>角度铣刀 | — | 120 | | 180 | | | | | | | | |

# 14.4 成 形 铣 刀

成形铣刀的切削刃廓形是根据工件廓形设计的。成形铣刀可在通用铣床上加工形状复杂的表面,可保证加工工件的尺寸和形状的一致性,生产效率高,使用方便,故应用广泛。

成形铣刀可用来加工直沟和螺旋沟成形表面。常见的成形铣刀(如凸半圆铣刀和凹半圆铣刀)已有通用标准。但大部分成形铣刀属专用刀具,需自行设计。

成形铣刀按齿背形成可分为尖齿成形铣刀[见图 14-12(a)]和铲齿成形铣刀[见图 14-12(b)]两大类。

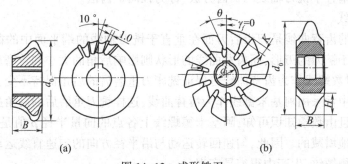

图 14-12　成形铣刀
(a)尖齿成形铣刀;(b)铲齿成形铣刀

尖齿成形铣刀用钝后需重磨后刀面,其耐用度和加工表面质量都较高。但因后刀面为成形表面,制造和重磨时必须用专门的靠模夹具,使用不方便。

铲齿成形铣刀的齿背是按一定的曲线铲制的,用钝后只需重磨前刀面即可保证刃形不变,由于前刀面是平面,刃磨很方便,因而得到广泛应用。

下面主要介绍铲齿成形铣刀。

## 14.4.1　成形铣刀的铲齿

### 1. 铲齿的基本概念

为设计、制造和检验方便,成形铣刀常取前角 $\gamma_f = 0°$,这时铣刀的前刀面即为其轴向平面。为了保证重磨前刀面后铣刀刃形不变，刀齿各轴向平面中的廓形均应相同；为了保证适当的后角，各平面中的廓形还应逐渐向铣刀中心缩近。这就要求铣刀的后刀面应是切削刃廓形绕铣刀轴线回转并向铣刀中心移动所形成的表面。如图 14-13 所示，$O$—$A$、$O$—$B$ 都是轴向平面，廓形相同，但 $O$—$B$ 剖面廓形更靠近铣刀中心，以形成后角 $\alpha_f$。能完成这种齿背加工的方法称为"铲背"或"铲齿"，是用铲刀在铲齿车床上进行的。

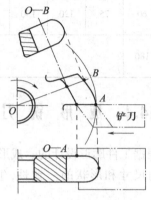

图 14-13　铲齿成形铣刀

铲刀就是平体成车刀，前角 $\gamma_f = 0°$，前刀面安装在通过铣刀轴线的水平面中，切削刃廓形与铣刀轴向平面廓形相同，但凹向相反。铲齿时，在铣刀毛坯回转的同时，铲刀在凸轮推动下沿铣刀的径向作直线运动，铲完一齿后，铲刀快速退回，再铲削第二个齿。这种铲刀运动方向垂直于铣刀轴线的铲齿方法，称为径向铲齿法。

2. 齿背曲线

铲齿铣刀的齿背曲线是刀齿后刀面在垂直于铣刀轴线的端平面中的截线。显然，刀齿的廓形取决于铲刀的刃形，而齿背曲线的形状则影响后角的大小和重磨后后角的变化。理论上，采用对数螺线作为齿背曲线可保证铣床刀重磨后的后角保持不变，但这种螺线制造复杂。生产中常采用阿基米德线作为齿背曲线，这样铣刀重磨后的后角虽有所增大，但增大不多。而且由数学知识可知，阿基米德螺线上各点的向量半径 $\rho$ 值是随向径转角的增减而成比例地增减的。因此，匀速回转运动与沿半径方向的匀速直线运动结合起来，就可得到阿基米德螺纹，生产中很容易实现。

图 14-14 所示为成形铣刀的径向铲齿过程。

铲刀的前刀面（$\gamma_f = 0°$）准确地安装在铲床的中心水平面内。当铣刀匀速回转时，铲刀就在凸轮的推动下沿半径方向向铣刀轴线等速前进，铣刀转过角 $\delta$ 时，凸轮转过角 $\varphi_\text{工}$，铲刀铲出一个刀齿的齿背（包括齿顶面 1—2 和齿侧面 1—2—5—6）。当铣刀继续转过角 $\delta_1$ 时（$\delta_1 = \varepsilon - \delta$），凸轮转过角 $\varphi_\text{空}$，凸轮曲线下降，铲刀退回原位。这样，铣刀转过一个齿间角 $\varepsilon$ 时，凸轮转一转，铲刀完成一个往复行程，铲完一齿，重复上述过程，其余的刀齿就可铲削完成。由于铲刀切削刃始终通过铣刀轴向平面，因此铣刀刀由在任何轴向平面内的廓形都必然与铲刀的刃形完全一致。

若铲刀铲完齿背后不退回，而是沿齿背曲线 1—2—3—7 一直铲下去，则铣刀转过一个齿间角 $\varepsilon = \dfrac{2\pi}{z}$ 时，铲刀将前进距离 $k$，$k$ 称为铲削量。与此相适应，凸轮回转一周的升高

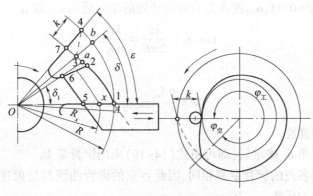

图 14-14 成形铣刀的径向铲齿

量(向径差)也应该等于铲背量 $k$。显然,由于回程角 $\varphi_{空}$ 的存在,凸轮上最大向径与最小向径之差小于 $k$,但一般凸轮上都标注 $k$ 值。凸轮上的曲线也应该是阿基米德螺线。不论铣刀直径和齿数如何,只要 $k$ 值相同,均可使用同一个凸轮,可见,凸轮利用率较高。

3. 铲削量 $k$ 的确定和名义后角 $\alpha_f$

为了便于分析,取极坐标表示齿背曲线(见图 14-15):设铣刀半径为 $R$,当 $\theta=0°$ 时,$\rho=R$;当 $\theta>0°$ 时,$\rho<R$。因此,阿基米德螺线方程为

$$\rho = R - C\theta \qquad (14-15)$$

式中　$C$——常数。

当 $\theta=\dfrac{2\pi}{z}$($z$ 为铣刀齿数)时,$\rho=R-k$,则

$$R - k = R - C\frac{2\pi}{z}$$

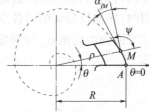

图 14-15 成形铣刀的后角

故

$$C = \frac{kz}{2\pi} \qquad (14-16)$$

由微分几何学可知,曲线上任意点 $M$ 的切线和该点向径之间夹角 $\psi$ 为

$$\tan \psi = \frac{\rho}{\rho'}$$

将式(14-15)代入上式,得

$$\tan \psi = \frac{R - C\theta}{-C} = \theta - \frac{R}{C}$$

铣刀刀齿在任意点 $M$ 处的后角 $\alpha_{fM}$ 可按下式计算,即

$$\tan \alpha_{fM} = \tan(\psi - 90°) = -\frac{1}{\tan \psi} = \frac{1}{\dfrac{R}{C} - \theta}$$

将式(14-16)代入此式,得

$$\tan \alpha_{fM} = \frac{1}{\dfrac{2\pi R}{kz} - \theta} \qquad (14-17)$$

对新铣刀，当 $\theta = 0°$ 时，$\alpha_{fM}$ 就成为刀齿齿顶处的端面后角 $\alpha_f$，故 $\alpha_f$ 为

$$\tan \alpha_f = \frac{kz}{2\pi R} = \frac{kz}{\pi d_0} \qquad (14-18)$$

或

$$k = \frac{\pi d_0}{z} \tan \alpha_f \qquad (14-19)$$

式中　$d_0$——铣刀直径。

当刀齿齿顶后角 $\alpha_f$ 确定后，即可由式(14-19)求出铲背量 $k$。

铣刀切削刃上各点的铲背量都相同，因此各点的齿背曲线都是齿顶齿背曲线的等距线，半径为 $R_x$ 点处的后角 $\alpha_{fx}$ 为

$$\tan \alpha_{fx} = \frac{kz}{2\pi R_x} = \frac{R}{R_x} \tan \alpha_f \qquad (14-20)$$

由式(14-20)可知，铣刀切削刃上各点的后角不等，越靠近轴心的点，$R_x$ 越小，$\alpha_{fx}$ 越大，只要齿顶处的后角符合要求，切削刃上其他各点都能保证有足够的后角。因此，规定新铣刀齿顶处的后角为成形铣刀的名义后角 $\alpha_f$，一般 $\alpha_f = 10° \sim 12°$。

**4. 法平面后角**

上面讨论的后角，是在假定工作平面（端平面）中测量的。与成形车刀一样，设计成形铣刀时，还应校验切削刃各点的法平面内的后角 $\alpha_{nx}$ 是否过小。

法平面内的后角 $\alpha_{nx}$ 与假定工作平面内（端平面）的后角 $\alpha_{fx}$ 存在如下关系（图 14-16），即

$$\tan \alpha_{nx} = \tan \alpha_{fx} \sin \varphi_x \qquad (14-21)$$

或

$$\tan \alpha_{nx} = \frac{R}{R_x} \tan \alpha_f \sin \varphi_x \qquad (14-22)$$

式中　$\varphi_x$——切削刃上任意点 $x$ 处的切线与铣刀端面的夹角。

由于切削刃上的各点的半径相差较小，即 $R_x \approx R$，故可近似地认为

$$\tan \alpha_{nx} \approx \tan \alpha_f \sin \varphi_x \qquad (14-23)$$

由式(14-21)~式(14-23)可知，径向铲齿时，切削刃上某点处的 $\varphi_x$ 越小，$\alpha_{nx}$ 也越小。当 $\varphi_x = 0°$ 时，$\alpha_{nx} = 0°$。

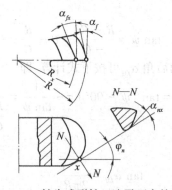

图 14-16　铲齿成形铣刀法平面内的后角

为了减小摩擦,避免铣刀磨损过快,一般要求 $\alpha_{nx\min} \geqslant 2°$。对于 $\alpha_{nx} < 2°$ 的刃段,可采用以下措施加以改善。

(1) 增大齿顶后角 $\alpha_f$,但不能超过 $15° \sim 17°$,否则将使刀刃强度减弱。但此方法对 $\varphi_x = 0°$ 的切削刃段不起作用。

(2) 修改铣刀刃形,如图 14-17(a) 所示。将半圆廓形铣刀两端 $\varphi_x = 0°$ 的切削刃改为 $\varphi_x = 10°$ 的直线,可使该段切削刃获得 $\alpha_{nx} \approx 2°$ 的后角。

(3) 斜置工件,如图 14-17(b) 所示。将工件倾斜安装后,可使正装时 $\varphi_x = 0°$ 的刃段 $bc$ 的 $\varphi_x > 0° (\varphi_x = \tau)$,从而获得一定的后角。

(4) 斜向铲齿,如图 14-18 所示。斜向铲齿时铲刀的运动方向与铣刀端面成 $-\tau$ 角。可以证明,斜向铲齿时侧刃上任意点 $x$ 处的法平面内后角 $\alpha_{nx}$ 为

$$\tan \alpha_{nx} = \frac{k_\tau z}{2\pi R_x} \sin (\varphi_x + \tau) \tag{14 - 24}$$

式中 $k_\tau$——沿 $\tau$ 方向的铲削量。

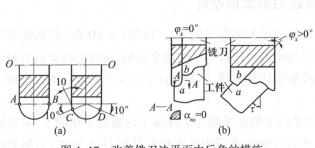 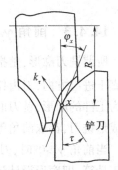

图 4-17 改善铣刀法平面内后角的措施      图 14-18 斜向铲齿法

由式(14-24)可知,斜向铲齿时,即使因为有 $\varphi_x = 0°$ 存在,但仍能获得一定的法平面内后角 $\alpha_{nx}$。一般可取 $\tau = 10° \sim 15°$。

必须指出,斜向铲齿只能使单侧刃得到后角,若两侧刃分别斜向铲齿,则铣刀重磨后刀齿厚度将改变,影响工件的加工精度。

### 14.4.2 铲齿成形铣刀的结构要素

1. 铣刀直径的确定

铣刀直径 $d_0$ 可按下式计算,即

$$d_0 = d + 2m + 2H \tag{14 - 25}$$

式中 $d_0$——铣刀内直径(见图 14-19);

     $m$——铣刀壁厚,一般取 $m = (0.3 \sim 0.5)d$;

     $H$——齿高,按下式确定,即

$$H = h + K + r \tag{14 - 26}$$

式中 $h$——刀齿廓形高度,$h$ = 工件廓形高度 + $(1 \sim 5)$ mm;

     $K$——铲背量;

     $r$——容屑槽槽底圆弧半径,一般取 $r = 1$ mm $\sim 5$ mm。

**2. 铣刀齿数 $z$**

铣刀齿数 $z$ 大，同时工作齿数 $z$ 就多，铣削较平稳。但要考虑刀齿强度和容屑空间，还要考虑留有足够的重磨余量。通常取齿根厚度 $B' \geq (0.8 \sim 1)H$，如图 14-19 所示。一般可用下式估算齿数，即

$$z = \pi d_0 / p \tag{14 - 27}$$

式中　$p$——圆周齿距，粗加工时取 $p = (1.8 \sim 2.4)H$，精加工时取 $p = (1.3 \sim 1.8)H$。

**3. 后角的选取**

成形铣刀后角常取 $\alpha_f = 10° \sim 15°$，正交平面内后角应不小于 $2°$。

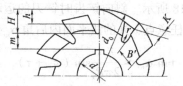

图 14-19　铲齿成形铣刀的结构要素

### 14.4.3　前角 $\gamma_f > 0°$ 成形铣刀的廓形设计

所谓铣刀廓形，是指铣刀刀齿轴向平面的形状尺寸。当前角 $\gamma_f = 0°$ 时，并且铣刀轴线垂直于进给方向，刀齿任何轴向平面内的齿形皆与工件端平面廓形相同，因此铣刀的廓形即为工件的廓形，铣刀的制造和检验都比较方便，容易保证刀具制造精度。所以精加工用的成形铣刀，都取前角等于 $0°$。

当前角 $\gamma_f > 0°$ 时，刀齿在轴向平面中的廓形便与工件端平面廓形不相同了，需要进行修正计算，即廓形设计计算。由于刀齿轴向平面中的廓形就是铲刀（$\gamma_f = 0°$）切削刃的刃形，因此，铣刀廓形设计也就是铲刀切削刃的刃形设计。

$\gamma_f > 0°$ 的成形铣刀廓形设计原理与成形车刀相似，即主要是根据工件成形表面组成点的廓形高度，求出铣刀刀齿相应点的廓形高度，而刀齿的廓形宽度与工件相应点的廓形宽度相等，不必计算。

下面按图 14-20 所示的工件槽形来求铲齿成形铣刀的刀齿截形。

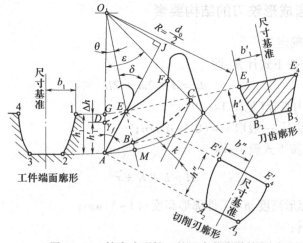

图 14-20　铲齿成形铣刀的刀齿截形计算

设已知工件端面截形 1-2-3-4 上每点的坐标尺寸（如 $b_1$、$h_1$ 等）；成形铣刀的直径 $d_0$（半径 $R = d_0/2$）、齿数 $z$、端面前角 $\gamma_f$、铲削量 $K$、端面后角 $\alpha_f$ 也都已确定。要求计算成形铣刀的刀齿截形尺寸。由图 14-20 可见，如刀齿前刀面上的切削刃截形为 $A_2 - A_3 - E'_4 - E'_1$，则当铣刀绕其轴线作旋转时，切削刃上的 $A_2$、$A_3$ 点分别切出工作截形上的点 2、点 3，而切削刃上的 $E'_1$、$E'_4$ 点在旋转到 $G$ 点位置时切出工件截形上的点 1 和点 4。

设阿基米德螺线 $ABC$ 是按铲削量 $K$ 作出的齿背曲线，过 $E$ 点作 $ABC$ 的径向等距线 $DEF$，则由图 14-20 可求得刀齿截形上 $E_1$ 点的高度：

$$h'_1 = \overline{BE} = \overline{AD} = \overline{AG} - \overline{DG} = h_1 - \Delta h$$

而

$$\Delta h = \overline{DG} = \overline{MB} = k\theta/\varepsilon = kz\theta/2\pi$$

故

$$h'_1 = h_1 - \frac{kz}{2\pi}\theta \tag{14-28}$$

角 $\theta$ 可从 $\triangle OAE$ 中利用正弦定律求出

$$R/\sin\left[180° - (\theta + \gamma_f)\right] = (R - h_1)/\sin\gamma_f$$

故

$$\theta = \arcsin\left[R\sin\gamma_f/(R - h_1)\right] - \gamma_f \tag{14-29}$$

由式（14-29）求出 $\theta$ 角后，代入式（14-28），就可求出刀齿截形上 $E_1$ 点的高度 $h'_1$。而 $E_1$ 点的宽度 $b'_1$，就等于工件端面截形上对应点 1 的宽度 $b_1$，即 $b'_1 = b_1$。利用这样的分析计算法，就可求出铣刀刀齿截形上其他各点坐标。

这种成形铣刀用铲齿车刀铲制时，通常用样板沿刀齿前刀面检查切削刃截形 $A_2 - A_3 - E'_4 - E'_1$，所以还必须求出切削刃廓形上各点坐标。由图 14-20 可知，切削刃截形 $E'_1$ 点的高度 $h''_1$ 为

$$h''_1 = \overline{AE} = \overline{AJ} - \overline{EJ} = R(\cos\gamma_f - \sin\gamma_f\cot\delta) \tag{14-30}$$

$$\overline{AJ} = R\cos\gamma_f$$

$$\overline{EJ} = \overline{OJ}\cot\delta = R\sin\gamma_f\cot\delta$$

$$\delta = \theta + \gamma_f$$

而 $E'_1$ 点的宽度 $b''_1 = b_1$。用同样的计算方法，可求出切削刃截形上其他各点坐标。

铲齿成形铣刀用钝重磨后，其直径 $d_0$（或半径 $R$）将减小。这样由式（14-28）～式（14-30）可知，刀齿廓形和切削刃廓形都将发生变化。因此，用重磨后的铲齿成形铣刀加工的工件形状，就会发生截形误差，这是其缺点。设计时，可采用计算半径概念，让计算半径 $R_c$ 小于铣刀半径 $R$（$R_c = R - 0.25k$），这样可以减小铣刀重磨后的误差的绝对值。

## 14.5 尖齿铣刀结构的改进

尖齿铣刀结构改进有以下几种途径。

1. 加大刀齿螺旋角

对于圆柱铣刀，采用螺旋刀齿可实现斜角切削，减小铣削时的冲击。增大螺旋角（刃倾角），可增加刀具的实际工作前角、减小刃口实际钝圆半径，从而减小切削变形和切削

力,缩短切入过程,提高加工表面质量。但螺旋角的增大还受具体加工条件的制约,并非越大越好。试验表明,切钢用 $\beta=60°$、切铸铁用 $\beta=40°$ 时,刀具的综合效果较佳。

由于制造上的原因,目前圆柱铣刀和立铣刀的螺旋角一般不超过45°。

**2. 采用分屑措施**

铣刀切削刃采取分屑措施可减小切屑变形,有利于切屑的卷曲、容纳和排出,因而是改善铣刀切削性能的有效途径之一。分屑方法有以下两种。

(1) 开分屑槽。这种方法用于螺旋齿铣刀,如圆柱铣刀和立铣刀。这些刀具的特点是切削刃工作长度较长,刀齿切削刃上开分屑槽后,可以切断切屑的横向联系,减小切屑变形。

可将现有铣刀切削刃上磨出分屑槽,并且在前后刀齿上沿轴向错开 $p/z$,如图 14-21 所示,$p$ 为分屑槽槽距,$z$ 为铣刀齿数。但用此法开槽,每次刃磨铣刀时都要重磨分屑槽,很不方便,故又出现了玉米铣刀和波形刃铣刀。

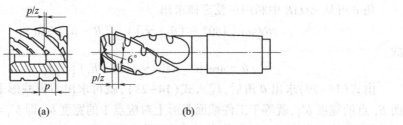

图 14-21　分屑铣刀
(a) 分屑圆柱铣刀；(b) 分屑立铣刀

玉米铣刀用铲齿法加工齿背和分屑槽,重磨前刀面后可保持分屑槽深度和形状不变。波形刃铣刀分为后刀面波形刃和前刀面波形刃铣刀。后刀面波形刃也可用铲齿法加工齿背。与玉米铣刀不同的是,分屑槽是按螺旋铲齿法而不是径向铲齿法铲出,使切削刃近似成正弦波形,切削刃是波峰,波谷就是分屑槽了。由于分屑槽到切削刃是圆滑过渡,从而避免了玉米铣刀分屑槽两侧形成尖角之弊端,提高了刀具的耐用度。

前刀面波形刃铣刀的前刀面为波形面(见图 14-22),与后刀面相交自然形成波浪状切削刃。这种刃形不但可起到分屑作用,还使切削刃局部螺旋角加大,切削省力,这种铣刀需刃后刀面。

玉米铣刀和波形刃铣刀的共同缺点是加工残留面积较大,故只宜用于粗加工。

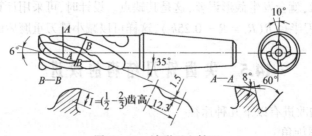

图 14-22　波形刃立铣刀

（2）交错切削分屑。三面刃铣刀和锯片铣刀等切槽铣刀均采用此法。由于这些铣刀切削刃较短，无法用开分同槽方法分屑，因而只能在前、后刀齿上交错磨去一部分切削刃，使每齿的切削宽度减小 1/2，显著地改善容屑、排屑条件，从而大幅度提高了 $f_z$，如图 14-23 所示。

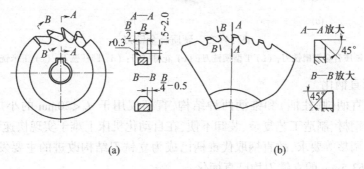

(a)            (b)

图 14-23   交错切削铣刀

（a）三面刃铣刀；（b）锯片铣刀

### 3. 增大容屑空间，增加刀齿强度

提高高速钢铣刀切削生产效率的主要途径是增大 $f_z$，因此增大容屑空间和提高刀齿强度非常必要，为此，可适当减少齿数，改直线齿背为曲线齿背。若将锯片铣刀齿数由 50 减为 18，直线齿背改为圆弧齿背（见图 14-24），则切削效率提高数倍。国家标准中尖齿铣刀的齿数都比过去有所减少。

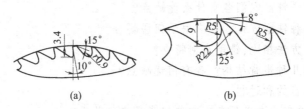

(a)          (b)

图 14-24   锯片铣刀的改进

（a）改进前；（b）改进后

### 4. 用硬质合金代替高速钢

目前，除端铣刀外，铣刀仍以高速钢为主要材料。如果采用硬质合金刀齿，切削效率就可提高 2~5 倍。但在结构和几何参数上应适应硬质合金脆性大的特点。图 14-25 所示为几种典型硬质合金铣刀。

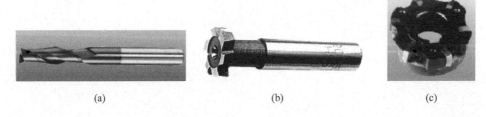

(a)           (b)           (c)

(d)          (e)

图 14-25 　硬质合金铣刀

（a）硬质合金键槽铣刀；（b）T 型槽铣刀；（c）花键铣刀；（d）圆柱铣刀；（e）玉米铣刀

### 5. 立铣刀直柄化

立铣刀有直柄（圆柱柄）和锥柄两种结构，直柄仅用于 $d_0 < 20$mm 的小规格立铣刀。由于锥柄浪费钢材、制造工艺复杂、装卸不便，在自动化机床上难于实现快速装夹、自动换刀和轴向尺寸调整等要求，故直柄取代锥柄已成为立铣刀结构改进的主要发展方向。目前，国外 $d_0 < \phi 63.5$mm 的立铣刀均已直柄化。

## 思考题与练习题

1. 铣刀有哪些主要类型？它们的用途是什么？

2. 绘图说明圆柱铣刀和端铣刀的标注角度。

3. 何谓铣削用量四要素？

4. 与车削相比，铣削切削层参数有何特点？

5. 何谓顺铣与逆铣？它们各有什么优缺点？

6. 端铣法有几种铣削方式？各应用于何种场合？

7. 与其他加工方法相比，铣削有何特点？

8. 成形铣刀有几种齿背结构？各有何优缺点？

9. 试述铲齿的目的和过程。

10. 何谓铲齿铣刀的名义后角？它与铲背量有何关系？

11. 为什么铲齿铣刀会出现 $\alpha_o = 0°$ 的刃段？有几种改进措施？

12. 尖齿铣刀结构改进有哪几种途径？

# 第 15 章　拉削与拉刀

## 15.1　概　述

拉削过程是用拉刀进行的,拉刀是一种多齿、精加工刀具。拉刀工作时沿轴线作直线运动,以其后一个(或一组)刀齿高于前一个(或一组)刀齿,一层一层地依次从工件上切下很薄的金属层,以获得所需要的加工表面(见图 15-1),拉削加工在成批大量生产中得到广泛的应用。

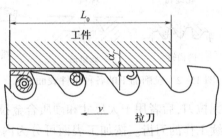

图 15-1　拉削过程

1. 拉削特点

(1) 生产效率高。拉削时刀具同时工作齿数多,切削刃总长厚大,拉刀刀齿又分力粗切齿、精切齿和校准齿,一次行程便能够完成粗、精加工,尤其是加工形状特殊的内外表面时,更能显示拉削的优点。

(2) 加工精度与表面质量高。一般拉削速度 $v_c = 2 \sim 8 \text{m/min}$,拉削平稳,切削层厚度很薄(一般精切齿的切削层厚度为 $0.005 \sim 0.015 \text{mm}$),因此拉削精度可达 IT7 级~IT8 级,表面粗糙度 $Ra$ 值可达 $2.5 \sim 0.8 \mu \text{m}$,甚至可达 $0.2 \mu \text{m}$。

(3) 拉刀耐用度高。由于拉削速度慢,切削温度低,且每个刀齿在工作行程中只切削一次,刀具磨损慢,因此,拉刀的耐用度较高。

(4) 拉床结构简单。由于拉削一般只有主运动,无进给运动,因此,拉床结构简单,操作容易。

(5) 切削条件差。拉削属于封闭式切削,切屑困难,因此,在设计和使用时必须保证拉刀切削齿间有足够的容屑空间。拉刀工作时拉削力以几万年至几十万年计,任何切削方法均无如此大的切削力,设计时必须考虑。

(6) 加工范围广。可拉削各种形状的通孔和外表面(见图 15-2),但拉刀的设计、制造复杂,价格昂贵,不适应单件小批生产。

2. 拉削的种类与用途

拉刀的种类很多,可按不同方法分类。按拉刀的结构可分为整体拉刀和组合拉刀。

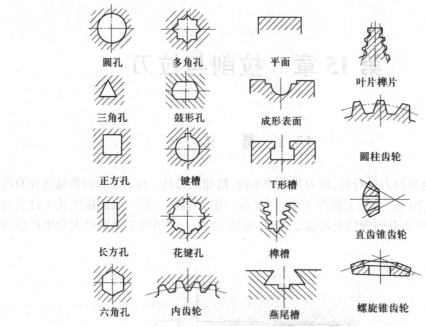

圆孔　多角孔　平面　叶片榫片

三角孔　鼓形孔　成形表面

正方孔　键槽　T形槽　圆柱齿轮

长方孔　花键孔　榫槽　直齿锥齿轮

六角孔　内齿轮　燕尾槽　螺旋锥齿轮

图 15-2　拉削加工的各种工件表面形状

前者主要用于中小型高速钢拉刀,后者用于大尺寸和硬质合金拉刀,这样可节省贵重的刀具材料和便于更换不能继续工作的刀齿。按加工表面可分为内拉刀和外拉刀,按受力方式又可分为拉刀和推刀。

（1）内拉刀。内拉刀用于加工内表面,如图 15-3 和图 15-4 所示。内拉刀加工工件的预制孔通常呈圆形,经各齿拉削,逐渐加工出所需内表面形状。键槽拉刀拉削时,为保证键槽在孔中位置的精度,将工件套在导向心轴上定位,拉刀与心轴槽配合并在槽中移动。槽底面上可放垫片,用于调节所位键槽深度和补偿拉刀重磨后刀齿高度的变化量。

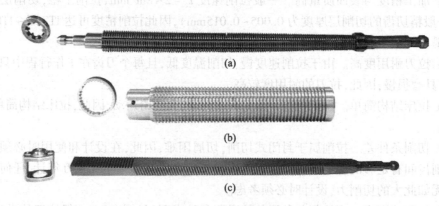

(a)

(b)

(c)

图 15-3　各种内拉刀
（a）内成形面拉刀；（b）内齿拉刀；（c）内长方孔拉刀

（2）外拉刀。外拉刀用于加工工件外表面,如图 15-5～图 15-7 所示。

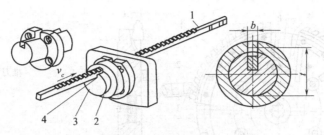

图 15-4  键槽拉刀

1—键槽拉刀；2—工件；3—心轴；4—垫片

图 15-5  外拉刀

大部分外拉刀采用组合式结构。其刀体结构主要取决于拉床形式,为便于刀齿的制造制造,一般做成长度不大的刀块。

为了提高生产效率,也可以采用拉刀固定不动,被加工工件装在链式传动带的随行夹具上作连续运动而进行拉削,如图 15-6 所示。

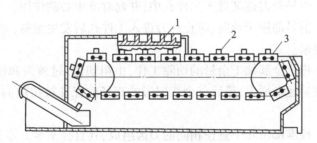

图 15-6  链式传送带连续拉削

1—拉刀；2—工件；3—链式传送带

生产中有时还采用回转拉刀,图 15-7 为加工直齿锥齿齿槽的圆拉刀盘。

(3)推刀。拉刀一般是在拉应力状态下工作,若在压应力状态下工作,则被称为推刀,如图 15-8 所示。为避免推刀在工作中弯曲,推刀齿数一般较少,长度也较短(其长度与直径比一般不超过 12~15)。主要用于加工余量较小,或者校正经热处理(硬度小于45HRC)后工件的变形和孔缩。

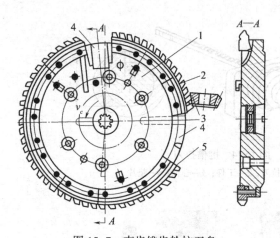

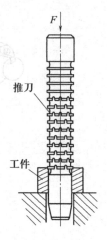

图 15-7　直齿锥齿轮拉刀盘

1—刀体；2—精切齿组；3—工件；4—装料、倒角位置；5—粗切齿组

图 15-8　推刀

# 15.2　拉刀结构组成

**1. 拉刀的组成部分**

拉刀的种类虽多,刀齿形状各异,结构也各不相同,但它们的组成部分仍有共同之处。在此以圆孔拉刀(见图 15-9)为例加以说明。

(1) 柄部。由拉床的夹头夹住,传递拉力,带动拉刀运动。

(2) 颈部。用来连接柄部与其后各部分,便于柄部穿过拉床的挡壁,其长度与机床结构有关,也是打标记的地方。

(3) 过渡锥。引导拉刀逐渐进入工件孔中,并起对准中心的作用。

(4) 前导部。前导部用于导向、防止拉刀进入工件孔后发生偏斜,并可检查拉前预制孔尺寸是否符合要求。

(5) 切削部。担负全部加工余量的切除工作,由粗切齿、过渡齿和精切齿组成,其刀齿直径尺寸自前往后逐渐增大,最后一个切削齿的直径应保证被拉削的孔获得所要求的尺寸。

(6) 校准部。校准部由几个直径相同的刀齿组成,其直径基本上等于拉削后的孔径,起修光和校准作用,也可做精切齿的后备齿。

(7) 后导部。保持拉刀最后的正确位置,防止拉刀刀齿在切离工件后,因自重下垂而损坏已加工表面或刀齿。

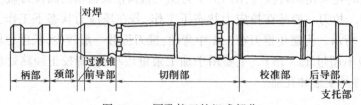

图 15-9　圆孔拉刀的组成部分

（8）支托部。对长而重的拉刀起支撑托起作用,利用尾部与支架配合,防止拉刀自重下垂,并可减轻装卸拉刀的劳动强度。

**2. 拉刀切削部分要素**

拉刀切削部分结构要素如图 15-10 所示。

（1）几何角度。

① 前角 $\gamma_o$。前刀面与基面的夹角,在正交平面内测量。

② 后角 $\alpha_o$。后刀面与切削平面的夹角,在正交平面内测量。

③ 主偏角 $\kappa_r$。主切削刃在基面中的投影与进给方向(齿升量测量方向)的夹角在基面内测量。除成形拉刀外,各种拉刀的主偏角多为 90°。

④ 副偏角 $\kappa'_r$。副切削刃在基面中的投影与已加工表面的夹角,在基面内测量。

（2）结构参数。

① 齿升量 $a_f$。拉刀前后相邻两刀齿(或齿组)高度之差。

② 齿距 $p$。相邻刀齿间的轴向距离。

③ 容屑槽深度 $h$。从顶刃到容屑槽槽底的距离。

④ 齿厚 $g$。从切削刃到齿背棱线的轴间距离。

⑤ 齿背角 $\theta$。齿背与切削平面的夹角。

⑥ 刃带宽度 $b_\alpha$。沿拉力刀齿轴向测量的刃带尺寸。

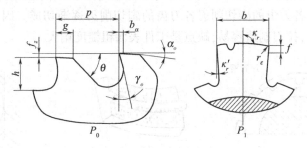

图 15-10　拉刀切削部分要素

## 15.3　拉　削　图　形

拉削图形是指拉削过程中,拉刀从工件上切除拉削余量的方法和顺序,也就是每个刀齿切除金属层截面的图形。它直接决定刀齿负荷分配和加工工件表面的形成过程。拉削图形(方式)影响拉刀的结构、拉刀长度、拉削力、拉刀耐用度,也影响拉削表面质量、生产效率和制造成本。因此,设计拉刀时,应首先确定合理的拉削图形。

拉削图形可分为分层式、分块式和综合式三种。

**1. 分层式**

分层式拉削是一层层地切去加工余量,根据工件已加工表面形成过程的不同,可分为成形式和渐成式两种。

（1）成形式。成形式也称同廓式,如图 15-11 所示,此种拉刀刀齿的廓形与被加工表面的最终形状相似,工件最终尺寸由拉刀最后一个切削齿尺寸决定。

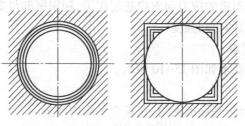

图 15-11　成形式拉削图形

采用成形式拉削,每个刀齿都切去一层金属,切削厚度小,而切削宽度大,单位切削力大,拉削面积相同的情况下拉削力也大。当拉削余量一定时,所需刀齿数多,拉刀长度增加。拉刀过长会给制造带来一定困难,使拉削效率降低。但刀齿负荷小,磨损小,耐用度高。为了避免出现环状切屑并便于清除,需要在切削刃上磨出分屑槽,如图 15-12(a)所示。分屑槽与切削刃尖角处切削条件差,加剧了拉刀磨损,同时分屑槽也会使切屑上出现加强筋,如图 15-12(b)所示,切屑卷曲困难,需要的容屑空间更大。

采用成形式加工圆孔、平面等形状简单的工件表面时,由于刀齿廓形简单、制造容易、加工表面粗糙度值等优点而得到了广泛应用。若工件形状复杂,采用成形式拉削时拉刀制造困难,需采用渐成式拉削。

(2)渐成式。渐成式拉削的刀齿廓形与工件最终形状不同,如图 15-13 所示,工件最终形状和尺寸由各刀齿的副切削刃各刀齿的副切削刃逐渐切成。因此,刀齿可制成简单的圆弧和直线形,拉刀制造容易,缺点是工件表面粗糙度稍大。

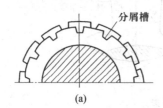

图 15-12　成形式刀齿分屑槽与切屑
(a)刀齿分屑槽;(b)带加强筋的切屑

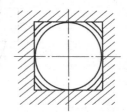

图 15-13　渐成式拉削图形

2. 轮切(分块)式

轮切(分块)式拉削时,如图 15-14 所示,工件的每一层金属都是由一组刀齿切去,且其中每个刀齿仅切去每一层金属的一部分。其特点是切削厚度较大,而切削宽度窄,因而单位切削力小,在保持拉削力相同时,可以加大拉削面积。在拉削余量一定的情况下,拉刀齿数可减少,拉刀可缩短,便于拉刀制造,拉削效率也得到提高。由于切削厚度大,工件表面粗糙度值较大。

采有分块式拉削的拉刀又称为轮切式拉刀。图 15-14 所示为三个刀齿一组的圆孔拉刀及其切削图形。第一齿与第二齿直径相同,均磨出交错排列的圆弧形分屑槽,切削刃相互错开,各切除同一层金属中的一部分,剩下的残留量由第三齿切除,但该齿不磨分屑槽。为避免切削刃与前两齿切成的工件表面摩擦及切下圆环形的整圈切屑,其直径应较前刀齿小 0.02~0.05mm。由于采用圆弧形分屑槽,切屑不存在加强筋,利于容屑。圆弧形分屑槽能够较容易地磨出较大的槽底后角和侧刃后角,故有利于减轻

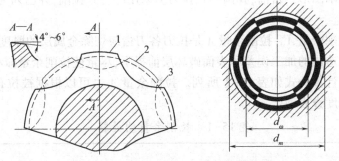

图 15-14　轮切式拉刀刀齿和拉削图形

刀具磨损,提高刀具耐用度。分块式拉削的主要缺点是加工表面质量不如成形式好。

3. 综合式

综合式拉削集中了分块式拉削和分层式拉削各自的优点,粗切齿采用不分块式拉削,精切齿采用成形拉削,既保持较高的生产效率,又能获得较好的表面质量。我国的圆孔拉刀多采用这种拉削方式。图 15-15 所示为综合式圆孔拉刀拉削图形。

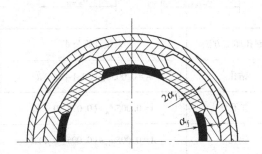

图 15-15　综合式圆孔拉刀拉削图形

综合式圆孔拉刀的粗切齿齿升量较大,磨圆弧形分屑槽,槽宽略小于刃宽,前后刀齿分屑槽交错排列。前一个刀齿分块切去圆周上金属层的 1/2,第二个刀齿比前一个刀齿高出一个齿升量,该刀齿除了切去第二层金属应切去的 1/2,还要切去前一个刀齿留下的金属层,第二个刀齿留下的金属层由第三个刀齿切去,如此交错切削。粗切齿采用这种切削方式。除第一个刀齿外,其余粗切齿实际切削厚度都是 $2f_z$,保持了分块式拉削的切削层厚而窄的特点。精切齿齿升量较小,采用成形式拉削,可保证加工表面粗糙度值小。在粗切齿与精切齿之间有过渡齿,齿形与粗切齿相同。综合式拉削时,加工余量的 8% 以上由粗切齿切除,剩余的由精切齿切除。

# 15.4　拉刀设计

## 15.4.1　圆孔拉刀设计基本公式及资料

1. 工作部分设计

拉刀工作部分部分是拉刀的重要组成部分,它直接关系到拉削的生产效率和表面质量,也影响拉刀的制造成本。

（1）确定拉削图形。目前,我国圆孔拉刀多采用综合式拉削,并已列为专业工具厂的产品。

（2）确定拉削余量 $A$。拉削余量 $A$ 是拉刀各刀齿应切除金属层的厚度总和。应在保证去除前道工序造成的加工误差和表面破坏层前提下,尽量使拉削余量减小,缩短拉刀长度。拉削余量的计算公式如表 15-1 所列。拉削余量 $A$ 也可以根据被拉孔的直径、长度和预制孔加工精度查表确定。

表 15-1　拉削余量的计算

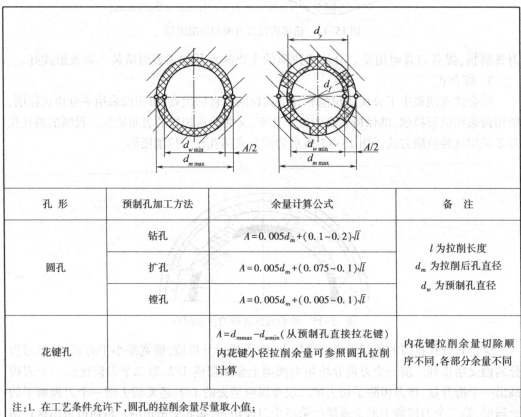

| 孔　形 | 预制孔加工方法 | 余量计算公式 | 备　注 |
|---|---|---|---|
| 圆孔 | 钻孔 | $A = 0.005d_m + (0.1\sim0.2)\sqrt{l}$ | $l$ 为拉削长度<br>$d_m$ 为拉削后孔直径<br>$d_w$ 为预制孔直径 |
| | 扩孔 | $A = 0.005d_m + (0.075\sim0.1)\sqrt{l}$ | |
| | 镗孔 | $A = 0.005d_m + (0.005\sim0.1)\sqrt{l}$ | |
| 花键孔 | | $A = d_{m\max} - d_{w\min}$（从预制孔直接拉花键）<br>内花键小径拉削余量可参照圆孔拉削计算 | 内花键拉削余量切除顺序不同,各部分余量不同 |

注:1. 在工艺条件允许下,圆孔的拉削余量尽量取小值;
　　2. 钻削的预制孔直径应与标准钻头尺寸相适应

（3）确定齿升量 $a_f$。在拉削余量确定的情况下,齿升量越大,则切除全部余量所需的刀齿数越少,拉刀长度缩短,拉刀制造较容易,生产效率也可提高。但齿升量过大,拉刀会因强度不够而拉断,而且拉削表面质量也不易保证。

粗切齿、精切齿和过渡齿的齿升量各不相同,粗切齿齿升量较大,以保证尽快切除余量的 80% 以上;精切齿齿升量较小,以保证加精度和表面质量,但不得小于 0.005mm。原因在于有刃口钝圆半径 $r_n$,当切削厚度 $h_D < r_n$ 时,不能切下很薄的金属层,造成严重挤压,刀齿容易磨损,恶化加工表面质量。过渡齿的齿升量是由粗切齿齿升量逐步过渡到精切齿齿升量,以保证拉削过程的平稳。圆孔拉刀齿升量可参考表 15-2~表 15-4 选取。

表 15-2 轮切式拉刀粗切齿齿升量

| 圆 孔 拉 刀 | | | | | |
|---|---|---|---|---|---|
| 拉刀直径/mm | <10 | 10~25 | 25~50 | 50~100 | >100 |
| 齿升量 | 0.03~0.08 | 0.05~0.12 | 0.08~0.16 | 0.1~0.2 | 0.15~0.25 |

花键拉刀的花键齿和倒角齿

| 刀齿直径/mm | 花键键数(N) 6 | 8 | 10 | 16 | 刀齿直径/mm | 花键键数(N) 6 | 8 | 10 | 16 |
|---|---|---|---|---|---|---|---|---|---|
| | 齿升量 $a_{f\max}$ | | | | | 齿升量 $a_{f\max}$ | | | |
| 13~18 | 0.16 | — | — | — | 40~55 | 0.30 | 0.30 | 0.25 | 0.20 |
| 16~25 | 0.16 | — | 0.16 | — | 48~65 | 0.30 | 0.30 | 0.25 | 0.20 |
| 22~30 | 0.20 | — | 0.20 | — | 57~72 | — | 0.30 | 0.30 | — |
| 26~38 | 0.25 | 0.20 | 0.20 | 0.13 | 65~80 | — | 0.30 | 0.30 | — |
| 34~45 | 0.30 | 0.20 | 0.20 | 0.16 | 73~90 | — | — | — | — |

表 15-3 轮切式拉刀过渡齿和精切齿的加工余量、齿数及齿升量

| 粗切齿齿升量 $a_f$ | 过渡齿 齿升量 | 过渡齿 齿数(或齿组数) | 精切齿 Ra≥3.2 单边余量 | 精切齿 Ra≥3.2 齿数①(或齿组数) | 精切齿 Ra≥3.2 齿升量 | 精切齿 Ra≥0.80 单边余量 | 精切齿 Ra≥0.80 齿数①(或齿组数) | 精切齿 Ra≥0.80 齿升量 |
|---|---|---|---|---|---|---|---|---|
| ≤0.05 | — | — | — | — | 均匀递减,但最后一齿齿升量不得小于0.015 | 0.02~0.03 | 1~3 | 均匀递减,但最后一齿齿升量不得小于0.005 |
| >0.05~0.10 | (0.4~0.6)$a_f$ | ≥1 | 0.03~0.05 | 1~2 | | 0.035~0.07 | 3~5 | |
| >010~0.20 | | | | | | 0.07~0.10 | | |
| >0.20~0.30 | | | 0.06~0.08 | 2~3 | | 0.10~0.16 | 6~8 | |

注:精切齿的较少齿数或齿组数用于粗切齿齿升量较小的情况下。
① 成组拉削的拉刀精切部分可以做成齿组,亦可每齿都有齿升量

(4) 几何参数选择。

① 前角 $\gamma_o$。拉刀前角 $\gamma_o$ 一般是根据加工材料的性能选取。材料的强度(硬度)低时,前角选大一些(见表 15-5)。单面齿拉刀(如键槽拉刀、平面拉刀、角度拉刀等)前角不超过 15°,否则刀齿容易"轧入"工件,使切削表面质量下降,严重时会造成崩齿或使拉刀折断。小直径齿距小的拉刀,由于刃磨砂轮对前刀面的干涉,前角值要小于 15°;直径 $d_0<20$mm 的拉刀,一般 $\gamma_o=6°~12°$。高速拉削时,为防止切削冲击而崩刃,前角要比一般拉削时小 2°~5°。

校准齿前角可取小一些,为了制造方便也可取与切削齿相同。

表15-4 分层式拉刀粗切齿齿升量

| 拉刀类型 | 被加工材料 | | | | | | | | |
| --- | --- | --- | --- | --- | --- | --- | --- | --- | --- |
| | 碳钢和低合金钢 | | 高合金钢 | | 铸 钢 | 灰铸铁 | 可锻铸铁 | 铝 | 青铜,黄铜 |
| | $\sigma_b<0.50$GPa | $\sigma_b=$ 0.5GPa~0.75GPa | $\sigma_b>0.75$GPa | $\sigma_b>0.80$GPa | $\sigma_b>0.80$GPa | | | | |
| 圆拉刀 | 0.015~0.020 | 0.015~0.03 | 0.015~0.025 | 0.025~0.03 | 0.010~0.025 | 0.03~0.08 | 0.05~0.1 | 0.02~0.05 | 0.05~0.12 |
| 矩形花键拉刀 | 0.04~0.06 | 0.05~0.08 | 0.03~0.06 | 0.04~0.06 | 0.025~0.05 | 0.04~0.10 | 0.05~0.1 | 0.02~0.10 | 0.05~0.12 |
| 三角和渐开线花键拉刀 | 0.03~0.05 | 0.04~0.06 | 0.03~0.05 | 0.03~0.05 | 0.02~0.04 | 0.04~0.08 | 0.05~0.08 | — | — |
| 槽拉刀和键槽拉刀 | 0.05~0.15 | 0.05~0.2 | 0.05~0.12 | 0.05~0.12 | 0.05~0.10 | 0.06~0.20 | 0.06~0.20 | 0.05~0.08 | 0.08~0.20 |
| 矩形拉刀,平拉刀 | 0.03~0.12 | 0.05~0.15 | 0.03~0.12 | 0.03~0.12 | 0.03~0.10 | 0.06~0.20 | 0.05~0.15 | 0.05~0.08 | 0.06~0.15 |
| 成形拉刀 | 0.02~0.05 | 0.03~0.06 | 0.02~0.05 | 0.02~0.05 | 0.02~0.04 | 0.03~0.08 | 0.05~0.1 | 0.02~0.05 | 0.05~0.12 |
| 四方、六方拉刀 | 0.015~0.08 | 0.02~0.15 | 0.015~0.12 | 0.015~0.10 | 0.015~0.08 | 0.03~0.15 | 0.05~0.15 | 0.02~0.10 | 0.05~0.20 |
| 综合式拉刀 | 0.03~0.08 | | | | | | | | — |

注:1. 加工表面粗糙度要求较细时,齿升量取小值;
2. 工件材料切削加工性较差时,齿升量取小值;
3. 对于小截面、低强度的拉刀,齿升量取小值;
4. 工件刚度低时(如薄壁筒等),齿升量取小值;
5. 应尽量避免采用0.15mm以上的齿升量;
6. 小于0.015mm的齿升量适用于精度要求很高或研磨得很锋利的拉刀;
7. 花键拉刀倒角齿升量可参照"槽拉刀和键拉刀"栏查取

表 15-5　拉刀前角

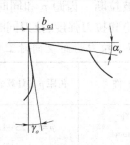

| 工 件 材 料 | | 前 角 $\gamma_o$ | 精切齿与校准齿倒棱前角 $\gamma_{o1}$ |
|---|---|---|---|
| 钢 | ≤197HBS | 16°~18° | 5° |
| | 198HBS~229HBS | 15° | |
| | ≥229HBS | 10°~12° | |
| 灰铸铁 | ≤180HBS | 8°~10° | −5° |
| | >180HBS | 5° | |
| 可锻铸铁 | | 10° | 5° |
| 钢、铝及镁合金,巴氏合金 | | 20° | 20° |
| 青铜,(铝)黄铜 | | 5° | −10° |
| 一般黄铜 | | 10° | −10° |
| 不锈铁,耐热奥氏体钢 | | 20° | |

注:1. 前刀面也可用倒棱,若用倒棱,仅在校准齿和精切齿上用,可提高拉刀的尺寸耐用度。倒棱为 0.5mm~1mm;
　　2. 加工钢料的圆孔拉刀,当 $d_m$<20mm 时,允许前角减小到与 $\gamma_o$=8°~10°

② 后角 $\alpha_o$。拉削时切削厚度很小,根据切削原理中后角的选择原则,应取较大后角。由于内拉重磨前刀面,如后角取得大,刀齿直径就会减小得很快,拉刀使用寿命会显著缩短。因此,内拉刀切削齿后角都选得较小,校准齿后角比切削齿的更小(见表 15-6)。但当拉削弹性大的材料(如钛合金)时,为减小切削力,后角可取得稍大一些。外拉刀的后角可取到 5°。

表 15-6　拉刀后角和刃带　　　　　　　　　　　　　　　　单位:mm

| 拉刀类型 | | 粗 切 齿 | | 精 切 齿 | | 校 准 齿 | |
|---|---|---|---|---|---|---|---|
| | | 后角 $\alpha_o$ | 刃带 $b_{\alpha1}$ | 后角 $\alpha_o$ | 刃带 $b_{\alpha1}$ | 后角 $\alpha_o$ | 刃带 $b_{\alpha1}$ |
| 圆孔拉刀 | | 2°30′+1° | ≤0.1 | 2°+30′ | 0.1~0.2 | 1°+30′ | 0.2~0.3 |
| 花键拉刀 | | 2°30′+1° | 0.05~0.15 | 2°+30′ | 0.1~0.2 | 1°+30′ | 0.2~0.3 |
| 键槽拉刀 | | 3°+1° | 0.1~0.2 | 2°+30′ | 0.2~0.3 | 1°+30′ | 0.4 |
| 外拉刀 | 不可调式 | 4°+1° | | 2°30′+30′ | | 1°30′+30′ | |
| | 可调式 | 5°+1° | | 3°+1° | | 1°30′+30′ | |

注:拉削不锈钢、高温合金、钛合金等材料时,不留刃带;若留刃带,必须小于 0.05mm

③ 刃带宽度 $b_{\alpha1}$。拉刀各刀齿均留有刃带,以便于制造拉刀时控制刀齿直径;校准齿的刃带还可以保证沿前刀面重磨时刀齿直径不变。刃带宽度如表 15-6 所列。

(5)确定齿距 $p$ 和同时工作齿数 $z_e$。齿距 $p$ 过大,同时工作齿数 $z_e$ 减少,拉削平稳性降低,且增加了拉刀长度,降低了生产效率。反之,同时工作齿数 $z_e$ 增加,拉削平稳性增加,但拉削力增大,可能导致拉刀被拉断。齿距 $p$ 和同时工作齿数 $z_e$ 一般可用经验公式计算(见表 15-7),为保证拉削平稳和拉刀强度,拉刀同时工作齿数 $z_e = 3\sim8$。

表 15-7　拉刀齿距及同时工作齿数

| 齿　别 | 拉　削　条　件 | 齿距 $p$ 的计算公式/mm | 同时工作齿数 $z_e$ 的计算公式 |
|---|---|---|---|
| 粗切齿 | 拉削钢件 $a_f < 0.06mm$ | $p = (1.25\sim1.5)\sqrt{l}$ | 最少同时工作齿数 $z_{min} = \dfrac{l}{p}$ |
| | $a_f < 0.15mm$ 孔中有空刀槽 | $p = (1.75\sim2)\sqrt{l}$ | 最少同时工作齿数 $z_{max} = \dfrac{l}{p} + 1$ |
| | 轮切式拉刀 | $p = (1.45\sim1.9)\sqrt{l}$ | |
| 过渡齿 | | 等于 $p$ | |
| 精切齿及校准齿 | | 等于 $(0.6\sim0.8)p$ | |

注:1. $l$ 为工件长度;
　　2. 拉削长工件或容屑系数较大的材料时,系数取大值,否则系数取小值;
　　3. 计算出 $P$ 后应按表中的数值取相应值;
　　4. 同时工作齿数应满足 $3 \leqslant z_e \leqslant 8$ 的校验条件

(6) 确定容屑槽形状和尺寸。拉刀属于封闭式切削,切下的切屑全部容纳在容屑槽中,因此,容屑槽的形状和尺寸应能较宽敞地容纳切屑,并能使切屑卷曲成较紧密的圆卷形状。为保证拉刀的强度,在相同的齿距下,可以选用基本槽、深槽或浅槽,以适应不同的要求,常用的容屑槽形状如图 15-16 所示。

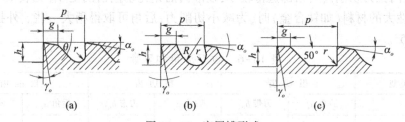

图 15-16　容屑槽形式
(a) 直线齿背型;(b) 圆弧齿背型;(c) 直线齿背加长型

① 直线齿背容屑槽。这种槽形的齿背与前刀面均为直线,二者与槽底圆弧 $r$ 圆滑连接,容屑空间较小。其优点是形状简单,制造容易。

② 曲线齿背容屑槽。这种槽形由两段圆弧 $R$、$r$ 和前刀面组成,容屑空间较大,便于切屑卷曲。采槽或齿距较小或拉削韧性材料时采用。

③ 加长齿形容屑槽。这种槽形底部由两段圆弧 $r$ 和一段直线组成。当齿距 $p > 16mm$ 时可选用。此槽形容屑空间大,适用于拉削长度大或带空刀槽的工件。

容屑槽尺寸应满足容屑条件。由于切屑在容屑槽内卷曲和填充不可能很紧密,为保

证容屑槽的有效容积必须大于切屑所占的体积,即

$$V_p > V_e$$

或

$$K = \frac{V_p}{V_e} > 1$$

式中　$V_p$——容屑槽的有效容效;

$V_D$——切屑体积;

$K$——容屑系数。

由于切屑在宽度方面变形很小,故

$$K = \frac{A_p}{A_D} = \frac{\dfrac{\pi h^2}{4}}{h_D L} = \frac{\pi h^2}{4 h_D L}$$

式中　$A_p$——容屑槽纵向截面面积,单位为 $mm^2$;

$A_D$——切屑纵向截面面积,单位为 $mm^2$;

$h_D$——切削厚度,单位为 mm,综合式拉削 $h_D = 2f_z$,其他 $h_D = f_z$。

设计拉刀时,许用容屑系数 $K$ 必须认真选择,其大小与工件材料性质、切削层截形和拉刀磨损有关。对于带状切屑,当卷曲疏松、空隙较大时,$K$ 值选大一些;脆性材料形成崩碎切屑时,因为较容易充满容屑槽,$K$ 值可选小些。一般加工钢料时,$K = 2.5 \sim 5.5$;强度为 $\sigma_b = 400 \sim 700$MPa 的碳钢和合金钢,卷曲较紧密,$K$ 值较小;当钢材强度大时($\sigma_b > 700$MPa)不易卷屑,故 $K$ 值较大,而对低碳钢(10、15、10Cr、15Cr 等),由于材料韧性大,拉削时变形大,切屑变厚,卷曲不好,$K$ 值应更大。加工铸铁或青铜时,$K = 2 \sim 2.5$ 即可。

当许用容屑系数 $K$ 和切削厚度 $h_D$ 已知时,容屑槽深度 $h$ 用下式计算

$$h \geqslant 1.13 \sqrt{K h_D L}$$

上式中 $K$ 值可从拉刀设计资料中查表选取。根据计算结果,选用稍大的标准 $h$ 值。

为减少加工容屑槽用的成形车刀和样板的种类,应尽量将容屑槽规格化,如表 15-8 所列。表 15-9 为分层式拉刀容屑槽的容屑系数,表 15-10 为轮切式拉刀容屑槽容屑系数。

**表 15-8　拉刀容屑槽形状尺寸**

| 粗切齿齿距 $p$ | 浅　槽 | | | | 基　本　槽 | | | | 深　槽 | | | |
|---|---|---|---|---|---|---|---|---|---|---|---|---|
| | $h$ | $g$ | $r$ | $R$ | $h$ | $g$ | $r$ | $R$ | $h$ | $g$ | $r$ | $R$ |
| 4 | 1.5 | 1.5 | 0.8 | 2.5 | — | — | — | — | — | — | — | — |
| 4.5 | 1.5 | 1.5 | 0.8 | 2.5 | 2 | 1.5 | 1 | 2.5 | — | — | — | — |
| 5 | 1.5 | 1.5 | 0.8 | 2.5 | 2 | 1.5 | 1 | 3.5 | — | — | — | — |
| 5.5 | 1.5 | 2 | 0.8 | 2.5 | 2 | 2 | 1 | 3.5 | — | — | — | — |
| 6 | 1.5 | 2 | 0.8 | 2.5 | 2 | 2 | 1 | 4 | 2.5 | 2 | 1.3 | 4 |
| 7 | 2 | 2.5 | 1 | 4 | 2.5 | 2.5 | 1.3 | 4 | 3 | 2.5 | 1.5 | 5 |
| 8 | 2 | 3 | 1 | 5 | 2.5 | 3 | 1.3 | 5 | 3 | 3 | 1.5 | 5 |

（续）

| 粗切齿 齿距 p | 浅 槽 | | | | 基 本 槽 | | | | 深 槽 | | | |
|---|---|---|---|---|---|---|---|---|---|---|---|---|
| | $h$ | $g$ | $r$ | $R$ | $h$ | $g$ | $r$ | $R$ | $h$ | $g$ | $r$ | $R$ |
| 9 | 2.5 | 3 | 1.3 | 5 | 3.5 | 3 | 1.8 | 5 | 4 | 3 | 2 | 7 |
| 10 | 3 | 3 | 1.5 | 7 | 4 | 3 | 2 | 7 | 4.5 | 3 | 2.3 | 7 |
| 11 | 3 | 4 | 1.5 | 7 | 4 | 4 | 2 | 7 | 4.5 | 4 | 2.3 | 7 |
| 12 | 3 | 4 | 1.5 | 8 | 4 | 4 | 2 | 8 | 5 | 4 | 2.5 | 8 |
| 13 | 3.5 | 4 | 1.8 | 8 | 4 | 4 | 2 | 8 | 5 | 4 | 2.5 | 8 |
| 14 | 4 | 4 | 2 | 10 | 5 | 4 | 2.5 | 10 | 6 | 4 | 3 | 10 |
| 15 | 4 | 5 | 2 | 10 | 5 | 5 | 2.5 | 10 | 6 | 5 | 3 | 10 |
| 16 | 5 | 5 | 2.5 | 12 | 6 | 5 | 3 | 12 | 7 | 5 | 3.5 | 12 |
| 17 | 5 | 5 | 2.5 | 12 | 6 | 5 | 3 | 12 | 7 | 5 | 3.5 | 12 |
| 18 | 6 | 6 | 3 | 12 | 7 | 6 | 3.5 | 12 | 8 | 6 | 4 | 12 |
| 19 | 6 | 6 | 3 | 12 | 7 | 6 | 3.5 | 12 | 8 | 6 | 4 | 12 |
| 20 | 6 | 6 | 3 | 14 | 7 | 6 | 3.5 | 12 | 9 | 6 | 4.5 | 14 |
| 21 | 6 | 6 | 3 | 14 | 7 | 6 | 3.5 | 14 | 9 | 6 | 4.5 | 14 |
| 22 | 6 | 6 | 3 | 16 | 7 | 6 | 3.5 | 16 | 9 | 6 | 4.5 | 16 |
| 24 | 6 | 7 | 3 | 16 | 8 | 7 | 4 | 16 | 10 | 7 | 5 | 16 |
| 25 | 6 | 8 | 3 | 16 | 8 | 8 | 4 | 16 | 10 | 8 | 5 | 16 |
| 26 | 8 | 8 | 4 | 18 | 10 | 8 | 5 | 18 | 12 | 9 | 6 | 18 |
| 28 | 8 | 9 | 4 | 18 | 10 | 9 | 5 | 18 | 12 | 9 | 6 | 18 |
| 30 | 8 | 10 | 4 | 18 | 10 | 10 | 5 | 18 | 12 | 10 | 6 | 18 |
| 32 | 9 | 10 | 4.5 | 22 | 12 | 10 | 6 | 22 | 14 | 10 | 7 | 22 |

注：1. 各型容屑槽的容屑面积 $A = 1/4\pi h^2$；

　　2. 综合式拉刀或拉削塑性材料时宜采用曲线齿背型容屑槽；

　　3. 孔内有空刀槽使切屑形成两个以上屑卷时，应采用加长齿槽形；

　　4. 表中取 $g = (1/3 \sim 1/4)p$，必须加大容屑空间时，可取 $g = 1/5p$

### 表 15-9　分层式拉刀容屑槽的容屑系数

| 切削厚度 $h_D$ /mm | 加 工 材 料 | | | | |
|---|---|---|---|---|---|
| | 钢 $\sigma_b$/GPa | | | 铸铁,青铜, 铅,黄铜 | 铜,紫铜, 铝,巴氏合金 |
| | <0.4 | 0.4~0.7 | >0.7 | | |
| | 容屑系数 $K$ | | | | |
| ≤0.03 | 3 | 2.5 | 3 | 2.5 | 2.5 |
| >0.03~0.07 | 4 | 3 | 3.5 | 2.5 | 3 |
| >0.07 | 4.5 | 3.5 | 4 | 2 | 3.5 |

表 15-10 轮切式拉刀容屑槽容屑系数

| 切削厚度 $h_D$ /mm | 齿 距 $p$/mm | | |
|---|---|---|---|
| | 4.5~9 | 10~15 | 16~25 |
| | 容屑系数 $K$ | | |
| ≤0.05 | 3.3 | 3.0 | 2.8 |
| 0.05~0.1 | 3.0 | 2.7 | 2.5 |
| >0.1 | 2.5 | 2.2 | 2.0 |

注:1. 本表亦适用于综合式圆拉刀,其切削厚度 $h_D = 2h_f$;

2. 本表仅适用于当切屑宽度 $b_D ≤ 1.2\sqrt{a_0}$ 时加工钢料($d_0$ 为拉刀圆形齿直径基本尺寸);

3. 加工灰铸铁时可取 $K = 1.5$;

4. 当切屑宽度 $a_w > (1.2~1.5)\sqrt{a_0}$ 时,选用的 $K$ 值应比表中的 $K$ 值增大 0.3;

5. 当几个薄的工件重叠在一起拉削时,若工件厚度(或孔的长度)为 3mm~10mm,则可取 $K = 1.5$

(7)分屑槽 分屑槽的作用在于将刀屑分割成较小宽度的窄切屑,便于切屑的卷曲、容纳和清除。拉刀的分屑槽,前后刀齿上应交错磨出。分层式拉刀采用圆弧形分屑槽(见图 15-17);综合式圆拉刀粗切齿、过渡齿采用圆弧形分屑槽,精切齿采用角度形分屑槽(见图 15-18)。

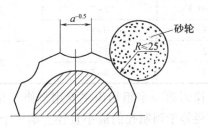

图 15-17 圆弧形分屑槽

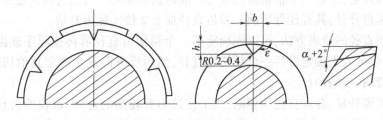

图 15-18 角度形分屑槽

设计分屑槽时应注意以下几点。

① 分屑槽的深度 $h_k$ 必须大于齿升量,否则不起分屑作用。角度 $\theta = 90°$,槽宽 $b_k ≤$ 1.5mm,深度 $h_k ≤ \frac{1}{2}b_k$。圆弧形分屑槽的刃宽略大于槽宽。

② 为使分屑槽两侧刃上也具有足够大的后角,槽底后角一般不小于 5°,常设为 $\alpha_o + 2°$。

③ 分屑槽槽数 $n_k$ 应保证切屑宽度(也就是刀刃宽度 $S_1$)不太大,使切屑平直易卷曲。

为便于测量刀齿直径，槽数 $n_k$ 应取偶数。

④ 在拉刀最后一个精切齿上不做分屑槽。拉削铸铁等脆性材料时，切屑呈崩碎状，不必做分屑槽。

分屑槽槽数和尺寸的具体数值可参考有关资料选取。

（8）确定拉刀齿数和直径。

① 拉刀齿数　根据确定的拉削余量 $A$，选定的粗切齿齿升量 $f_z$，可按下式估算切削齿齿数 $z$（包括粗切齿、过渡齿和精切齿的齿数），即

$$z = \frac{A}{2f_z} + (3 \sim 5)$$

估算齿数的目的是为了估算拉刀长度。如拉刀长度超过要求，需要设计成两把或三把一套的成套拉刀。

拉刀切削齿的确切齿数要通过刀齿直径的排表来确定，该表一般排列于拉刀工作图的左下侧。过渡齿齿数、精切齿齿数和校准齿齿数的多少可参考表 15-11 选取。

表 15-11　圆孔拉刀过渡齿、精切齿和校准齿齿数

| 加工孔精度 | 粗切齿齿升量 $a_f$/mm | 过渡齿齿数 | 精切齿齿数 | 校准齿齿数 |
|---|---|---|---|---|
| IT7~IT8 | 0.06~0.15 | 3~5 | 4~7 | 5~7 |
| | >0.15~0.3 | 5~7 | | |
| | >0.3 | 6~8 | | |
| IT9~IT10 | ~0.2 | 2~3 | 2~5 | 4~5 |
| | >0.2 | 3~5 | | |

② 刀齿直径 $d_0$。圆孔拉刀第一个粗切齿主要用来修正预制孔的毛边，可不设齿升量。此时，第一个粗切齿直径等于预制孔的最小直径。第一个粗切齿直径也可以稍大于预制孔的最小直径，但该齿实际切削厚度就小于齿升量。其余粗切齿直径为前一刀齿直径加上 2 倍齿升量，量后一个精切齿直径与校准齿直径相同。过渡齿齿升量逐步减少，直到接近精切齿齿升量，其直径等于前一刀齿直径加上 2 倍实际齿升量。

拉刀切削直径的排表方法，可以先确定第一个粗切齿直径后再按顺序逐齿确定其他切削齿直径；也可以先确定最后一个精切齿直径，然后反方向逐步确定其他切削齿直径。后一种方法较前一种省时。

校准齿无齿升量，各齿直径均相同，为了使拉刀有较高的寿命，取校准齿直径等于工件拉削后孔允许的最大直径 $D_{mmax}$。考虑到拉削后孔径可能产生扩张或收缩，校准齿直径 $d_{0g}$ 应取为

$$d_{0g} = D_{max} \pm \delta$$

式中　$\delta$——拉后孔径扩张量或收缩量，单位为 mm，收缩时取"+"，扩张时取"-"；一般取 $\delta = 0.003 \sim 0.015$mm，也可通过试验确定。

一般情况下，被拉削孔常出现扩张。加工韧性金属和薄壁零件时，则常产生收缩。实际生产中，拉削变形量可通过工艺试验或实测统计确定。为方便设计，提供以下参考数据，如表 15-12 和表 15-13 所列。

表 15-12 拉削韧性金属和薄壁零件时拉削孔径收缩量(参考值)

| 内孔公差等级 | 内孔直径基本尺寸 | | | | |
|---|---|---|---|---|---|
| | 10~18 | 18~30 | 30~50 | 50~80 | 80~120 |
| | 拉削韧性金属和薄壁零件时的直径收缩量 $\delta/\mu m$ | | | | |
| H7 | 10 | 11 | 11 | 12 | 13 |

注:公差等级 H8、H9 的孔,收缩量可将上述值减少 3~6μm

表 15-13 一般情况下拉削孔径扩张量(参考值)

| 孔直径公差 | 直径扩张量 | 孔直径公差 | 直径扩张量 | 孔直径公差 | 直径扩张量 |
|---|---|---|---|---|---|
| 25 | 0 | 35~60 | 5 | 180~290 | 30 |
| 27 | 2 | 60~100 | 10 | 300~340 | 40 |
| 30~33 | 4 | 110~170 | 20 | >400 | 50 |

注:花键拉刀拉削的内花键大、小径扩张量可按本表,键槽宽度扩张量常取 5~8μm

(9) 柄部、颈部与过渡锥。拉刀柄部结构和尺寸都已标准化,选用时可取略小于预制孔直径值,并采用快速装夹的形式,如图 15-19(a)所示。

颈部直径可与柄部相同或略小于柄部直径,颈部长度与拉床型号有关,如图 15-19(b)所示。拉刀颈部长度 $l_2$ 可由下式计算,即

$$l_2 \geqslant m + B + A - l_3$$

式中　$m$——拉床夹头与拉床床壁的间隙,$m = 10 \sim 20mm$;

　　　$B$——拉床床壁厚度;

　　　$A$——拉床花盘法兰厚度;

　　　$l_3$——过渡锥长度,通常取成 10mm、15mm、20mm。

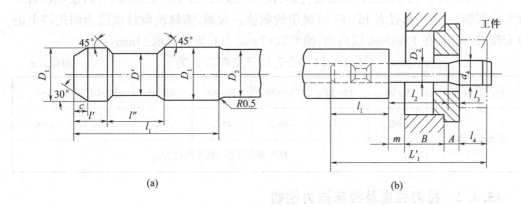

图 15-19 拉刀柄部、颈部长度

(a)柄部;(b)拉刀颈部

拉刀工作图上通常不标注颈部长度,而标注柄部顶端到第一刀齿长度 $L'_1$,由图 15-19(b)可得

$$L'_1 = l_1 + l_2 + l_3 + l_4$$

式中　$l_1$——柄部长度，单位为 mm；

　　　$l_2$——颈部长度，单位为 mm；

　　　$l_3$——过渡锥长度，单位为 mm；

　　　$l_4$——前导部长度，单位为 mm。

（10）前导部、后导部与支托部　前导部长度 $l_4$ 是由过渡锥终端到第一个切削齿的距离，一般等于拉削孔的长度 $l$；若孔的长度和直径之比大于 1.5 时，可取 $l_4 = 0.75l$，但不小于 40mm。前导部的直径 $d_4$ 等于拉削前孔的最小直径 $d_{wmin}$，公差按 $e_8$ 查得。

后导部长度 $l_7 = (0.5 \sim 0.7)l$，但不小于 20mm。后导部直径 $d_7$ 取拉削后孔的最小直径 $d_{mmin}$，公差取 $f_7$。

拉刀支托部长度 $l_8 = (0.5 \sim 0.7)d_m$，但不小于 20 ~ 25mm。$d_m$ 为拉削后孔的公称直径。支托部直径也可取为 $d_8 = (0.5 \sim 0.7)d_m$，随拉床托架具体尺寸而定。

2. 拉刀总长度 $L$

拉刀总长度 $L$ 是拉刀所有组成部分长度的总和，即

$$L = l_1 + l_2 + l_3 + l_4 + l_5 + l_6 + l_7 + l_8$$

式中　$l_1$——柄部长度，单位为 mm；

　　　$l_2$——颈部长度，单位为 mm；

　　　$l_3$——过渡锥长度，单位为 mm；

　　　$l_4$——前导部长度，单位为 mm；

　　　$l_5$——切削部长度，单位为 mm；

　　　$l_6$——校准部长度，单位为 mm；

　　　$l_7$——后导部长度，单位为 mm；

　　　$l_8$——支托部长度，单位为 mm。

拉刀总长度受到拉床允许的最大行程、拉刀刚度、拉刀生产工艺水平、热处理设备等因素的限制，一般不超过表 15-14 所规定的数值。否则，需修改设计或改为两把以上的成套拉刀。总长在 1 000mm 以内的，偏差取 ±2mm，总长更长时取 ±3mm。

表 15-14　圆孔拉刀允许总长度　　　　　　　　　　　单位：mm

| 拉刀直径 $d_0$ | 6 ~ 10 | 10 ~ 18 | 18 ~ 30 | 30 ~ 40 | 40 ~ 50 | 50 ~ 60 | >60 |
|---|---|---|---|---|---|---|---|
| 最大总长度 $L$ | $28d_0$ | $30d_0$ | $28d_0$ | $26d_0$ | $25d_0$ | $24d_0$ | 1500 |
| | 精密圆孔拉刀一般不超过 $20d_0$ | | | | | | |

### 15.4.2　拉刀强度及拉床拉力校验

1. 拉削力

拉削时，虽然拉刀每个刀齿的切削厚度很薄，但由于同时参加工作的切削刃总长度很长，因此拉削力仍旧很大。

综合式圆孔拉刀的最大拉削力 $F_{max}$ 用下式计算，即

$$F_{\max} = F'_c x \frac{d_0}{2} z_e N$$

式中　$F'_e$——刀齿切削刃单位长度拉削力,单位为 N/mm,可由有关资料查得。对综合式圆孔拉刀就按 $2f_z$ 查出 $F'_e$。

**2. 拉刀强度校验**

拉刀工作时,主要承受拉应力可按下式校验,即

$$\sigma = \frac{F_{\max}}{A_{\min}} \leqslant [\sigma]$$

式中　$A_{\min}$——拉刀上的危险截面面积,单位为 $\text{mm}^2$;

　　$[\sigma]$——拉刀材料的许用应力,单位为 MPa。

拉刀危险截面可能是柄部或第一个切削齿的容屑槽底部截面处。高速钢许用应力 $[\sigma] = 343 \sim 392\text{MPa}$。

**3. 拉床拉力校验**

拉刀工作时的最大拉削力一定要小于拉床的实际拉力,即

$$F_{\max} \leqslant K_m F_m$$

式中　$F_m$——拉床额定拉力,单位为 N;

　　$K_m$——拉床状态系数,新拉床 $K_m = 0.9$,较好状态的旧拉床 $K_m = 0.8$,不良状态的旧拉床 $K_m = 0.5 \sim 0.7$。

### 15.4.3　圆孔拉刀的技术条件

本节内容主要引自 GB 3831—1983《圆拉刀技术条件》和 ZBJ 41008—1989《矩形花键拉刀技术条件》。前者适用于加工基本直径不大于 120mm,公差等级为 IT7 级、IT8 级和 IT9 级的光滑圆柱孔的圆拉刀。后者适用于加工 GB 1144—1987《矩形花键尺寸公差和检验》中,一般传动精度的小径定心内花键,其公差等级代号为 H7,槽宽公差等级代号为 H9、H11 的矩形花键拉刀。

拉刀材料及热处理:

拉刀用 W18Cr4V 或 W6Mo5Cr4V2 或同等或以上性能的高速工具钢制造。

用 W18Cr4V 或 W6Mo5Cr4V2 制造的拉刀热处理硬度:

刀齿和后导部 63~66HRC;

前导部 60~66HRC;

柄部　45~58HRC;

允许进行表面处理。

## 15.5　花键拉刀的结构特点

**1. 余量切除方式**

矩形花键拉刀按其用途不同,可设计成单独加工花键的花键拉刀,也可设计成拉圆孔-花键或拉倒角-花键及拉倒角-圆孔-花键等各种复合式的拉刀,矩形花键拉刀余量切除顺序及各自特点如表 15-15 所列。

表 15-15　矩形花键拉刀余量切除顺序

| 加工顺序 | 简　图 | 特　点 | 适　用　范　围 |
|---|---|---|---|
| 只拉花键 | I | 最简单 | 预制孔精度高时 |
| 1. 花键<br>2. 圆孔 | II | 圆孔余量已被花键刀齿分割，形成分块拉削，可取较大齿升量。拉削短工件时，不易保证内花键大、小径的同轴度，尤其是当预制孔较差时更困难 | 适用于 $l \geqslant 30mm$ 和 $z_e > 5$ 时<br>当预制孔为镗削时，可保证内花键精度 |
| 1. 圆孔<br>2. 花键 | III | 圆形齿应按圆孔拉刀设计，当圆形齿切去足够多的余量时，能保证内花键大、小径的同轴度 | 适用于 $l \leqslant 30mm$ 或花键大小径同轴度要求高的零件 |
| 1. 圆孔<br>2. 花键<br>3. 倒角 | IV | 相当于在圆孔-花键复合拉力（II）后增加了倒角齿，因而具有 III 的特点 | 同上，但要求倒角的工件 |
| 1. 倒角<br>2. 圆孔<br>3. 花键 | V | 相当于在圆孔-花键复合拉力（II）前增加倒角齿。工件处于圆形校准位置时，可能旋转，使倒角槽与花键刀齿产生周向错位，以至零件报废或刀齿损坏。倒角齿先切去了一部分花键余量，并分割了圆孔余量，因此可以缩短拉刀长度 | 应保持拉削力不间断，因而需使圆形齿最后一个精切齿切离工件前，第一个花键粗切齿就切入工件，即要求工件长度大于圆形校准长度，通常，适应于 $l > 45mm$ |
| 1. 倒角<br>2. 花键<br>3. 圆孔 | VI | 相当于在花键-圆孔复合拉刀（II）前面增加了倒角齿。倒角齿先切去了部分花键余量，并分割了圆孔余量，因而可减短拉刀长度，其余同 II。磨倒角面或磨花键齿侧面时，会磨伤相邻刀齿，因此需在其交汇处把齿距增至 16~18mm | 适用于拉削长度 $l > 30mm$，同时工作齿数 $z_e \geqslant 5$ 的拉削 |
| 花键、圆孔同步拉削 | VII | 圆形齿与花键齿间交错排列，因而内花键的小径、键槽和大径实现了同步拉削，有效地保证了大径和小径的同轴度。同心式小径定心矩形花键拉刀能满足小径定心内花键的精度要求，但拉刀制造难度大 | GB 1144—1987 规定花键副为小径定心式，标准规定的内花键精度要求较高，采用此种拉刀能较好地得到保证 |

注：▦—首先切除的余量；▨—其次切除的余量；▩—最后切除的余量

2. 切削齿形状

矩形花键拉刀齿形参数如表 15-16 所列。

表 15-16　矩形花键拉刀齿形参数

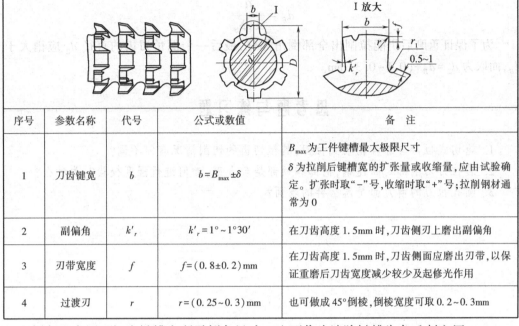

| 序号 | 参数名称 | 代号 | 公式或数值 | 备　注 |
|------|----------|------|------------|--------|
| 1 | 刀齿键宽 | $b$ | $b = B_{max} \pm \delta$ | $B_{max}$ 为工件键槽最大极限尺寸<br>$\delta$ 为拉削后键槽宽的扩张量或收缩量,应由试验确定。扩张时取"-"号,收缩时取"+"号;拉削钢材通常为 0 |
| 2 | 副偏角 | $k'_r$ | $k'_r = 1° \sim 1°30'$ | 在刀齿高度 1.5mm 时,刀齿侧刃上磨出副偏角 |
| 3 | 刃带宽度 | $f$ | $f = (0.8 \pm 0.2)$ mm | 在刀齿高度 1.5mm 时,刀齿侧面应磨出刃带,以保证重磨后刀齿宽度减少较少及起修光作用 |
| 4 | 过渡刃 | $r$ | $r = (0.25 \sim 0.3)$ mm | 也可做成 45° 倒棱,倒棱宽度可取 0.2~0.3mm |

倒角刀齿用于切出键槽底所需倒角尺寸 $f$,也可作为清除键槽齿角毛刺之用。

设计倒角刀齿时,需要先求出最后一个倒角刀齿的直径 $d_2$,如图 15-20 所示,再根据其齿升量 $a_f$ 来确定其余倒角刀齿的直径。计算直径 $d_2$ 的方法如下。

若已知键槽宽度 $B$、开始倒角处的直径 $d$(圆孔拉刀的校准齿直径)、倒角角度 $\theta$($\theta$ 角数值随花键齿数不同而异,可查有关资料)以及倒角尺寸 $f$,则

$$B_1 = B + 2f$$

$$\sin\phi_1 = \frac{B_1}{d}$$

由图 15-20 可知

$$\tan\phi_B = \frac{B}{2\overline{ON}} = \frac{B}{2(\overline{OE} - \overline{NE})}$$

$$\phi_x = 90° - \theta - \phi_1$$

$$M = \frac{d}{2}\cos\phi_x$$

$$\overline{OE} = \frac{M}{\sin\theta}$$

$$\overline{NE} = \frac{B}{2\tan\theta} = \frac{B\cos\theta}{2\sin\theta}$$

$$\overline{ON} = \overline{OE} - \overline{NE} = \frac{M}{\sin\theta} - \frac{B\cos\theta}{2\sin\theta} = \frac{2M - B\cos\theta}{2\sin\theta}$$

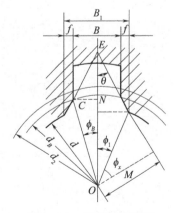

图 15-20　矩形花键拉刀倒角刀齿的计算

$$\tan\phi_B = \frac{B}{2\,\overline{ON}} = \frac{B\sin\theta}{d\sin(\theta + \phi_1) - B\cos\theta}$$

求出 $\phi_B$ 后，则

$$d_B = \frac{B}{\sin\phi_B}$$

为了保证重磨后仍能拉削出全部倒角部分，最后一个倒角刀齿的直径 $d_2$ 应稍大于 $d_B$，而取为 $d_2 = d_B + (0.1 \sim 0.3)\,\mathrm{mm}$。

## 思考题与练习题

1. 轮切式拉刀与综合轮切式拉刀，其粗切齿的切削情况有何不同？
2. 若拉刀切削部是高速钢，柄部和颈部是合金钢，如何进行强度校验？为什么？
3. 圆孔拉刀的前刀面是怎么样的表面？

# 第 16 章　数控加工与高速加工刀具

## 16.1　数控加工刀具的特点

数控刀具是指与先进高效的数控机床相配套使用的各种刀具的总称,是数控机床不可缺少的关键配套产品,数控刀具以其高效、精密、高速、耐磨、高耐用度和良好的综合切削性能取代了传统的刀具。

刀具的选择和切削用量的确定是数控加工工艺中的重要内容,它不仅影响数控机床的加工效率,而且直接影响加工质量。CAD/CAM 技术的发展,使得在数控加工中直接利用 CAD 的设计数据成为可能,特别是计算机与数控机床的连接,使得设计、工艺规划及编程的整个过程全部在计算机上完成,一般不需要输出专门的工艺文件。

现在,许多 CAD/CAM 软件包都提供自动编程功能,这些软件一般是在编程界面中提示工艺规划的有关问题,如刀具选择、加工路径规划、切削用量设定等,编程人员只要设置了有关的参数,就可以自动生成 NC 程序并传输至数控机床完成加工。因此,数控加工中的刀具选择和切削用量确定是在人机交互状态下完成的,这与普通机床加工形成鲜明的对比。同时也要求编程人员必须掌握刀具选择和切削用量确定的基本原则,在编程时充分考虑数控加工的特点。

### 16.1.1　数控加工常用刀具的种类及特点

数控加工刀具必须适应数控机床高速、高效和自动化程度高的特点,一般应包括通用刀具、通用连接刀柄及少量专用刀柄。刀柄要连接刀具并装在机床动力头上,因此已逐渐标准化和系列化。数控刀具的分类有多种方法。

根据刀具结构可分为以下几种。

(1) 整体式。

(2) 镶嵌式。采用焊接或机夹式连接,机夹式又可分为不转位和可转位两种。

(3) 减振式　当刀具的工作臂长度与直径比大于 4 时,为了减少刀具的振动,提高加工精度,所采用的一种特殊结构的刀具,主要用于镗孔。

(4) 内冷式。刀具的切削冷却液通过机床主轴或刀盘传递到刀体内部,由喷孔喷射到切削刃部位。

(5) 特殊形式。如复合式刀具、强力夹紧、可逆改丝等。

根据制造刀具所用的材料可分为以下几种。

(1) 高速钢刀具。

(2) 硬质合金刀具。

(3) 金刚石刀具。

(4) 立方氮化硼刀具。

（5）陶瓷刀具。

从切削工艺上可分为以下几种。

（1）车削刀具。分外圆、内孔、螺纹、切割刀具等多种。

（2）钻削刀具。包括钻头、铰刀、丝锥等。

（3）镗削刀具。

（4）铣削刀具等。

为了适应数控机床对刀具耐用、稳定、易调、可换等的要求，近几年，机夹式可转位刀具得到广泛的应用，在数量上达到整个数控刀具的 30% ~ 40%，金属切除量占总数的 80% ~ 90%。

数控刀具与普通机床上所用的刀具相比，应具有以下特点。

### 1. 很高的切削效率

随着机床向高速、高刚度和大功率发展，刀具必须具有能够承受高速和强力切削的性能，因此在数控机床上使用涂层刀具、超硬刀具和陶瓷刀具所占的比例不断增加，美国在数控机床上应用陶瓷刀具的比例已达 20%，涂层硬质合金刀具的比例已达 40%。由于机床的自动化使得辅助工时大大减少，同时刀具切削效率的提高，大大提高了生产效率。

### 2. 高的加工精度和重复定位精度

现代高精密加工中心的加工精度可以达到 $3 ~ 5\mu m$，因此刀具的精度、刚度和重复定位精度必须与机床的加工精度相匹配。同时，刀具的刀柄与快换夹头见或与机床锥孔间的连接部分有高的制造、定位精度。加工的零件日益精密和复杂，要求刀具具备较高的形状精度。

### 3. 高的可靠性和耐用度

为了保证产品质量，在数控机床上对刀具实行强迫换刀，或由数控系统对刀具寿命进行管理，因此刀具工作的可靠性成为选择刀具的关键指标。为满足数控加工对难加工材料加工的要求，刀具材料应具有高的切削性能和刀具耐用度。不但其切削性能要好，而且一定要性能稳定，同一批刀具在切削性能和刀具寿命方面不得有较大差异，以免在无人看管的情况下，因刀具先天磨损和破损而造成加工工件的大量报废甚至损坏机床。

### 4. 实现刀具尺寸的预调和快速换刀

刀具结构应能预调尺寸，以能达到很高的重复定位精度。若数控机床采用人工换刀，则使用快换夹刀。有倒库的加工中心能实现自动换刀。

### 5. 具备一个比较完善的工具系统

模块式工具系统能更好地适应多品种零件的生产，且有利于工具的生产、使用和管理，能有效地减少使用厂的工具储备。配备完善、先进的工具系统是用好数控机床的重要一环。

### 6. 建立刀具管理系统

在加工中心和柔性制造系统出现后，刀具管理相当复杂。刀具数量大，不仅要对全部刀具进行自动识别、记忆其规格尺寸、存放位置、以切削时间和剩余切削时间等，还需要管理刀具的更换、运送、刀具的刃磨和尺寸预调等。

### 7. 建立刀具在线监控及尺寸补偿系统

系统用以解决刀具损坏时能及时判断、识别并补偿，防止工件出现废品和意外事故。

### 16.1.2　数控加工刀具的选择

正确选择数控刀具是提高数控工作效率,保证到数控刀具资源的合理配置,既可以避免因个别刀具闲置造成的资源浪费,又可以避免对个别刀具的频繁借用,造成精度无法保证以及生产上的相互牵制。

刀具的选择是在数控编程的人机交互状态下进行的。应根据机床的加工能力、工件材料的性能、加工工序、切削用量以及其他相关因素正确选用刀具及刀柄。刀具选择总的原则是:安装调整方便,刚性好,耐用度和精度高。在满足加工要求的前提下,尽量选择较短的刀柄,以提高刀具加工的刚性。

选取刀具时,要使刀具的尺寸与被加工工件的表面尺寸相适应。生产中,平面零件周边轮廓的加工,常采用立铣刀;铣削平面时,应选硬质合金刀片铣刀;加工凸台、凹槽时,选高速钢立铣刀;加工毛坯表面或粗加工孔时,可选取镶硬质合金刀片的玉米铣刀;对一些立体型面和变斜角轮廓外形的加工,常采用球头铣刀、环形铣刀、锥形铣刀和盘形铣刀。

在进行自由曲面加工时,由于球头刀具的端部切削速度为零,因此,为保证加工精度,切削行距一般取得很密,故球头常用于曲面的精加工。而平头刀具在表面加工质量和切削效率方面都优于球头刀,因此,只要在保证不过切的前提下,无论是曲面的粗加工还是精加工,都应优先选择平头刀。另外,刀具的耐用度和精度与刀具价格关系极大,必须引起注意的是,在大多数情况下,选择好的刀具虽然增加了刀具成本,但由此带来的加工质量和加工效率的提高,则可以使整个加工成本大大降低。

在加工中心上,各种刀具分别装在刀库上,按程序规定随时进行选刀和换刀动作。因此,必须采用标准刀柄,以便使钻、镗、扩、铣削等工序用的标准刀具,迅速、准确地装到机床主轴或刀库上去。编程人员应了解机床上所用刀柄的结构尺寸、调整方法及调整范围,以便在编程时确定刀具的径向和轴向尺寸。目前,我国的加工中心采用 TSG 工具系统,其刀柄有直柄(三种规格)和锥柄(四种规格)两种,共包括 16 种不同用途的刀柄。

选择刀片或刀具应考虑的因素是多方面的,归纳起来应该考虑的因素主要有以下几点:

(1) 被加工工件常用的工件材料有有色金属(铜、铝、钛及其合金)、黑色金属(碳钢、低合金钢、工具钢、不锈钢、耐热钢等)、复合材料、塑料类等。

(2) 被加工工件材料性能,包括硬度、韧性、组织状态等。

(3) 切削工艺的类别有车、钻、铣、镗、粗加工、精加工、超精加工、内孔、外圆、切削流动状态、刀具变位时间间隔等。

(4) 被加工工件的几何形状(影响到连续切削或间断切削、刀具的切入或退出角度)、零件精度(尺寸公差、形位公差、表面粗糙度)和加工余量等因素。

(5) 要求刀片(刀具)能承受的切削用量(切削深度、进给量、切削速度)。

(6) 生产现场的条件(操作间断时间、振动电力波动或突然中断)。

(7) 被加工工件的生产批量,影响到刀片(刀具)的经济寿命。

### 16.1.3　数控加工切削用量的确定

合理选择切削用量的原则是,粗加工时,一般以提高生产率为主,但也应考虑经济性和加工成本;半精加工和精加工时,应在保证加工质量的前提下,兼顾切削效率、经济性和加工成本。具体数值应根据机床说明书、切削用量手册，并结合经验而定。

（1）背吃刀量 $a_p$。在机床、工件和刀具刚度允许的情况下，$a_p$ 就等于加工余量，这是提高生产率的一个有效措施。为了保证零件的加工精度和表面粗糙度，一般应留一定的余量进行精加工。数控机床的精加工余量可略小于普通机床。

（2）切削宽度 $a_e$。一般 $a_e$ 与刀具直径 $d$ 成正比，与被吃刀量 $a_p$ 成反比。经济型数控加工中，一般 $a_e$ 的取值范围为 $(0.6\sim0.9)d$。

（3）切削速度 $v$。提高 $v$ 也是提高生产率的一个措施，但 $v$ 与刀具耐用度的关系比较密切。随着 $v$ 的增大，刀具耐用度急剧下降，故 $v$ 的选择主要取决于刀具耐用度。另外，切削速度与加工材料也有很大关系，例如，用立铣刀铣削合金钢 30CrNi2MoVA 时，$v$ 可采用 8m/min 左右；而用同样的立铣刀铣削铝合金时，$v$ 可选 200m/min 以上。

（4）主轴转速 $n$(r/min)。主轴转速一般根据切削速度 $v$ 来选定。计算公式为

$$v = \frac{\pi d n}{1000}$$

式中 $d$——刀具或工件直径，单位为 mm。

数控机床的控制面板上一般备有主轴转速修调（倍率）开关，可在加工过程中对主轴转速进行整倍数调整。

（5）进给速度 $v_f$。$v_f$ 应根据零件的加工精度和表面粗糙度要求以及刀具和工件材料来选择。$v_f$ 的增加也可以提高生产效率。加工表面粗糙度要求低时，$v_f$ 可选择得大一些。在加工过程中，$v_f$ 也可通过机床控制面板上的修调开关进行人工调整，但是最大进给速度要受到设备刚度和进给系统性能等的限制。

随着数控机床在生产实际中的广泛应用，数控编程已经成为数控加工中的关键问题之一。在数控程序的编制过程中，要在人机交互状态下即时选择刀具和确定切削用量。因此，编程人员必须熟悉刀具的选择方法和切削用量的确定原则，从而保证零件的加工质量和加工效率，充分发挥数控机床的优点，提高企业的经济效益和生产水平。

# 16.2 数控刀具管理系统及刀具状态的在线监测

## 16.2.1 数控刀具管理系统

1. 刀具管理的重要性

随着社会化大生产的不断发展，加工中心、数控车床、数控镗铣床等数控设备已经越来越多地引入到现代机械加工的企业当中。随之而来大批的数控刀具出现在生产的第一线，成为数控加工中的主要角色。

在加工中心、柔性制造单元和柔性制造系统等自动化加工设备中，不但每台加工中心有自身的刀库，而且在系统中通常还配有一个总刀库——中心刀库。如果需要，还可在每台机床旁设置刀具缓冲存储器。在中心刀库中，主要是存放不经常使用的某工序的特殊刀具以及各种刀具的备用刀具，以便当刀具损坏时，能及时换上新刀具。在一个具有5~8台机床的柔性自动化加工系统中，可能需要配备 1000 多把刀具，这取决于加工零件的品种和数量。即使一台加工中心自身的刀库，少则十几把刀具，多则几十把甚至一百多把刀

具。每把刀具都包括两种信息：一是刀具描述信息，即静态信息，如刀具识别编码和几何参数等；二是刀具状态信息，也即动态信息，如刀具所在位置、刀具累计使用次数、刀具剩余寿命(min)、刀具刃磨次数等。因此，与刀具有关的信息量很大。要将这些大量的刀具以及有关信息管理好，必须有一个完善的计算机刀具管理系统，才能解决多品种零件加工对刀具的要求问题。

**2. 刀具管理的任务**

刀具管理就是及时而准确地对指定的机床提供适用的刀具，以便在维持较好的设备利用率的情况下，生产出所需数量的合格零件。刀具管理最重要的准则如下：刀具供应及时，通过时间短，刀具储存量少与组织费用少。

这里指的是柔性自动化加工系统中的刀具管理。它包括以下几个方面。

**1）刀具室的控制与管理**

刀具首先在刀具室内与刀夹装配成刀具组件，并在调刀仪上调好尺寸，然后编码待用。根据加工零件需要，调用相应的刀具组件并分配给机床。应按自动加工系统的需要，对刀具的库存量进行控制，使刀具冗余量最小。

**2）刀具的分配与传输**

刀具的分配是根据零件加工工艺过程和加工系统作业调度计划以及刀具分配策略来决定的。刀具分配策略可以是一批零件使用一组刀具，当加工完一批零件，一组刀具全部更换。这种策略使加工系统刀具库存量很大，但使控制软件简单。也可以几种零件使用一组刀具，在成组技术基础上，确定一组零件所需的刀具，加工完毕后，所有刀具送回刀具室。这种策略可减少刀具库存量，但需要比较复杂的控制软件。根据具体情况，还可以采用其他刀具分配策略，如加工某几种零件后，保留适用于这几种零件加工的刀具，而取走其余刀具，再补充必要的刀具，以便进行以后几种零件加工，这样可大大减少刀具库存量，但控制软件更加复杂。关于刀具的传输，大的自动化加工系统采用无人小车(AGV)，而小的系统则用机械手和高架传送带等。

**3）刀具的监控**

在加工过程中，应对刀具状态进行实时监控和对刀具的切削时间进行累计，当达到规定的使用耐用度时，刀具要重磨或更换。当发生刀具破损时，机床应立即停车，并发出报警信号，以便操作人员及时处理。

**4）刀具信息的处理**

处理刀具各种静、动态信息，使这些信息在机床、刀具室、主控计算机之间传输，有些动态信息必须在加工系统运行时不断进行修改。刀具标准化问题也是刀具管理的重要任务，应结合加工工艺过程的标准化统一考虑：尽可能使用通用刀具，少用特殊的非标准刀具；使用不重磨刀片，采用标准的模块化的刀夹装置；使用可调刀具，以减少刀具的种类。

**3. 刀具系统的管理过程**

**1）自动换刀刀库中刀具的管理**

在单台加工中心上加工零件时，必须准确无误地从刀库中取出所需的刀具。从刀库中选刀的方式，一般可分为顺序选择和任意选择两种。

（1）顺序选择方式。将预调好的刀具组件按加工的工序依次插入刀库中，加工时，根据数控指令，依次用机械手从刀库中取出刀具，每次换刀时刀库依次转动一个刀座位置。

这种方式,刀库驱动控制非常简单,但刀库中的任一把刀具在零件整个加工中不能重复使用。

（2）任意选择方式。任意选择方式是预先把刀库中的每把刀具（或刀座）都进行编码,刀库运转中,每把刀具都经过识别装置接受识别。当某一把刀具的编码与数控指令代码相符时,刀具识别装置即发出信号,令刀库将该把刀具输送到换刀装置,等待机械手取出使用。这种方式的优点是刀具可以重复使用,减少了刀具库存量,刀库也可相应小一些,但刀库驱动控制比较复杂。

2）刀具的识别

在数控加工的刀具管理中,刀具识别非常重要。从原理上看,可以有多种不同的方法来实现刀具的识别。它分为接触式识别和非接触式识别两种。图 16-1 为采用接触式识别方法的钻头夹头。

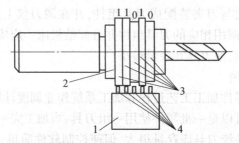

图 16-1 接触式识别装置简图

1—接触式识别装置；2—刀具夹头；3—数码环；4—触针

在夹头前端组装了一些表示刀具编码的环,称为数码环,预先规定大直径的数码环为"1",小直径为"0"。数码环可以是大直径或小直径的,图中有 5 个数码环,故有 $2^5 = 32$ 种组合情况,即 32 种刀具编码,图 16-1 所示编码为 11010。在刀库附近有一接触式刀具识别装置,从其中伸出与数码环数量相等的几个触针,根据触针与数码环接触与否,即可判断数码环是大直径的,还是小直径的。每个触针与一个继电器连接。当数码环为大直径时,与触针接触,继电器通电,其数码为"1";当数码环是小直径时,与触针不接触,继电器不通电,其数码为"0"。只有当各继电器读出的数码与所需刀具的数码一致时,刀库才由控制装置操纵自动停止,然后被机械手取出刀具并输送到机床主轴中,从而实现自动换刀。

近年来,条形码已被广泛地应用于刀具识别技术中,这是因为条形码可以在很小的尺寸范围内容纳极高密度的信息,而且易于实现信息的识别。所谓条形码,是指一组印在浅色衬底上的深色的粗细不同的条形码符。它实际上是采用国际上通用的编码方法,通过长条形线条的某种排列组合而得出一定含义的编码。条形码识别系统由光源、条形码标记、光敏元件和读出控制电路组成,如图 16-2 所示。当识别装置中光源发出的光线射向移动的刀具上的条形码标记时,由于条形码标记的线条本身粗细不同、线条间隙宽窄不同和衬底的反射率不同,就会产生强弱不同的反射光,并经聚光镜聚焦在光敏元件上,不同强弱的反射光使光敏元件输出的信号电流大小也随之不同。这一电流信号送入读出控制电路后,经放大、整形,便被最终转换成数字信号,将其送入计算机或其他逻辑电路中作必要的处理,即可实现刀具的识别。这种识别方法是在非接触状态下工作的,不会由于磨损和接触不良而造成故障,因而工作可靠。

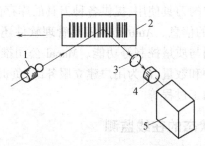

图 16-2　条形码识别系统

1—光源；2—条形码标记；3—聚光镜；4—光敏元件；5—读出控制电路

3) 柔性制造系统刀具的管理

在柔性制造系统中,刀具管理的方法主要是在该系统的中央控制系统中建立刀具数据文件,其主要内容包括刀具编码、刀具名称、刀具大小识别号、刀具耐用度、刀位号、刀具补偿类型、刀尖半径、刀具半径、刀具长度及其公差、切削用量和刀具监测信息等。其中刀具编码是刀具管理最基本、最重要的信息,它是整个加工系统中刀具识别的依据,每一把刀具必须占有且只能占有一组编码,用于计算机识别刀具,通过编码就可查出刀具的尺寸、耐用度及其在系统内的位置。这种编码不影响刀具在机床刀库或中央刀库的存放位置。至于编码的方法,各种加工系统均根据具体情况而定。

加工系统运行时,通过不断修改预定的刀具数据文件和调刀仪把刀具的实际参数输入后,就可建立一套刀具的实际数据文件,存储于中央控制系统的中央刀具数据库中,再由中央控制系统通知各加工中心实现刀具在加工系统各部分之间的传送并进行加工。通过加工系统控制终端显示的菜单采用人机对话形式,实现刀具在整个加工系统运行中的管理过程。

科学的刀具管理能为用户节省可观的刀具费用,因此开发刀具管理技术和相关的软件、硬件已成为刀具制造商的业务范围,并由此将有关刀具正确使用的知识、数据和信息传递给用户。Walter 公司的 TDM 刀具管理软件,可从工件材料、库存、切削参数、刀具寿命、采购供应等不同方面对刀具进行全面管理。日研公司的 TMsWindows 刀具管理系统,包括有刀具自动识别(ID)的功能。

Kennametal 公司推出的供用户存放和管理刀具的 TOOL BOSS 刀具柜,包括一个刀具柜管理软件,机床操作者凭个人使用的密码通过屏幕引导可打开相应的抽屉,领取一定数量的刀片或刀具,刀具管理人员可根据加工的需要事先设置各机床操作者领取的刀具品种、规格、数量及其最低的库存量,相关的各级管理人员凭设置的权限不同层次和密码可进入该系统的不同层次,了解有关的数据,刀具系统还可连接到公司的局域网实现数据共享,并可与供应商联网,及时补充消耗的刀具。该公司的刀具管理系统减少资金占用最多可达 90%、减少刀具仓储成本 50% 及减少内部刀具管理费用接近 90%。

德国 Walter 公司的 TDM easy 软件,向用户推荐该公司的各类刀具加工不同工件材料时的切削参数。Walter 公司的 TDM 刀具管理软件具有缩短计划时间,使调整时间和工序间断时间降至最低,减少刀具种类,促进刀具标准化,减少刀具库存,以及对刀具订货进行控制的功能等。Sandvik Coromant 公司开发的 Auto TAS 刀具管理软件,有 11 个集成模块,该软件可为该公司提供 3000 多种刀具的 CAD 模型(几何尺寸、检测、装配),可自动选择该公司样本与电子样本中的刀具使用,提供各种刀具的库存位置、成本、供应商、切削性能、刀具寿命及要加工工件的信息。Auto TAS 刀具管理软件还提供刀具库存管理、购买、统计分析、报表、刀具室计划与质量控制等功能。Mapal 公司推出的全球刀具管理系统可为用户提供正确的刀具品种和数量,可为用户建立服务部,负责刀具的重磨、调整、发放等业务,帮助用户分析、评价加工过程等。

### 16.2.2　数控刀具状态的在线监测

在数控加工中,刀具状态的在线监测具有非常重要的意义,因为刀具的损坏不仅影响加工的质量和效率,而且还可能导致严重的机床和人身事故。刀具的损坏有磨损和破损两种情况,磨损是刀具在加工过程中与工件发生接触和摩擦而产生的表面材料的消耗现象;而破损是刀具发生崩刃、断裂、塑变等而导致刀具失去切削能力的现象,它又包括脆性破损和塑性破损,脆性破损是刀具在机械和冲击作用下,在尚未发生明显的磨损而出现的崩刃、碎裂、剥落等。而塑性破损是刀具在切削时,由于高温、高压等作用,在与工件相接触的表面层上发生塑性流动而失去切削能力的现象。因此,在线监测刀具磨损和破损,及时发出警报,自动换刀或停机是非常重要的。

在线监测刀具状态(磨损和破损)的方法很多,可以分为直接监测和间接监测两种,也可以分连续监测和非连续监测。在线连续监测常用间接方法进行。随着刀具磨损和破损,切削力或扭矩随之变化(包括切削分力比值及切削力动态分量),切削温度、切削功率、振动与声发射信号也都发生变化,用这些信号的变化检测刀具磨损和破损,效果较好。对于精加工,也可以用工件尺寸的变化和表面粗糙度的变化等间接检测刀具状态。通常可根据自动化加工的具体条件来选用监测方法,也可联合采用几种变化信号进行监测,以使监测结果更加可靠。

1. 常用的监测方法

1) 光学摄像监测法

这种方法用于工业电视监测。图 16-3 是该方法的原理图。光学探头(显微镜)接收切削刃部分图像,输送给电视摄像机。根据图像上各点辉度不同,信号数字化后存入储存器,再用计算机进行图像处理,滤去干扰信号后与原来机内存储的门槛值(磨损或破损极限)比较,确定刀具损坏程度。如切削时切削刃不便观察,可采用光导纤维获取图像,再用图 16-4 系统监测。这种方法比较直观,刀具如发生损坏可在电视屏幕上直接显示。但微机图像处理需时较长,技术也较复杂,成本高,难于作为自动监控实际应用。

2) 切削力变化监测法

用切削分力的比值变化或比值的变化率作为监测刀具状态的判断信号是一种效果较好的方法。例如,车削时,可用测力仪测得三个分力 $F_x$、$F_y$、$F_z$,经放大等计算机控制和处理系统的分析,与预定值进行比较,以实时检测刀具是否正常。采用测力轴承是目前一些数控机床和加工中心常用的自动监测方法,特别是容易破断的小刀具。切削时,从刀具传给主轴的切削力作用在主轴轴承上,这对于直接在主轴轴承处监测切削力特别有利。刀具自动监测系统包括主轴上的测力轴承(切削力信号传感装置)、放大器和计算机控制分析系统。后者通过数据总线与 CNC 控制系统相连。作为测力轴承,可以采用通常的预加

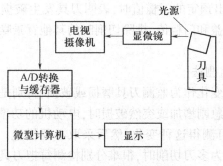

图16-3 光学摄像监测法原理

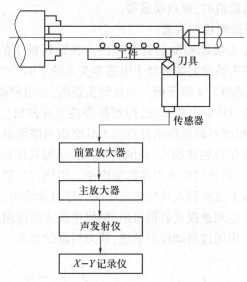

图16-4 声发射刀具破损监测系统简图

载荷的滚子系列主轴轴承,轴承上装有电阻应变片,通过电阻应变片可以采集到随切削力变化的信号。各应变片的连接线通过电缆线从轴承的轴肩前端引出,把信号输入放大器和计算机控制分析系统,与切削力预定值进行比较,判断刀具的状态。

3) 声发射监测法

声发射(简称 AE)是固体材料中发生变形或破损时快速释放出的应变能产生的一种弹性波(AE 波)。在刀具发生急剧磨损和破损时,由 AE 传感器监测到对 AE 波响应的声发射信号。这种 AE 信号可分为连续型与突发型两类。切削过程刀具监测系统常用几十千赫至 2MHz 频段内的 AE 信号。固体材料的弹/塑性变形和正常切削过程中发生的 AE 信号属于连续型的,而刀具急剧磨损和破损时发生的是非周期性的突发型 AE 信号。两类信号相比,后者的电压大于前者的。图 16-4 为用声发射法监测刀具破损装置的原理图,AE 传感器固定在刀杆后端。输出的 AE 信号经过放大后传至声发射仪和记录仪器,得到 AE 信号的波形曲线,或者经数字化后送入计算机处理系统。正常切削时,AE 信号有效值的输出电压为 0.15~0.20V,根据切削条件的不同,刀具急剧磨损和破损时发出 AE 信号的峰值在 150~1MHz 范围内,有效值超过 0.2V,达到 1.0V 左右(增益为 40~50dB 时),功率谱最大谱值增加 50% 左右,脉冲信号的幅值急剧增大,脉冲计数率增加

1.5~2倍。当 AE 信号超出预定的门槛值时,表明刀具发生破损,立即报警换刀。这种方法的关键是选择合适的增益和门槛值,排除切削时的其他背景噪声信号的干扰,提高刀具破损判别的可靠性。

4）电动机功率变化监测法

用机床电动机的功率变化作为监测刀具磨损或破损,特别是破损,是一种比较实用而简便的方法。当刀具磨损急剧增加或突然破损时,电动机的功率(或电流)发生较大的波动,用功率表或电流计即可测得这种变化,然后采取必要措施。对于多刀加工和深孔加工,这种方法最为方便,因为多刀切削时,很难分别检测每把刀具的状态,只有综合监测其加工时的功率变化,才容易了解其工作状态。监测时,根据机床的具体加工情况,预先设定一功率门槛值,当超过此值时,便自动报警。

5）电感式棒状刀具破断检测装置

图 16-5 为电感式钻头破断检测装置原理图。在钻模板 3 的上面装有电感测头 4。钻头通过导套 2 钻孔,钻头的导向部分处于电感测头 4 的下面。当钻头退回原位时,钻头的切削部分正好处于电感测头 4 的下面。一旦钻头破断,在退回原位时,测头的电感量发生较大的变化,通过计算机控制分析系统,即可报警换刀或停机。在自动化加工系统中,刀具磨损和破损监测是根据经验或理论计算的刀具磨损与破损耐用度来执行的。该刀具耐用度(或者与该耐用度相应的切削力、切削功率、AE 信号极限值)可在加工前通过人机对话在系统终端输入加工系统的中央刀库数据库中。当该刀具累计切削时间达到预定的耐用度后,刀具将由机械手或机器人从机床或中央刀库自动输出,无需人工干预。经过监测,如果该刀具尚未真正达到磨损或破损极限,则修正预定的耐用度门槛值后,继续使用。如果刀具确实已经损坏,应通过自动换刀装置,换刀后继续加工。

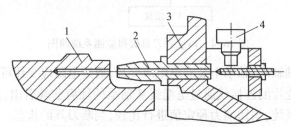

图 16-5　电感式钻头破断监测装置

1—工件；2—固定导套；3—钻模板；4—电感测头

随着现代制造技术的发展,传统的单因素、单传感器监测方式和单一模型处理评判方式已不能满足高精度的刀具状态监测的需求,取而代之的是多传感器信息融合技术。即充分利用多个传感器资源,通过对它们的合理管理与利用,把多个传感器在空间和时间上的冗余信息或互补信息依据某种准则来进行组合,以获得被测对象的一致性解释或描述,并利用这一结论对被测对象进行控制或调整,使该信息系统具有比单个组成部分的子集所构成的系统更为优越的性能。

2. 监测信号的提取

由传感器检测到的随机信号不能直接用于刀具的状态识别,而必须经过预处理,提取特征,将分析结果的待检测模式与标准模式(正常模式或异常模式)相比较才能作出诊断结论。

1) 频谱分析法

对振动信号而言,频谱分析是用得最早也是最成熟的分析方法之一。例如,选垂直于刀杆方向的加速度作为原始信号,通过频谱分析研究切削过程中随着刀具的磨损信号功率谱的变化规律,假设刀杆固有频率是在高频段,高频段频谱特性的变化,是刀具磨损通过切削力激发刀杆振动模态参数变化所造成的,且同前刀面与切屑的接触长度和后刀面与工件表面摩擦面的长度有关,而低频段是由于刀具磨损通过工件激发加工系统振动模态参数变化所造成,因此高频段可以有效地隔离或削弱加工系统的频率成分,而主要与刀具磨损的变化有关。另外,时序模型的参数、结构、残差和特性函数(如格林函数、自协方差函数)也都能表达动态过程的特性,时域统计特征量特别是二阶矩统计特性对刀具磨损状态变化的反映也非常敏感。

2) 基于小波/小波包分析法

由于切削机理的复杂性,刀具磨损引起的工艺系统动力学性能的变化是极其微小和不确定的。而小波分析具有多分辨率分析的特点,对非平稳特点分析具有无可比拟的优点,因此小波分析就成了刀具状态监测的重要工具之一。研究表明,利用小波分解快速算法对刀具不同磨损状态下切削力的信号功率谱进行分解与重构处理,可以获得切削力信号功率谱在不同分辨率下的变化特征,各尺度重构信号功率谱谱峰及方差随刀具磨损的变形规律。采用小波分析技术可以有效地实现切削力信号功率谱特征值提取,提取的信号功率谱特征对刀具磨损状态的变形十分敏感,是刀具监测的有效办法。以小波分析作为原始信号净化处理方法,可以为后续的模糊神经网络/神经网络提供高信噪比的输入信号,提高网络的输出精度。

3) 基于分形维数的刀具状态在线监测

在不同的切削参数条件下,当刀具磨损量达到同一值时,声发射的某些特征(如均方根、振铃、计数、方数、陡度、幅度期望等)存在着很大的差异。若以这些特征作为刀具磨损状态的判据,则必须同时考虑切削参数、工件、工件材料等因素。而分形维数反映的是信号的不规则程度,不受信号能量大小的影响。同时声发射法拾取的信号是很复杂的,近年发展起来的分形几何学为研究各种复杂信号的几何特性提供了有效的分析方法,将分形几何学知识应用于刀具磨损的在线监测,为刀具磨损在线监测的研究开辟了一条新思路。一些文献以分形理论为基础,分析了声发射信号在刀具磨损过程中分形维数的变形情况,提出了以声发射信号分形维数进行刀具磨损的在线监测新方法。其结果表明,声发射信号分形维数反映了声发射信号的几何特征,受切削参数变形的影响较小,随着刀具磨损量的增加,刀具与工件之间的摩擦加剧,声发射信号的波形变得越来越不规则,声发射信号的分形维数逐渐增大。

4) 神经网络法

切削过程是一个复杂的物理过程,刀具的磨损、破损状态与各信号之间的关系是一个典型的非线性系统。人工神经网络以其强大的信息综合处理能力、很强的学习能力、泛化功能和非线性逼近能力而受到人们的重视。神经网络被越来越多地用于刀具状态监测系统。

随着近年来人工智能技术的迅猛发展和多传感器信号融合的应用,信号特征值的提取方法得到了新的发展。采用小波变换对传感器组获取的主轴电机电流、主轴驱动速度、进给驱动电流、进给速度进行净化预处理。再以净化后的信号作为神经网络的输入,从而为后续的神经网络提供高信噪比的输入,可以提高网络的预期精度。最典型的是将小波包分析、模糊理论及人工神经网络相结合的智能刀具在线监测系统,其基本方法是利用小波包将声发射信号分解为不同频带的时间序列,从中抽取与刀具切削状态紧密相关的序列信号的方根值作为信号特征值,再以这些信号特征值作为模糊神经网络的输入,并对神经网格采用自组织竞争学习与 BP 算法相结合的混合学习算法,实现对刀具状态的可靠、迅速实时识别。

切削过程刀具的在线状态识别,作为机械制造过程监测与诊断的重要内容,也是敏捷制造系统中的关键技术之一,它已受到越来越多研究者的重视,然而,作为一个完善的监视系统,它必然是一个以状态识别为中心的信号处理系统,由于加工过程的复杂性,对刀具切削状态的识别也提出了越来越高的要求,如快速响应性、最大可靠性、强鲁棒性等。多传感器信息融合是刀具切削状态监测与识别的发展方向,可选信息的合理组合即系统的最小化和特征信息全面性之间矛盾的解决;安装方便、可靠、实用,对所采集信号灵敏度高的传感器的合理选取与研究开发仍是当前要解决的基础性工作。随着多路传感器技术的应用,带来的是信息量的成倍增长。如何从这些庞大的原始信号中提取所需的特征信息值一直是研究热点之一。它包括原始信号的净化预处理技术以及净化信息的再处理技术,即从净化信息中提取对切削状态最为敏感的信号特征值两方面。现有研究成果多在某一特定工况下验证,也就是说,这些方法对具体工况下切削参数如切削速度、进给量、刀具材料等的敏感性未得到验证,其实用性受到限制。当采用神经网络模型时,若把众多的切削参数都作为网络的输入,则十分复杂,计算量也很大。因此,若能寻求某种对切削参数不敏感,而又对刀具磨损敏感的信号特征值无疑是一件很有意义的事。

## 16.3　高速切削刀具的构造特点

### 16.3.1　高速切削对刀具系统的要求

金属切削加工已进入了一个以高速切削为代表的新的发展阶段,由于高速切削加工能极大地提高材料的切除率和零件的加工质量,降低加工成本,因而成为当今金属切削加工的发展方向之一。高速切削刀具技术是高速切削加工的一个关键技术,它包括高速切削刀具材料、刀柄系统、刀具系统动平衡技术、刀具监测技术等。

高速切削加工不仅仅是主轴转速的提高,而是指整体加工时间的缩短。因此,高速切削加工不仅要求切削刀具具有很高的刚性、安全性、柔性、动平衡特性和操作方便性,而且对刀具系统与机床接口的连接刚度、精度以及刀柄对刀具的夹持力与夹持精度等都提出了很高的要求。

所谓刀具系统是由装夹刀柄与切削刀具所组成的完整刀具体系。装夹刀柄与机床接口相配,切削刀具直接加工被加工零件,两者极为重要。高速切削加工刀具系统必须满足以下要求。

（1）刀具结构的高度安全性。作为应用于高速切削加工的刀具系统,在高转速情况下会产生很大的离心力,造成两种危险:一是普通弹簧夹头夹紧力会下降;二是大直径刀具可能会破坏,同时,飞溅的切屑和崩刃具有很高的动能,可能会造成人身伤害。因此,高速切削刀具必须具备可靠的安全性,以防止刀具高速回转时刀片飞出,并保证旋转刀片在两倍于最高转速时不破裂。高速切削刀具的安全性必须考虑一些因素,如刀具强度、刀具夹持、刀片压紧、刀具动平衡等。

（2）刀具系统优异的动平衡性。用于高速加工的刀具系统的动平衡性能是至关重要的。由理论力学知识可知，离心力 $F=mr\omega^2$[$m$ 为运动体积质量（kg），$r$ 为转速（r/min），$w$ 为角速度]，当刀具系统动平衡性能较差时，高速旋转的刀具会产生很大的离心力，从而引起刀杆弯曲并产生振动，其结果将使被加工零件质量降低，甚至导致刀具损坏。

（3）高的系统刚性。刀具系统的静、动刚性是影响加工精度及切削性能的重要因素。刀具系统刚性不足将导致刀具系统振动或倾斜，使加工精度和加工效率降低。同时，系统振动又会使刀具磨损加剧，降低刀具和机床使用寿命。

（4）高的系统精度。系统精度包括系统定位夹持精度与刀具重复定位精度以及良好的精度保持性。具备以上精度要求的刀具系统，才能保证高速加工整个系统的静态和动态稳定性，从而满足高速、高精加工工件的要求。

（5）高耐用性和可靠性。高速切削一般在数控机床或加工中心上进行，要求刀具材料必须十分可靠，否则，将会增加换刀时间，降低生产率，使高速加工失去意义；另外，刀具可靠性差将产生废品，损坏机床与设备，甚至造成人员伤亡。高速加工时切削温度很高，要求刀具材料熔点高、氧化温度高、耐热性好抗热冲击性能强，及很高的高温力学性能，如高温强度、高温硬度、高温韧性等。

（6）高的互换性。对模块式刀具系统而言，需要刀具系统具有更高的灵活性，以便通过调整或组装，迅速适应不同零件的加工需要。此外，刀具与机床的接口应采用相同的刀柄系统，以减少不必要的库存。

（7）高效性。刀具系统必须具备高质量、高使用寿命的刀具，以满足高速高效加工工件的要求。

（8）高适应性。刀具系统应具有加工多种硬度材质的能力，以满足高速加工各种工件的要求。

### 16.3.2 常规 7∶24 锥度刀柄存在的问题

目前，在数控铣床、数控镗床和加工中心上使用的传统刀柄是标准 7∶24 锥度实心长刀柄。这种刀柄与机床主轴的连接只是靠锥面定位，主轴端面与刀柄法兰端面间有较大间隙。当在高速切削条件下工作会出现下列问题。

（1）刀具动、静刚度低。刀具高速旋转时，由于离心力的作用，主轴锥孔和刀柄均会发生径向膨胀，膨胀量随旋转半径和转速的增大而增大。这就会造成刀柄的膨胀量小于主轴锥孔的膨胀量而出现配合间隙，使得本来只靠锥面结合的低刚性连接的刚度进一步降低。

（2）动平衡性差。标准 7∶24 锥度柄较长，很难实现全长无间隙配合，一般只要求配合前段 70%以上接触，而后段往往会有一定间隙。该间隙会引起刀具的径向圆跳动，影响刀具系统的动平衡。

（3）重复定位精度低。当采用自动换刀（Automatic Tool Changing，ATC）方式安装刀具时，由于锥度较长，难以保证每次换刀后刀柄与主轴锥孔结合的一致性。同时，长刀柄也限制了换刀过程的高速化。

### 16.3.3 多种新型刀柄的开发与应用

为了适应高速切削加工对刀具系统的要求，最近 10 年各工业发达国家相继研制开发了多种新型结构的刀柄。

### 1. HSK 刀柄

HSK（德文 Hohlschaftkegel 的缩写）刀柄是德国阿亨（Aachen）工业大学机床研究所在 20 世纪 90 年代初开发的一种双面夹紧刀柄，它是双面夹紧刀柄中最具有代表性的，如图 16-6 所示。

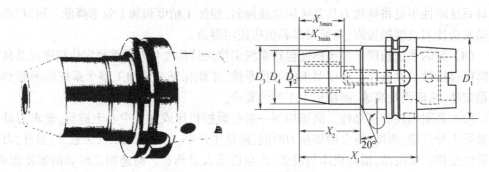

图 16-6　HSK 刀柄示意图

从 1987 年开始，由德国阿亨工业大学机床实验室（WZL）及一些工具制造厂、机床制造厂、用户企业等 30 多个单位成立了专题工作组，在 M. Weck 教授领导下开始了新型工具系统的研究开发工作。经过第一轮研究，工作组于 1990 年 7 月向德国工业标准组织提交了"自动换刀空心柄"标准建议。德国于 1991 年 7 月公布了 HSK 工具系统的 DIN 标准草案，并向国际标准化组织建议制定相关 ISO 标准。1992 年 5 月，国际标准化组织 ISOT/TC29（工具技术委员会）决定暂不制定自动换刀空心柄的 ISO 标准。经过工作组的第二轮研究，德国于 1993 年制定了 HSK 工具系统的正式工业标准 DIN69893。1996 年 5 月，在 ISO/TC29/WG33 审议会上，制定了以 DIN69893 为基础的 HSK 工具系统的 ISO 标准草案 ISO/DIS12164。经过多次修订后，于 2001 年颁布了 HSK 工具系统正式 ISO 标准 ISO12164。由于其刚度和重复定位精度较标准 7：24 锥度柄提高了几倍至几十倍，因此在机械制造业得到了广泛的认同和采用。例如，在德国奔驰汽车公司和大众汽车公司，HSK 刀柄被广泛用于铣削、钻削和车削加工中。

　　HSK 刀柄由锥面（径向）和法兰端面（轴向）双面定位，实现与主轴的刚性连接，如图 16-7 所示。当刀柄在机床主轴上安装时，空心短锥柄与主轴锥孔能完全接触，起到定心作用。此时，HSK 刀柄法兰盘与主轴端面之间还存在约 0.1mm 的间隙。在拉紧机构作用下，拉杆的向右移动使其前端的锥面将弹性夹爪径向胀开，同时夹爪的外锥面作用在空心短锥柄内孔的 30° 锥面上，空心短锥柄产生弹性变形，并使其端面与主轴端面靠紧，实现了刀柄与主轴锥面和主轴端面同时定位及夹紧的功能。

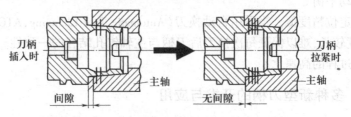

图 16-7　HSK 刀柄与主轴连接结构与工作原理

这种刀柄结构的主要优点如下。

（1）有效地提高刀柄与机床主轴的结合刚度。由于采用锥面、端面过定位结合，使刀柄与主轴的有效接触面积增大，夹紧时，由于锥部有过盈，因此锥面受压产生弹性变形，同时刀柄向主轴锥孔方向产生轴向位移，消除初始间隙，实现端面之间的贴合，大大提高了刀柄与主轴的结合刚度，克服了传统的标准7∶24锥度柄在高速旋转时刚度不足的弱点。

（2）有很高的轴向和径向重复定位精度，并且自动换刀动作快，有利于实现 ATC 的高速化。由于采用1∶10的锥度，其锥部长度短（大约是7∶24锥柄相近规格的1/2）。每次换刀后刀柄与主轴的接触面积一致性好，故提高了刀柄的重复定位精度，其重复精度小于±0.001mm。由于采用空心结构，故质量轻，便于自动换刀。

（3）具有良好的高速锁紧性。刀柄与主轴间由弹性扩张爪锁紧，转速越高，扩张爪的离心力越大，锁紧力越大。

按德国 DIN 标准的规定，HSK 刀柄采用平衡式设计，其结构形式有 A、B、C、D、E、F 6 种，如图 16-8 所示。每一种形式又有多种尺寸规格。A、B 型为自动换刀刀柄，C、D 型为手动换刀刀柄，E、F 型为无键连接，适用于超高速切削用刀柄。表 16-1 为 HSK 规格分布。

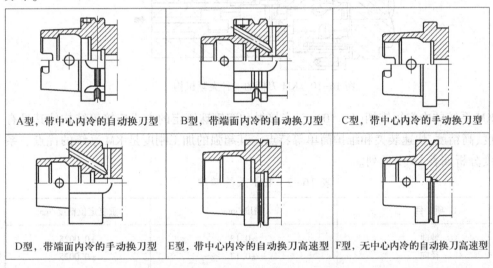

A型，带中心内冷的自动换刀型　　B型，带端面内冷的自动换刀型　　C型，带中心内冷的手动换刀型

D型，带端面内冷的手动换刀型　　E型，带中心内冷的自动换刀高速型　　F型，无中心内冷的自动换刀高速型

图 16-8　HSK 刀柄形式

表 16-1　HSK 规 格 分 布

| HSK 型号 | 25 | 32 | 40 | 50 | 63 | 80 | 100 | 125 | 160 | DIN 标准编号 | ISO 标准编号 |
|---|---|---|---|---|---|---|---|---|---|---|---|
| A | | ● | ● | ● | ● | ● | ● | ● | ● | 69893-1、69063-1 | 12164-1、12164-2 |
| B | | | ● | ● | ● | ● | ● | ● | ● | 69893-2、69063-2 | — |
| C | | ● | ● | ● | ● | ● | ● | ● | | 69893-1、69063-1 | — |
| D | | | ● | ● | ● | ● | ● | ● | | 69893-2、69063-2 | — |
| E | ● | ● | ● | ● | ● | ● | | | | 69893-5、69063-5 | — |
| F | | | | ● | ● | ● | | | | 69893-6、69063-6 | — |

**2. KM 刀柄**

KM 刀柄是美国肯纳（Kennametal）公司与德国维迪亚（Widia）公司于 1987 年联合开

发出来的。KM 工具系统刀柄的基本形状与 HSK 相似，锥度为 1：10，锥体尾端有键槽，用锥度的端面同时定位，如图 16-9 所示，但其夹紧机构不同。图 16-10 为 KM 刀柄的一种夹紧机构。在拉杆上有两个对称的圆弧凹槽，该槽底为两段弧形斜面。夹紧刀柄时，拉杆向右移动，钢球沿凹槽的斜面被推出，卡在刀柄上的锁紧孔斜面上，将刀柄向主轴孔内拉紧，薄壁锥柄产生弹性变形，使刀柄端面与主轴端面贴紧。拉杆向左移动，钢球退到拉杆的凹槽内，脱离刀柄的锁紧孔，即可松开刀柄。

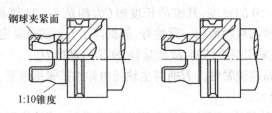

图 16-9　KM 刀柄的结构

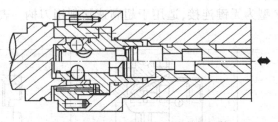

图 16-10　KM 刀柄的一种夹紧机构

KM 系统的中空短锥柄（1：10）、三点接触和双钢珠锁定的方式连接等结构使其具有高刚度、高精度、快速装夹和维护简单等特点。其超强的加工刚度是 KM 系统的优点。系统精度分析如表 16-2 所列。

表 16-2　KM 系统精度

| 项　　目 | 精度/mm | 重复定位精度/mm |
| --- | --- | --- |
| 轴向 | ±0.13 | ±0.0025 |
| 径向 | ±0.13 | ±0.0025 |
| 切削刃高度 | ±0.4 | ±0.025 |

KM 刀柄有更大的过盈量，因而它正常夹紧所需的夹紧力也大很多，大约是 HSK 的 2~5 倍。对于尺寸相同的 KM 6350 刀柄和 HSK-63T3 刀柄，KM 所需牵引力为 11.2kN，从而得到 33.5kN 的夹紧力。而 HSK 只有 3.5kN 的牵引力和 10.5kN 的夹紧力。夹紧力的提高在一定范围内提高了工具系统的刚度。

从技术上分析，HSK 刀柄还有形状和尺寸过多的弊端，反映出该刀柄是对多方面意见妥协的结果；尤其不足的是，实际的锥柄尺寸比标准依据法兰直径所定的名义尺寸小，降低了刀柄的强度，这会增加刀具振动的可能性，尤其是长的刀具；HSK 刀柄不适用于作为工具系统的接柄，如用于铣刀的夹头时明显地增加了刀具系统的长度，削弱了系统的刚性。

### 3. Big-plus 刀柄

针对 HSK 刀柄的不足,日本 BLG-Daishowa Seiki 公司成功地开发了一种称为"Big-plus"的机床主轴与刀具的接口,实现了刀具装夹的最佳化。该系统仍采用 7∶24 锥柄,因此可与现有的 7∶24 刀柄完全兼容,不会增加额外的刀具成本。由于它同样实现了机床主轴与刀柄之间的锥面和端面的同时接触,从而满足了机床—刀具接口对稳定性和精度的要求。

现有的 7∶24 连接在主轴端面与刀具法兰之间存在一个间隙,只有锥面接触。而 Big-plus 系统则把这个间隙量分配给主轴和刀柄各 1/2,分别加长主轴和加厚刀柄法兰的尺寸,实现主轴端面与刀具法兰的同时接触,开发了配套的 Big-plus 加长主轴和加厚法兰的 Big-plus 刀柄。

Big-plus 刀柄数倍地提高了连接的刚性,与标准刀具完全兼容,即 Big-plus 刀柄可以装在现有的机床主轴上使用,同样,现有的 7∶24 锥柄刀具可以装在 Big-plus 的主轴上使用。要实现主轴端面与刀具法兰的同时接触,则必须同时采用 Big-plus 的主轴和刀柄。

Big-plus 系统的主要特征是,当刀具拉入机床主轴时引起主轴锥孔的弹性扩张。装刀时,刀具送入主轴以后在主轴端面与刀柄法兰之间留有约 0.02mm 的间隙,当刀柄被完全拉入时,主轴端口弹性扩张,实现锥面与端面的同时接触,如图 16-11 所示。

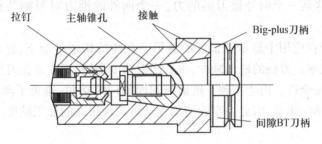

图 16-11　BT 刀柄与 Big-plus 刀柄对比图

为了确保锥面与端面的同时接触,Big-plus 系统的主轴和刀柄必须精确制作,以保证在刀柄拉入时伴随主轴的扩张实现刀具的轴向移动并使端面接触所需要的尺寸精度。为此,需要有三个量规来控制主轴锥孔的制造尺寸(见图 16-12):第一个是校对环规,规定了主轴锥面定位时端面的尺寸增量 $H$;第二个是带表塞规,它把校对环规的 $H$ 尺寸传递给主轴;第三个是带表的辅助锥规,它用作测量刀柄拉入时由于主轴扩张所对应的刀柄轴向位移量。

拉紧刀柄时,主轴的扩张量与主轴的设计和拉紧力有关。主轴锥面定位时,其端面位置尺寸允差越窄,则主轴扩张量越小。与标准的 7∶24 锥柄比较,Big-plus 锥柄对弯矩的承载能力因一个明显加大的支撑直径而提高,从而显著地提高了装夹稳定性。在标准的 7∶24 锥柄上弯矩的支撑直径是锥柄上的公称直径,而 Big-plus 刀柄的支撑直径是法兰的外径,根据圆截面的惯性矩公式,刀杆的挠度与直径的 4 次方成反比,由此得出,Big-plus 比标准 7∶24 刀柄承受弯矩的能力,对于 SK40 号刀柄提高了 3.5 倍,对于 SK50 号刀柄则提高了 3.9 倍。

Big-plus 刀柄装夹的稳定性可以与 HSK 刀相媲美。但 HSK 的锥柄比 7∶24 锥柄短,因此换刀行程短、速度快,这是有利的一面;然而,短锥柄也有不利的一面,尤其是

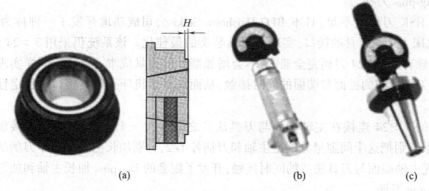

图 16-12　控制尺寸精度的量规

（a）校对环规；（b）带表塞规；（c）辅助锥规

HSK A 型刀柄，其传动键与主轴锥孔是一个整体，由于制造技术上的原因，处于键这一段的锥面很难精确制造，使刀柄的有效锥面要短于名义的锥面。在使用长刀具或径向力大的刀具时，短锥柄就成为一个缺点。根据杠杆定律，产生在刀具参考直径处的切削力 $F_1$ 作用在刀柄的法兰处，如图 16-13 所示，起一个回转中心的作用，力再从该点传递到锥柄的最后端支撑点上，产生 $F_2$ 力。锥柄越短则在那里产生的 $F_2$ 力越大，其轴向分力 $F_p$ 也越大，这是一个向外推刀柄的力，一个向外的推力对刀柄装夹的稳定性会产生不利的影响。

Big-plus 系统在应用中显示了很好的效果。在高的切削参数下，比现有的刀柄更可靠，并提高加工效率。刀柄的跳动减少，重复换刀精度提高，用于延长刀具的寿命、提高加工质量和加工的安全性。由于实现了锥面与端面的同时接触，避免了高速旋转时主轴扩张所引起的刀具轴向串动，因此在高速切削领域可实现很高的加工精度。

### 4. NC5 刀柄

NC5 刀柄是日本株式会社日研工作所开发的（见图 16-14），采用 1：10 锥度双面定位结构。锥柄采用实心结构，使其抗高频颤振能力优于空心短锥结构。其定位原理与 HSK、KM 相同，不同的是，把 1/10 锥柄分成了锥套和锥柄两部分，锥套端面有碟形弹簧，具有缓冲抑振作用。通过锥套的微量位移，可以有效吸收锥部基准圆的微量轴向位置误差，以便降低刀柄的制造难度。碟形弹簧的预压作用还能衰减切削时的微量振动，有益于提高刀具的耐用度。当高速旋转的离心力导致锥孔扩张时，弹簧会使轴套产生轴向位移，补偿径向间隙，确保径向精度，由于刀柄本体并未产生轴向移动，因此又能保证工具系统的轴向精度。

### 5. CAPTO 刀柄

Sandvik 公司生产的 CAPTO 刀柄呈锥形三角体结构。这种刀柄不是圆锥形，而是三角体锥，其棱为圆弧形，锥度为 1：20 的空心短锥结构，实现了锥面与端面同时接触定位，锥形多角体结构可实现两个方向都无滑动的转矩传递，不再需要传动键，消除了因传动键和键槽引起的动平衡问题。三棱锥的表面大，使刀具表面压力低、不易变形、磨损小，因而具有始终如一的位置精度。但锥形三角体特别是主轴锥形三角体孔加工困难，加工成本高，与现有刀柄不兼容，配合会自锁。

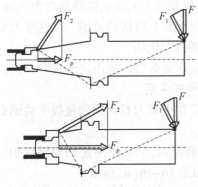

图 16-13　短锥柄的缺点

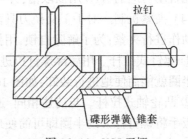

图 16-14　NC5 刀柄

　　Sandvik 公司以这种预张紧和精磨削的锥形三角体形成一个 Coromant Capto——多用途、快速模块式刀具系统。它是一种在车削、铣削和钻削都能应用的刀具系统,是高速切削刀具接口技术的一个具有很大优越性的解决方案。目前,Coromant Capto 工具系统已被世界许多厂家广泛采用。现在拥有 VDI 等的圆柱形刀柄、莫氏锥度 MASBT 柄等锥形刀柄、以 HSK 为代表的两面定位夹紧刀柄等,如图 16-15 所示,其品种规格比较齐全。这些刀柄有以下特点:夹紧刚性高,夹紧精度高且稳定,寿命长,操作性好,通用性强。这些性能对刀柄的功能有极大的影响,是决定刀柄质量优劣的重要指标。

图 16-15　Big Coromant Capto 工具系统

　　Coromant Capto 工具系统具有以下特点。

　　(1) 独特的两面定位夹紧连接结构。该连接结构是一种高精度多面体,采用 1∶20 锥度两面定位夹紧的连接结构。在几乎所有的连接结构中,切削扭矩的传递通常都是使用传动键来传递,因此在传动键上要产生应力集中,这对夹紧刚性、使用寿命有很大影响;此外,还会产生由传动键带来的相位误差(特别是在车削加工的中心高方面更为显著),这将导致精度下降。而 Coromant Capto 工具系统设计成多面体形状,没有传动键,切削扭矩呈均匀分布,从而提高了扭转刚性,也没有相位误差。由此可见,本连接结构的自锁力比其他结构的自锁力大得多,可靠性更高。

（2）连接精度高。连接结构在 $X$、$Y$、$Z$ 方向的重复精度为 $\pm 2\mu m$，端跳精度为 $3\mu m$。

（3）操作性好、通用性强。将机床和加工相组合有五个规格的刀柄。在这些刀柄上都有能自动对应的 ATC 用抓取槽，并可实现切削液的内部供给。

（4）夹紧机制。对手工交换刀具而言，操作简便至关重要。采用扇形块和拉杆以流畅的动作进行夹紧；为了解除自锁，用拉杆挤压刀具松开夹紧。

① 螺钉式拉杆。用后部螺钉拉进拉杆，通过扇形块夹紧刀具。用六角扳手将螺钉拧大约半圈就能简便地进行装卸，如图 16-16（a）所示。

② 凸轮轴式拉杆。与前述相同，通过扇形块夹紧刀具，但采用的是凸轮轴机构。用六角扳手将螺钉拧大约半圈即可简便地完成装卸，如图 16-16（b）所示。

③ 中心螺钉式夹紧。不使用拉杆，直接用后部螺钉夹紧刀具。因此，减少了零件，使设计简化。这种夹紧方式主要用在夹紧回转刀具的刀柄上，如图 16-16（c）所示。

④ 液压式夹紧。使用扇形块和拉杆，靠液压进行夹紧，直接装夹在车床的刀架上并能自动匹配。

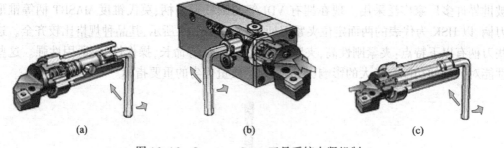

     （a）              （b）             （c）

图 16-16　Coromant Capto 工具系统夹紧机制

（a）螺钉式拉杆；（b）凸轮轴式拉杆；（c）中心螺钉式夹紧

（5）技术数据。

① 夹紧刚性。将 Coromant Capto 刀柄与 HSK 两面定位夹紧刀柄的夹紧刚性作一比较可知，车削加工的切削扭矩产生的刀尖位移量：当 Coromant Capto 刀柄承受的最大主切削分力为 17kN（切深 5mm，进给量 1.6mm/r）时，其位移量为 0.1mm，其夹紧刚性是 HSK 刀柄的 4 倍，这是由于采用无传动键的多面体形状设计使应力均匀分布在整个刀柄上，从而提高了扭转刚度。铣削加工进给切削分力使刀尖产生的位移量如下：当最大主切削分力为 17kN 时，位移量为 0.1mm，是 HSK 刀柄刀尖位移量的 1/3 左右。同样是两面定位夹紧刀柄，1/20 锥度所产生的自锁具有更好的抗弯强度。

② 夹持精度。由于 Coromant Capto 刀柄采用无键多面体形状，所以夹持精度较高。

③ 耐用度。Coromant Capto 刀柄在车削加工中，经过 200 万次夹紧，没有出现应力集中的现象，使用稳定可靠，耐用度高。

④ 高转速。由于 Coromant Capto 刀柄没有传动键，承受高转速的能力优于其他类型的刀柄。各种规格刀柄的最高使用转速为：C3：55000r/min，C4：39000r/min，C5：28000r/min，C6：20000r/min，C8：14000r/min。

6. 其他

在高速高精度加工中，过去一直采用 BT 夹紧方式，与之相比较，两面夹紧方式的优越性已被广泛理解和认同。不过,从用户角度来看,在工具系统的互换性和发挥投资效益方面,仍然存在一些不足之处。因此,生产厂家针对广大用户的实际需要,正在积极进行两面夹紧式工具系统系列产品的开发工作。如黑田精工公司已开发出一种新型两面夹紧式刀柄,商品名为 Super BT 工具系统(见图 16-17),特点是刀柄的 7∶24 锥部和法兰端面与机床主轴 7∶24 锥部端面同时接触,从两面将刀具夹紧。该系统采用开放化标准,并力争使之成为行业标准。采用 Super BT 标准主轴的机床均可配置 Super BT 工具系统,而且这种系统和原 JIsBT 夹紧刀柄具有互换性,供货渠道也较宽泛。

图 16-17　新型两面夹紧式工具系统 Super BT 系统

工具系统重要的技术指标是其回转的振摆精度。配备振动小的工具系统,不仅能用球头立铣刀切削出高精度加工表面,而且还适用于微细加工、模具高精度加工和电子零件加工。目前,已开发出一些高精度工具系统,如采用热装式夹紧机构,以及利用弹簧夹紧刀具可简便地调整刃尖振摆精度的刀柄等。

日研工作所还开发出一种精密工具系统,振摆精度可调至 0.001~0.002mm,使其能与机床主轴紧密连接。NT TOOL 公司开发一种 R-Zero 系统,特点是用微调扳手调整回转环,刃尖振摆精度可控制在 0~2μm。MST 公司开发出带有多孔夹头的 PPA 工具系统,这是一种配有弹簧夹头的工具系统,主要用来夹持柄部直径为 0.5~3.0mm 的小直径刀具。由于采用高速传动方式,振摆精度最小可控制到 3μm,最大转速可达 50 000r/min。

在高速切削和高效率加工方面,要求工具系统必须具备下列特点:径向振摆精度良好,同时具有很高的夹持力和刚性。YUKIWA 精工公司开发出一种名为 Super 超级 G1 型夹持系统(见图 16-18),弹簧夹头从本体伸出的长度大幅度缩短,本体夹头插入部的厚度较大,因此具有很高的刚性。另外,对于刀柄本体、锁紧螺母、弹簧夹头的精度误差要求极为严格。如果系统的综合径向振摆精度达 5μm,那么其标准产品可在转速 25 000r/min 条件下使用。

图 16-18　Super G1 型工具系统

为了进行可靠的高效率加工，在重视刀机接口的同时，还必须重视刀具的夹紧方式。在立铣加工中，通常出现的刀具滑动、脱落及产生振动等问题，取决于是否能将刀具牢固而可靠地夹紧。

日本 NT TOOL 公司开发出一种铣削用的新型工具系统 CT/S（见图 16-19），其夹头采用滚柱锁紧方式，夹头内侧不是传统的槽形，而是一种特殊形状，夹头端口带有深槽，使夹头端口具有很强的夹持力，即使刀柄细长，采用 CT/S 系统后，也可进行强力切削加工。值得注意的是，该夹头中部设计有一个 T 形槽，这是一个沿夹头内圆径向的非贯通槽，其作用是使刀具在卸除方向仍具有很强的夹紧力。

图 16-19　CT/S 夹持系统

近年来，高速铣削加工中心已大量采用热装式工具系统，其刀柄的外径很小（见图 16-20），因此，与工件的贴近性能优异，尽管刀具的夹持部分很短，但仍能牢固夹紧。热装夹紧方式是把夹持部分加热至 300℃，使之膨胀，待刀具柄部插入夹持部分，冷却后即被夹紧，因此，这种工具系需要配置一种加热装置。

MST 公司开发出一种新型 MOZO 系列热装式工具系统，柄部为一般耐热钢，夹持部分为热装专用材料。据称，这种结构的柄部和尖端部分的组合形式多样，根据不同加工情况，可组合成 2100 种不同类型的刀柄，在极短时间内，即可组合成满足工件形状和切削方式所需要的高性能刀柄。ALPS 工具公司开发出一种热装式工具系统，商品名 Thermo Grip（见图 16-21），材料为特殊耐热钢，经最佳热处理后，其耐热温度达 450℃，可卸装刀具 5000 次以上，最宜用于高效率加工。这些产品的交货时间比较短，能快速适应市场的变化。

图 16-20　各种热装夹工具系统

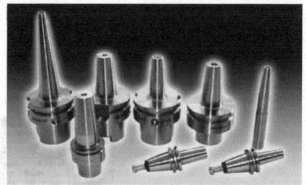

图 16-21　Thermo Grip 夹紧系统

### 16.3.4　高速切削加工用刀柄的选用

为缩短生产周期，降低加工成本，各生产企业（如模具工业、汽车工业、航空航天业）

都广泛采用高速切削加工技术。但在实际加工中,有些企业,其加工效果并未达到预期的目标。当然,原因很多,但正确选用与高速运转的主轴相配合的刀柄是关键因素之一。机床主轴的高速运转如果没有合适的刀具、刀柄相配合,就会损坏机床主轴的精密轴承,降低机床的寿命。因此,在确定采用高速切削加工时,应能在种类繁多的刀柄系统中,正确选择适合高速切削加工用的刀柄系统。适合高速切削加工的刀柄系统有以下几种。

1. ER 弹性夹套

如图 16-22 所示,这种刀柄一般采用具有一定锥角的锥套(弹簧夹头)作为刀柄系统与刀具的夹紧单元,当旋转螺母压入锥套,使套锥内径缩小而夹紧刀具。由于其性价比较高,在欧美及我国市场广泛认同。尽管其价格高于 PG/TG 弹性夹套,但因为其精度高,所以适合于高速切削加工。该系统的优点如下。

(1)同心度较好。

(2)相对小的本体直径。

(3)夹紧力大。

(4)需要一个平衡的螺帽系统。

(5)不同类型的密封圈。

2. 热缩式刀柄

如图 16-23 所示,热缩夹头的夹持原理是利用感应加热装置在短时间内加热刀柄的夹持部分,使刀柄内径受热膨胀,装入刀具后,内孔随刀柄冷却而收缩,从而将刀具夹紧,传递转矩增大 1.5~2 倍,径向刚度提高 2~3 倍,能承受更大的离心力。尽管它对所夹持的刀具有一定的要求,并需特殊的设备,但它具备了以下特点,因此备受某些领域特别是模具工业越来越多用户的青睐。

图 16-22  ER 弹性夹套

图 16-23  热缩式刀柄

(1)同心度较好。

(2)相对小的本体直径;离心力低。

(3)均匀的材质。

(4)夹紧力大。

(5)动平衡度很高。

(6)本体经热处理。

(7)有加热系统。

### 3. 三棱变形夹头刀柄

三棱变形夹头主要是利用夹头本身的变形力夹紧刀具,工作原理如图 16-24 所示。刀柄的孔初呈三棱形[见图 16-24(a)],在装夹刀具时,先用辅助装置在三棱孔的三个顶点施加预先调整好的力,使刀柄孔变形成圆[见图 16-24(b)],然后把刀具插入刀柄[见图 16-24(c)],再去除变形外力,刀柄孔弹性恢复,刀具就被夹持在孔内[见图 16-24(d)]。该夹头具有结构紧凑、装夹定位精度高且对称、刀具装夹简单、造价较低等特点。缺点是需要备一个辅助的加力装置。

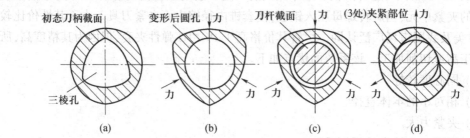

图 16-24 三棱变形夹头工作示意图

(a) 初态截面形状;(b) 施加外部作用力;(c) 装入刀杆;(d) 释放外部作用力

### 4. 高精度 HP(High Preoi-sion)夹套

如图 16-25 所示,尽管与 ER 弹性夹套相似,但夹紧方式是通过定位而不是螺纹,其精度可提高 3 倍,其价格比液压夹套低。该夹套的主要优点是同心度好、夹紧力大、本体直径小、易于清洗、离心力小、易做动平衡。

### 5. 液压夹头刀柄

液压夹头刀柄是通过拧紧加压螺栓提高油腔内的油压,使油腔内壁均匀对称地向轴线方向膨胀,以夹紧刀具,如图 16-26 所示。液压夹头的夹持直径一般在 32mm 以下,在距夹头端部 40mm 处夹持的径向跳动小于 $3\mu m$,夹紧力超过 83MPa。这种刀柄的优点是能提供强大的夹紧力,夹紧力均匀且恒定性好,夹持精度和重复精度高,具有很好的吸振功能,工作寿命比机械夹头提高 $3\sim4$ 倍。液压夹头出厂前必须经过动平衡检测。

在特殊情况下,允许用面铣刀柄及特殊设计的刀柄。

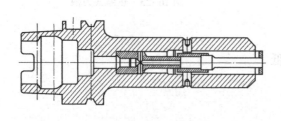

图 16-25 高精度夹套

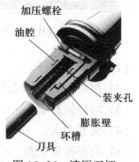

图 16-26 液压刀柄

### 16.3.5　高速切削中刀具系统的动平衡

在高速切削中,任何旋转体的不平衡都会产生离心力。随着转速升高,离心力以平方的关系迅速增大,包括刀柄在内的切削刀具系统也会产生离心力。因此,在高速切削的应用过程中,必须充分考虑和解决刀具系统的离心力问题。

使用的切削刀具和刀柄是经常需要更换的,不平衡的刀具、刀柄或者刀具刀柄上微小的不平衡量,在高速切削时都会产生很大的离心力,从而使机床和刀具产生振动,产生不均匀力。其结果一方面影响工件的加工精度和表面质量,另一方面影响主轴轴承和刀具的使用寿命。

1. 动平衡的一般概念

旋转刀具的动平衡原理与一般旋转零件的动平衡原理相似。首先,刀具结构的设计应尽可能对称;其次,在需要对刀具进行平衡时,可根据测出的不平衡量采用刀柄去重或调节配重等方法实现平衡。由于刀具品种不同,具体采用的平衡方法也不相同。对于普通的刀具或工具系统,可由刀具制造商或用户借助于平衡机进行平衡。

ISO1940《刚性转子的动平衡质量要求》标准规定,一个转子的不平衡量(或称残留不平衡量)用 $U$ 表示(单位为 g·mm), $U$ 值可在平衡机上测得;某一转子允许的不平衡量(或称允许残留不平衡量)用 $U_{per}$ 表示。从实际平衡效果考虑,通常转子的质量 $m$(kg)越大,其允许残留不平衡量也越大。为对转子的平衡质量进行相对比较,可用单位质量残留不平衡量 $e$ 表示,即 $e=U/m$(g·mm/kg),相应地,即有 $e_{per}=U_{per}/m$。 $U$ 和 $e$ 是转子本身对于给定回转轴所具有的静态(或称为准动态)特性,可定量表示转子的不平衡程度。从准动态角度看,一个用 $U$、 $e$ 和 $m$ 值表示其静态特性的转子完全等效于一个质量为 $m$(kg)且其重心与回转中心的偏心距为 $e$( μm)的不平衡转子,而 $U$ 值则为转子质量 $m$(kg)与偏心距 $e$( μm)的乘积。因此,也可将 $e$ 称为残留偏心量,这是 $e$ 的一个很有用的物理量。

实际上,一个转子平衡质量的优劣是一个动态概念,它与使用的转速有关。如ISO1940 标准给出的平衡质量等级图(见图16-27),图上一组离散的标有 $G$ 值的45°斜线表示不同的平衡质量等级,其数值为 $e_{per}$(g·mm/kg)与角速度 $\omega$(rad/s)的乘积(单位为mm/s),用于表示一个转子平衡质量的优劣。例如,某个转子的平衡质量等级 $G$ 为6.3,表示该转子的 $e$ 值与使用时 $\omega$ 值的乘积应小于或等于6.3。使用时,可根据要求的平衡质量等级 $G$ 及转子可能使用的最大转速,从图上查出转子允许的 $e_{per}$ 值,再乘以转子质量,即可求出该转子允许的不平衡量。

接下来的问题是如何确定高速旋转刀具的合理平衡质量等级 $G$,从而得出在最高使用转速下要求的 $U_{per}$ 值。

2. 合理平衡质量等级的确定

为了确定高速旋转刀具统一的合理平衡质量等级 $G$,由德国政府和机器制造商协会(VDMA)所属精密工具专业委员会牵头成立了工作组,将刀具动平衡技术作为一个"要求公开"的项目进行了系统研究。研究组的成员来自相关行业及技术领域,如刀具、机床和平衡机制造行业、用户行业、大学和研究机构等。根据他们的研究结果,提出了"高速旋转刀具系统平衡要求"的指导性规范(FMK-Richtlinie)。

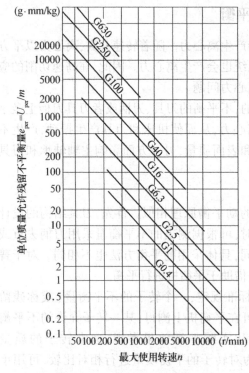

图 16-27　平衡质量等级图

该规范有以下三个要点。

（1）认为对刀具平衡质量等级的要求是由上限值和下限值界定的一个范围，大于上限值时刀具的不平衡量将对加工带来负面影响，而小于下限值表明不平衡量要求过严，这在技术和经济上既不合理且没有必要。

（2）以主轴轴承动态载荷的大小作为刀具平衡质量的评价尺度，并规定以 G16 作为统一的上限值。由于切削加工条件及影响加工效果因素的多样性，以加工效果的好坏作为刀具平衡的评价尺度并不能普遍适用，而因刀具不平衡引起的主轴轴承动态载荷的大小是与不平衡量直接相关的参数。因此，提出以主轴轴承动态载荷的大小作为制定统一平衡要求的依据。

根据 VDI2056（DIN/ISO10816）"机械振动评定标准"的规定，可将使主轴轴承产生最大振动速度（1~2.8mm/s）的不平衡量作为刀具系统允许不平衡量的上限值。研究表明，G 的上限值与刀具的质量、转速和选定的机床主轴振动速度有关，且分散在一个较大范围内。工作组选取振动速度 1.2mm/s、2mm/s，转速范围 10 000~40 000r/min，质量 0.5~10kg 的不同规格 HSK 刀柄，计算出 27 个 G 的上限值（见表 16-3），其中最大 G 值达 201，最小 G 值仅为 9。

表 16-3　不同规格 HSK 刀柄 G 的上限值

| | 振动速度极限/(mm/s) | 刀具系统质量/kg | 转速/(r/min) | | | | | |
|---|---|---|---|---|---|---|---|---|
| | | | 10 000 | 15 000 | 20 000 | 25 000 | 30 000 | 40 000 |
| HSK32 | 1.7 | 0.5 | 85 | 35 | 17 | 9.5 | | 3.5 |
| HSK32 | 0.7 | 0.5 | 35 | 14.4 | 7 | 3.9 | | 1.4 |
| 建议值 | 1.2 | 0.5 | 55 | 25 | 12 | 6.7 | | 2.5 |
| 对应的平衡等级 | | 0.5 | G173 | G105 | G63 | G42 | | G21 |
| HSK50 | 2.8 | 0.5 | 200 | 80 | 40.5 | 22.5 | | |
| HSK50 | 2.8 | 1 | 195 | 80 | 39 | 20.5 | | |
| HSK50 | 2.8 | 2 | 186 | 72 | 34 | 17 | | |
| HSK50 | 1 | 0.5 | 71 | 29 | 14 | 8 | | |
| HSK50 | 1 | 1 | 70 | 29 | 14 | 7 | | |
| HSK50 | 1 | 2 | 66 | 26 | 12 | 6 | | |
| 建议值 | 2 | <2 | 128 | 57 | 27 | 14 | | |

| | 振动速度极限/(mm/s) | 刀具系统质量/kg | 转速/(r/min) | | | | | |
|---|---|---|---|---|---|---|---|---|
| | | | 10 000 | 15 000 | 20 000 | 25 000 | 30 000 | 40 000 |
| 对应的平衡等级 | | 1 | | G201 | G119 | G71 | G44 | |
| 对应的平衡等级 | | 2 | | G100 | G59 | G35 | G22 | |
| HSK63 | 2.8 | 1.5 | | 240 | 99 | 46.5 | 24 | |
| HSK63 | 2.8 | 2 | | 240 | 96 | 46 | 24 | |
| HSK63 | 2.8 | 5 | | 220 | 80 | 33 | 14 | |
| HSK63 | 1 | 1.5 | | 86 | 35 | 17 | 9 | |
| HSK63 | 1 | 2 | | 86 | 34 | 16 | 9 | |
| HSK63 | 1 | 5 | | 79 | 29 | 12 | 5 | |
| 建议值 | 2 | <6 | | 164 | 66 | 30 | 14 | |
| 对应的平衡等级 | | 2 | | G129 | G69 | G39 | G22 | |
| 对应的平衡等级 | | 5 | | G52 | G28 | G16 | G9 | |
| HSK100 | 2.8 | 2 | 1340 | 380 | 150 | | | |
| HSK100 | 2.8 | 5 | 1300 | 365 | 140 | | | |
| HSK100 | 2.8 | 10 | 1400 | 340 | 125 | | | |
| HSK100 | 1 | 2 | 479 | 136 | 54 | | | |
| HSK100 | 1 | 5 | 464 | 130 | 50 | | | |
| HSK100 | 1 | 10 | 500 | 121 | 45 | | | |
| 建议值 | 2 | <12 | 957 | 257 | 100 | | | |
| 对应的平衡等级 | | 5 | G200 | G81 | G42 | | | |
| 对应的平衡等级 | | 12 | G100 | G40 | G21 | | | |

综合考虑高速旋转刀具的安全要求和使用的方便性，工作组提出一个折中的刀具系统平衡等级要求，即选取 G16 作为统一的上限值，这样除无法满足一个 G9 值外，可满足计算所得全部 G 值覆盖的加工条件范围（转速为 10 000~40 000r/min，刀具系统质量为 0.5~12kg，振动速度为 2mm/s）。

（3）确定刀具系统合理不平衡量的下限值为刀具系统安装在机床主轴上时存在的偏心量（单位为 $\mu m$），根据现有机床制造水平，该值通常为 2~5$\mu m$（根据每台机床的具体情况而略有不同）。以安装偏心量作为下限值，表明将刀具系统的允许残留偏心量 $e_{per}$（$\mu m$）平衡到小于 2~5$\mu m$ 并无意义。当转速在 40 000r/min 以下时，上限值 G16 所对应的允许残留偏心量 $e_{per}$ 值（$\mu m$）（或单位质量允许残留不平衡量，$g \cdot mm/kg$）均大于刀具系统的换刀重复定位精度值（仅当转速等于 40 000r/min 时，$e_{per} = 4\mu m$）。因此，规定上限值为 G16，下限值为 2~5$\mu m$（或 $g \cdot mm/kg$），既可防止不平衡量过大对机床主轴的不利影响，又具有技术、经济合理性。此外，G16 的规定还满足了高速旋转刀具安全标准（E DIN EN ISO15641）中规定刀具平衡等级应优于 G40 的要求。

该指导性规范还要求刀具的内冷却孔必须对称分布,否则可灌满冷却液封死洞口后再进行动平衡;并提出必要时可将刀具和机床主轴作为一个系统进行平衡,即首先分别对主轴和刀具(或工具系统)进行平衡,然后将刀具装入主轴后再对系统整体进行平衡。

对于旋转体的平衡,国际上采用的标准是 ISO 1940/1,用于评价刚性旋转体的平衡情况。用 G 参数的数字量对平衡进行分级,数字越小,不平衡越小,平衡等级越高。G 参数表示每单位旋转体质量允许的残余不平衡量,它的单位是(g·mm)/kg,也等于残余质量中心以 μm 表示的偏移量。

G6.3——用于一般的切削机床和机械旋转件的平衡(是一般的精度)。

G2.5——用于特殊平衡要求的切削机床和机械旋转体(是高精度)。

G1.0——用于磨床和精密机械旋转件的平衡(是超精的平衡)。

G0.4——用于高速主轴和高速切削刀具系统的平衡(高速切削用)。

在高速切削中,刀具系统的不平衡量应该是越小越好。要进行严格的动平衡,不仅需要花费很多人力、物力,而且也没有必要。只要对动不平衡控制在一定的范围内即可,这是可以做到的。因此,刀具和刀柄可以分别单独做平衡测试,但最终应该是刀具和刀柄装配后的整体系统的平衡。目前,最好的方法是尽量采用可调整平衡的刀具系统,以便根据实际生产要求达到动平衡。

### 16.3.6　高速回转刀具的结构特点

由于高速切削回转刀具在很高的回转速度下工作,刀具体和可转位刀片均受到很大的离心力作用,因此需对刀体材料、刀体结构和夹紧机构提出十分严格的要求;刀体材料质量要轻,刀体结构形式与刀片之间要形成封闭连接,刀片装卸应尽可能简单容易,刀片夹紧机构要可靠并要有足够的夹紧力。

1. 高速切削对回转刀具的要求

(1) 刀体材料。为了减轻所承受的离心力的作用,刀体材料的设计应减轻质量,选用密度小、强度高的刀体材料,如采用高强度铝金制造高速铣刀刀体、碳纤维增强塑料制造刀杆。美国 Valenite 公司推出的高速铣刀,其铝合金刀体经过表面处理后硬度达 60HRC。

(2) 刀体结构。刀体上的槽(包括刀座槽、容屑槽、键槽)会引起应力集中,降低刀体的强度。因此,刀体结构应尽量避免贯通式刀槽,减少尖角,防止应力集中,尽量减少机夹零件的数量,刀体的结构应对称于回转轴,使重心通过刀具轴线。刀片和刀座的夹紧、调整结构应尽可能消除游隙;并且要求重复定位性好,需要使用接头、加长柄等连接时也应避免游隙和提高重复定位精度。如高速铣刀大多采用 HSK 刀柄与机床主轴连接甚至做成整体式结构,以提高刚性和安装重复定位精度。此外,机夹式高速铣刀的直径趋小,长度增加,刀齿数也趋少,有的只有两个刀齿,这种结构便于调整刀齿的跳动,提高加工质量。

(3) 刀具(片)的夹紧方式。高速切削回转刀具按刀片固定方式可分为三大类,即整体结构、带有固定刀片座和可调刀片座结构。高速铣削时常常在 6 000 ~ 10 000r/min 以上的旋转速度下工作,在这样高的回转速度下工作的机夹可转位铣刀的刀体和刀片均受很大的离心力作用,故要求设计十分可靠的刀体结构和刀片夹紧结构。刀体与刀片之间的连接配合要封闭,刀片夹紧机构要有足够的夹紧力。对于高速旋转的机夹刀具,通常不允许采用摩擦力夹紧,要用带中心孔的刀片,用螺钉夹紧。可转位刀片应有中心螺钉孔或有可卡住的空刀窝,保证刀具精确定位和高速旋转时的可靠,例如,有一种可转位刀片,刀片底面有一个圆的空刀窝,可与刀体上的凸起相配合,对作用在夹紧螺钉上的离心力起卸载作用。刀座、刀片的夹紧力方向最好与离心力方向一致,还要控制螺钉的预紧力,防止螺钉因过载而提前受损。与安全有关的结构参数包括刀片中心孔相对螺孔的偏心量、刀片中心孔和螺钉的形状,这些因素决定螺钉在静止状态下夹紧刀片时所受的预应力的大小。过大预应力甚至能使螺钉产生变形。刀片的夹紧应施加规定的扭矩,并使用合格的螺钉,在拧入前应涂覆润滑剂,减少夹紧扭矩的损失,螺钉应定期检查和更换。对于小直径的带柄铣刀,现在有两种高精度、高刚性的夹紧方法,即液压夹头和热胀冷缩夹头。热胀冷缩夹头的夹持精度更高,传递的扭矩比液压夹头大 1.5~2 倍,径向刚性高2~3 倍,能承受更大的离心力,更适合于整体硬质合金铣刀高速铣削淬硬的模具。日本和德国都开发了相应的加热装置用于刀具的装卸。这种夹头的缺点是适用的直径范围小,刀具装卸费时。

(4) 刀具的动平衡。在高速旋转时,刀具的不平衡会对主轴系统产生一个附加的径向载荷,其大小与转速成平方关系,从而对刀具的安全性和加工质量带来不利的影响。因此,用于高速切削的回转刀具必须经过动平衡测试,并应达到 ISO1940/1 规定的 G40 平衡质量等级。

2. 高速铣刀

铣刀的种类很多,有面铣刀、立铣刀、球头铣刀、长刃铣刀等,广泛应用于平面、沟槽、凸台、曲面等的加工。

(1) 面铣刀。面铣刀主要用于加工平面,生产效率高,加工表面质量也较好,广泛应用于铸铁的粗、精加工。面铣刀的结构种类很多,有可调节式、复合式和固定式。它是将多刃刀片用机械夹固法装夹在刀体上,由刀体、刀片、调整螺钉、楔块、楔块螺钉等组成,可使用带孔或不带孔的多种形式的刀片。

(2) 立铣刀。立铣刀主要用于铣削沟槽、台阶等,采用机夹可转位刀片。

(3) 球头铣刀。球头铣刀主要用于数控机床和仿形铣床上进行凹腔、内外轮廓、弧形、沟槽的铣削。主要种类有立装球头立铣刀、平装球头立铣刀、90° 和 120°球形精铣刀、角 R 平面仿形铣刀、角 R 直柄仿形铣刀等,球头铣刀圆弧部分带有两个高效切削刃,刀片在刀杆上靠两支撑平面定位,采用定位槽来防止刀片倾斜或旋转,可控制同一刀片的波动在 5μm 以内,平衡后可稳定加工。高精度球头立铣刀刀刃前端作出小的凸状中心刃,既能保持刀刃的锋利性,又具有高的刃口强度,广泛应用于模具上三维曲面的精加工,刀柄有莫氏锥柄结构和圆柱平柄等多种形式。

(4) 长刃铣刀。长刃铣刀适合于在大功率机床上高效铣削立面、台阶面、槽及凹腔。更换不同牌号的刀片可加工各种钢、铸铁、有色金属,包括钛合金和稀有金属。这种铣刀的有效刀齿增加 1 倍多,进给量可增加 2~2.5 倍;长刃铣刀有整体式结构、直柄结构和套筒结构等多种形式。

3. 高速钻头

高速切削钻头一般用整体硬质合金或可转位机械夹刀片制成。小尺寸的高速切削硬质合金钻头做成整体式,较大尺寸的一般做成可转位式。减小钻孔时的悬伸长度可以增加刚度,钻头工作部分一般较短,钻芯加粗;为减小切削力,整体硬质合金钻头切削刃靠近钻削中心,横刃较短,钻头顶角 $2\phi$ 做成 $140°$;为了可靠地夹紧钻头,需要使用弹性夹头或侧面压紧接刀柄;一般对钻头采用 PVD(TiN)涂层。也有带内孔的钻头,通过内孔可输送切削液。

高速切削加工是一项综合的高新技术,目前,世界各国在开发新型刀具材料的同时,针对高速切削加工的特点,在刀具刃形、刀体材料、刀具结构、夹紧方式和刀具动平衡方面作了大量的努力。因此,为推广高速切削加工技术,刀具结构优化设计、刀具系统安全和可靠性设计、刀具的系列化和标准化设计与刀具系统品种的开发将是今后高速切削研究发展的一个重要方面。

## 思考题与练习题

1. 数控加工常用刀具的种类及特点是什么?
2. 数控刀具材料主要有哪几种? 分别按硬度和韧性分析其性能。
3. 什么是刀具材料的"红硬性"?
4. 刀具管理系统的基本功能有哪些?
5. 常用超硬刀具材料有哪些? 有何主要特点?
6. 高速加工过程中对刀具有何要求?
7. 整体硬质合金刀具有哪些优缺点?
8. 常用刀柄的类型和特点有哪些? 常用拉钉的类型和特点有哪些?

# 第17章 磨削与砂轮

## 17.1 概　述

磨削加工是用带有磨粒的工具对工件进行加工的方法。工件表面的磨削加工,是由在砂轮表面上几何角度不同且不规则分布的砂粒进行的。这些砂粒的分布情况还与砂轮的修整及磨削过程中的自砺有关,其主要机理是由微小切削刃(磨粒切削刃)对工件进行微小切削的加工,这一点与切削加工类似。

磨削加工在基本原理上与车床切削或铣削等切削加工有类似之处。通常,磨削加工与切削加工相比,有以下一些特点。

(1)砂轮切削刃是非常硬的矿物质磨粒。对于切削加工,原则上切削工具的硬度要比工件的硬度高。砂轮的切削刃是由硬度非常高的矿物质组成的。磨粒可分为天然磨粒和人工磨粒。天然磨粒为金刚石、金刚砂、天然刚玉等,天然金刚石价格昂贵,其他天然磨粒杂质较多,性质随产地而异,质地较不均匀,故主要用人造磨粒来制造砂轮,目前被广泛使用的是金刚石磨粒和 CBN 磨粒。由于砂轮磨粒本身具有很高的硬度和耐热性,因此磨削能加工硬度很高的材料,如淬硬钢、硬质合金等。

(2)磨粒切削刃具有负前角。在通常的切削加工过程中,切削刃的前角(图17-1(a))为正前角,但是在磨削过程中由于破碎面使磨粒切削刃产生负前角[见图17-1(b)],因此对不能用于切削加工的硅或陶瓷等硬脆材料采用磨削加工,但对金属和同样有延展性的材料可以进行切削加工。

(3)砂轮是多刃工具。磨削得到的切屑非常细小,一般磨削的磨削层厚度为0.001～0.005mm[见图17-1(b)],精密磨削的磨削层厚度还要小。高的磨削速度、刚度好的磨床可以保证能够获得高的加工精度(IT5～IT6)和小的表面粗糙度($Ra$ 0.8～0.2μm)。

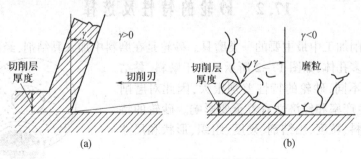

图 17-1　切削和磨削工具前角的比较
(a)切削;(b)磨削

(4)磨粒切削的速度非常快。在一般磨削中,砂轮的线速度是1 800m/min(30m/s),

这由砂轮的转数决定,因此,如果磨床使用指定直径以外的砂轮是非常危险的,也是绝对不允许的。现阶段超高速磨削大约是此速度的 10 倍,即可以实现砂轮线速度为 150～300m/s 的超高速磨削。

（5）磨削点的温度很高。由于剧烈的磨擦,而使磨削区温度很高。这会造成工件产生应力和变形,甚至造成工件表面烧伤。因此,磨削时必须注入大量冷却液,以降低磨削温度。冷却液还可起排屑和润滑作用。

（6）磨粒切削刃的自锐作用。磨粒的硬度很高,但同时也很脆。磨粒磨钝后,磨削力也随之增大,致使磨粒破碎或脱落,重新露出锋利的刃口,此特性称为"自锐性"。自锐性使磨削在一定时间内能正常进行,但超过一定工作时间后,应进行人工修整,以免磨削力增大引起振动、噪声及损伤工件表面质量。

（7）砂轮的修形和修锐。砂轮工作一定时间后,其表面空隙会被磨屑堵塞,磨料的锐角会磨钝,原有的几何形状会失真。因此,必须修整以恢复切削能力和正确的几何形状。砂轮需用金刚石笔进行修整。

（8）在断续切削中的磨削力变化非常小。以一个磨粒切削刃来分析,砂轮旋转一周的断续磨削与铣刀的切削加工类似,这对减少切削刃的磨损是非常有利的。但是,在磨削加工的任意瞬间,单位面积内同时进行切削的切削刃数非常多,单颗粒磨粒所受的磨削力的变化就非常小,这一点对实现高精度加工非常重要。

在磨削加工中,经常用到磨削比和比磨削能来衡量加工效率以及表征砂轮的性能。磨削比是指在同一段时间内工件的材料磨除量与砂轮磨损量之比($G=v_w/v_s$)。而比磨削能是指去除单位体积金属所消耗的能量(此参数与比磨除功率相同,即去除单位体积金属所消耗的功率),通常可表示为

$$U = P/Q_w = F_t v_s / \pi d_w v_f b$$

式中　$F_t$——切向力;

　　　$v_s$——砂轮旋转速度;

　　　$d_w$——工件直径;

　　　$v_f$——工件进给速度;

　　　$b$——磨削宽度。

## 17.2　砂轮的特性及选择

砂轮是磨削加工中最主要的一类磨具。砂轮是在磨料中加入黏结剂,经压坯、干燥和焙烧而制成的多孔体,如图 17-2 所示。由于磨料、黏结剂及制造工艺不同,砂轮的特性差别很大,因此对磨削的加工质量、生产率和经济性有着重要影响。砂轮的特性主要是由磨料、粒度、黏结剂、硬度、组织、形状和尺寸等因素决定的。

### 17.2.1　砂轮的特性

砂轮特性包括磨料、粒度、黏结剂、硬度、组织、形状和尺寸等。

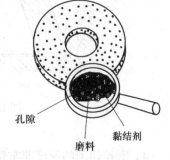

孔隙　黏结剂　磨料

图 17-2　砂轮的结构

1. 磨料

磨料是砂轮的主要成分,直接担负切削工作。磨料在磨削过程中承受着强烈的挤压力及高温的作用,因此,必须具有很高的硬度、强度、耐热性和相当的韧性。常用磨料的种类、代号、性能及适用范围如表17-1所列。

表 17-1　常用磨料的种类、代号、性能及适用范围

| 系别 | 名称 | 代号 | 主要成分 | 显微硬度（HV） | 颜色 | 特　性 | 适用范围 |
|---|---|---|---|---|---|---|---|
| 氧化物系 | 棕刚玉 | A | $AL_2O_3$ 91%~96% | 2 200~2 288 | 棕褐色 | 硬度高,韧性好,价格便宜 | 磨削碳钢、合金钢、可锻铸铁、硬青铜 |
| | 白钢玉 | WA | $AL_2O_3$ 97%~99% | 2 200~2 300 | 白色 | 硬度高于棕刚玉,磨粒锋利,韧性差 | 磨削淬硬的碳钢、高速钢 |
| 碳化物系 | 黑碳化硅 | C | $SiC$ >95% | 2 840~3 320 | 黑色带光泽 | 硬度高于钢玉,性脆而锋利,有良好的导热性和导电性 | 磨削铸铁、黄铜、铝及非金属 |
| | 绿碳化硅 | GC | $SiC$ >99% | 3 280~3 400 | 绿色带光泽 | 硬度和脆性高于黑碳化硅,有良好的导电性和导热性 | 磨削硬质合金、宝石、陶瓷、光学玻璃、不锈钢 |
| 氧化锆系 | 氧化锆 | Z | $S_iO_2$和$T_iO_2$ 80%~85% | — | — | 硬度低韧性高,对奥氏体系的不锈钢重磨削效果比较好 | — |
| 高硬磨料 | 立方氮化硼 | CBN | 立方氮化硼 | 8 000~9 000 | 黑色 | 硬度仅次于金刚石,耐磨性和导电性好,发热量小 | 磨削硬质合金、不锈钢、高合金钢等难加工材料 |
| | 人造金刚石 | MBD | 碳结晶体 | 10 000 | 乳白色 | 硬度极高,韧性很差,价格昂贵 | 磨削硬质合金、宝石、陶瓷等高硬度材料 |

2. 粒度

粒度是指磨料颗粒的尺寸大小,即粗细程度可分为磨粒、磨粉、微粉和超细微粉。颗粒上的最大尺寸大于40μm的磨粒,用机械筛选法分类,其粒度号数值就是该种颗粒能通过的筛子每英寸(25.4mm)长度上的孔眼数。粒度号数越大,磨粒尺寸越细。直径很小(小于40μm)的磨粒称为微粉,微粉用显微测量法测量,以实测到的最大尺寸来表示,其粒度号数即该颗粒最大尺寸的微米数,并在前面冠以"W"的符号来表示。粒度号越小,微粉的颗粒越小。磨料的粒度号及颗粒尺寸如表17-2所列。

砂轮粒度选择的原则:粗磨时以高生产率为主要目标,应选小的粒度号;精磨时以表面粗糙度小为主要目标,应选大的粒度号。工件材料塑性大或磨削接触面积大时,为避免磨削温度过高,使工件表面烧伤,宜选小粒度号;工件材料软时,为避免砂轮气孔堵塞,也应选小粒度号;反之,则选大粒度号。成形磨削时,为保持砂轮轮廓的精度,宜用大粒度号。磨料粒度的选用如表17-3所列。

表 17-2　磨料的粒度号及颗粒尺寸

| 组　别 | 粒度号数 | 颗粒尺寸/μm |
|---|---|---|
| 磨粒 | 8 | 3 150~2 500 |
| | 10 | 2 500~2 000 |
| | 12 | 2 000~1 600 |
| | 14 | 1 600~1 250 |
| | 16 | 1 250~1 000 |
| | 20 | 1 000~800 |
| | 24 | 800~630 |
| | 30 | 630~500 |
| | 36 | 500~400 |
| | 46 | 400~315 |
| | 60 | 315~250 |
| | 70 | 250~200 |
| | 80 | 200~160 |
| 磨粉 | 100 | 160~125 |
| | 120 | 125~100 |
| | 150 | 100~80 |
| | 180 | 80~63 |
| | 240 | 63~50 |
| | 280 | 50~40 |
| 微粉 | W40 | 40~28 |
| | W28 | 28~20 |
| | W20 | 20~14 |
| | W14 | 14~10 |
| | W10 | 10~7 |
| | W7 | 7~5 |
| | W5 | 5~3.5 |
| 超细微粉 | W3.5 | 3.5~2.5 |
| | W2.5 | 2.5~1.5 |
| | W1.5 | 1.5~1.0 |
| | W1 | 1~0.5 |
| | W0.5 | 0.5~更细 |

表 17-3　磨料粒度的选用

| 粒度号 | 颗粒尺寸范围/μm | 适用范围 | 粒度号 | 颗粒尺寸范围/μm | 适用范围 |
|---|---|---|---|---|---|
| 12~36 | 2000~1600<br>500~400 | 粗磨、荒磨、切断钢坯、打磨毛刺 | W40~W20 | 40~28<br>20~14 | 精磨、超精磨、螺纹磨、珩磨 |
| 46~80 | 400~315<br>200~160 | 粗磨、半精磨、精磨 | W14~W10 | 14~10<br>10~7 | 精磨、精细磨、超精磨、镜面磨 |
| 100~280 | 165~125<br>50~40 | 精磨、成形磨、刀具刃磨、珩磨 | W7~W3.5 | 7~5<br>3.5~2.5 | 超精磨、镜面磨、制作研磨剂等 |

3. 黏结剂

黏结剂将磨粒黏结在一起,并使砂轮具有一定的形状。砂轮的强度、耐热性、耐冲击性及耐腐蚀性等性能都取决于黏结剂的性能。常用黏结剂的种类、性能及适用范围如表17-4所列。

表 17-4  常用黏结剂的种类、性能及适用范围

| 种类 | 代号 | 性　能 | 用　途 |
|------|------|--------|--------|
| 陶瓷 | V | 耐热性、耐腐蚀性好、气孔率大、易保持轮廓、弹性差 | 应用广泛,适用于 $v<35m/s$ 的各种成形磨削、磨齿轮、磨螺纹等 |
| 树脂 | B | 强度高、弹性大、耐冲击、坚固性和耐热性差、气孔率小 | 适用于 $v>50m/s$ 的高速磨削,可制成薄片砂轮,用于磨槽、切割等 |
| 橡胶 | R | 强度和弹性更高、气孔率小、耐热性差、磨粒易脱落 | 适用于无心磨的砂轮和导轮、开槽和切割的薄片砂轮、抛光砂轮等 |
| 金属 | M | 韧性和成形性好、强度大、自锐性差 | 可制造各种金刚石磨具 |

菱苦土黏结剂(Mg)是以锻烧氧化镁、氧化铁配置而成的,在常温下即可硬化,无需焙烧工序。使用时,需用水漆保护其非工作面。

同时,为了改善单一黏结剂性能,可将几种黏结剂混合使用,成为复合黏结剂,如橡胶树脂黏结剂、陶土金属黏结剂等。

4. 硬度

砂轮硬度不是指磨料的硬度,而是指砂轮上磨粒受力后自砂轮表层脱落的难易程度,也反映黏结剂对磨粒黏结的牢固程度。若磨粒易脱落,则砂轮的硬度低;若磨粒不易脱落,则砂轮的硬度高。砂轮的硬度等级及代号如表17-5所列。

表 17-5  砂轮的硬度等级及代号

| 硬度等级 | 大级 | 超软 | 软 | | | 中软 | | 中 | | 中硬 | | | 硬 | | 超硬 |
|------|------|------|------|------|------|------|------|------|------|------|------|------|------|------|------|
| | 小级 | 超软 | 软1 | 软2 | 软3 | 中软1 | 中软2 | 中1 | 中2 | 中硬1 | 中硬2 | 中硬3 | 硬1 | 硬2 | 超硬 |
| 代号 | | D | E | F | G | H | J | K | L | M | N | P | Q | R | S　T | Y |

磨削时,应根据工件材料的特性和加工要求来选择砂轮的硬度。选的砂轮过硬,磨钝的磨粒不易脱落,砂轮易堵塞,磨削热增加,工件易烧伤,磨削效率低,影响工件表面质量;选的砂轮过软,磨粒还在锋利的时候就脱落,增加了砂轮损耗,易失去正确形状,影响加工精度。因此,要适当选择砂轮的硬度。根据砂轮与工件接触面积大小、工件形状、磨削方式、冷却方式、砂轮的黏结剂种类等因素来综合考虑。砂轮硬度的选用原则如下。

(1)工件材料越硬,应选用越软的砂轮。这是因为硬材料易使磨粒磨损,需用较软的砂轮以使磨钝的磨粒及时脱落。同时,软砂轮孔隙较多较大,容屑性能较好。但是,磨削有色金属(铝、黄铜、青铜等)、橡皮、树脂等软材料,由于这些材料易使砂轮糊塞;选用软些的砂轮可使糊塞处较易脱落,较易露出锋锐新鲜的磨粒来。

(2)砂轮与工件磨削接触面积大时,磨粒参加切削的时间较长,较易磨损,应选用较软的砂轮。薄壁零件及导热性差的零件,也应选软砂轮。

（3）粗磨时，应选用较软砂轮；而精磨、成形磨削时，应选用硬一些的砂轮，以保持砂轮的必要形状精度。

（4）砂轮气孔率较低时，为防止砂轮糊塞，应选用较软的砂轮。

（5）一般情况下，磨削较硬材料应选择软砂轮，可使磨钝的磨粒及时脱落，及时露出具有尖锐棱角的新磨粒，有利于切削顺利进行，同时防止磨削温度过高"烧伤"工件。

（6）在同样的磨削条件下，用树脂黏结剂砂轮比陶瓷黏结剂砂轮的硬度要高 1~2 小级；砂轮旋转速度高时，砂轮的硬度可选软 1~2 小级；用冷却液磨削要比干磨时的砂轮硬度高 1~2 小级。

在机械加工中，常用的砂轮硬度等级是软 2 至中 2；荒磨钢锭及铸件时常用至中硬 2。

菱苦土黏结剂（Mg）是以锻烧氧化镁，氧化铁配置而成，在常温下即可硬化，无需焙烧工序，使用时需用水漆保护其非工作面。

同时为了改善单一黏结剂性能，可将几种黏结剂混合使用，成为复合黏结剂，如橡胶树脂黏结剂、陶土金属黏结剂等。

砂轮选得过硬，磨钝的磨粒不易脱落，砂轮易堵塞，磨削热增加，工件易烧伤，磨削效率低，影响工件表面质量；砂轮选得过软，磨粒还在锋利的时候就脱落，增加了砂轮损耗，易失去正确形状，影响加工精度，因此要适当选择砂轮的硬度。根据砂轮与工件接触面积大小、工件形状、磨削方式、冷却方式、砂轮的黏结剂种类等因素来综合考虑。

在同样的磨削条件下，用树脂黏结剂砂轮比陶瓷黏结剂砂轮的硬度要高 1~2 小级；砂轮旋转速度高时，砂轮的硬度可选软 1~2 小级；用冷却液磨削要比干磨时的砂轮硬度高 1~2 小级。

5. 组织

砂轮的组织表示磨粒、黏结剂和气孔三者之间的比例。砂轮的组织号以磨粒所占砂轮体积的百分比来确定。组织号分 15 级，以阿拉伯数字 0—14 表示，组织号越大，磨粒所占砂轮体积的百分比越小，砂轮组织越松。同一号组织的砂轮，根据粒度不同，其黏结剂与气孔的体积百分比稍有差别。砂轮的组织分类如表 17-6 所列。

表 17-6 砂轮组织分类

| 组织号 | 0 | 1 | 2 | 3 | 4 | 5 | 6 | 7 | 8 | 9 | 10 | 11 | 12 | 13 | 14 |
|---|---|---|---|---|---|---|---|---|---|---|---|---|---|---|---|
| 磨粒率/% | 62 | 60 | 58 | 56 | 54 | 52 | 50 | 48 | 46 | 44 | 42 | 40 | 38 | 36 | 34 |
| 类别 | 紧密 | | | | 中等 | | | | 疏松 | | | | 大气孔 | | |
| 使用范围 | 重负荷、成形、精密磨削、间断及自由磨削，或加工硬脆材料 | | | | 外圆、内圆、无心磨及工具磨、淬火钢工件及刀具刃磨等 | | | | 粗磨及磨削韧性大、硬度低的工件，适合磨削薄壁、细长工件，或砂轮与工件接触面大及平面磨削等 | | | | 有色金属及塑料橡胶等非金属及热敏性大的合金 | | |

同一硬度级的砂轮，存在由较松到较密的几种组织。由它所确定的气孔大小，相当于铣刀的容屑槽。磨粒在磨削区切削时，处于封闭状态，需要有足够的容屑空间，气孔太小会引起堵塞，使砂轮丧失切削功能。通常粗磨和磨削较软金属时，砂轮易堵塞，应选用疏松组织的砂轮；成形磨削和精密磨削时，为保持砂轮的几何形状和得到较好的表面粗糙

度,应选用有较紧密组织的砂轮;磨削机床和硬质合金工具时,为了减少工件热变形,避免烧伤裂纹,宜采用松组织的砂轮。

6. 形状与尺寸

为了磨削各种形状和尺寸的工件,砂轮可制成各种形状和尺寸。表 17-7 为常用砂轮的形状和代号。

表 17-7 常用砂轮的形状和代号

| 砂轮名称 | 代号 | 简图 | 主要用途 |
|---|---|---|---|
| 平形砂轮 | 1 | 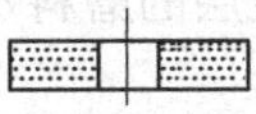 | 用于磨外圆、内圆、平面、螺纹及无心磨等 |
| 双斜边形砂轮 | 4 | 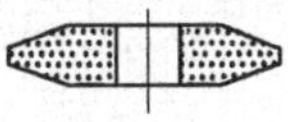 | 用于磨削齿轮和螺纹 |
| 薄片砂轮 | 41 | 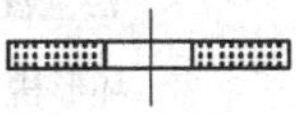 | 主要用于切断和开槽等 |
| 筒形砂轮 | 2 | 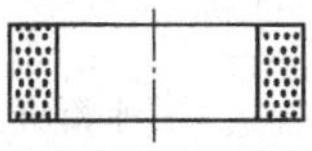 | 用于立轴端面磨 |
| 杯形砂轮 | 6 | 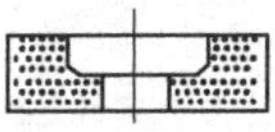 | 用于磨平面、内圆及刃磨刀具 |
| 碗形砂轮 | 11 | 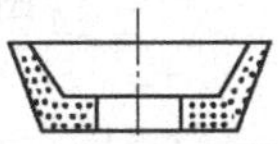 | 用于导轨磨及刃磨刀具 |
| 碟形砂轮 | 12a | 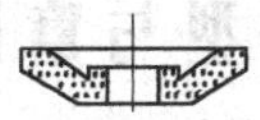 | 用于磨铣刀、铰刀、拉刀等,大尺寸的用于磨齿轮端面 |

砂轮的特性均标记在砂轮的侧面上,按 GB/T 2485—1994 规定,砂轮标志的顺序为形状代号、尺寸、磨料、粒度号、硬度、组织号、黏结剂、允许的磨削速度。例如,平行砂轮:外径 300mm,厚度 50mm,孔径 75mm,棕刚玉,粒度 60,硬度中软 2 号、5 号组织,陶瓷黏结剂,最高工作线速度 35m/s,其标记为砂轮 1-300×50×75-A60L5V-35m/s。

## 17.2.2 砂轮的安装和修整

### 1. 砂轮的检查

砂轮安装前必须先进行外观检查和裂纹检查,以防止高速旋转时砂轮破裂导致安全事故。检查裂纹时,可用木槌轻轻敲击砂轮,声音清脆的为没有裂纹的砂轮。

### 2. 砂轮的平衡

由于砂轮在制造和安装中的多种原因,砂轮的重心与其旋转中心往往不重合,这样会造成砂轮在高速旋转时产生振动,轻则影响加工质量,严重时会导致砂轮破裂和机床损坏。因此,砂轮安装在法兰盘上后必须对砂轮进行静平衡。如图 17-3 所示,砂轮装在法兰盘上后,将法兰盘套在心轴上,再放在平衡架导轨上。如果不平衡,砂轮较重的部分总是会转到下面,移动法兰盘端面环形槽内的平衡块位置,调整砂轮的重心进行平衡,反复进行,直到砂轮在导轨上任意位置都能静止不动,此时,砂轮达到静平衡。安装新砂轮时,砂轮要进行两次静平衡。第一次静平衡后,装上磨床用金刚石笔对砂轮外形进行修整,然后卸下砂轮再进行一次静平衡才能安装使用。

**3. 安装砂轮**

通常采用法兰盘安装砂轮,两侧的法兰盘直径必须相等,其尺寸一般为砂轮直径的1/2。砂轮和法兰之间应垫上 0.5～3mm 厚的皮革或耐油橡胶弹性垫片,砂轮内孔与法兰盘之间要有适当间隙,以免磨削时主轴受热膨胀而将砂轮胀裂,如图 17-4 所示。

**4. 修整**

砂轮工作一段时间后,磨粒会逐渐变钝,磨屑将砂轮表面空隙堵塞,砂轮几何形状也会发生改变,造成磨削质量和生产率都下降。这时,需要对砂轮进行修整。修整砂轮通常用金刚石笔进行,利用高硬度的金刚石将砂轮表层的磨料及磨屑清除掉,修出新的磨粒刃口,恢复砂轮的切削能力,并校正砂轮的外形。

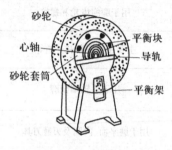

图 17-3　砂轮的平衡

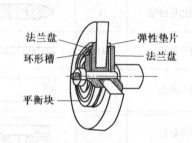

图 17-4　砂轮的安装

## 17.3　磨削加工类型与磨削运动

磨削加工就是用高速旋转的砂轮以各种不同的形态对工件进行加工的方法。根据工件被加工表面的形状和砂轮与工件之间的相对运动,磨削分为平面磨削、外圆磨削、内圆磨削和无心磨削等几种主要加工类型。它们的相对运动关系如图 17-5 所示。

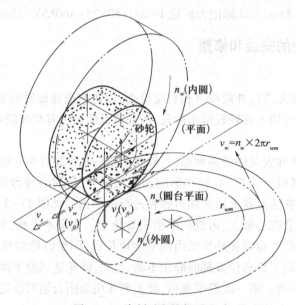

图 17-5　磨削过程的相对运动

在图 17-5 中，$n_s$ 为砂轮每分钟转数；$v_s$ 为砂轮线速度（m/s）；$n_w$ 为工件每分钟转数；$v_w(v_{ft})$ 为工件线速度或工件切向进给速度（m/min）；$v_f(v_{fr})$ 为砂轮切入进给速度或径向进给速度（mm/min）。

由被磨削工件和磨具在相对运动关系上的不同组合，可以产生各种的不同磨削方式。由于各种各样的机械产品越来越多地采用成形表面，成形磨削和仿形磨削得到了越来越广泛的应用。齿轮的磨削方法主要是成形磨削和展成磨削。

近年来，随着微型计算机在工业中的广泛应用，已注意发展自适应控制磨削，通用型磨床也逐渐进行功能柔性化。

### 17.3.1　外圆磨削

外圆磨削是用砂轮外圆周面来磨削工件的外回转表面的。它能加工圆柱面、圆锥面、端面（台阶部分）、球面和特殊形状的外表面等，工件磨削后精度可达 IT5～IT8 级、表面粗糙度 $Ra$ 值为 $0.8～0.2\mu m$，精磨后可达 $0.2～0.01\mu m$，这种磨削方式按照不同的进给方向又可分为纵磨法和横磨法。

（1）纵磨法。图 17-6（a）是工件旋转并沿轴的方向送入（纵向进给），称为纵向磨削。磨削外圆时，砂轮的高速旋转为主运动。工件作圆周进给运动，同时随工作台沿工件轴向作纵向进给运动。每单次行程或每往复行程终了时，砂轮作周期性的横向进给，从而逐渐磨去工件径向的全部磨削余量。采用纵磨法每次的横向进给量小，磨削力小，散热条件好，并且能以光磨的次数来提高工件的磨削和表面质量，因而加工质量高，是目前生产中使用最广泛的一种磨削方法。

（2）横磨法。图 17-6（b）是工件旋转并以切入的方式送入，称为切入磨削。采用这种磨削方式磨削外圆时，砂轮宽度比工件的磨削宽度大，工件不需作纵向进给运动，砂轮以缓慢的速度连续或断续地沿工件径向作横向进给运动，直至磨到工件尺寸要求为止。横磨法因砂轮宽度大，一次行程就可完成磨削加工过程，因此加工效率高，同时它也适用于成形磨削。然而，在磨削过程中砂轮与工件接触面积大，磨削力大，必须使用功率大、刚性好的磨床。此外，磨削热集中，磨削温度高，势必影响工件的表面质量，必须给予充分的切削液来降低磨削温度。

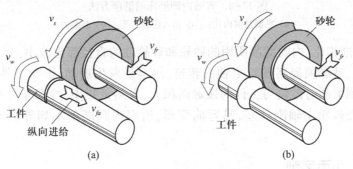

图 17-6　外圆磨削的主要方式

（a）纵向磨削；（b）横向（切入）磨削

### 17.3.2 内圆磨削

内圆磨削适用直径较小的砂轮加工圆柱孔、圆锥孔、孔端面和特殊形状内孔表面的方法。内圆磨削根据驱动工件机构的方式可分为定心方式和无心方式。在定心方式（见图17-7）中，一种普通内圆磨削，采用工件与砂轮同时转动的运动方式，如图17-7（a）所示；另一种是将工件固定，砂轮以行星运行的方式围绕工件进行运动，如图17-7（b）所示，适于加工较大的孔。工件回转通常是由机床的工件主轴带动，内孔可采用无心内圆磨床加工。

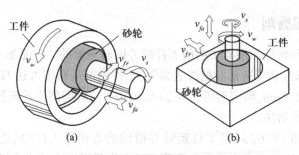

图 17-7　内圆磨削方式
(a) 普通内圆磨削；(b) 行星式内圆磨削

在图17-8中，砂轮高速旋转作主运动 $v_s$，工件旋转作圆周进给运动 $v_w$，同时砂轮或工件沿其轴线往复移动作纵向进给运动 $v_{fa}$，砂轮则作径向进给运动 $v_{fr}$。

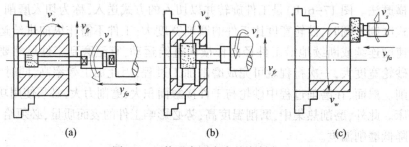

图 17-8　普通内圆磨床的磨削方法
(a) 纵磨法磨内孔；(b) 切入法磨内孔；(c) 磨端面

与外圆磨削相比，内圆磨削所用的砂轮和砂轮轴的直径都比较小，为了获得所要求的砂轮线速度，就必须提高砂轮主轴的转速，故容易发生振动，影响工件的表面质量。此外，由于内圆磨削时砂轮与工件的接触面积大，发热量集中，冷却条件差以及工件热变形大，特别是砂轮主轴刚性差，易弯曲变形，所以内圆磨削不如外圆磨削的加工精度高。

### 17.3.3 平面磨削

常见的平面磨削方式有如图17-9所示。工件安装在具有电磁吸盘的矩形或圆形工作台上作纵向往复直线运动或圆周进给运动。由于砂轮宽度限制，需要砂轮沿轴线方向作横向进给运动。为了逐步地切除全部余量,砂轮还需周期性地沿垂直于工件被磨削表面的方向进给。

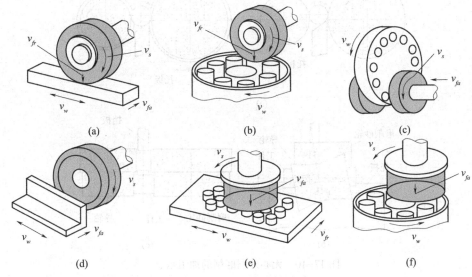

图 17-9　平面磨削的种类

(a) 工作台往返运动的横向平面磨削; (b) 旋转工作台的横向平面磨削; (c) 双端面磨削;
(d) 端面磨削; (e) 工作台往返运动的纵向平面磨削; (f) 旋转工作台的纵向平面磨削

在平面磨削中,使用砂轮的外周进行的加工称为圆周磨,如图 17-9(a) 和图 17-9(b) 所示,这时砂轮与工件的接触面积小,磨削力小,排屑及冷却条件好,工件受热变形小,且砂轮磨损均匀,所以加工精度较高。然而,砂轮主轴呈悬臂状态,刚性差不能采用较大的磨削用量,生产率较低。圆周磨一般使用的是平形砂轮。

使用砂轮正面(端面)的加工称为端面磨,如图 17-9(c) ~ 图 17-9(f) 所示。砂轮与工件的接触面积大,同时参加磨削的磨粒多。另外,磨床工作时主轴受压力,刚性较好,允许采用较大的磨削用量,故生产率高。但是,在磨削过程中,磨削力大,发热量大,冷却条件差,排屑不畅,造成工件的热变形较大,且砂轮端面沿径向各点的线速度不等,使砂轮磨损不均匀。因此,这种磨削方法的加工精度不高。端面磨使用的是碗形砂轮(杯形砂轮)、碟形砂轮、筒形砂轮或者是扇形砂轮等,而图 17-9(c) 的磨削方式为特殊的双端面平面磨削。

### 17.3.4　无心磨削

无心外圆磨削的工作原理如图 17-10 所示。工件置于砂轮和导轮之间的托板上,以工件自身外圆为定位基准。当砂轮以转速 $n_s$ 旋转,工件就有以与砂轮相同的线速度回转的趋势,但由于受到导轮摩擦力对工件的制约作用,结果使工件以接近于导轮线速度(转速)回转,从而在砂轮和工件之间形成很大的速度差,由此而产生磨削作用。改变导轮的转速,便可以调整工件的圆周进给速度。

无心外圆磨削有两种磨削方式:贯穿磨法[见图 17-10(a) 和图 17-10(b)]和切入磨法[见图 17-10(c)]。

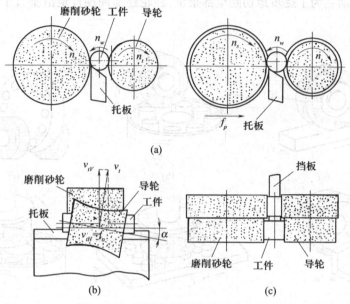

图 17-10  无心外圆磨削的加工示意

贯穿磨削时,将导轮在与砂轮轴平行的平面内倾斜一个角度 $\alpha$(通常 $\alpha = 2° \sim 6°$,这时需将导轮的外圆表面修磨成双曲回转面以与工件呈线接触状态),这样就在工件轴线方向上产生一个轴向进给力。设导轮的线速度为 $v_t$,它可分解为两个分量 $v_{tV}$ 和 $v_{tH}$。$v_{tV}$ 带动工件回转,并等于 $v_w$;$v_{tH}$ 使工件作轴向进给运动,其速度就是 $f_a$,工件一面回转一面沿轴向进给,就可以连续的进行纵向进给磨削。

切入磨削时,砂轮作横向切入进给运动($f_p$)来磨削工件表面。

外圆无心磨削不需要夹盘、支杆等部件,就能完成磨削加工的整套过程;而且,因为工件的支持刚性很高,所以能够进行小径长轴的圆柱面的磨削和高效率磨削。总之,外圆无心磨削比外圆磨削更适用于大批量生产中。在外圆磨削场合中一般是逆磨削,外圆无心磨削是顺磨削。

在无心外圆磨削过程中,由于工件是靠自身轴线定位,因而磨削出来的工件尺寸精度与几何精度都比较高,表面粗糙度小。如果配备适当的自动装卸料机构,就易于实现自动化。但是,无心外圆磨床调整费时,只适于大批量生产。

在无心内圆磨削方面(见图 17-11),有滚条支持方式[见图 17-11(a)]和方条支持方式[见图 17-11(b)]两种。对滚珠轴承内外轴的加工多以无心磨削方式居多。

磨削加工类型不同,运动形式和运动数目也就不同。外圆与平面磨削时,磨削运动包括主运动、径向进给运动、轴向进给运动和工件旋转或直线给进运动四种形式。

(1) 主运动。砂轮回转运动称为主运动。主运动速度(砂轮外圆的线速度)称为磨削速度,用 $v_s$ 表示。

(2) 径向进给运动。砂轮切入工件的运动称为径向进给运动。

(3) 轴向进给运动。工件相对于砂轮沿轴向的运动称为轴向进给运动。

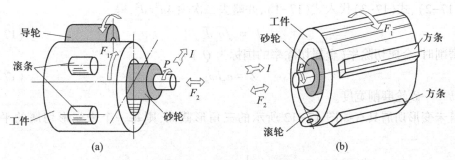

图 17-11 内圆无心磨削

（a）滚条支持方式；（b）方条支持方式

（4）工件旋转（或直线）进给运动。磨削过程中砂轮表面上磨粒可近似地看作一把把微小的铣刀齿，其几何形状和角度有很大差异，致使切削情况相差较大。

# 17.4 磨 削 过 程

磨削也是一种切削加工。磨粒在磨具上排列的间距和高低都是随机分布的，每个磨粒相当于多刃铣刀的一个刀齿，因此磨削过程可以看作是众多刀齿铣刀的一种超高速铣削。从单个磨粒来看，磨粒是一个多面体，其每个棱角都可看作一个切削刃，顶尖角大致为 90°~120°，尖端是半径为几微米至几十微米的圆弧。经精细修整的磨具其磨粒表面会形成一些微小的切削刃，称为微刃。

负前角切削是磨粒加工的一大特点。据测量，修正后的刚玉砂轮，$\gamma_0$ 平均为-65°~-80°，磨削一段时间后增大到-85°。由此可见，磨削时是负前角切削，且负前角远远大于一般刀具切削的负前角。

## 17.4.1 磨粒切除切屑的几何图形

图 17-12 表示径向切入平面磨削时磨粒切出切屑的简化几何图形。图中 $d_s$ 为砂轮直径，$v_s$ 为砂轮圆周速度，$v_w$ 为工件圆周速度或切向进给速度，$a_p$ 为径向进给量或切入深度（相当于车削时的背吃刀量），$a_{gc_{max}}$ 为一个磨粒切削刃所切的未变形切屑最大厚度，$a_{gw_{max}}$ 为该变形切屑的最大宽度。

由图可知，磨粒切削刃与工件的接触弧长度近似为

$$l_c = \frac{d_s}{2}\sin\psi_s \tag{17-1}$$

式中 $\psi_s$——磨粒与工件的接触角，即

$$\cos\psi_s = \frac{d_s/2 - a_p}{d_s/2} = 1 - \frac{2a_p}{d_s} \tag{17-2}$$

$$\sin^2\psi_s = 1 - \cos^2\psi_s = \frac{4a_p}{d_s} - \frac{4a_p^2}{d_s^2} \tag{17-3}$$

将式(17-2)、式(17-3)代入式(17-1)，并略去二次项$4a_p^2/d_s^2$，得

$$l_c = \sqrt{a_p d_s} \tag{17-4}$$

磨削时，金属切除率（金属切除率的国标为$Q_z$）为

$$Z = a_p b v_w \tag{17-5}$$

式中，$b$——砂轮磨削宽度。

若未变形切屑具有如图17-12所示的三角形截面，则每一个未变形切屑的平均体积为

$$V_0 = \frac{1}{6} a_{gw_{max}} a_{gc_{max}} l_c \tag{17-6}$$

令

$$a_{gw_{max}} = r_g a_{gc_{max}} \tag{17-7}$$

式中，$r_g$——磨粒切削刃的宽高比，它在一定程度上反映磨粒切削刃的形状比例。

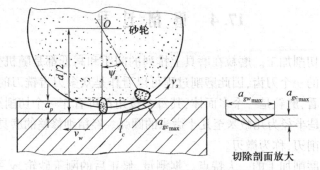

图17-12 磨粒切出切屑的简化几何图形

单位时间内所产生的切屑数目：

$$N_{ch} = v_s b N_{eff} \tag{17-8}$$

式中，$N_{eff}$——砂轮表面单位面积上的有效磨粒切削刃数。

最后，由于$V_0 N_{ch}$等于$Z$，故由式(17-4)～式(17-7)可得

$$a_{gc_{max}}^2 = \frac{K v_w}{v_s} \sqrt{a_p} \tag{17-9}$$

式中，$K = 6/N_{eff} r_g \sqrt{d_s}$，它对一定的砂轮是一个常数。

由式(17-9)可看出磨削条件$v_w$、$v_s$、$a_p$、$d_s$及$N_{eff}$等对未变形切屑厚度的影响。在$v_w$、$a_p$增加时，未变形最大切屑厚度增加；在$v_s$、$d_s$或$N_{eff}$增加时，未变形最大切屑厚度减小。

为了更简明地说明主要磨削条件对未变形切屑厚度的影响，提出了"当量磨削厚度"或"理论磨削厚度"的概念，如图17-13所示。

由图可知，砂轮以速度$v_s$及当量磨削厚度切削工件，单位时间内切去体积为$v_s a_{gce} b$，$b$为砂轮磨削工件宽度；工件上单位时间内被切去的体积也可用$v_w a_p b$表示，即

$$v_s a_{gce} b = v_w a_p b$$

故

$$a_{g_{ce}} = \frac{v_w}{v_s} a_p \tag{17-10}$$

式(17-10)中 $v_w$ 及 $v_s$ 的单位取为相同。"当量磨削厚度"代表了 $v_w$、$v_s$ 及 $a_p$ 三者的综合效果;当 $v_w$ 或 $a_p$ 增加时,$a_{g_{ce}}$ 增加;当 $v_s$ 增加时,$a_{g_{ce}}$ 减小。

### 17.4.2　磨粒切除切屑时与工件的接触状态

磨削中磨粒与工件的实际接触情况如图17-14所示。

图17-14中第一阶段 I 为弹性变形区,由于砂轮黏结剂桥及工件、磨床系统的弹性变形,磨粒未能切进工件,磨粒与工件相互摩擦,工件表层产生热应力。第二阶段 II 为弹性与塑性变形区,磨粒已逐渐能够刻划进工件,使部分材料向磨粒两旁隆起,但磨粒前刀面上未有切屑流出。此时,除磨粒与工件间相互摩擦外,更主要的是材料内部发生摩擦,工件表层不仅有热应力,而且有由于弹/塑性变形所产生的应力。第三阶段 III 为切屑形成区,此时磨粒切削已达一定深度,被切材料处也已达一定温度,磨屑已可形成并沿磨粒前刀面流出;在工件表层也产生热应力和变形应力。在这三个阶段,除了均可能产生热应力,材料也可能产生由于相变而引起的应力。

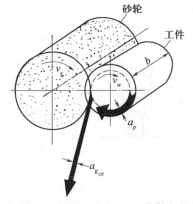

图17-13　外圆切入磨削时的当量切削厚度

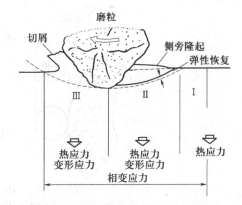

图17-14　磨削中磨粒与工件接触状况

### 17.4.3　磨削方式及磨削中各参数的关系

磨削方式主要可分为外圆磨削、平面磨削和内圆磨削三大类。这三种磨削方式的砂轮与工件的磨削接触弧长度和磨削接触时间有着很大的不同。为了比较这三种磨削方式的特点,提出了一个"砂轮等效直径"或"砂轮当量直径"的概念。所谓砂轮等效直径,就是外圆(或内圆)磨削时换算成假想的平面磨削时的直径。在径向切入进给量(或称为背吃刀量)保持一定时,若砂轮等效直径相同,则外圆(或内圆)磨削和平面磨削时的接触弧长度相同。图17-15表示外圆磨削和内圆磨削时,砂轮与工件接触弧长度不同的情况,还表示了外圆(内圆)磨削的砂轮直径 $d_s$ 的大小和在这两种情况下接触弧长度分别与平面磨削时相等的砂轮等效直径 $d_{eq}$ 的大小。为了推导出砂轮等效直径 $d_{eq}$ 与砂轮直径 $d_s$ 及工件直径 $d_w$ 的关系式,有必要分析一下图17-16外圆磨削的几何图形。由图可知,径向切入进给量为

$$a_p = x_1 + x_2 \tag{17 - 11}$$

工件和砂轮的接触弧长度 $ab$ 近似于 $\sqrt{x_1 d_w}$ 或 $\sqrt{x_2 d_s}$ 的接触弧长度 $\sqrt{a_p d_{eq}}$，其中 $d_w$ 为工件直径，$d_s$ 为砂轮直径，$d_{eq}$ 为砂轮等效直径，即

$$\sqrt{a_p d_{eq}} = \sqrt{x_1 d_w} = \sqrt{x_2 d_s} \tag{17 - 12}$$

联立式（17-11）和式（17-12）并整理后，可得外圆磨削时的等效直径：

$$d_{eq} = \frac{d_w d_s}{d_w + d_s} \tag{17 - 13}$$

同理，也可得内圆磨削的砂轮等效直径：

$$d'_{eq} = \frac{d_w d_s}{d_w - d_s} \tag{17 - 14}$$

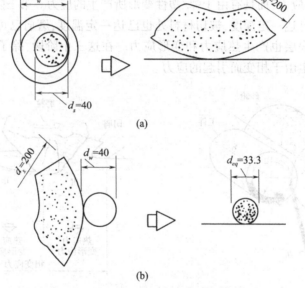

图 17-15  内圆及外圆磨削的砂轮等效直径

利用式（7-11）和式（7-12）算出的等效直径的数值，如图 17-15 所示。利用砂轮等效直径公式，可以看出这几种磨削方式中磨削条件间的关系，还可以根据某种磨削方式的条件来推测另一种磨削方式的条件。

用图 17-16 可以说明磨削中各参数的关系。图中表明了砂轮上两颗磨粒（假定每颗磨粒只有一个有效切削刃）在平面（也包括外圆和内圆）磨削时与工件的接触情况。磨粒粒度为 60，平均粒径 $d_g = 250\mu m$，有效磨粒间的平均距离 $L_g = 250 \sim 500\mu m$，径向切入进给量（或称背吃刀量）$a_p = 25\mu m$。设砂轮表面线速度为 $v_s = 40m/s$，工件切向进给速度 $v_w = 0.8m/s$，则砂轮与工件的速比 $q = v_s/v_w = 50$，每颗磨粒的切向进给量 $S_g = L_g v_w / v_s = L_g/q = 5 \sim 10\mu m$；每秒参加切削磨粒数为 $v_s/L_g = (8 \sim 16) \times 10^4$ 个。设砂轮直径为 $d_s = 400mm$，外圆磨削时工件直径 $d_{wI} = 200mm$，内圆磨削时工件孔径 $d_{wⅢ} = 550mm$，则在外圆、平面和内圆磨削时，砂轮等效直径 $d_{eq}$、砂轮与工件磨削接触弧长度 $l_c$ 及接触时间 $t_c$ 如表 17-8 所列。

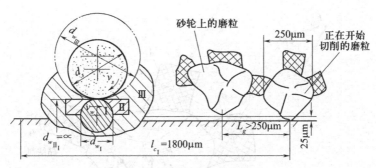

图 17-16　磨削中各参数的关系

表 17-8　几种磨削方式的接触弧长度及接触时间举例

| 磨　削　方　式 | 外圆磨削 | 平面磨削 | 内圆磨削 |
|---|---|---|---|
| 径向进给量(或称背吃刀量)$a_p$/$\mu$m | 25 | 25 | 25 |
| 砂轮直径 $d_s$/mm | 400 | 400 | 400 |
| 工件直径 $d_w$/mm | 200 | $\infty$ | 550 |
| 砂轮等效直径 $d_{eq} = \dfrac{d_s \cdot d_w}{d_w \pm d_s}$/mm | 133 | 400 | 1467 |
| 接触弧长度 $l_c = \sqrt{a_p d_{eq}}$/$\mu$m | $1.8 \times 10^3$ | $3.3 \times 10^3$ | $6 \times 10^3$ |
| 接触时间 $t_c = l_c/v_s$ | $45.6 \times 10^{-6}$ | $80 \times 10^{-6}$ | $150 \times 10^{-6}$ |

由表 17-8 可知,在相同径向进给量和相同砂轮直径下,这三种磨削方式的磨削接触弧长度和接触时间很不相同:内圆磨削时>平面磨削时>外圆磨削时。

图 17-16 是理想化了的情况,忽略了工件粗糙度和磨粒的随机分布。实际上,磨粒切削刃尖端不可能都整齐均匀地排在一个圆周上,正如砂轮表面形貌图一节所指出的,磨削时有的磨粒切削刃切削深度(或称背吃刀量)大,有的切削深度小,有的根本不起切削作用。

## 17.5　磨削力及功率

### 17.5.1　磨粒的受力情况

砂轮上的磨粒切削工件时,作用在磨粒上的力可以分解成法向力 $F_n$ 和切向力 $F_t$ 两个分力,并被黏结桥上的结合力所平衡,如图 17-17 所示。磨粒所承受的合力 $F_R$ 与黏结桥上抗力的合力 $F'_R$ 不一定在同一平面内;因此,有可能产生力矩 $M$,使磨粒脱落,磨粒本身受到剪切也可能崩裂。磨粒所受的应力取决于受力的强弱,它与切削截面积、工件材料性质等磨削条件有关;受力的频率则与砂轮转速有关。

### 17.5.2　磨粒的负前角对磨削力的影响

如图 17-18 所示,磨粒的顶尖角多为90°~120°,其前刀面实际上是一个空间曲面,磨粒有

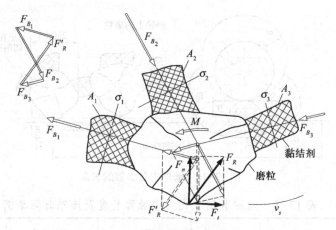

图 17-17　磨粒的受力情况

一定的刃端半径 $r_\beta$，以粒度 36 号为例，刚玉类磨粒的 $r_\beta$ 为 35μm 左右，碳化硅磨粒为 30μm 左右；以 80 号粒度为例，刚玉类磨粒的平均值为 9.6μm，碳化硅磨粒为 7.4μm。磨粒磨削时的切削深度 $a_p$ 多数只为磨粒直径尺寸的 2%~5%，未变形切屑厚度可能为 0.005~0.05mm。故磨粒实际上多数在粒端负前角下切削工件；有人认为，该前角多数为 $\gamma_o = -70° \sim -89°$。

用负前角硬质合金刀具模拟磨粒，对含少许锰、铬、镍的低碳钢，在 $a_p = 0.01 \sim 0.025$mm。切削速度 $v_c = 200 \sim 600$m/min 下切削时，金属流动情况示意如图 17-19 所示。

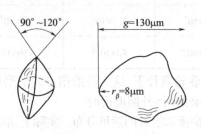

图 17-18　磨粒的形状

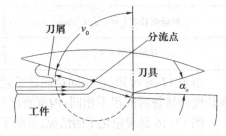

图 17-19　负前角切削时的金属流动

前刀面的金属流分为两路：一路进入刀具下面，一路沿前刀面上升而成为切屑；在前刀面上这两路之间有一分流点。分流点离刀刃的距离即逆流区长度随负前角的绝对值增加而增加。试验证明，一直到 -75° 的前角，刀具仍可切出切屑来。在 -85° 前角时，刀具就仅仅擦过和刻划工件，金属不能沿前刀面向上流出而只有流向两旁的侧向流动，而且有严重的塑性变形。

负前角刀具对法向力 $F_n$ 及切向力 $F_t$ 的影响如图 17-20 所示。图中说明，前角为负值时，法向力均大于切向力，尤其在 $\gamma_o < -50°$ 时变化明显。其中，$F_n / F_t = 1 \sim 5$。

在负前角刀具切削下，切削速度对切削力的关系如图 17-21 所示。当切削速度增加时，切削力降低，$F_n / F$ 也由 4 降至 2~2.5。

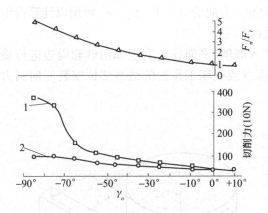
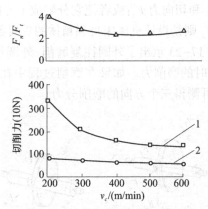

图 17-20　负前角与切削力的关系

$(\alpha_o = 25°, a_p = 0.01mm; a_w = 3.75mm, v = 200m/min)$

1—法向力；2—切向力

图 17-21　负前角下切削速度与切削力的关系

$(\alpha_o = 25°, \gamma_o = -75°, a_p = 0.01mm, a_w = 3.75mm)$

1—法向力；2—切向力

以上模拟试验证明,由于磨粒具有负前角和刃端具有 $\gamma_\beta$ 值,而切削厚度又很薄,故磨粒对工件的切削条件很差,实际上是滑擦、刻划、产生指向工件表层的很大的塑性变形区,到一定温度后,才形成切屑沿前刀面流出。

### 17.5.3　砂轮上的磨削力及其影响因素

过去研究磨削过程时,常常假设所有的磨粒都处于同一圆周面上,磨粒间距离都相等,而且工件是绝对平滑的。实际上,工件有着一定的粗糙度,砂轮磨粒是三维分布的,磨粒是在空间发生磨削作用,磨粒的最大切削深度(背吃刀量)与最小切削深度(背吃刀量)之比为 1~2;这一比值既取决于工件原始表面粗糙度的大小,也取决于砂轮和工件两者的粗糙度的比值。

为了分析的方便,图 17-22 示出了平面磨削时磨削力的合成和分解的简化情况。合力 $F_R$ 是所有有效磨粒切削刃磨削力的总和。根据不同的目的,可以把磨削力分解为径

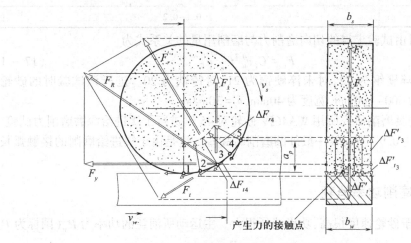

图 17-22　平面磨削时的磨削力及力的接触点

向力 $F_r$ 和切向力 $F_t$；或者把它分解成 $x$ 方向和 $y$ 方向的分力 $F_x$、$F_y$。$F_y$ 可用以计算进给功率；$F_x$ 则是设计机床床身和箱体的重要数据。

图 17-23 示出了外圆往复磨削、外圆切入磨削、平面往复磨削和用砂轮周边进行端面磨削时的磨削力。如果在磨削过程中在床身或机床工作台的适当部位安装三向测力仪，就可测得三个方向的磨削分力。

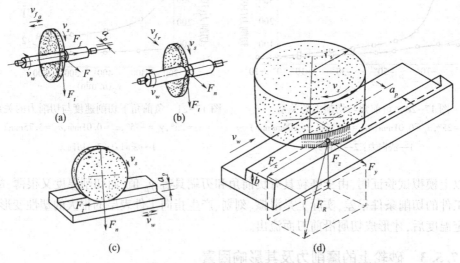

图 17-23 磨削力

(a) 外圆磨；(b) 切入磨；(c) 平面磨；(d) 端面磨

一般说来，砂轮磨削工件时，法向力与切向力的比值 $F_n/F_t$ 在往复磨时为 2/1，在深磨时为 3/1。随着磨削材料的不同，这一比值也有所不同，材料硬度高时，$F_n$ 大些。在一般磨削时，这些比值如表 17-9 所列。表中 $F_a$ 为轴向切削分力。

表 17-9 磨削分力的比值

| 工 件 材 料 | 普 通 钢 | 淬 硬 钢 | 铸 铁 |
|---|---|---|---|
| $F_n/F_t$ | 1.6~1.9 | 1.9~2.6 | 2.7~3.2 |
| $F_a/F_t$ | 0.1~0.2 | | |

外圆磨削时由试验求得的切向磨削力与磨削用量的关系式为

$$F_t = C_F v_w^{0.7} f_s^{0.7} a_F^{0.6} \tag{17-15}$$

常数 $C_F$ 对淬硬钢为 22、对未淬硬钢为 21、对铸铁为 20。进行该试验时的砂轮为 A46KV5，直径为 300~500mm，宽度为 40mm，$v_s = 30$m/s。

我国磨料磨具磨削研究所用 WA46JV 砂轮对 45 钢进行了缓进给深磨磨削力试验，认为 $a_p$ 的指数可达 0.9 左右，较一般外圆磨削时高些。这是由于缓进给磨削的接触弧长度较大所致。

### 17.5.4 磨削功率消耗

磨削时，由于砂轮速度很高，功率消耗很大。主运动所消耗的功率为 $P_m$（国标为 $P_c$）

$$P_m = \frac{F_t v_s}{75 \times 1.36 \times 9.81} \tag{17-16}$$

式中　　$F_t$——砂轮的切向力,单位为 N;

　　　　$v_s$——砂轮线速度,单位为 m/s。

### 17.5.5　磨削用量及单位时间磨除量

砂轮线速度 $v_s$ 一般为 $30\sim35\mathrm{m/s}$;高速磨削时,可用 $v_s=45\sim100\mathrm{m/s}$ 或更高一些。砂轮速度一般比车削时的切削速度大 $10\sim15$ 倍。$v_s$ 太高时,可能产生振动和工件表面烧伤。

工件速度 $v_w$ 在粗磨时常取为 $15\sim85\mathrm{m/min}$。精磨时为 $15\sim50\mathrm{m/min}$。外圆磨时,速比 $q=v_s/v_w=60\sim150$;内圆磨时 $q=40\sim80$。$v_w$ 太低时,工件易烧伤;$v_w$ 太高时,机床可能产生振动。

关于磨削深度(背吃刀量)$a_p$ 或径向切入进给量 $f_r$:粗磨时可取 $0.01\sim0.07\mathrm{mm}$,精磨时可取 $0.0025\sim0.02\mathrm{mm}$,镜面磨削时可取 $0.000\sim0.0015\mathrm{mm}$。砂轮轴向进给量 $f_a$:粗磨时可取$(0.3\sim0.85)b_s$,精磨时可取$(0.1\sim0.3)b_s$。式中 $b_s$ 为砂轮宽度,单位为 $\mathrm{mm}$;$f_a$ 是指工件每转或每一往复时砂轮的轴向位移量,单位为 $\mathrm{mm}$。

每分钟金属磨除量 $Z$(国标为 $Q_z$)可用下式计算,即

$$Z = 1000 v_w f_a a_p \quad (\mathrm{mm}^3/\mathrm{min}) \tag{17-17}$$

设砂轮磨削宽度为 $b\mathrm{mm}$,则砂轮单位宽度上的金属磨除量为

$$Z = \frac{Z}{b} = \frac{1000 v_w f_a a_p}{b} \quad [\mathrm{mm}^3/(\mathrm{mm}\cdot\mathrm{min})] \tag{17-18}$$

磨削用量常被用作控制磨削过程的可调整参数,它们的优化选择很为重要。

## 17.6　磨削温度及工件表面状态

### 17.6.1　磨削温度及工件表面烧伤

在磨削加工过程中,被切削金属层较薄,与切削加工时相比,被切金属层薄几十倍至几百倍。如此小的切削厚度使得比切削力很大、比能很高并产生大量的热量,其中 $60\%\sim95\%$ 的热量被传入工件,仅有不到 $10\%$ 的热量被切屑带走。这些传入工件的热量在磨削过程中常常来不及传入工件深处而聚集在工件表面层形成局部高温,工件表面温度可达 $1000\text{℃}$ 以上,并在表面层形成极大的温度梯度(可达 $600\sim1000\text{℃}/\mathrm{mm}$)。因此,磨削的热效应对工件的表面质量和使用性能有极大影响。特别是当温度在界面上超过某一临界值时会引起表面的热损伤(包括表面的氧化、烧伤、残余应力和裂纹),其结果将会导致零件的抗磨损性能降低,应力锈蚀的灵敏性增加,抗疲劳性能下降,从而降低零件的使用寿命和工作可靠性。此外,磨削周期中工件的累积温升,也会导致工件产生尺寸及形状精度误差。

磨粒磨削工件时,在切屑下部及磨粒磨损平面下的工件表面上的温度分布的典型例子如图 17-24 和图 17-25 所示。

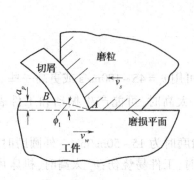

图 17-24　磨粒与工件

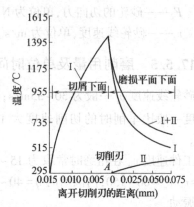

图 17-25　磨粒切削刃附近工件表面温度分布

图 17-24 中的 $A$ 点与图 17-25 中的 $A$ 点相对应。曲线 Ⅰ 是由于切屑形成及刻划作用而引起的温度变化曲线，Ⅱ 是磨粒磨损面与工件摩擦所形成的温度变化曲线，曲线 Ⅰ+Ⅱ 是两者的叠加。由图可知，切削刃 $A$ 点下的瞬时温度可达 1400℃ 左右。

由于磨粒的负前角绝对值很大，在剪切面 $AB$ 附近的金属只有在很高的温度下，当材料具有极大的塑性，即在高温黏性-塑性（Viscous-Plastic）变形状态下才能朝前刀面上流出而成为切屑。因此，单颗粒磨粒的切削温度常常可以达到金属的熔点。

磨粒磨削点的温度 $\theta_A$ 与磨削用量有如下的关系，即

$$\theta_A \propto v_s^{0.24} v_w^{0.26} a_p^{0.13} \qquad (17-19)$$

砂轮与工件接触的磨削区的平均温度 $\theta_{av}$ 与磨削用量的关系为

$$\theta_{av} \propto v_s^{0.24} v_w^{0.26} a_p^{0.63} \qquad (17-20)$$

磨削温度可用埋入工件的热电偶来测量。磨削的高温会使工件表面层金相组织发生变化。当磨削温度未超过工件的相变温度时，工件表面层的变化主要决定于金属塑性变形所产生的强化和因磨削热作用所产生的恢复这两个过程的综合作用，磨削温度可以促使工件表面层冷作硬化的恢复；若磨削温度超过了工件金属的相变临界温度，则在金属塑性变形的同时，还可能产生金属组织的相变。磨削的瞬间温度过高而且集中在工件表面层的局部部位，将造成工件表面层金相组织的局部变化，这种变化称为磨削烧伤。

烧伤现象将引起工件表面层机械性能下降，主要是降低工件硬度和耐磨性。淬火钢在磨削时，由于磨削条件不同，产生的磨削烧伤有以下三种形式。

（1）淬火烧伤。磨削时工件表面温度超过相变临界温度（碳钢为 720℃）时，则马氏体转变为奥氏体。在冷却液作用下，工件最外层金属会出现二次淬火马氏体组织。其硬度比原来的回火马氏体高，但很薄，其下为硬度较低的回火索氏体和屈氏体。由于二次淬火层极薄，表面层总的硬度是降低的，这种现象称为淬火烧伤。

（2）回火烧伤。磨削时，如果工件表面层温度只是超过原来的回火温度，则表层原来的回火马氏体组织将产生回火现象而转变为硬度较低的回火组织（索氏体或屈氏体），这种现象称为回火烧伤。

（3）退火烧伤。磨削时，当工件表面层温度超过相变临界温度（中碳钢为 300℃）时，则马氏体转变为奥氏体。若此时无冷却液，表层金属空气冷却比较缓慢而形成退火组织。

硬度和强度均大幅度下降。这种现象称为退火烧伤。

由以上所述可以看到,影响磨削烧伤的主要因素是磨削瞬间温度的高低,而磨削裂纹和残余应力的起因则为被磨工件表面层的温度梯度,在使用磨削导热系数及抗拉强度低的材料时更应特别注意。磨削导热性差的材料时,为了减少温度梯度,可以用加热被磨工件的方法来降低磨削温度梯度,防止产生磨削裂纹。磨削温度使砂轮中的磨粒在加工时反复承受磨削热所形成的温度应力,对磨粒的强度和耐磨性都有不利的影响。对树脂黏结剂和橡胶黏结剂来讲,过高的磨削温度会导致树脂和橡胶碳化,加速磨具的磨损。磨削温度还会引起磨削区内强烈的化学反应,致使磨粒很快磨损而失去切削的能力。高的磨削温度会使所用机床产生热变形,从而影响机床精度。

防止磨削烧伤,主要是在磨削加工过程中减少热量的产生,加速磨削热的传出,保证零件加工的质量。

(1)提高磨床工作台进给系统的稳定性,保证轴承接触刚度,减小砂轮与工件之间的振动,可以避免磨削烧伤。

(2)提高工件速度,减少径向进给量,减少砂轮和工件的接触面积,或者减小工件的磨削余量,并在去除余量后,进行无进给空磨几次,可以防止磨削烧伤。

(3)合理选择和修整砂轮,防止磨削烧伤。粗粒度、低硬度的砂轮自砺性好,可降低切削热。选用粗粒度砂轮比细粒度砂轮的切削力强,产生的切削热少。能自砺的砂轮,使砂轮始终保持锋利状态,防止砂轮在工件表面滑擦、挤压而造成工件表面烧伤;对高钒高钼模钢,选用 GD 单晶刚玉砂轮比较适用,当加工硬质合金、淬火硬度高的材质时,优先采用有机黏结剂的金刚石砂轮,有机黏结剂砂轮自砺性好,磨出的工件粗糙度可达 $Ra0.2\mu m$。近年来,CBN 砂轮即立方氮化硼砂轮在数控成形磨床、坐标磨床、CNC 内外圆磨床上精加工,效果优于其他种类砂轮,显示出良好的加工效果。

(4)合理使用冷却润滑液,发挥切削液的冷却、洗涤、润滑作用,保持冷却润滑清洁,从而控制磨削热的增加,改善磨削时的冷却条件。如采用浸油砂轮或内冷却砂轮等措施,将切削液引入砂轮的中心,切削液可直接进入磨削区,发挥有效的冷却作用,防止工件表面烧伤。

### 17.6.2 磨削工件表层状态

大多数情况下磨削是最终加工工序,因此直接决定工件的质量。磨削力造成磨削工艺系统的变形和振动,磨削热引起工艺系统的热变形,两者都影响磨削精度。磨削表面质量包括表面粗糙度、波纹度、表层材料的残余应力和热损伤(金相组织变化、烧伤、裂纹)。影响表面粗糙度的主要因素是磨削用量、磨具特性、砂轮表面状态(也称砂轮地形图)、切削液、工件材质和机床条件等。产生表面波纹度的主要原因是工艺系统的振动。由于磨削热和塑性变形等原因,磨削表面会产生残余应力。残余压应力可提高工件的疲劳强度和寿命;残余拉应力则会降低疲劳强度,当残余拉应力超过材料的强度极限时,就会出现磨削裂纹。

实践表明,无论是经过衍磨或是锉削等的加工表面,输入的机械功均将引起残余压应力。在磨削中由高温引起的残余拉应力常常小于由机械功引起的压应力。往复磨削比单方向的平面磨削所产生的残余应力大些。用软砂轮进行超缓进给磨削时,不存在可以察觉的残余拉应力而仅存在表面压应力。但对软钢或硬钢进行重负荷磨削时,则在较深的表面中产生较高的残余拉应力,而且在软钢中应力分布更深。

引起高的残余应力的因素:低的工件速度,硬而钝的砂轮,干磨或用水溶性乳化液磨削,高的切入进给率和高的砂轮表面速度。

控制残余应力的主要方法是采用切削液,有效的润滑能够减少工件与砂轮接触区的热输入,并减小对加工表面的热干扰。

为了得到较小的磨削加工表面粗糙度,大量试验证明,应采用较低的工件速度,即磨粒切削刃切削厚度应适当小些。同时对砂轮的修整要细一些,采用较硬的砂轮等级,细的磨粒尺寸,高的砂轮速度,小的磨削深度(背吃刀量),尽量加工硬度较高的工件。在恒压力切入磨削时,如果压力减小,那么加工表面粗糙度将减小。

## 17.7　先进磨削方法简介

### 17.7.1　高速磨削

高速磨削是通过提高砂轮线速度来达到提高磨削去除率和磨削质量的工艺方法。高速磨削的试验研究预示,采用磨削速度 1 000m/s(超过被加工材料的塑性变形应力波速度)的高速磨削会获得非凡的效益。尽管受到现有设备的限制,迄今实验室最高磨削速度为400m/s,更多的则是250m/s 以下的高速磨削研究和实用技术开发。但是,可以明确,高速磨削与以往的磨削技术相比具有如下突出的优越性。

(1) 磨削力不变的情况下,200m/s 高速磨削的金属去除率比80m/s 的金属去除率提高 150%,而 340m/s 时比 180m/s 时提高 200%。如果采用高速快进给的高效深磨技术,那么工件可由毛坯一次加工成形。因此,高速磨削效率极高,加工时间仅为粗加工(车、铣等)的 5%～20%。

(2) 磨削效率相同时,200m/s 时的磨削力仅为 80m/s 时的 50%。在单颗磨粒切深条件下,磨削速度对磨削力影响极小。磨削力小,有利于提高零件的加工精度。

(3) 某材料在其他切削条件相同不同磨削速度,33m/s、100m/s 和 200m/s 下的磨削表面粗糙度分别为 $Ra2.0\mu m$、$Ra1.4\mu m$ 和 $Ra1.1\mu m$。计算机模拟研究表明,磨削速度由 20m/s 提高至 1000m/s 时,$R_{amax}$ 值将降低至原来的 1/4。另外,高速磨削可以越过容易产生磨削烧伤的区域,在大磨削用量下反而不产生磨削烧伤。因此高速磨削可以改善零件的加工表面完整性。

(4) 在磨削力不变的条件下,以 200m/s 磨削时砂轮寿命比 80m/s 时提高 1 倍,而在磨削效率不变的条件下,砂轮寿命可提高 7.8 倍。砂轮使用寿命与磨削速度成对数关系增长。使用金刚石砂轮磨削氮化硅陶瓷时,磨削速度由 30m/s 提高至 160m/s,砂轮磨削比由 900 提高至 5100。

高速磨削时应采取如下的必要措施。

(1) 砂轮主轴转速必须随着 $v_s$ 的提高而相应提高,砂轮传动系统功率必须足够,机床刚性必须足够,并注意减小振动;

(2) 砂轮强度必须足够,保证在高速旋转下不会破裂,可以采用提高砂轮黏结剂强度

和补强砂轮的方法提高砂轮强度;对砂轮要进行静平衡试验,最好采用砂轮动平衡装置;砂轮必须有适当的防护罩;

(3) 必须具有良好的冷却条件,有效地排屑装置,并注意防止切削液飞溅。

### 17.7.2 缓进给磨削

缓进给磨削也称作深切缓进给强力磨削,它是以大的磨削深度(1~30mm,比普通磨削大 1~1000 倍)和很小的工作台进给速度(3~300mm/min,是普通磨削的 1/1000~1/100)磨削工件,经一次或数次通过即可磨到所要求的尺寸形状精度,适于磨削高硬度高韧性材料,是一种具有相对低的主进给速度及较大接触面的周边磨削方式。

缓进给磨削(蠕动磨削)主要是从 1960 年后半期开始到 1970 年初期,以欧洲为中心开始的磨削法。因此不能将其称为新磨削法,与高速往复式磨削同为非常有特色的磨削法。缓进给磨削通过增大砂轮切深来增加磨屑长度,以获得高磨除率(高出普通磨削 5 倍以上)。该方法在平面磨削中占有主导地位,主要用在磨削沟槽和成形表面。近年德、英、美、日和瑞士等国发展了一系列专用缓进给成形磨床,特别是滚珠丝杠和直线电机技术的应用更加促进了缓进给磨削技术的实用化。

缓进给磨削的特点如下。

(1) 加工效率高。由于磨削深度增大,接触弧长增加,同时参加切削的磨粒数增多,因此可以直接磨削出要求的工件形状,使粗、精加工合并,大大提高了加工效率。

(2) 扩大了磨削工艺范围。由于可对毛坯一次加工成形,故可有效解决一些难加工材料加工问题,例如,燃气轮机叶片成形表面加工,高温合金、不锈钢、高速钢型面或沟槽的磨削等,其效率比铣削高 20 多倍。用 CBN 砂轮缓进给磨削真空泵转子槽,不仅比铣削效率高,而且加工质量好,成本节约 40% 左右。

(3) 砂轮冲击损伤小,工件形状精度稳定。由于缓进给和行程次数减少,减轻了砂轮与工件边缘的冲撞次数和冲撞程度,延长了砂轮的使用寿命,也减小加工表面波纹度的产生。

(4) 磨削力大(比普通磨削时增加 2~10 倍)、磨削温度高,切屑长并在磨削区严重变形,易堵塞砂轮。因此,缓进给磨削加工时必须充分供给大量切削液,以降低磨削温度,保证磨削表面质量。

(5) 加工精度达 2~5μm,表面粗糙度 *Ra*0.1~0.4μm。

缓进给磨削的缺点是易引起表面烧伤。蠕动磨削镍铬合金工件的研究指出,烧伤深度可达 2mm,裂纹处深度可达 1mm,化学反应、硬度变软和侧向变形均可能发生。这可能是由于接触弧长度很大,磨削液进入接处区较为困难,当磨削液冲过砂轮与工件接触过的表面时,表面可能受到淬火作用而产生裂纹和变形。

解决深磨时烧伤现象的办法时采用软级或超软级、粗颗粒、大气孔砂轮及充分的冷却液,使冷却液透过砂轮孔穴流进磨削接触区。

缓进给磨削与普通磨削相比磨削力更大,需要专用的刚性大的磨床,应有足够大的功率和无级调速装置,砂轮轴的刚性应加强,工作台进给系统应采用滚动丝杆螺母机构。在这种情况下,磨削力的水平分力也变大,机床送入机构的刚性也就变得非常重要。特别是工件速度在低速时,专用机械的平移运动等情况下,必须尽量避免水平方向的振动。

为了克服缓进深磨容易产生工件烧伤的缺点，为了在磨削用量选择上避开工件高温区，对于一些较细小的工件的加工如钻头沟、转子槽、棘轮等的加工，在提高砂轮线速度、采用大切深的同时，在大大提高了机床刚度和机床功率的情况下，也可提高工件进给速度，这就是近年发展的"高速深切快进磨削法"，但从经济利益考虑，该技术仅适于大批量生产。高速深切快进磨削法与缓进给磨削法的工艺差别如表 17-10 所列。

表 17-10  高速深切快进磨削法与缓进给磨削法磨削参数对比

| 磨削方法 | 缓进给磨削 | 高速深切快进磨削 |
| --- | --- | --- |
| 砂轮线速度 $v_s$ | 30~45m/s | 60~120m/s |
| 工件给进速度 $v_w$ | 10~100mm/min | 1000~2500mm/min |
| 切削深度（背吃刀量） | ≤30mm | ≤30mm |
| 砂轮① | 白刚玉,陶瓷黏结剂 | 白刚玉,树脂黏结剂 |
| 磨削液 | 水基溶液 | 油② |

① 砂轮也可以采用金属或树脂黏结剂的 CBN 砂轮；
② 磨削时工件和砂轮接触区完全泡在压力油中

### 17.7.3  砂带磨削

砂带磨削是砂带这一特殊形式的涂附磨具，借助于张紧机构使之张紧，和驱动轮使之高速运动，并在一定压力作用下，使砂带与工件表面接触以实现磨削加工的整个过程，如图 17-26 所示。在现代工业中，砂带磨削技术已被当作与砂轮磨削同等重要的一种不可缺少的加工方法。在工业发达国家，砂带磨削应用已十分普遍，各种高精度、高效率、自动化程度很高的砂带磨床被广泛应用于航天、航空、舰船、汽车、冶金、化工及能源设备等制造行业，并成为国际上名牌机床公司竞争的一个领域。

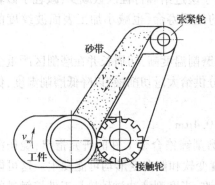

图 17-26  砂带磨削示意图

与砂轮磨削相比，由于砂带本身的构成特点和使用方式不同，使砂带磨削不论是在磨削加工机理方面，还是其综合磨削性能方面都有别于砂轮磨削，这主要表现在以下几方面。

（1）砂轮磨削是刚性接触磨削，而砂带磨削是弹性接触磨削，因为组成砂带的基材、黏结剂都具有一定的弹性。因此，砂带磨削除了具有砂轮同样的滑擦、耕犁和切削作用，还有磨粒对工件表面的挤压作用，并使之产生塑性变形、冷硬层变化和表层撕裂，以及由于摩擦使接触点温度升高，而引起的热塑性流动等综合作用。从这点来看，砂带磨削同时具有磨削、研磨和抛光的多重作用，而这也正是砂带磨削表面质量好的原因。

此外，由于砂带的弹性磨削特点，还使砂带在磨削区域内与工件接触的长度比砂轮大，同时参加磨削的磨粒数目多，单颗磨粒所受载荷小且均匀，磨粒破损小。而使整个砂带的磨耗比（磨削材料去除量与砂带磨粒消耗量之比称为磨削比，而磨削比的倒数就称为磨耗比）比砂轮要小得多。

（2）砂轮的磨粒在磨削表面上的分布是杂乱无章的，很不规则，实际磨削时，磨粒都是以较大的负前角、小后角甚至负后角的刃口进行切削，切削条件很恶劣。砂带则不同，砂带的磨料是专门制造的，磨粒的几何形状常呈长三角体，并多采用静电植砂等一系列先进工艺制作，磨粒的大小和分布均匀，等高性好，并且是尖刃朝外的形式植于砂带基材表面上，露出复胶层的部分较多。因而，砂带的磨粒比砂轮的磨粒锋利，切削条件较好，磨削时材料变形小，切除率高，磨削力和随之产生的磨削热小，磨削温度低。

（3）砂轮磨粒间充满了黏结剂，容屑空间很小。而砂带磨粒间容屑空间一般至少比砂轮大 10 倍，加之磨粒等高性好，因而砂带磨粒的有效切削面积大，切削能力比砂轮强，并且磨屑可随时直接带走，很少残留在砂带表面造成堵塞，而不会由此增加摩擦发热，磨削区域温度低。

（4）砂带的周长从设计角度来看，远远超过砂轮的周长，这就使得砂带在磨削时既有良好的散热区域，又可以通过砂带的悬空部分（即不与接触轮、张紧轮、压磨板等接触的部分）在运行时的振荡，将粘在砂带上的磨屑自然抖掉，进一步减少磨粒被填塞的现象，从而减少摩擦发热，这也是砂带磨削温度低的一个原因。

由此可见，砂带磨削的加工机理是同于砂轮磨削又有别于砂轮磨削的一种更为复杂的形式，这是分析和了解砂带磨削机理的理论基础和根本出发点。

砂带磨削的机理可以这样总结：由于砂带表面磨粒分布均匀、等高性好、尖刃外露、切刃锋利，切削条件比砂轮磨粒好，使得砂带磨削过程中，磨粒的耕犁和切削作用大，因而材料切除率大、效率高。

由于砂带的弹性接触状态，使得砂带磨粒对工件表面材料的挤压和滑擦作用大，因而磨粒有很强的研磨、抛光作用，磨削表面质量好。

砂带磨粒容屑空间大，磨屑堵塞造成摩擦加剧的可能性减少，由此产生的热量少；由于砂带与工件接触弧长较大，单颗磨粒受力较小而且均匀；砂带磨粒切刃锋利，磨削时材料变形小，所产生的热量相应也小，再加上砂带周长长，散热性好，因而砂带在整个磨削过程中产生的磨削力和产生的磨削热相对于砂轮来说就低得多，磨削温度低，故有"冷态"磨削之称。

砂带磨削因其加工效率高、应用范围广、适应性强、使用成本低、操作安全方便的特点而广受青睐。在国外，砂带磨削技术已经取得了很大进展，其应用比例已经接近砂轮磨削，美国为 49∶51，德国为 45∶55，日本为 25∶75，英国、瑞士等国的发展也很快。

砂带磨削几乎能磨削一切工程材料。除了砂轮磨削能加工的材料，其还可以加工诸如铜、铝等有色金属和木材、皮革、塑料等非金属软材料。砂带磨削能够加工表面质量及精度要求高的各种形状的工件。砂带磨削不但可以加工常见的平面、内外圆表面的工件，还能以极高的效率加工表面质量及精度要求都较高的大型或异型零件。可以进行金属带材或线材的连续抛磨加工以及长径比很大的工件内、外圆抛磨和复杂异型工件的抛磨。它与砂轮磨粒的空间随机分布不同，大量磨粒在加工时同时发生切削作用，加工效率可以比砂轮磨削高 5~20 倍。它能保证恒速工作，不用修整，对工件热影响小，能保证高精度和小的表面粗糙度。

### 17.7.4　精密、高精密、超精密磨削

磨削加工一般分为普通磨削、精密磨削、高精密磨削和超精密磨削加工。它们各自达到的磨削精度在生产发展的不同历史时期有着不同的精度范围。

普通磨削是指加工表面粗糙度为 $Ra0.16 \sim 1.25\mu m$、加工精度大于 $1\mu m$ 的磨削方法。所用磨具一般为普通磨料砂轮。

精密磨削是指加工表面粗糙度为 $Ra0.04 \sim 0.16\mu m$、加工精度为 $1 \sim 0.5\mu m$ 的磨削方法。精密磨削主要靠对砂轮的精细修整，使用金刚石修整工具以极小而又均匀的微进给 $(10 \sim 15mm/min)$，获得众多的等高微刃，加工表面磨削痕迹微细，最后采用无火花光磨。由于微切削、滑挤和摩擦等综合作用，达到低表面粗糙度和高精度要求，精密磨削主要靠精密磨床的精度保证。

高精密磨削是指加工表面粗糙度为 $Ra0.01 \sim 0.04\mu m$、精度为 $0.5 \sim 0.1\mu m$ 的磨削方法。高精密磨削的切屑很薄，砂轮磨粒承受很高的应力，磨粒表面受高温、高压作用，一般使用金刚石和立方氮化硼等高硬度磨料砂轮磨削。高精密磨削除有微切削作用外，还可能有塑性流动和弹性破坏等作用。光磨时的微切削、滑挤和摩擦等综合作用更强。

超精密磨削的特点是高精度、高效率和低成本。超精密加工当前一般是指加工表面粗糙度 $Ra$ 的值小于或等于 $0.01\mu m$、加工精度小于或等于 $0.01\mu m$ 的磨削方法。超精密磨削是当代能达到最低磨削表面粗糙度和最高加工精度的磨削方法。超精密磨削去除量最薄，采用较小修整导程和吃刀量来修整砂轮，是靠超微细磨粒等高微刃磨削作用，并采用较小的磨削用量磨削。超精密磨削要求严格消除振动和恒温及超净的工作环境。超精密磨削的光磨微细摩擦作用带有一定的研抛作用性质。精密、高精密和超精密磨削的适用范围（见表 17-11）。

表 17-11　精密、高精密、超精密磨削适用范围

| 相对磨削等级 | 加工精度 /μm | 表面粗糙度 Ra/μm | 适用范围 |
|---|---|---|---|
| 普通磨削 | >1 | 0.16 ~ 1.25 | 各种零件的滑动面，曲轴轴颈，凸轮轴轴颈和桃形凸轮，活塞。普通滚动轴承滚道、平面、外圆、内圆磨削面。各种刀具的刃磨，一般量具的测量面等 |
| 精密磨削 | 1 ~ 0.5 | 0.04 ~ 0.16 | 液压滑阀、液压泵、油嘴、针阀、机床主轴、量规、四棱尺、高精度轴承、滚柱、塑料及金属带、压延轧辊等 |
| 高精密磨削 | 0.5 ~ 0.1 | 0.01 ~ 0.04 | 高精度滚柱导轨、金属线纹尺、半导体硅片、标准环、塞规、机床精密主轴、量杆和金属带、压延轧辊等 |
| 超精密磨削 | ≤0.1 | ≤0.01 | 精密金属线纹尺、轧制微米级厚度带的压延轧辊、超光栅、超精密磁头、超精密电子栓、固体电子元件、航天器械、激光光学部件、核耦合装置、天体观察装置等零件加工 |

超精密磨削具有如下优点。

（1）超精密磨床是超精密磨削的关键。超精密磨削是在超精密磨床上进行，其加工精度主要决定于机床，不可能加工出比机床精度更高的工件，是一种"模仿式加工"，遵循

"母性原则"的加工规律。由于超精密磨削的精度要求越来越高,已经进入 $0.01\mu m$ 甚至纳米级,这就给超精密磨床的研制带来了很大困难,需要多学科多技术的密集和结合。

(2) 超精密磨削是一种超微量切除加工。超精密磨削是一种极薄切削,其去除的余量可能与工件所要求的精度数量级相当,甚至于小于公差要求,因此在加工机理上与一般磨削加工是不同的。极薄切削、又使得切屑厚度极小,磨削深度可能小于晶粒的大小,磨削就在晶粒内进行,因此磨削力一定要超过晶体内部非常大的原子、分子结合力,从而磨粒上所承受的切应力就急速增加并变得非常大,可能接近被磨削材料的剪切强度极限。同时,磨粒切削刃会受到高温和高压作用,因此要求磨粒材料有很高的高温强度和高温硬度,一般多采用人造金刚石、立方氮化硼等超硬磨料砂轮。

(3) 超精密磨削是一个系统工程。超精密磨削需要一个高稳定性的工艺系统,对力、热、振动、材料组织、工作环境的温度和净化等都有稳定性的要求,并有较强的抗击来自系统内外的各种干扰能力,有了高稳定性,才能保证加工质量的要求。所以超精密磨削是一个高精度、高稳定性的系统。

镜面磨削一般是指加工表面粗糙度达到 $Ra0.2\sim0.1\mu m$,表面光泽如镜的磨削方法,它在加工精度的含义上不够明确,比较强调表面粗糙度的要求,从精度和表面粗糙度相应和统一的观点来理解,可以认为镜面磨削是属于精密磨削和超精密磨削范畴。

### 17.7.5 非球面磨削

1. 非球面镜片的重要性

光学镜片由平面和球面构成。所谓的球面镜片,是使用非常简单的加工机械,制造出形状精度非常高的镜片。但是,通过球面镜片的光没有同心光束,是其致命的弱点,称为球面像差。在高精度的光学系中,一般是将多个凹形镜片和凸形镜片组合起来校正像差,这种方法存在下面一些问题。

(1) 在光学系统中不能满足小型、轻量化的要求。

(2) 随着镜片数量的增多,透光率降低。

(3) 扩光率(口径/焦点距离)变小。

这样的光学系统有很多问题需要解决。通常,如果镜片的形状不是球面就是别的曲面,就有可能得到没有球面像差的镜片,即所谓的非球面镜片。使用非球面镜片,不仅可以实现光学系统的小型化和轻量化,而且可以降低成本提高画面质量。因此,发展非球面镜片的磨削加工,就可以开发出更多的新产品。非球面透镜或镜面具有球面镜无可比拟的优点,应用前景广泛,实现非球面镜片加工的工业化越来越近了。但是,与球面镜片相比,非球面镜片的加工还存在一定的困难。球面可以用两轴加工完成,而平面加工则需要有三轴。一般,由于加工中工具的磨耗,加工表面精度难免会降低。因此,在球面或平面的加工过程中,加工表面精度的提高依赖于工具的磨耗。如果利用游离磨粒加工非球面将是非常有利的,所以球面或平面的加工将变得容易。

2. 一般的非球面磨削法

在非球面加工中,必须根据对工具运动轨迹的精密复写来保证形状。单晶金刚石车刀在进行超精密切削时,具有形状复写性高的特点,而且能得到非常光滑的加工面。但是,单晶金刚石车刀也有致命的弱点,就是只能对软质的材料进行切削。因此,只适用于塑胶成形的金属铸模。非球面玻璃镜片的制造法,多是采用玻璃压制机(玻璃模具)直接对玻璃进行加工。玻璃压制机一般用于超硬金属铸模,不管是哪种场合,磨削加工都是非常重要的加工技术。现在具有代表性的非球面磨削法如图 17-27 所示,为了能加工微小凹面,将砂轮轴和工件轴交叉形成一定的倾斜角度。工件轴、工作台的水平方向分别为 $x$ 轴和 $z$ 轴,被称为"算盘珠"的 V 形截面砂轮的边缘上的点 $P_A$,在 $x$ 轴和 $z$ 轴同时控制下,沿非球面曲面 $OA$ 移动,进行磨削。在构成倾斜角度的情况下,需要有一定的修正,根据磨削点在砂轮旋转圆上移动的理论,砂轮形状的误差对非球面的精度没有影响。但另一方面,仅仅使用砂轮边缘进行磨削,很容易引起砂轮的磨耗或者钝化,在工件中心很容易出现有切削残留(所谓的"肚脐")的缺点。而且磨削点是在工件的旋转方向和砂轮的线速度向量相交点上,图 17-28 显示的是工件径向形成尖锐的条痕。可以采用横向磨削方式。

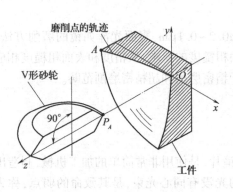

图 17-27 一般非球面磨削法

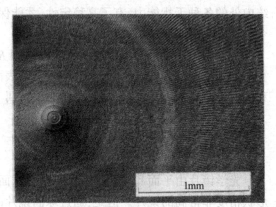

图 17-28 V 形砂轮(SD2000B)
进行磨削非球面的照片

现在使用具有圆弧截面的砂轮(特立克砂轮),砂轮轴与垂直方向相对稍微倾斜,避免了磨削点在砂轮截面一点集中的现象。图 17-29 所示是这一斜轴磨削法,磨削点的轨迹为 $BO$,磨削点 $P_B$。在砂轮截面上移动,砂轮的有效宽度增大。而且,与 V 形砂轮相比,就磨削点而言,砂轮、工件的相对曲率变小,表面粗糙度得到改善。这种磨削方法也是最基本的横向磨削。

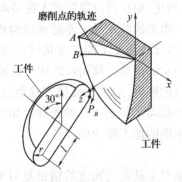

图 17-29 砂轮的斜轴磨削法

### 3. 平行磨削法

在一般的非球面磨削法中,根据前述的磨削点可知,工件的旋转方向与砂轮的线速度向量是交叉的。换作平面磨削的情况,如图 17-30 所示,这里称为横向磨削,要降低加工表面的粗糙度,一般将横向平面磨削中的工件以砂轮线速度向量方向平行送入。与横向磨削相对的称为平行磨削。这时将非球面磨削换作平行磨削的情况,如图 17-31 所示。这种场合使用 V 形砂轮会形成螺旋面,故用特立克砂轮或球面砂轮。图 17-31 是从垂直($y$ 轴)方向观看的结果,使用球面砂轮,为避免和工件之间的干涉,砂轮轴与 $x$ 轴方向呈 $\theta$ 角倾斜,故将其称为非球面的平行磨削法。

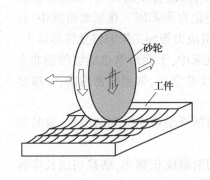

图 17-30  横向平面磨削的
横向磨削法

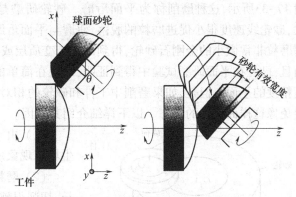

图 17-31  非球面磨削的平行磨削法

图 17-32 是普通法和平行磨削法加工机械的比较。在普通法中,一般使用小直径 V 形砂轮,在市面上的非球面加工机中,砂轮主轴采用空气静压轴承的情况居多。在平行磨削法中使用球面砂轮,由于重量较大,采用油静压轴承,高刚性下旋转精度高的砂轮主轴是不可或缺的。

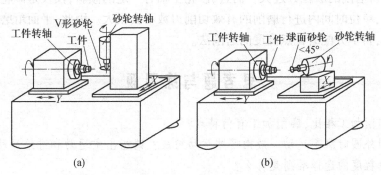

图 17-32  普通磨削和平行磨削法加工机械的比较
(a) 普通磨削法;(b) 平行磨削法

平行磨削法与普通法相比,有以下特征。

(1)同时磨削的磨粒数多,表面粗糙度更好。

(2)砂轮的有效宽度可以非常大,因此,砂轮的磨损也就大幅度地减少。

(3)在 $xz$ 截面上,如前述的图 17-31 所示,砂轮和工件的磨削点一一对应。在平行磨削法中,恰如切入磨削,被磨削的工件的位置和磨削砂轮的位置一一对应。

（4）砂轮的形状误差被复写成为非球面误差。在平行磨削法中,以砂轮截面的圆弧在非球面表面曲线上进行磨削,砂轮截面的形状误差会被复写到非球面上。因此,要进行高精度的加工,加工后的工件必须在机床上进行形状误差的测量,在此基础上再采取修正补偿磨削的步骤。

### 17.7.6 平面珩磨

如果用平面研磨的磨盘替换砂轮进行面接触型的磨削,磨削条痕呈交叉状,如图 17-33 所示,这种磨削称为平面珩磨。砂轮研磨是使用低结合度的砂轮,砂轮压强很大,砂轮线速度很小促进磨粒的脱落,研磨与平面珩磨还是有所不同。在平面珩磨中,使用磨粒非常微小的金刚石砂轮,得到的加工变质层或残留应力等加工影响都变得非常小。而且,已经在平面研磨试验中得到证明,即使在简单的机床中,平面珩磨也能够得到非常高精度的平面。但是,如果磨削中工件和砂轮的相对速度非常小,如超精密珩磨,一般要避免像这样面接触的形态。以下详细介绍其原因。

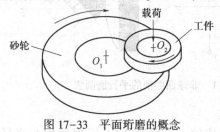

图 17-33　平面珩磨的概念

（1）由于磨削液很难供给到磨削点,容易发生堵塞现象。

（2）磨粒切削截面积越小,磨粒切削长度越长,切削刃越容易磨损。

（3）根据水面滑行现象,在加工压力非常小的场合下砂轮浮在工件上不能进行加工。

（4）底下的砂轮在对陶瓷等的磨削中,由于切屑的修锐效果会使砂轮的磨耗很剧烈。因此,通常是像纵向平面磨床一样将工件置于下方,使用杯形砂轮进行磨削。但是,在对硅片的背面薄化磨削中,砂轮宽度尽可能小,要防止同时进行磨削的磨粒数过大。而且,砂轮主轴有一定的倾斜,仅仅是砂轮的前端在进行磨削加工,单位时间内进行磨削的有效切削刃数不会很大。因此,平面珩磨是在非常严格的条件下,科学分配磨粒点高度的磨削法。

## 思考题与练习题

1. 和切削加工相比,磨削加工有何特点?
2. 磨削外圆时磨削运动一般由哪些运动组成? 请指出主运动和进给运动。
3. 砂轮粒度的选择准则是什么?
4. 砂轮硬度的选择原则是什么?
5. 磨削加工表面的残余应力产生的原因是什么?
6. 减少磨削烧伤的主要措施有哪些?
7. 说明平面磨床的几种主要型号及其运动特点。
8. 试分析提高磨削效率的途径。
9. 试分析减小磨削加工表面粗糙度的措施。

# 第 18 章　切削过程的有限元模拟与仿真技术

金属切削工艺是制造业中的关键技术。随着电子、光学、细微产品的不断发展,在生产率和加工精度方面对切削工艺提出了更高的要求,虚拟制造将是解决这一系列问题的重要手段。在虚拟制造中,基于弹性力学、塑性力学、断裂力学、热力学、摩擦学和材料学的切削过程数值模拟将是一种强有力的工具。目前,这项技术已经在学术研究上取得了一些进展,借助该方法有助于理解材料去除过程中发生的物理现象,对于正确选择刀具材料、设计刀具几何形状、提高产品的加工精度和表面质量是重要的。采用有限元法模拟切削加工可获得切削试验无法或难以直接测量的状态变量,如工件和刀具的应力分布、切削温度等,有利于更好地理解切削加工机理、评价和优化切削加工过程。因此,对金属切削加工的有限元分析的研究具有很重要的现实意义。

## 18.1　切削过程的有限元模拟与仿真技术的发展状况

切削加工在 21 世纪仍是机械制造业的主导加工方法。它通过刀具在工件表面切除多余的材料,并在保证高生产率和低成本的前提下,获得所需的工件形状、尺寸精度和表面质量。随着航空航天、军工、电子、光学、生物医学等领域等精密设备的需求不断增加,对精密、超精密切削加工技术提出了更高的要求。为了提高产品加工质量,特别是精密、超精密切削的生产效率和加工质量,需要深入地研究切削机理、切削加工和切屑形成理论。

切削加工过程是一个高度的动态性、非线性的工艺过程,对其理论和试验研究要涉及材料学、弹性力学、塑性力学、断裂力学、热力学、摩擦学等相关知识。已加工表面质量受到刀具几何参数、切削用量、切屑流动、温度分布、热流和刀具磨损等因素综合影响。利用传统的解析方法,很难对切削机理进行定量的分析和研究。切削操作人员和刀具制造商往往都是利用试错法来获取一些经验值,既费时费力又增加了生产成本,严重阻碍了切削技术的发展。

计算机技术的飞速发展使得利用数值模拟方法来研究切削加工过程以及各种参数之间的关系成为可能。

有限元方法最早被应用在切削工艺的模拟是在 20 世纪 70 年代,与其他传统方法相比,它大大提高了分析的精度。1973 年美国伊利诺伊(Illinois)大学的 B. E. Klamecki 在其博士论文(*Incipient Chip Formation in Metal Cutting—A Three Dimension finite Analysis*)中最先系统地研究了金属切削加工中切屑形成的原因。

1980 年美国的 North Carolina 州立大学的 M. R. Lajczok 在其博士学位论文(*A Study of Some Aspectsof Metal Cutting by the Finite Element Method*)中应用有限元方法研究切削加

工中的主要问题,初步分析了切削工艺。

1982 年,Usui 和 Shirakashi 为了建立稳态的正交切削模型,第一次提出刀面角、切屑几何形状和流线等,预测了应力应变和温度这些参数。

1984 年,K. Iwata 等将材料假定为刚塑性材料,利用刚塑性有限元方法分析了在低切削速度、低应变速率的稳态正交切削。

但是,他们都没有考虑弹性变形,因此没有计算出残余应力。Strebiwsjum 和 Carrol 将工件材料假定为弹塑性,在工件和切屑之间采用绝热模型,模拟了从切削开始到切屑稳定成形的过程。他们采用等效塑性应变作为切屑分离的准则,在模拟中,等效塑性应变值的选择影响了加工表面的应力分布。

1990 年,Strenkowski 和 Moon 模拟了切屑形状,用 Eulerian 有限元模型研究正交切削,忽略了弹性变形,预测了工件、刀具以及切屑中的温度分布图。

Usui 等人首次将低碳钢流动应力设为应变、应变速率和温度的函数,他们用有限元方法模拟了连续切削中产生的积屑瘤,而且在刀具和切屑接触面上采用库仑摩擦模型,利用正应力、摩擦应力和摩擦系数之间的关系模拟了切削工艺。

Hasshemi 等用弹塑性材料的本构关系和临界等效塑性应变准则模拟了切削工艺,主要模拟了切屑的连续和不连续成形现象。

Komvopoulos 和 Erpenbeck 用库仑摩擦定律通过正交切削解析方法得到了刀具与切屑之间的法向力和摩擦力。用弹塑性有限无模型研究了钢质材料正交切削中刀具侧面磨损、积屑瘤及工件中的残余应力等。

Furukawa 和 Moronuki 用试验方法研究了铝合金超精密切削中工件表面的粗糙度对加工质量的影响。分析表明,当切削深度约 $10^{-6}$ m 时,最小切削力的范围约 $10^{-1}$N。

Naoyo Ikawa 用精密切削机床在试验中测量了红铜材料切屑形成和切削深度之间的相互影响,试验中采用的切削深度约为 $10^{-9}$ m。

Toshimichi Moriwaki 等用刚塑性有限元模型来模拟了上面的试验。他们模拟了切削深度在毫米到纳米范围内红铜材料正交切削过程中的温度场。

近几年来,国际上对金属切削工艺的有限元模拟更加深入。日本的 Sasahara 和 Obiltaiwa 等人利用弹塑性有限元方法,忽略了温度和应变速率的效果,模拟了低速连续切削时被加工表面的残余应力和应变。

美国 Ohio 州立大学净成形制造(Net Shape Manufacturing)工程研究中心的 T. Altan 教授,对切削工艺进行了大量的有限元模拟研究。

澳大利亚悉尼大学的 Liangchi Zhang 和美国 Auburn 大学的 J. M Huang 和 J. T. Black 对有限元分析正交切削工艺中的切屑分离准则做了深入的研究,对不同的分离准则都做了考察。美国 Alabama 大学的 Y. B. Guo 等对连续切削的力学状态、刀屑摩擦、残余应力等进行了深入的研究。

中国台湾科技大学的 Lin Zone-Ching 等人对 NIP 合金的正交超精密切削中切削深度和切削速度对残余应力的影响做了研究。在模拟前对单向拉伸实验数据进行回归分析,得出材料的流动应力公式,考虑切削加工中的热力耦合效应,建立了热弹塑性有限元模型。

国内学者在这方面的研究起步较晚,大多采用试验和解析的手段。试验方法虽稳定可靠,但投入大,周期长。而解析手段多采用自编制软件进行分析,由于其不具有通用性而限制了有限元技术在该方面研究上的发展。但仍有一些研究人员作了相关问题的研究,进行了有益的探索。

综合上述文献所述,有限元分析方法在切削加工工艺中的应用表明,它具有下述优点。

(1) 很方便的定性、定量分析切削过程。适合分析弹塑性大变形问题,包括分析与温度相关的材料性能参数和很大的应变速率问题。

(2) 可以建立各种材料的本构模型,定性、定量地了解材料的行为。

(3) 可以模拟复杂的边界条件,比解析方法和力学方法能获得更多、更详细的分析结果。

(4) 这些信息包括切屑形成、剪切角、切屑厚度、流变应力、刀–屑间相互作用,切削力、残余应力、应变、应变率,刀–屑–工件间的温度分布。

(5) 获得各种屑形的切削刃的应力、变形情况。

(6) 切削工艺和切屑形成的有限元模拟对了解切削机理、提高切削质量是很有帮助的。

传统有限元建模法是依赖于有限元网格划分的一种数值建模方法,当发生大变形时会产生网格移动或网格畸变等现象,此时必须重划网格,由此会带来计算量增大、准确度降低等问题。而切削过程中的高温与高压不可避免地会使工件产生大变形,网格畸变问题必然会发生,同时有限元建模法的切屑分离准则是人为设定,与实际切削过程存在较大差异。以上种种问题都可能使计算精确度下降,甚至导致计算崩溃。

近年来,无网格法进入了国内外科学家们的视野,这是一种无须定义网格的新的数值建模方法。无网格法利用节点数据建立插值函数,无需划分单元,可方便地处理切削过程中的大变形与畸变等问题,这是有限元建模法无法比拟的。无网格法最早出现于20世纪70年代,发展到现在至少已有二十余种建模方法,它们共同的特点是不需要借助网格,利用的是函数逼近法而非插值法,这是与有限元建模法最根本的区别。

光滑粒子流体动力学(Smoothed Particle Hydrodynamics,SPH)是最早出现的也是应用较多的无网格方法,它是 1977 年由 Lucy 和 Monag 等首先提出的一种纯拉格朗日流体动力学方法,产生初始主要是用于解决三维开放空间里的天体物理学问题。SPH 法通过一系列任意分布的粒子或节点求解具有各种边界条件的积分方程或偏微分方程组,进而得到精确稳定的数值解。这种方法是利用空间场函数或核函数离散基本方程,不依赖网格,因此可较方便地处理金属切削过程中的大变形问题,不必考虑网格畸变与重划,无须人为设置材料分离准则,模拟切削层材料的大变形及切屑形成等过程得心应手。SPH 法具有如下特点:

① 不用网格,不存在网格畸变问题,可处理大变形问题。

② 允许存在材料界面,适用于高加载速率下的断裂等问题。

③ 离散化是通过固定质量的质点或节点实现的,而不是传统切削有限元建模中的网格。

④ 是一种纯拉格朗日格动力学方法,需要守恒方程。

近年来，国内外许多学者致力于应用 SPH 方法模拟金属切削过程的研究，取得了理想的效果。Calamaz 等人采用 SPH 法模拟了干切削钛合金 Ti-6Al-4V 刀具磨损过程，并利用实验数据验证了模型的正确性；Limido J 等应用 SPH 法模拟了高速切削过程，对切屑形态与切削力进行了分析与预测，对比了有限元软件 LS-DYNA 与 Advantedge 的仿真结果；S S Akarca 等利用 SPH-FEM 耦合法建立了材料 AL 1100 正交切削过程模型，并分析了切削稳态时的应力和应变；Morten F. Villumsen 等建立了 SPH 法三维金属正交切削模型，并对切削力进行了验证，证明了模型的正确性。

SPH 方法经过三十多年的发展完善，已广泛应用于各个领域，但作为一种尚处于探索阶段的新技术，这种方法还存在很多不足之处，有待于进一步深入研究。如在数值分析方面的精度、稳定性、收敛性等方面存在很多问题，分析结果过于理想化，可靠性不足；此外，SPH 方法计算过程占用计算资源过大，计算时间过长，尤其在求解大型复杂的三维问题时所占用时间可达到传统有限元方法计算时间的十几倍以上。这种缺陷采用 SPH 和 FEM 耦合的算法可得到缓解，但是粒子需要细化的问题又使运算时间大大增加。

边界单元法（Boundary Element Methods，BEM）又称为边界元法，是在有限元法和经典的边界积分方程方法两种技术基础上发展起来的新一代计算方法，它将有限元法的离散技术引入边界积分方程中，在边界上进行离散处理，对于求解集中载荷问题及半平面无限域问题十分有效。边界元法将控制方程式变换为积分方程式，得到边界积分方程式，经过离散之后求解方程组，即可得到边界未知量。BEM 方法特点如下：

① 离散仅在问题域的边界上进行，维数降低。

② 在相同精度解要求下，BEM 方法需要输入的数据量比有限元法少，所需划分单元数目也比有限元方法少。

③ 在处理半平面无限域问题与载荷集中等问题时优势明显。

# 18.2　切削加工过程的有限元模拟的关键技术

切削加工过程有限元模拟涉及以下技术：切屑分离标准的确定、刀-屑表面接触问题的处理、动态自适应网格技术、适用于大型计算的并行机与网络计算技术等。同时，这些技术的正确处理也有助于提高有限元模型的计算精度和效率。

## 18.2.1　有限元模拟建模方法与步骤

有限元模拟方法是借助计算机高速、准确处理庞大数据的能力对切削过程进行模拟的一种方法，是目前建立金属切削过程模型最常用的方法。金属切削有限元仿真可以较真实直观地反映金属切削过程，减少实验试错次数，因此这种技术在切削基础理论研究领域中占有重要的地位。应用于切削过程模型的数值建模法主要有三种，欧拉（Euler）法、拉格朗日（Lagrange）法及任意拉格朗日-欧拉（Arbitrary Lagrange-Euler，ALE）法。

Euler 法以空间坐标为基础，网格固定在模拟对象所处的空间上，物质在固定的网格单元上运动，有限元节点即为空间点。Euler 法的特点是在时间与空间上网格是固定不变的，物质的大变形对网格不会造成影响，可用此法模拟稳态切削过程，但不能模拟切屑形态变化过程，而且这种方法需要在整个计算区域上覆盖网格，因此计算效率较低。

Lagrange 法适用于固体结构应力应变分析,与 Euler 法不同,这种方法的网格会随着物质的运动而运动,物质的变形会引起网格的变形,物质不会在单元之间流动,因此可用此法进行切屑形态的仿真,但必须定义切屑分离准则。拉格朗日法计算效率很高,但其网格变形的特点会使物质在遇到大变形时发生网格畸变现象,对计算精度影响较大。

ALE 法汇集了拉格朗日法与欧拉法的优点,在结构边界运动上采用拉格朗日法,在工件内部网格划分时采用欧拉法,这样既可有效跟踪工件边界运动,又可避免工件变形时产生风格畸变的现象。拉格朗日-欧拉法是目前切削有限元建模过程中最常用的方法。

有限元法是一种由变分法发展而来的求解微分方程的数值计算方法,它的基本原理是将连续体离散化成有限数量的一系列有限大小的单元体的集合,这些单元体通过结点来连接并相互制约,这样,原来的连续体就被这些单元体所代替,结构体系发生了变化,再加上标准的结构分析处理方法,原来复杂的非线性数学问题就转化为求解线性方程组的问题了,通过矩阵方法并借助计算机求解能力,代数方程组就可以得到原问题的近似解了。有限元法的步骤一般可分为以下几个步骤:

第一步,建立有限元模型与结构离散化;

首先,根据实际问题确定模型的物理性质和几何区域,然后进行单元划分,将具有无限多个自由度的弹性体转化为有限个自由度的单元集合体。单元划分足够细化,且单元位移函数选择合理,则求解得到的结果就足够精确,可以满足用户对问题的求解要求。

第二步,建立单元位移函数,确定收敛条件。

一般可通过两种方法获得位移函数,即广义坐标法与插值函数法。收敛条件的设定必须满足以下条件:求解单元内的位移函数必须是连续的且必须包括常应变项,单元位移函数必须包含刚性位移项,相邻单元公共边界上要保证其连续性。

第三步,进行单元分析。

确定了单元位移函数后,利用弹性力学基本方程进行单元分析,通过单元的节点位移表达单元的应变与应力,建立单元平衡方程,对单元刚度矩阵进行求解。

第四步,整体分析,边界条件处理。

进行坐标系变换,将局部坐标系下单元平衡方程转换为整体坐标系下的单元平衡方程,然后通过一系列局部到整体的变换,得到有限元分析的整体平衡方程式,最后只要求解整体平衡方程就可以了。

## 18.2.2　切屑分离标准

金属切屑成形有限元模拟所采用的标准主要分为几何法和物理法两类。分离标准选择的优劣,直接影响模拟计算结果的精度。

几何分离标准是基于刀尖与刀尖前单元节点的距离,并假定在预定义加工路径上的距离小于某个临界值时,该节点被分成两个,其中一个节点沿前刀面向上移动,另一个节点保留在加工表面上。Usui 等引入几何分离标准。他们注意到只要单元的尺寸足够小,在切削刃边上的破裂就不重要,认为节点分离的临界值对于模拟的成功是至关重要的,但是他们在各自的研究中却采用了不同的临界值。几何标准的模型很简单,但是它的不足之处在于它不是基于切屑分离的物理条件。因此,使用几何标准就很难找到一种通用的临界值,以适应切削加工中不同的材料以及不同的加工工艺。

几何准则的优点是比较简单、判断容易。实际切削中上切削刃和分离点的实际距离几乎是零。但在模拟时，却不能将 $D$ 值设为零，这就与实际情况有一定的差距，$D$ 值的选择也往往会影响模拟计算的收敛性，需要有一定的经验才能选择合适的临界值。另外，应用这种准则的有限元模型是有一定限制的，必须建立分离线（见图 18-1），人为地将工件和切屑的网格分离开。

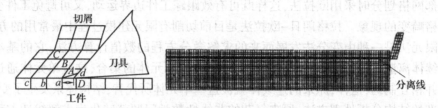

图 18-1　几何分离准则及有限元模型

物理标准是基于刀尖前单元节点的物理量而定义的，诸如应变、应力、应变能等。当单元中所选定物理量的值超过给定材料的相应物理条件时，即认为单元节点分离。Carroll 等使用了等效塑性应变的分离标准，即规定在预定义路径上距刀尖前缘最近节点的等效塑性应变达到临界值时，单元节点分离，并指出当临界值选择为 0.25~1.0 时，切屑的形成几乎不受影响，但是工件成形表面的残余应力却随着临界值的增加而增加。只通过等效塑性应变值来判断是否发生断裂分离是不可靠的，Lin Zone-Ching 也验证了等效塑性应变准则的缺点。因为当切削条件变化时，例如，切削速度、刀具前角和切削深度等变化后，等效塑性应变的值也会发生很大的变化，要想得到一个不随切削条件变化或变化很小的临界值，必须使等效塑性应变值和其他力学量进行耦合。由于应变速率也会受到切削条件变化的影响，因此可以使等效塑性应变和应变速率耦合，建立新的准则。这样，临界值就很少受到切削条件的影响，而成为材料断裂分离的一种属性了。

Liangchi Zhang 提出了一种失效应力准则，可以表示为

$$\left(\frac{|\sigma_n|}{\tau_n}\right)^2 + \left(\frac{|\sigma_s|}{\tau_s}\right)^2 \geqslant 1 \qquad (18-1)$$

式中，$\sigma_n$、$\tau_n$——切屑和工件分界面单元的正应力和剪应力；

$\sigma_s$、$\tau_s$——正应力和剪应力的临界值。

Lin Zone-Ching 等人建立了基于应变能量密度的切屑分离准则，并且说明这个准则的临界值是材料的常数。它的主要原理如下：连续介质力学假定工件系统能够划分为有限数量的单元，而且这些单元在一个连续状态下进行连接。因为每个单元承受的载荷和单元形状材料性质不同，在物体内存储于每个单元单位体积内的能量也是不同的。对于物体内的一些单元，应变能密度能够通过下式来获得：

$$\frac{dw}{dv} = \int_0^{\varepsilon_{ij}} \sigma_{ij} d\varepsilon_{ij} \qquad (18-2)$$

在有限元模拟中，假定切削刃沿一直线行走，仅对那些与切削刃相交的点进行是否破坏的判断。也就是说，假设只有那些在刀具行走轨迹上的点才有可能会产生分离。当刀具首先切入工件时，工件中各个单元之间存储的单位体积能量都是不同的。当刀具向前移动时，单元能够逐渐积累应变能密度，即工具每向前移动一个位移增量，切削刃将切过

所设计好路径上的一些点。从这些变形的点上积累的应变能密度值（dw/dv）能够被计算和检查。一旦切削刃附近点的应变能密度积累值（dw/dv）超过了材料临界值（dw/dv）$_c$，这些点就被认为是已经从工件中分离出来，变成切屑的一部分。工件材料的能量临界值是一个材料常数，它代表着工件材料的能量吸收能力。这个值是通过拉伸测试曲线中的应力—应变导出的。在极限应力曲线下应力—应变的曲线面积被设定为材料的临界应变能密度值（dw/dv）$_c$。

采用物理标准使金属切削的有限元模拟更接近实际情况。但在实际的有限元模拟中，当刀尖达到应该分离的节点时，该点的物理值并没有达到所给定的物理标准，即切屑在该点并没有实现分离。因此，为了更好地实现切削加工的仿真，本文采用基于几何和应变能密度的综合标准作为切屑分离标准。该方法以物理标准为主要判断依据，但当刀尖接近分离点并小于给定的几何标准时，可以强迫节点分离。可以看出，该方法兼有以上两种标准的优点，可以达到相互取长补短的效果。

### 18.2.3　自适应网格技术

金属切削过程有限元仿真时，大变形往往会造成有限元网格出现扭曲或畸变的现象，如果模拟继续进行的话，误差将会非常大；另外，畸变的网格通常会与刀具干涉，计算精度大大降低。因此，为了使切削有限元仿真不会出现大的误差，在网格出现扭曲或畸变时，需重新划分网格并且要传递旧网格信息，这样才能使计算准确进行下去。图 18-2 所示为网格划分四边形四节点等参单元，其中任一点整体坐标$(x,y)$与局部坐标$(\xi,\eta)$之间存在式（18-3）所示的关系。

$$\begin{cases} x = \sum_{i=1}^{4} F_i(\xi,\eta)x_i \\ y = \sum_{i=1}^{4} F_i(\xi,\eta)y_i \end{cases} \quad (18-3)$$

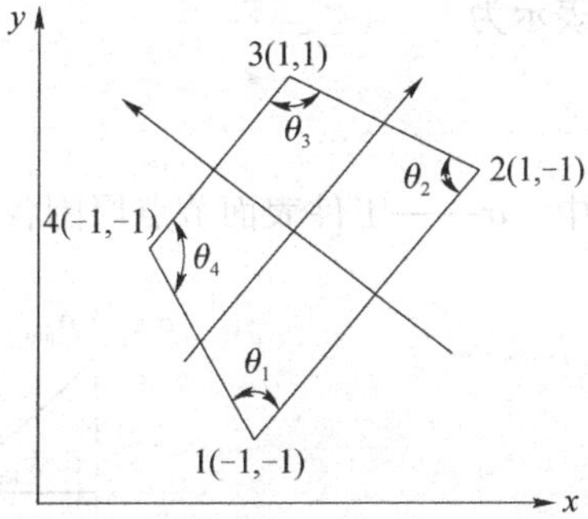

图 18-2　四边形四节点等参单元

网格是否发生畸变可通过判断有限元网格单元的边长或内角的变化来确定，畸变判断的依据是雅可比矩阵行列式$|D|$的值。$|D|$在整个单元内均大于零，它是$\xi$和$\eta$的线性函数，可用式（18-4）表示。

$$|D| = \begin{vmatrix} \dfrac{\partial x}{\partial \xi} & \dfrac{\partial x}{\partial \eta} \\ \dfrac{\partial y}{\partial \xi} & \dfrac{\partial y}{\partial \eta} \end{vmatrix} > 0 \quad (18-4)$$

图 18-2 中四节点处的$|D|$可表示如下：

$$\begin{aligned} |D|_{(-1,-1)} &= l_{12}l_{14}\sin\theta_1 \\ |D|_{(1,-1)} &= l_{21}l_{23}\sin\theta_2 \\ |D|_{(1,1)} &= l_{32}l_{34}\sin\theta_3 \\ |D|_{(-1,1)} &= l_{41}l_{43}\sin\theta_4 \end{aligned} \quad (18-5)$$

式中，两个节点$i$和$j$之间定义的单元边长$l_{ij} = l_{ji}$；$\theta_i$表示节点$i$处的角度，存在式（18-6）所示的关系：

$$\theta_1 + \theta_2 + \theta_3 + \theta_4 = 2\pi \tag{18-6}$$

|D|在整个单元内均大于零，因此必须满足式（18-7）所示的关系：

$$0 < \theta_i < \pi(i = 1,2,3,4) \tag{18-7}$$

当处于畸变临界情况下，即 $\theta_i$ 接近 0° 或 180° 时，式（18-7）成立，但此时的计算精度不高；当网格畸变严重时需要重新划分网格，式（18-8）为网格重划的判断依据。

$$\theta_i \geqslant \frac{5}{6}\pi \ \text{或} \ \theta_i \leqslant \frac{1}{6}\pi \tag{18-8}$$

在切削过程有限元仿真过程中，只是工件-刀具接触区域的少数网格易发生畸变或干涉现象，一般可做局部调整；当畸变单元过多或局部调整无效时，则需要对有限元网格进行重新划分。网格重新划分时要特别注意能够完整传递旧网络信息，要合理离散旧网格边界且选择合适的网格重新生成的方法。

### 18.2.4 刀-屑表面的接触

在金属切削加工过程中，刀具的前刀面对切屑、刀具的后刀面对工件已加工表面都存在摩擦、挤压作用。由此产生的切削热将直接影响刀具的磨损和耐用度，并影响工件的加工精度和表面质量。同时，在切屑、刀具、工件中引起温度、应力、应变等物理量的重新分布，进而由于这些物理量之间的相互耦合作用使工件产生塑性变形。因此，正确理解前刀面的接触摩擦问题，建立刀具与工件之间合理的摩擦模型是切削加工模拟成功实现的关键因素之一。

图 18-3 所示为沿刀屑界面的理想应力分布模型。前刀面上工件底层的最大剪应力可表示为

$$\tau_{\text{max}} = \frac{\sigma}{3} \tag{18-9}$$

式中　$\sigma$——工件表面节点周围各个单元的平均等效应力。

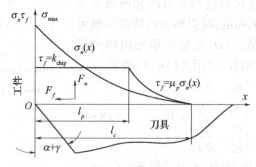

图 18-3　沿刀-屑界面的理想应力分布模型

通过在不同的接触点处比较摩擦剪应力与最大剪应力的大小，决定节点是否位于黏性摩擦区域。当 $\tau_f > \tau_{\text{max}}$ 时，单元的节点位于黏性摩擦区域，否则，位于滑动摩擦区域。库仑摩擦定律适用于滑动区域，即该区域的摩擦系数为常数。而在黏性区域，前刀面上的剪切流动应力 $\tau$ 为常数，由于 $\sigma_n$ 为前刀面上分布的正应力，因此摩擦系数可以表示为 $\mu_i = k_{\text{chip}}/\sigma_n$，即摩擦系数是 $\sigma_n$ 的函数，并在黏性区域内随正应力的减小而减小。可见，库仑

摩擦定律并不适用于黏性区域。另外,在切削加工模拟时,计算的时间步并不受事实存在的接触影响,而且接触面的刚度与垂直于接触面的接触单元刚度具有同样的量级。因此,当接触压力变大时,就可能发生不可接受的相互穿透现象。对于这种情况,可以使用罚数法,并结合增大接触刚度或减小时间步来进行求解。

综上所述,切屑分离标准的确定、动态自适应网格的划分、刀-屑表面接触的处理等技术对于提高切削加工有限元模型的计算精度、效率具有非常重要的作用。

## 18.3　切削过程的有限元模拟的实现

切削加工过程有限元模型仿真可预测刀具磨损、切屑形态,可优化加工参数与刀具几何参数,可为生产企业提供合理的切削数据推荐及可靠的理论技术指导,因此这种建模方式受到很多制造企业的青睐。目前,市场上有很多有限元软件都可用于切削过程有限元仿真,包括通用有限元软件 Abaqus、专用切削有限元软件 AdvantEdge、Deform 等。这些软件包含了多种条件下的有限元分析程序,能进行前处理、模型仿真及后处理等工作,如图 18-4 所示。

图 18-4　有限元软件仿真过程

有限元软件的前处理工作包括模型的建立、网格的划分,以及材料性质与边界条件的确定等;仿真工作主要是对前处理中设定的模型进行仿真模拟;后处理工作包括观察模拟过程以及对仿真结果和输出数据的处理等。

本节分别对 Deform、AdvantEdge、Abaqus 软件的切削过程有限元模拟进行介绍。

### 18.3.1　DEFORM-3D 软件切削过程有限元模拟

DEFORM 软件系列是 Scientific Forming TechnologiesCorporation(SFTC)公司的产品,采用有限元方法对金属成形和加工过程进行模拟分析,在 2D 和 3D 的模拟成形和加工过程中都应用相似的程序。DEFORM 采用了成熟的的数学理论和分析模型,并在许多方面得到了可靠的应用效果,但仍有待进一步的完善。但许多通过实验不易获得的信息,借助DEFORM 软件可以实现,例如,在材料的大变形中,要得到加工过程中切屑形成或模具变形的分析结果是很困难的,采用 FEM 仿真正是这些问题的解决途径。总之,通过完善刀具模型、优化刀具切削轨迹、缩短模拟时间以减少容错信息等措施,有效地运用 DEFORM软件,可以达到优化工艺参数的目的。

DEFORM 集成仿真系统能够模拟从原材料的成形、热处理、加工到产品组装的整个过程,程序在 Windows XP/2000 或流行的 UNIX 界面下均可运行,其直观的图形用户界面为软件的使用和培训都提供了极大的便利。

1. 模拟参数设定及步骤

1) 切削模型和参数定义

DEFORM-3D v6.1 软件环境为例，系统专门提供了一个模拟车削、钻削、铣削的向导，有专门的入口进行模拟过程设定，所以该过程的进入界面、设置都有其独特性。以车削为例，模型如图 18-5 所示，工件旋转，刀具径身和轴向进给，达到层层切削工件表面的目的。

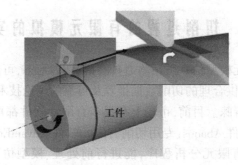

图 18-5 切削示意图

图 18-6 所示为软件模拟中的切削模型。该切削模型分别用进给（Feed）、表面加工速度（Surface Speed）、背吃刀量（Depth of Cut）三个主要参数来描述切削加工过程。根据经验，三个参数给出合适的匹配值，可以模拟处理想得变形加工效果；另外，通过该参数的大小，分析模拟的变化程度和模拟结果，从而分析这些参数对加工过程的影响。

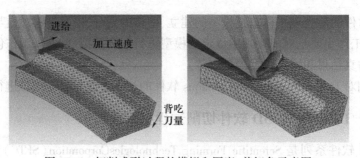

图 18-6 切削成形过程的模拟和厚度、剪切角示意图

2) 模拟步骤

刀具切削圆棒是一个很典型的机加工类型，本例选择切削外圆的模拟有它实际的应用价值，同时便于读者理解。DEFORM-3D 软件向用户提供了一些现成的刀具，刀具形式如图 18-5 所示，还提供与刀具相配的工件，工件分平板式（见图 18-6）和圆弧式，由于本例是切削外圆，工件表面应选择圆弧面形式。模拟操作步骤如下。

（1）进入 DEFORM-3D 主界面。

（2）进入切削加工前处理界面。

（3）生成模型（刀具和工件）用户需选择加工条件、刀具参数、工件参数等，直到最后生成 .DB 文件，从而生成模型。

（4）进行运算。

（5）进入后处理界面对刀具和工件进行分析。

2. DEFORM-3D 软件的前处理过程

1）进入 DEFORM-3D 界面

进入运行 Deform-3D v6.1 程序,进入 DEFORM-3D 主界面(图 18-7)。打开 DEFORM-3D 软件后,其默认目录为安装目录下自动生成的一个文件夹,若用户没有建立新的文件夹,其所做的模拟运算都被放置在该文件夹下,运算结果很杂乱,不便于管理。因此,建议使用有限元软件时,要养成分析每个问题创建新文件夹的习惯。可单击工具栏中打开按钮 📂 选择任意创建的文件夹,如本例题放在 F:\\DEFORM3D\\PROBLEM 目录下进行,即 Deform-3D Ver6.1 的安装目录下的默认工作文件夹,单击【确定】按钮,进入该目录下,如图 18-7 所示。

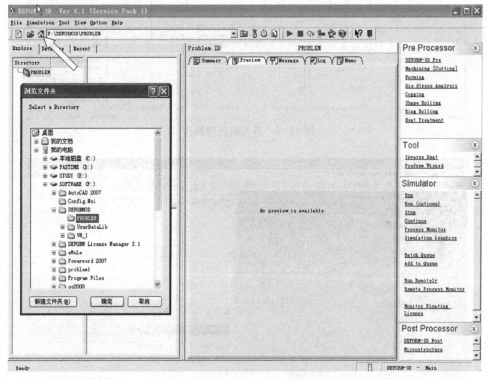

图 18-7　DEFORM-3D 主界面图

在主窗口界面右侧点击前处理 Pre Processor 中 Machining[Cutting]选项,出现图 18-8 所示对话框,输入问题名称,本例应用默认名称 MACHINING,单击【Next】按钮,进入切削前处理界面。

2）切削模型建立

（1）设定工作条件。进入前处理界面会自动出现图 18-9 所示对话框,要求选择单位制(英制或国际单位制),本例选择国际单位制(System International),然后单击【Next】按钮,进入图 18-10 所示对话框。

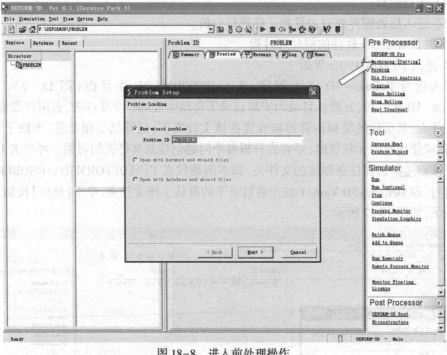

图 18-8　进入前处理操作

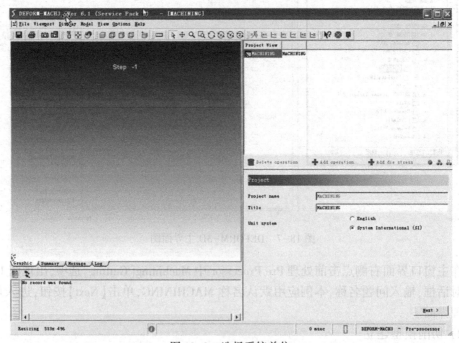

图 18-9　选择系统单位

图 18-10 所示对话框要求选择加工类型,可供选择的加工方式为旋转加工(Turing)、钻削加工(Boring)、磨削加工(Milling)和钻孔加工(Drilling),本例是车削外圆,故选择Turing,然后单击【Next】按钮,进入图 18-11 所示对话框。

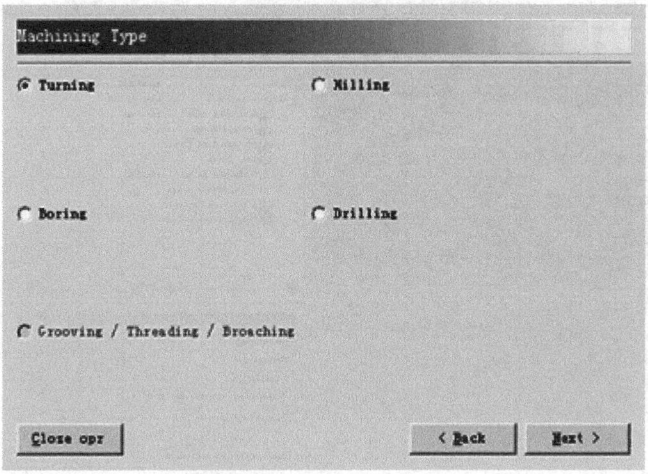

图 18-10　选择车削加工

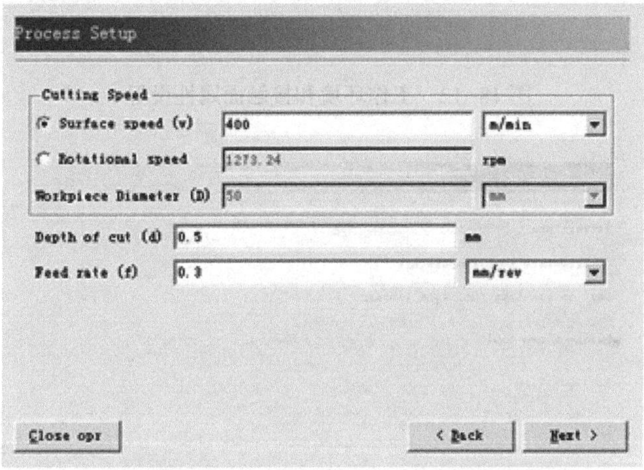

图 18-11　设定切削速度、被吃刀量和进给速率

　　图 18-11 所示对话框设置切削参数值,可根据自己的需要改变数值的大小,不过后面选择刀具参数是要考虑这些参数值。否则,很可能会出现接触错误。

　　该对话框中参数选择:表面加工速度 400mm/min,被吃刀量 0.5mm,进给率 0.3mm/r,单击【Next】按钮,进入图 18-12 所示对话框。

　　图 18-12 所示对话框为设定工作环境和接触面属性,设定温度 20℃、工件接触属性(摩擦系数 0.6 和热导率 45)。单击【Next】按钮后进入图 18-13 所示对话框,要求选用模型库中现存的刀具类型还是建立新的模型。选择刀具库中现有模型,弹出图 18-14 所示对话框。

　　(2) 刀具的设置。图 18-14 对话框是从刀具库中选择刀具类型,选择第二类刀具 DN-MA432,其中 Parameter 标签显示刀具的尺寸参数,Base Material 标签给出材料类型 WC。单击【OK】按钮,回到图 18-13 所示对话框,单击【Next】按钮进入图 18-15 所示对话框。

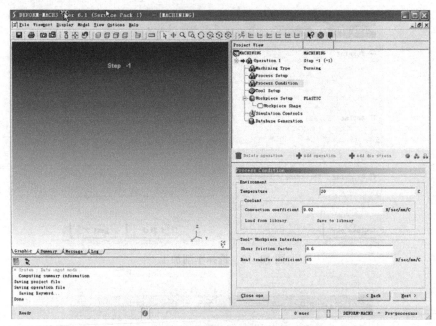

图 18-12　工作环境和接触面属性设置

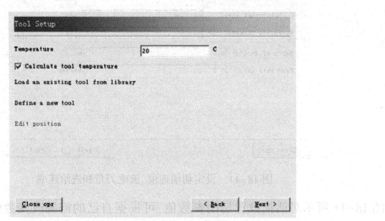

图 18-13　进入刀具设置

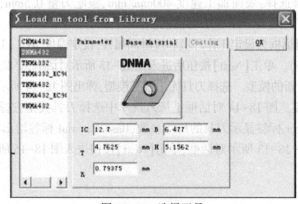

图 18-14　选择刀具

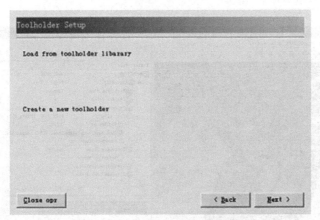

图 18-15　刀夹设置

图 18-15 所示对话框要求选用模型库中现存的刀夹类型还是建立新的模型,选择刀夹库中现有模型,弹出图 18-16 所示对话框。选择第二类刀夹 DCKNR,单击【OK】按钮,回到图 18-15 所示对话框,单击【Next】按钮进入图 18-17 所示对话框。

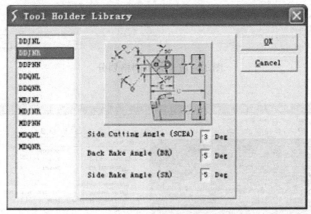

图 18-16　选择刀柄

图 18-17 所示对话框要求定义刀具网格划分。网格划分包括绝对网格和相对网格两种,选用默认的相对网格尺寸。本例输入 35000 个网格,点 Generate mesh 生成如图18-17 主界面中所示的工具网格图。单击【Next】按钮,进入图 18-18 所示界面。

图 18-18 显示刀具约束面情况,保留现有的约束,直接单击【Next】按钮,进入图18-19 出现的对话框。

注:本例后半部分对刀具应力分析任务设定时,要求选择哪个是约束面,在此先作一下说明。

(3) 工件的设定。图 18-19 中设定工件属性和环境温度,保留默认设置,直接单击【Next】按钮,进入图 18-20 所示对话框。

图 18-20 所示对话框要求选定工件形状,是有弯度的还是平直的? Curved modes 是有弯度的模式,由于本例是切削外圆必然选择该模式,本例取工件直径 0.05mm,弯曲角度 15°(弯曲角度指圆弧夹的圆心角大小),单击"Create geometry"生成如图 18-20 主界面中所示的工件。然后单击【Next】按钮,进入图 18-21 所示对话框。

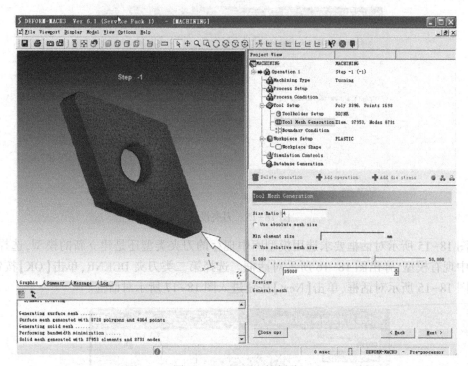

图 18-17　刀具网格划分

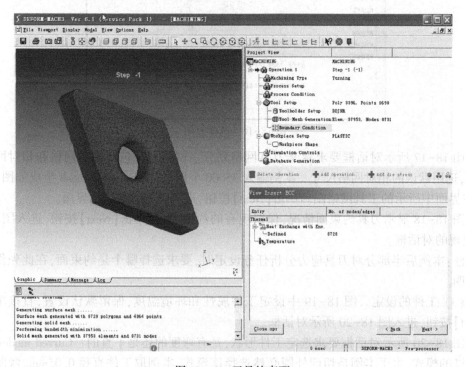

图 18-18　刀具约束面

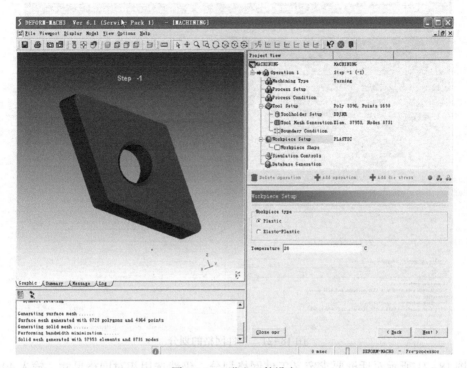

图 18-19　进入工件设定

图 18-19 进入工件设定之后，在右侧设定框中即可选择工件类型尺寸，输入 A 40.7 的 [ ]。单击 [Generate curves]，即可得到如图 18-25 主界面中所示的工件图形域，单击 [Next]，转到如图 18-25 所示的界面。

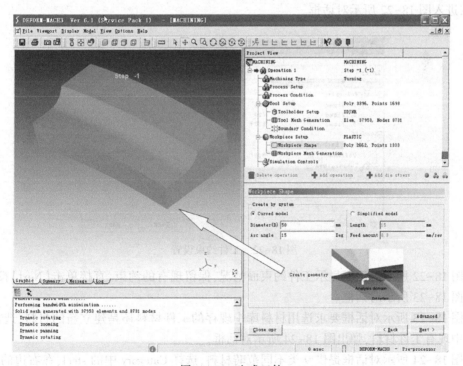

图 18-20　生成工件

图 18-25 中所示的界面中，可以在右侧设定框中即可工件类型尺寸之后，工件的有限元网格划分如图 18-26 所示，工件经过网格划分之后，工件的有限元网格划分 35 如图 18-26 所示，单击 [Next]，转到如图 18-25 所示的界面。

图 18-21 中所示的界面中，在右侧 [Company Workpiece] 的设定框，在 total nodes 中选择 1055 [Min number] 的时间中，单击 [Generate] 即可，如图 18-27 所示界面。单击 [Next] 按钮进入如图 18-25 所示界面之后。

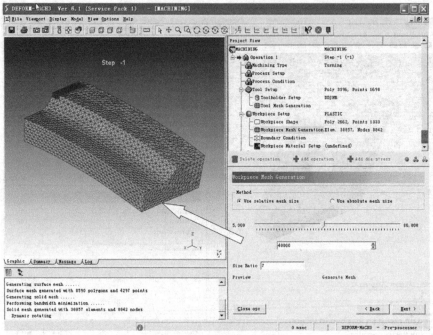

图 18-21　工件网格的划分

　　图 18-21 所示对话框要求定义工件网格划分。仍然选用相对网格尺寸。输入 40 000 个网格，单击"Generate mesh"生成如图 18-21 主界面中所示的工件网格图。单击【Next】按钮，进入图 18-22 所示对话框。

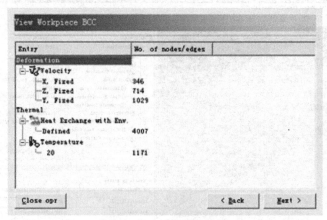

图 18-22　工件约束设置

　　图 18-22 所示对话框显示工件约束面情况，保留现有的约束，直接单击【Next】按钮，进入图 18-23 所示对话框。

　　图 18-23 所示对话框要求选用材料库中现存的工件材料还是建立新的材料，选择材料库中现有工件材料，弹出图 18-24 所示对话框。

　　图 18-24 所示对话框提供 9 类不同范畴材料，选择 Category 中的 steel，在右边的 Material label 中选择 I-1045（Machining）作为工件的材料，单击【Load】按钮，回到图 18-23 所示对话框。单击【Next】按钮进入图 18-25 所示窗口。

（1）将步长设为 25，则每隔25步保存模拟结果一次，每步对应切削角度 0.015。总共
有1500步数，满足模拟需求。切削时刀具加工的切削弧度设为7.5。勾选上图中的采用刀具磨
损度 15。采用 Load wear calculation with Usui model 选项，进行刀具磨损计算。其中系数及
应力在可调范围内，取磨损系数 a 为0.00000001 及0.00000，单击图中 [Next] 按钮，进
入图 18-26 的对话框。

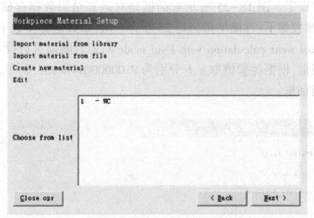

图18-23　进入工件材料设置

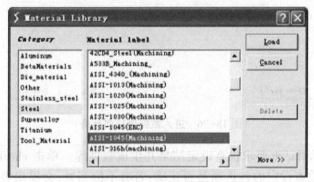

图18-24　选择工件材料

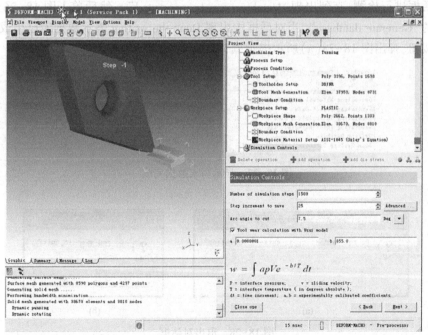

图18-25　设定模拟条件

（4）模拟条件设定。图 18-25 所示对话框是对运算结果数据存储步数、终止、磨损条件的设定，具体参数如下：存储增量为每 25 步存一次，总共运算步数 1500 步，切削终止角度 15°。另外，Tool wear calculation with Usui mode 对刀具磨损进行设定，以便后处理时可以查看刀具磨损量，根据经验值取 a、b 分别为 0.0000001 和 855.0，单击【Next】按钮，进入图 18-26 所示对话框。

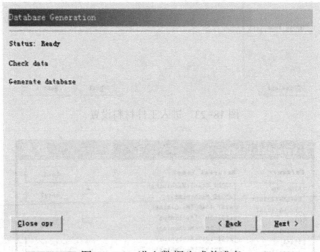

图 18-26　进入数据生成前准备

图 18-26 所示对话框要求检查设定结果并生成数据库。单击 check data 并在图18-27 所示对话框中检查设定的各选项是否正确，若有不恰当处，会提出警告或错误。需根据提示，单击【Back】按钮回到出问题的窗口，对设定值进行修改，然后重新进入图18-27 所示对话框进行检测，直到出现"Database can be generated"。然后单击图 18-26 所示对话框中的"Generate database"，当对话框中出现 Done the writing 表示数据库已生成。单击【Next】按钮，弹出图 18-28(a)所示提示框，单击【Yes】按钮。

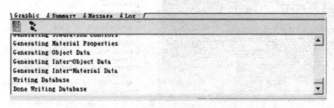

图 18-27　显示写入数据完成

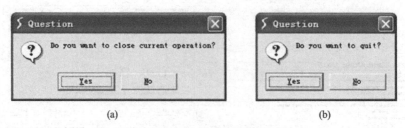

(a)　　　　　　　　　　　(b)

图 18-28　退出对话框

提示:本例题在设定模型时容易出现问题的地方在刀具和工件接触部分,导致的原因如被吃刀量值、进给量与刀具尺寸是否合适,进给量是否太大,工件和刀具是否太大,工件和刀具是否接触上,另外,工件、刀具划分网格是否够精度等。

(5)退出前处理。单击工具栏的【退出】按钮,弹出如图 18-28(b)所示提示框,单击【Yes】,退出前处理,同时在主窗口的文件夹下生成 MACHINING. DB 文件,如图 18-29 所示,完成切削加工的前处理过程。

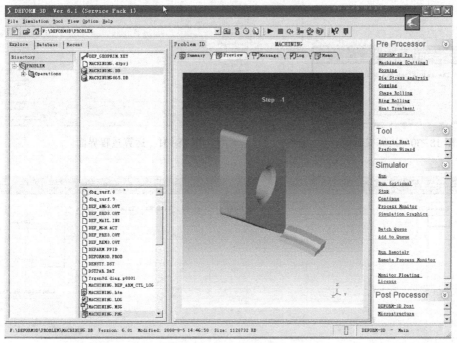

图 18-29 主界面

3. DEFORM-3D 模拟运行过程

完成切削模型前处理过程后,用鼠标左键单击文件目录菜单下的 MACHINING. DB 文件,在 DEFORM 主窗口中单击工具栏中【开始】按钮;也可以单击 DEFORM 主窗口右侧 Simulator 标题下 run 选项,出现图 18-30 所示的提示对话框,单击【OK】按钮,出现图 18-31 所示的模拟运行界面。

Running 表示正在运行,Message 和 log 标签可以查看运行过程中每一步时间起止、节点、接触等情况。运行是以 Step 的形式保存数据,其存到生成的 .DB 文件内。

运算过程中可以从主窗口选中模拟文件(MACHINING. DB),单击主窗口右侧 Post Processor 栏下的 DEFORM-3D Post 选项,进入到后处理界面,观看模拟效果。

如果模拟效果不好或者有其他原因需要停止模拟过程,可以通过主窗口右侧 Simulator 栏下的 ProcessMonitor 选项监控运行过程(见图 18-32),Abort 表示把该 Step 运算完成后停止,Abort Immediately 选项选择后立即停止运行。停止后,图 18-31 所示的 Running 消失。

正常运行结束后可以打开后处理分析结果。

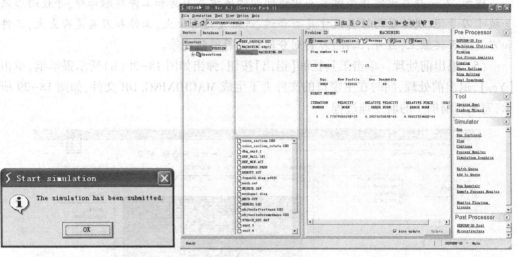

图 18-30　运算提示框　　　　　　　　图 18-31　运算过程界面

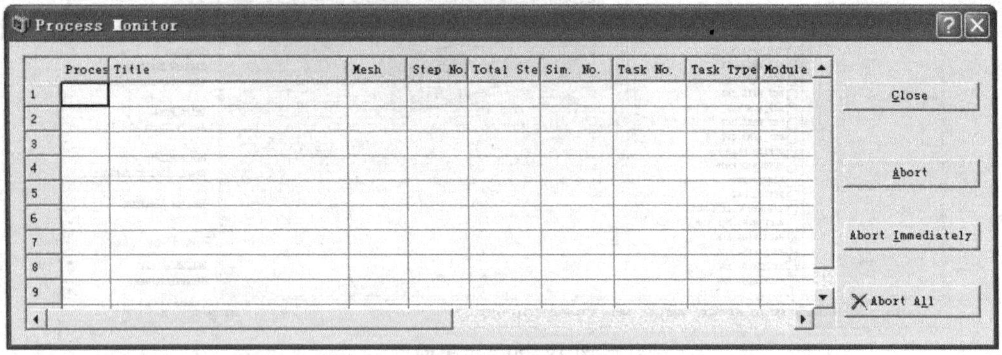

图 18-32　运算控制框

**4. 刀具特性分析设置**

刀具的切削性能特征包括切削过程中的应力、应变、位移等变化特征。

刀具特征分析步骤如下。

（1）刀具特征分析，如图 18-33 所示，主窗口下选择 MACHINING. DB 文件，单击 Die Stress Analysis 进入界面。

（2）根据对话框提示栏信息逐步设定刀具需要的条件、参数等。

（3）设定完毕通过运算生成新的.DB 文件。

（4）在生成的.DB 文件下通过后处理来分析刀具的变化特征。

**1）打开刀具应力界面**

在主窗口下选择 MACHINING. DB 文件，单击右侧 Pre Processor 栏中 Die Stress Analysis 选项，出现如图 18-33 所示的 Problem Setup 对话框，可以更改对话框上问题名城（Problem ID），本例使用 MACHINING_1，单击【Next】按钮，会出现图 18-34 所示界面。

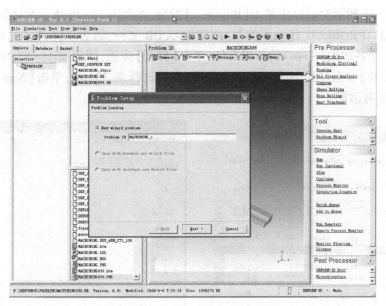

图 18-33　打开刀具分析操作

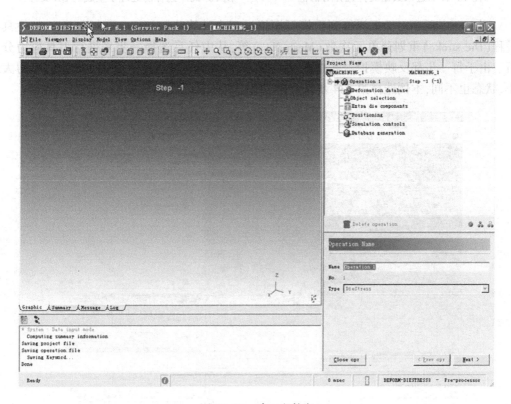

图 18-34　建立文件名

2) 条件、参数设置

图 18-34 对话框中选用默认的 Operation Name,直接单击【Next】按钮,出现图 18-35 所示对话框。

在图 18-35 所示对话框中单击【Browse...】按钮，弹出图 18-36 所示对话框，选择 F：\\DEFORM3D\\PROBLEM 目录下的 MACHINING.DB 文件，因为该文件已经包含模拟运算（Running）中各步数（Steps）的数据文件，单击【打开】按钮，回到图 18-35 所示对话框，选择模具（刀具）变形过程中的某一步来分析，本例选择第 334 步，单击【Next】按钮出现图 18-35所示对话框。

图 18-35 进入数据文件选择对话框　　　图 18-36 选择前处理中生成的 DB 文件

图 18-35 所示对话框详细列出模型模拟过程中计算步数（Step）、时间（Time）、模具进程（Die stroke）重划分单元次数（Mesh No.）等，从中任意选择一步来进行刀具应力分析。由于每一步都反映模拟过程中的一个状态，因此选择的步数不一样，最后的应力大小、状态也不同，本例选择第 334 步来分析，单击【Next】按钮，出现图 18-37 所示界面。

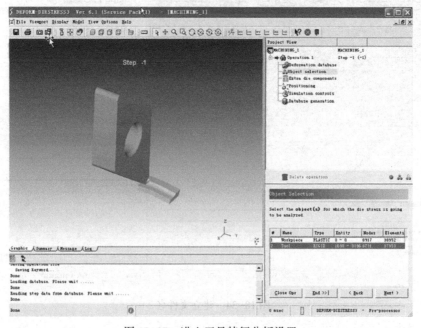

图 18-37 进入刀具特征分析设置

出现图 18-37 所示对话框，选择要分析的模具元件，2 号元件 Tool 即刀具件，选择 Tool，单击【Next】按钮，进入图 18-38 所示对话框。

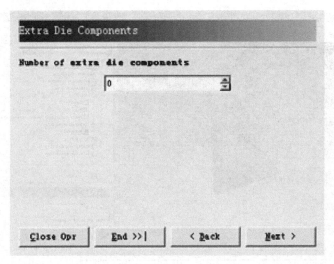

图 18-38　其他模具组件设定

图 18-38 所示对话框询问变形过程中是否包含其他的模具组件。由于该模型只有一个模具和一个工件,不存在其他模具组件,因此选择模具组件的个数为 0。单击【Next】按钮,进入图 18-39 所示对话框。

图 18-39 所示对话框选择加工模拟过程中的模具形态(等温或非等温),选择等温状态 Isothermal,单击【Next】按钮,进入图 18-40 所示对话框。

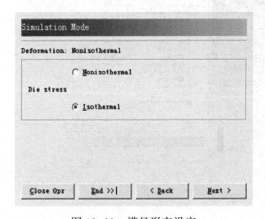

图 18-39　模具形态设定

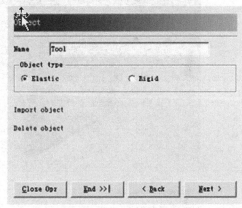

图 18-40　选择刀具属性

选择刀具名称为 Tool,属性为 Elastic,单击【Next】按钮,进入图 18-41 所示界面。

3) 刀具网格和约束设置

图 18-41 所示界面对话框中要求选择刀具的网格类型,可以选择刀具已经划分好的网格,也可以选择新的划分类型,本例选择已经划分好的网格,单击【Next】按钮,进入图 18-42 所示对话框。

图 18-42 所示对话框中要求设定接触容差,选用默认接触容差值,点击 Interpolate force Tolerance,弹出图 18-43 所示对话框,直接单击【OK】按钮,回到图 18-42 所示对话框。单击【Next】按钮,进入图 18-44 所示界面。

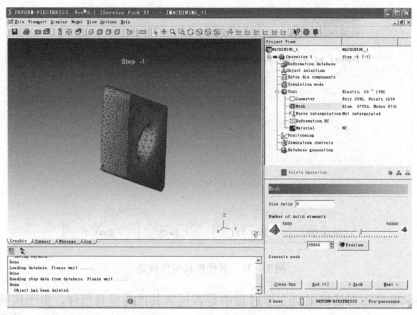

图 18-41　选择刀具网格

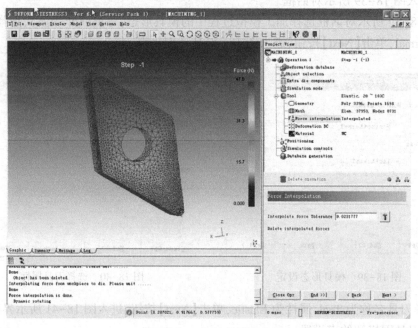

图 18-42　接触容差设定

　　如图 18-44 所示，定义出切削面约束面，在划分网格时，显示出节点约束的面称为约束面，由于现实中的刀具通过垫片通刀架相连，该面确实是固定的。另一面是刀具切削金属的面，称为切削面。在 BCC 下点选 Velocity，在 Fix direction 下点选 X+Y+Z，选择约束面，单击 按钮，刀具约束面即被定义。单击【Next】按钮，出现图 18-45 所示窗口。

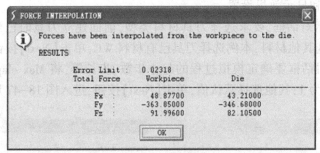

图 18-43　接触力表框

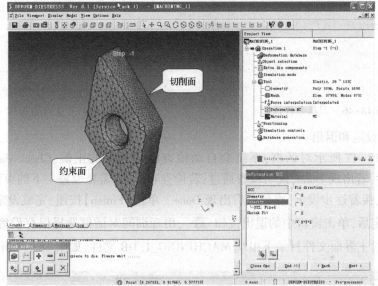

图 18-44　选择刀具约束面

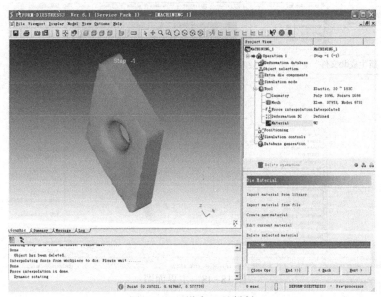

图 18-45　设定刀具材料

4）刀具材料和显示效果设置

图 18-45 所示对话框，要求选择刀具材料类型，前面建立刀具时已经给出它的材料 WC，不过也可以选其他材料，本例选择刀具已有材料 WC，单击【Next】按钮，出现图 18-46 所示对话框。该对话框要确定模拟过程的起止步数、步长等，将 Max elapsed process time per step 中的值改为 1，其他选择默认值，单击【Next】按钮，进入图 18-47 所示对话框。

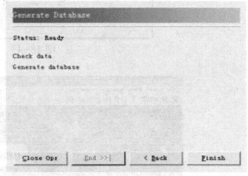

图 18-46　刀具条件设置　　　　　　　　图 18-47　生成数据库

5）检查设定和退出

进入图 18-47 所示对话框，系统会自动检查设定过程的正误，Check data，Generate database 完后，若出现 Done，说明检查通过；若检查有误，则需要设置一下约束面。再单击【Back】按钮，接着逐步设定，直到最后出现 Done。单击【Finish】按钮，完成设定。

完成设定后，单击窗口中的退出按钮 ，出现询问对话框选择保存设置，退到主窗口界面。这时主界面文件目录下出现 MACHINING_1. DB 文件，如图 18-48 所示。

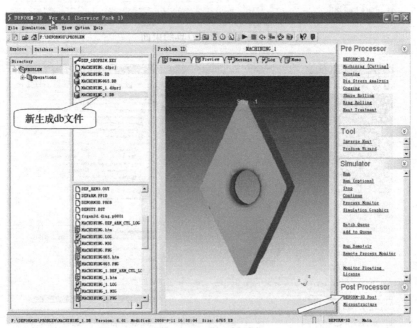

图 18-48　主界面图

6）模拟运算

单击主窗口工具栏上开始运算按钮 ▶，或 Simulator 工具栏下 Run 选项，启动运算，可以通过 Message 和 Log 标签下拉菜单查看运算结果，该计算只有一步，计算很快结束。

5. 后处理分析

1）查看刀具应力、变形量

打开 DEFORM-3D 软件，进入到 F:\\DEFORM3D\\PROBLEM 文件夹下，选择 MACHINING_1. DB 文件（见图 18-48），单击主窗口左侧 Post Processor 栏下的DEFORM-3D Post 选项，出现后处理窗口，如图 18-49 所示。图中左右两个箭头表示，从箭头处选择运算步数 1（step1），右箭头选择不同的分析状态（应力、应变、速度、位移、破坏等）。

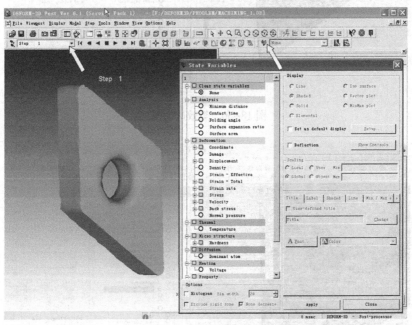

图 18-49　操作提示

（1）查看刀具应力。选择 Stress 下 Effective 选项，单击窗口右侧【Apply】按钮，在显示区内显示刀具等效应力情况，如图 18-50 所示。由于选用国际单位制，现实的应力范围为 0MPa~1860MPa。只有刀尖处切削金属，所以应力集中在切削刀尖处。

（2）查看刀尖处棱线位移量。选择 Displacement 下 Total Disp 选项，单击【Apply】按钮，通过刀具刀尖棱线位移变化大小，来反映出刀具的塑性变化情况，如图 18-51 所示，最大变化量 0.00259m。

（3）查看刀具磨损情况。在 F:\\PROBLEM 文件夹下，选择 MACHINING. DB 文件，单击主窗口右下角的 Post Processor 工具栏下的 DEFORM-3D Post 选项，进入后处理窗口。

如图 18-52 中的箭头所示，在 Tree Display 窗口，先选择 Workpiece，再单击【Show Object】按钮，工件就会隐藏，显示窗口只剩下刀具。

按图 18-53 所示从左向右分别选择运行步数、分析类型（磨损深度）、线形显示方式，

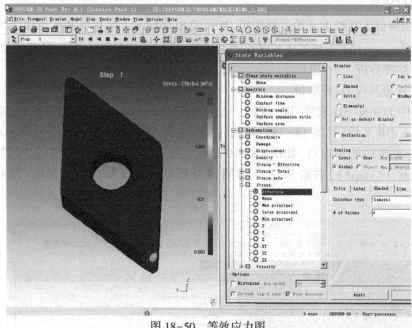

图 18-50　等效应力图

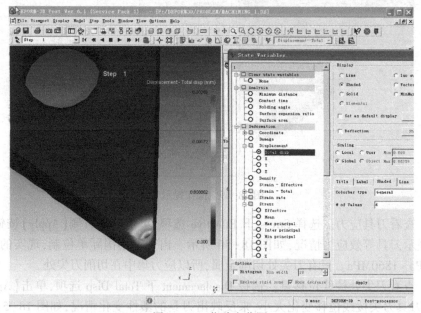

图 18-51　位移变化图

单击【Apply】按钮，查看结果，如图 18-54 所示。

　　刀具磨损量是在刀尖切削工件处由内向外磨损量依次不规则递减，等量磨损值连成的曲线呈现一圈圈不规则的闭合线。其中闭合曲线由刀具形状、刀具划分网格、被切削工件的形状、硬度、被吃刀量以及选择的步数值等多种因素共同决定，这要求分析过程中根据具体的题设条件来分析，并根据磨损情况分析这些参数是否合适，还可以通过该图形估算刀具寿命。

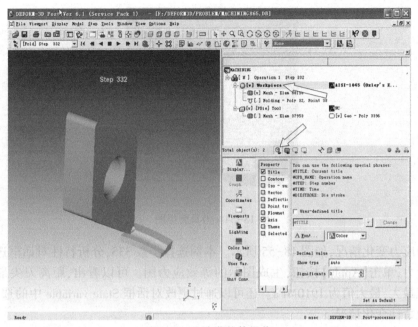

图 18-52　隐藏物体操作

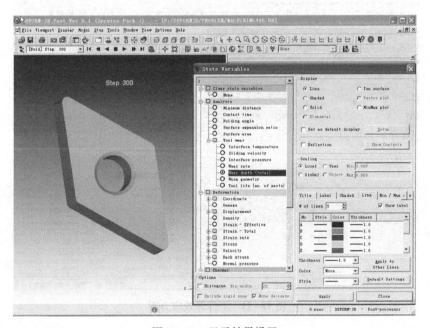

图 18-53　显示结果设置

2) 其他后处理分析

（1）工件的应力情况。在 F：\\DEFORM3D\\PROBLEM 文件夹下，选择 MACHINING. DB 文件，单击主窗口右下角的 Post Processor 栏下的 DEFORM-3D Post 选项，进入后处理窗口。在组件显示区选择 Tool 件，再单击【Show Object】按钮，隐藏刀具。

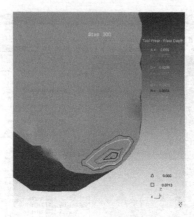

图 18-54　刀具磨损图

查看应力变化情况，如图 18-55 所示。本例选择步数 335，分析特性对话框选择工件的等效应力，单击【Apply】按钮，生成图示的等效应力图。可以看出，距离刀尖最近的金属应力值最大，最大值为 1910MPa。还可以通过更改对话框 State variable 中的选项，查看工件其他特性变化情况。

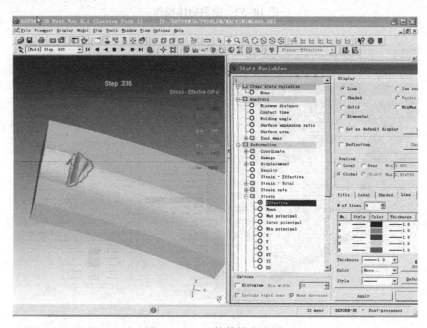

图 18-55　工件等效应力图

选择在 F：\\DEFORM3D\\PROBLEM 文件夹下 MACHINING. DB 文件，进入后处理界面，以下后处理功能都是在该界面下完成，如图 18-56 所示。

（2）动态模拟过程。可以通过单击工具栏中动画按钮 ，按钮从左向右，依次为显示第一部、后退一部、向后动态模拟、停滞、向前动态模拟、前进一步、最后一步，选择不同按钮，观看静/动不同状态，可以直观形象地反映出切削加工细节。

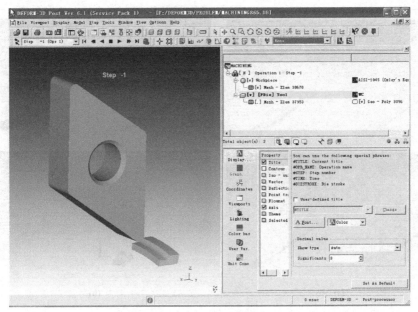

图 18-56  后处理界面

（3）多窗口显示功能。显示区默认显示个数是 1，若需要同时实现十多个，右击工具栏中的多窗口显示按钮 ，弹出如图 18-57 所示的多窗口显示对话框，单击"Ctrl+4"选项，显示区出现如图 18-58(a)所示的显示结果相同的四个图形。

DEFORM-3D 还可以在同一窗口显示多个特征图，如图 18-58(b)所示，四个特征图不但显示的步数不同，显示的特征状态也不同。

多窗口显示是 DEFORM-3D 的一个优势所在，它可以多窗口显示某个过程不同的状态，以达到比较和显示不同特征效果的需要。

用户可以根据需要运用该功能对分析图形进行合理规划，能够产生良好的显示效果。

图 18-57  多窗口对话

（4）显示载荷曲线功能。如图 18-59 所示，单击工具栏中的 按钮，出现 Graph(Load-Stroke)窗口，选择作图对象 Insert 和 Workpiece，$X$ 轴可选择 Time、Stroke、Step 和 Load，$Y$ 轴可选择 x、y、z 方向的载荷、速度、力矩、角速度等。本例选 $X$ 轴（Stroke）、$Y$ 轴（z 向载荷），单击【Apply】按钮，生成 Graph(Load-Prediction)图线。力参数值的大小在分析中很重要，该图线可以很好地反映受力大小。

（5）点的特征跟踪。可以通过图 18-60 所示步骤建立特征跟踪数据。首先隐藏刀具，把工件放大到合适的位置。选择点跟踪图标 ，出现 Point Tracking 对话框如图 18-60 所示，在工件显示区点击工件上距离被切削处较近的一点（见图 18-60 左界面显示区）在图 18-60 对话框中单击【Next】按钮。

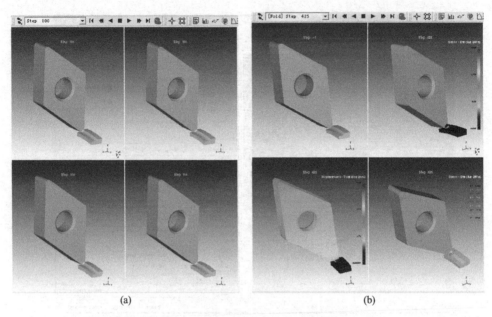

图 18-58　多窗口显示

（a）多窗口显示同种状态；（b）多窗口显示不同的状态

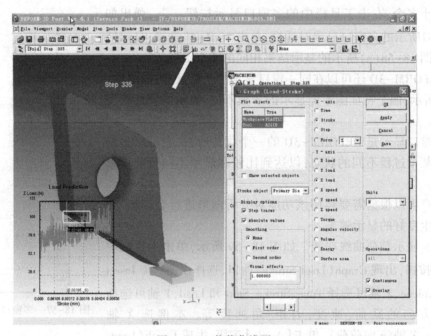

图 18-59　载荷曲线图

出现图 18-61 后，从中选择保存数据类型为 Sort by Step，单击【Finish】按钮，系统将会把所要的数据以 Step 的形式保存下来，供分析使用。该过程需要一段处理时间，并在窗口左下角信息提示栏显示栏显示运算的百分比。当信息提示栏显示 100% 时，计算完毕。

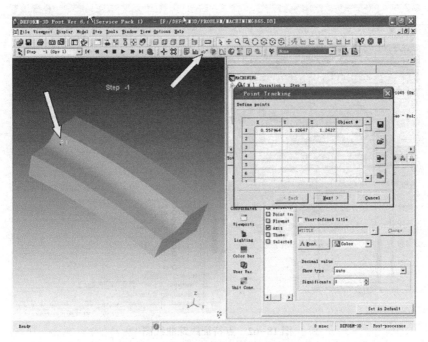

图 18-60　进入点特征跟踪设置

图 18-61　选择数据保存类型

　　如图 18-62 箭头所示,可以从状态分析图标选择分析类型,再选择一个步数如第 335 步,然后单击 State Variable 图框的【Apply】按钮,就会出现图 18-62 左界面显示区中所示的图线,它反映了所跟踪的点每一步的应力值情况,这样可以根据它的大小对工件加工过程作判断和分析。

　　(6) 剖切面功能。分析过程中往往要求分析模拟内部结构情况,这就需要用到剖切面。剖切面功能对刀具和工件都适用,为了看得清楚,只对工件进行剖切面操作。

　　在后处理界面元件目录栏选中 Tool,再单击隐藏按钮 🖳 把刀具隐藏。单击工具栏中剖切面 ◈ 按钮,出现图中 Slicing 对话框,如图 18-63 所示。

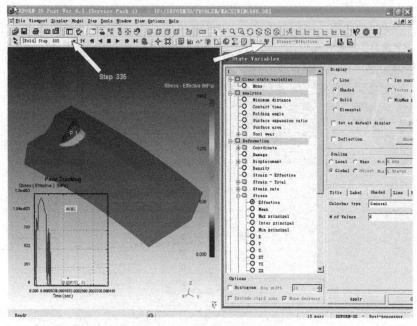

图 18-62　点特征跟踪曲线图

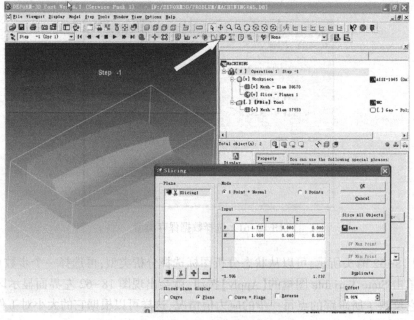

图 18-63　剖切面设置界面

　　默认点和法线操作（Point+Normal），在显示区中出现的长方形边框，与坐标方向一致的各边线代表各个法线方向。单击不同边的位置，会出现不同的剖切面形式，根据需要点击合适的位置，也可以采用输入坐标的方式达到精确剖切的目的。图 18-64 所示为不同的剖切面。

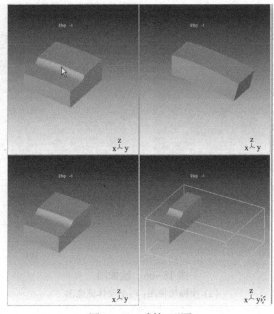

图 18-64 剖切面图

（7）镜像功能。如图 18-65 所示，单击镜像按钮 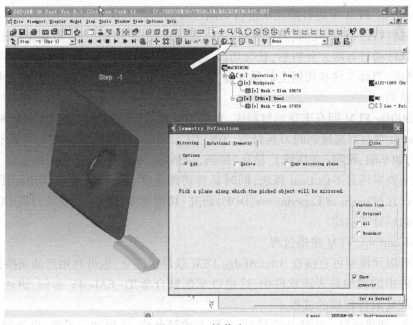，出现图中对话框，选择 Add 选项后，无论对刀具还是工件，只要点击靠近物体的一个平面，就会以该平面为对称面镜射出同样的个体。图 18-66 所示为依次单击工件一侧面生成的立体图。用户可根据需要，呈现完整的模型。

图 18-65 镜像窗口

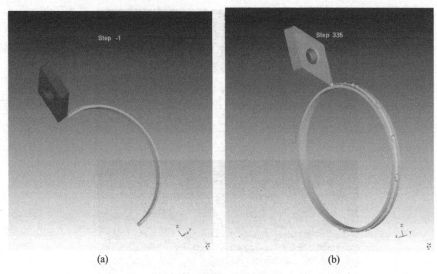

(a)　　　　　　　　　　　　(b)

图 18-66　镜像图

（a）半圈镜像图；（b）整体镜像图

### 18.3.2　AdvantEdge FEM 软件切削过程的有限元模拟

成立于 1993 年的美国 Third Wave Systems 公司，主要业务是开发和销售有限元切削加工仿真软件，其主要产品 AdvantEdge FEM 软件采用有限元方法对切削加工过程进行模拟；另一产品 Production Module 擅长于工艺分析，并基于切削力、温度等仿真数值对 NC 程序进行优化。

AdvantEdge FEM 采用有限元法进行切削过程的物理仿真，作为切削条件输入的内容包括工件材料特性、刀具几何、刀具材料特性、切削速度、冷却液参数、刀具振动参数、切削参数等。软件通过有限元分析后，获得切削加工过程中的切削力、切屑打卷、切屑形成、切屑断裂、热流、刀具工件和切屑上的温度分布、应力分布、应变分布、残余应力分布等物理特性输出结果。

AdvantEdge FEM 拥有丰富的材料库，包括 120 种从铸铁到钛合金的工件材料，100 种从 Carbide、金刚石到高速钢的刀具材料，TiN、TiC、$Al_2O_3$、TiAlN 涂层材料；可进行丰富的工艺分析，如车削、铣削（含插铣）、钻孔、镗削、拉削等，冷却液侵入、喷射等方式。其刀具磨损仿真主要采用日本的 Usui 算法；同时具有切削速度、进给量、前角、切削刃圆弧半径参数试验设计（Design of Experiments，DOE）研究；切削速度、进给量、变换刀具 DOE 研究；具有丰富的后处理功能。

1. AdvantEdge FEM 建模过程

切削有限元模型可直接在 AdvantEdge FEM 软件中建立，也可利用产品交换技术将其他建模软件中的模型导入该软件中，这里以车削钛合金 Ti-6Al-4V 为例，讲述利用 AdvantEdge FEM 软件建模的过程。

第一步，创建项目。创建新项目时，要输入项目名称，选择加工类型，可选择 2D 切削或 3D 切削的车削、铣削等加工方式。其中，2D 切削还可选择车削（包括微加工）、顺铣、逆铣、锯削和拉削等切削方式，3D 切削可在车削、铣削、钻削、攻丝、开槽或镗削等选项中选择。这里选择三维车削,在斜角车削、圆角车削、外圆车削和端面车削等车削类型中选择圆角车削,考虑刃口半径的影响。

第二步,设置工件参数,如图 18-67 所示。为了缩短模拟计算时间,将圆角车削中的工件高度设置成约为 5 倍的进给,工件宽度设置约为工件高度的一半。

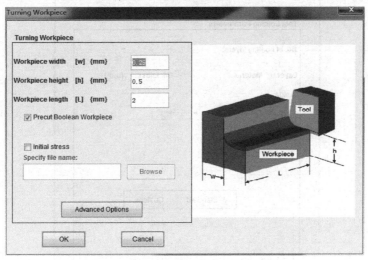

图 18-67　AdvantEdge FEM 工件参数设置

第三步,设置刀具参数,如图 18-68 所示。可通过选择不同字母代号所代表的形状、角度等,如 C 类表示菱形 80°车刀。用户可以为刀具添加涂层,如图 18-69 所示,可定义层数及涂层材料和厚度,材料可从 TiN、$Al_2O_3$、TiC 和 TiAlN 等中选择,用户最多可添加三层涂层。如欲研究刀具磨损,还可设置刀具磨损模型。

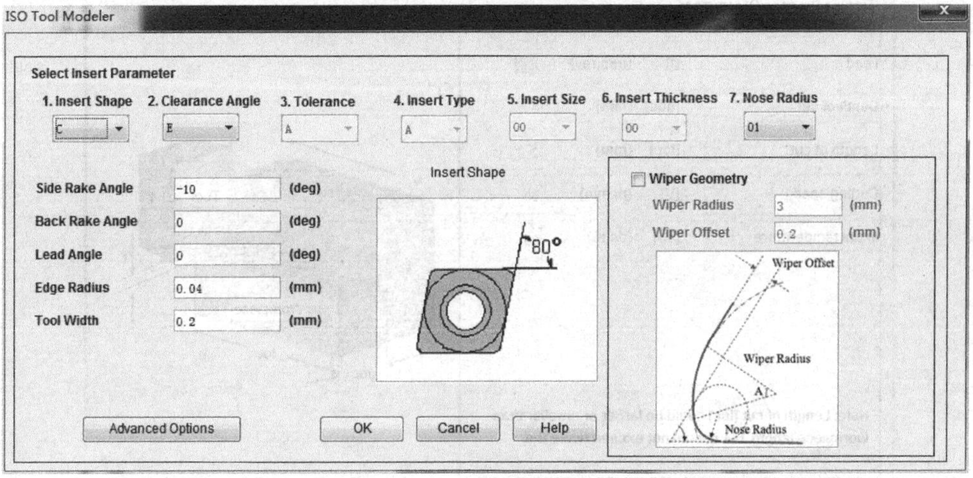

图 18-68　AdvantEdge FEM 刀具参数设置

第四步,设置工艺参数,如图 18-70 所示。可以各工艺参数进行设置,如进给量 $f$、切削速度 $v$、切削深度 $a_p$、初始温度等,可对摩擦系数进行设置。另外,还可进行冷却液参数设置,根据冷却剂类型来确定传热系数 $h$,设置冷却液初始温度与冷却区域,如图 18-71 所示,还可切换至毛刺模式进行毛刺模拟,使切屑分离后毛刺仍存在于工件表面上。

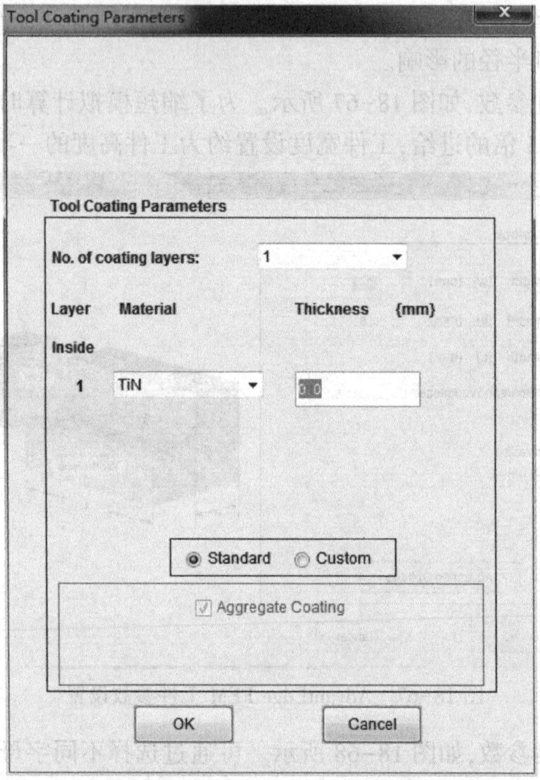

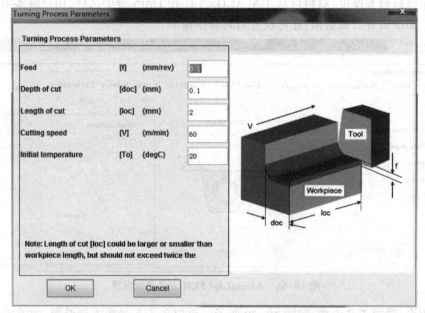

图 18-69  AdvantEdge FEM 添加涂层

图 18-70  AdvantEdge FEM 工艺参数设置

第五步，设置仿真选项。可分别设置仿真选项下的四个选项卡：常规、工件网格划分、结果和并行。常规选项卡设置如图 18-72 所示，用户可以定义仿真模式、刀体建模、选择残余应力分析、确定稳态分析等，选择残余应力分析，确定稳态分析和定义刀体建模；工件

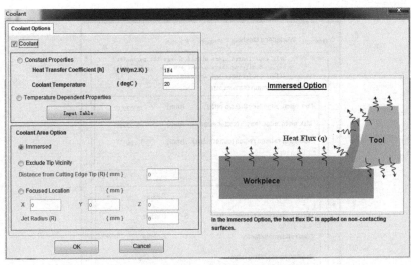

图 18-71　AdvantEdge FEM 冷却液建模

网格划分选项卡设置如图 18-73 所示,用户可设置工件网格划分参数,这些参数的正确设置直接影响到仿真的性能与精度;在结果选项卡下,用户可以等高线图形式查看仿真结果,并可查看某一时刻的输出及切削力信息;在并行选项卡下,如激活此功能,可加快仿真速度。

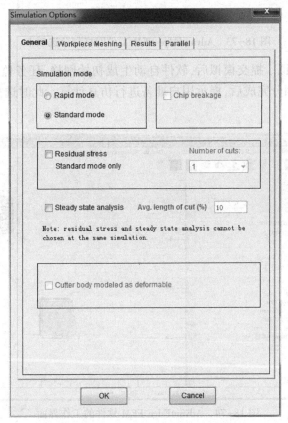

图 18-72　AdvantEdge FEM 常规选项卡

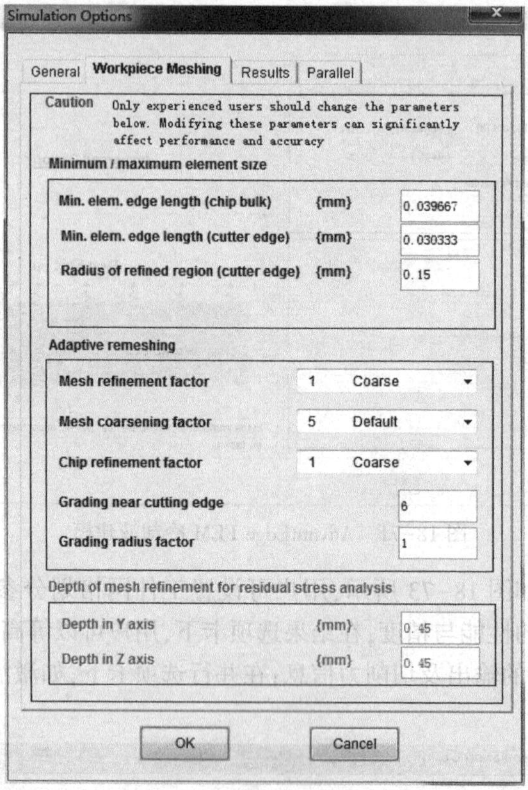

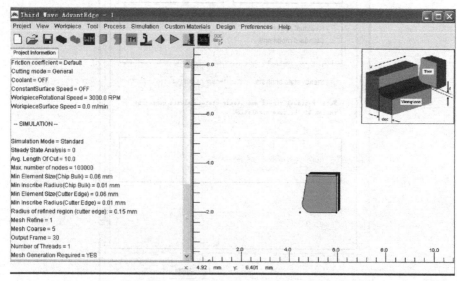

图 18-73　AdvantEdge FEM 工件网格划分选项卡

第六步，提交模拟。提交模拟后，软件自动生成初始网格，任务监视器自动打开以显示工作进度。网格划分完成后，提示用户准备进行仿真计算。此时选择"Submit Now"，即进入模拟计算阶段。

图 18-74　AdvantEdge FEM 软件的工作界面

2. 分析的工艺类型

1）车削

支持 2D、3D 仿真，可以仿真抽象成直面，也可以仿真曲面加工。

（1）车削 2D 仿真。车削 2D 仿真包括常规切削仿真、进给在 1μm 以下的微切削仿真。

（2）车削 3D 仿真如图 18-75 所示。

图 18-75　车削 3D 仿真

2）铣削

支持顺铣、逆铣的 2D 和 3D 仿真。

（1）铣削 2D 仿真如图 18-76 所示。

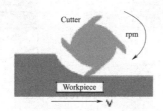

图 18-76　铣削 2D 仿真

（2）铣削 3D 仿真如图 18-77、图 18-78 和图 18-79 所示，含斜坡铣、锯铣等。

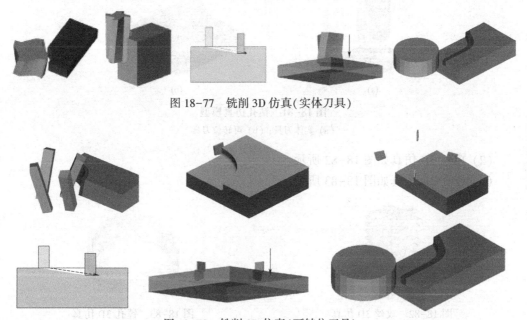

图 18-77　铣削 3D 仿真（实体刀具）

图 18-78　铣削 3D 仿真（可转位刀具）

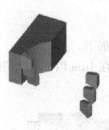

图 18-79　铣削 3D 仿真（玉米铣刀）

3）钻孔、攻丝、镗孔

支持 3D 仿真，可从仿真刀具刚接触工件开始仿真，也可从刀具深入钻孔开始甚至刀具穿透工件，如图 18-80 所示。

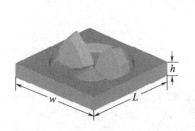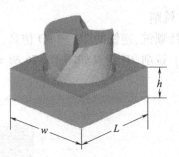

图 18-80　钻孔仿真模型

（1）钻孔 3D 仿真如图 18-81 所示。

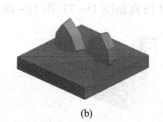

(a)　　　　　　　　　　　　　　　(b)

图 18-81　钻孔仿真模型

(a) 实体刀具；(b) 可转位刀具

（2）攻丝 3D 仿真如图 18-82 所示。

（3）镗孔 3D 仿真如图 18-83 所示。

图 18-82　攻丝 3D 仿真　　　　　　　　　　图 18-83　镗孔 3D 仿真

4）切槽

支持 3D 仿真,如图 18-84 所示。

5）锯

支持 2D 仿真,如图 18-85 所示。

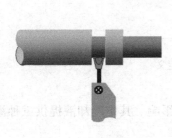

图 18-84 切槽仿真

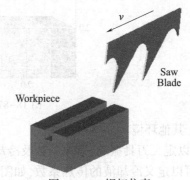

图 18-85 锯切仿真

6）拉削

支持 2D 仿真,如图 18-86 所示。

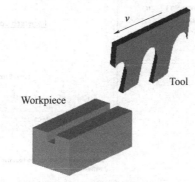

图 18-86 拉削仿真

3. 仿真所考虑的加工环境

1）工件和刀具部分

软件自带画图工具,也可输入工件几何关键数据,或导入 STEP 格式文件,可以产生 2D 工件几何或 3D 工件几何;刀具几何的产生除了与上述工件几何方法一样,还可通过读入刀具库中 Sandvik 刀具、部分工艺可以读入 DXF 格式刀具及导入 STL、STEP、DXF、Nastran、VRML 格式刀具几何等。

软件有丰富的材料库,包括铝、钢、不锈钢、铸铁、镍钛合金等 100 多种材料。软件自带材料可以查看材料成分,以便查找国内对应的材料。客户还可以根据材料本构方程自己定义材料。此外,除了常规的单一材料,还支持复合材料,最多定义 5 种材料,如图18-87 所示。

2）切削参数

该软件可以定义进给量、切削速度、轴向切深、径向切深、初始温度等因素。

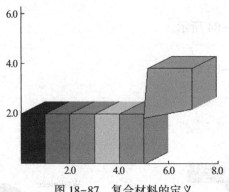

图18-87 复合材料的定义

3）其他环境

可以定义刀具振动、摩擦系数及冷却液对加工的影响。其中冷却液提供三种添加方式，并可以定义冷却液的传热系数，如图18-88所示。

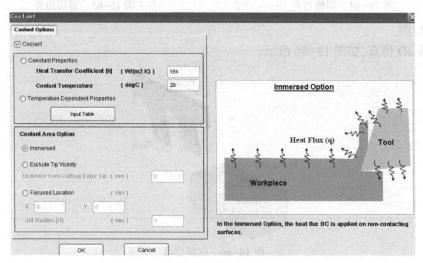

图18-88 仿真时冷却液的添加

4. 后处理

1）结果的表现形式

Advantedge后处理的输出结果包括云图（见图18-89）、曲线（见图18-90）、3D结果比较分析图（见图18-91）、导出数据等形式。

2）仿真可以得到的结果

经仿真分析后可以得到的结果如下。

（1）加工的动画过程，如图18-92所示。

（2）温度场。

（3）应力场、塑性应变率，如图18-92所示。

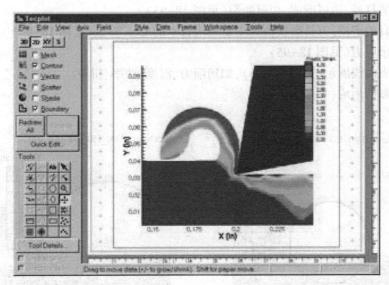

图 18-89　云图

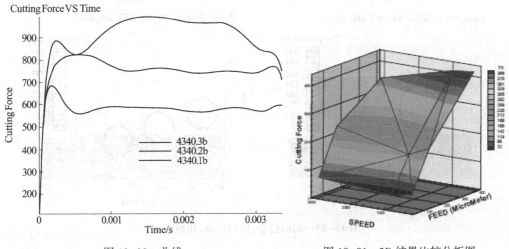

图 18-90　曲线

图 18-91　3D 结果比较分析图

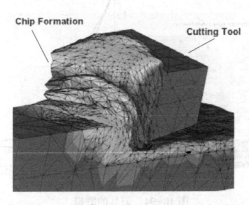

图 18-92　加工的动画过程及温度、应力、应变

（4）切屑打卷、切屑形成、切屑断裂（见图18-93）。

（5）刀具的磨损；刀具磨损仿真主要采用日本的 Usui 算法（见图18-94）。

（6）残余应力（见图18-95）。

（7）图表曲线展示（见图18-96），如切削力、温度、功率、扭矩。

（8）毛刺的形成（见图18-97）。

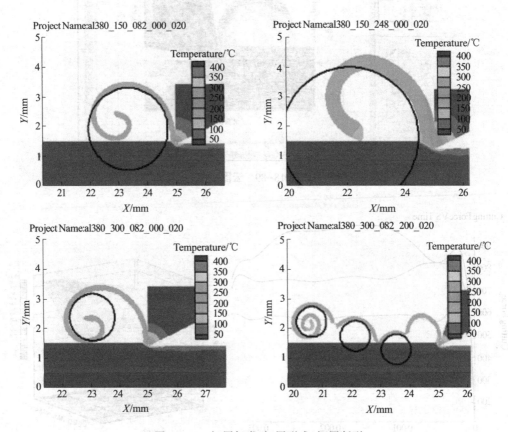

图18-93　切屑打卷、切屑形成、切屑断裂

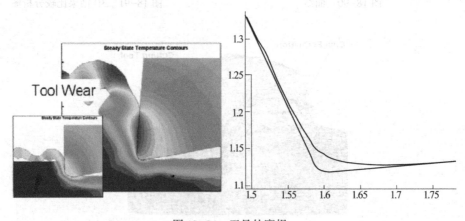

图18-94　刀具的磨损

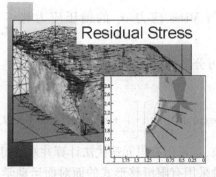

图 18-95　残余应力分析

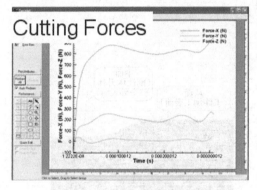

图 18-96　切削力图表曲线展示

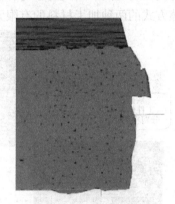

图 18-97　毛刺的形成

### 18.3.3　Abaqus 软件切削过程有限元模拟

Abaqus 有限元软件可以分析复杂的固体力学问题,可以构建结构力学系统,善于处理庞大复杂的高度非线性问题,是公认的功能最强大的有限元软件之一。本章利用 Abaqus/CAE 模块完成切削有限元模型的建立,解算并完成后处理后,能得到形象化、量化的仿真结果,并可以仿真结果进行分析,以帮助我们进一步了解复杂的切削动态过程。

Abaqus 有限元软件采用 Johnson-cook(J-C)断裂方程,遵循等效塑性应变分离准则,使用动态失效模型来模拟切削过程中的切屑分离。这种破坏准则同时将应变、应变率、温度和压力都考虑进去,与实验结合在一起,是一种能真实反应切削过程中切屑分离的动态过程的方法。J-C 动态失效模型在工作过程中主要考虑单元积分点处等效塑性应变值,用破坏参数 $D$ 来表示,如式(18-10)所示,当 $D=1.0$ 时,单元材料发生失效而从工件上分离出来,即为切屑,被破坏的网格被新的网格代替。

$$D = \sum \left( \frac{\Delta \, \overline{\varepsilon}^{pl}}{\overline{\varepsilon}^{pl}_f} \right) \tag{18-10}$$

式中,$\Delta \, \overline{\varepsilon}^{pl}$:等效塑性应变增量,$\overline{\varepsilon}^{pl}_f$:材料失效应变,对分析过程中的增量求和。假定材料失效应变 $\overline{\varepsilon}^{pl}_f$ 依赖于三个无量纲值:材料塑性应变率 $\dot{\overline{\varepsilon}}^{pl}$ 与参考应变率 $\dot{\varepsilon}_0$ 的比值

$\dfrac{\dot{\varepsilon}^{pl}}{\dot{\varepsilon}_0}$，主应力平均应力 $\sigma_p$ 与 Mises 应力 $\sigma_e$ 的偏压应力比 $\dfrac{\sigma_p}{\sigma_e}$，以及无量纲温度 $\hat{\theta} =$

$\dfrac{T - T_0}{T_{melt} - T_0}$。$\bar{\varepsilon}_f^{pl}$ 的依赖性是可分离的，可由式（18-11）来表示：

$$\bar{\varepsilon}_f^{pl} = \left[ d_1 + d_2 \exp\left( d_3 \frac{\sigma_p}{\sigma_e} \right) \right] \left[ 1 + d_4 Ln\left( \frac{\dot{\varepsilon}^{pl}}{\dot{\varepsilon}_0} \right) \right] \left( 1 + d_5 \frac{T - T_0}{T_{melt} - T_0} \right) \tag{18-11}$$

式中的 $d_1 \sim d_5$ 为失效参数，是采用有限元迭代法计算并修正得到的材料参数值。

Abaqus 中的刀-屑接触采用有限滑移形式的面对面运动学接触方式，可以根据实际接触应力判断切屑同刀具间处于何种接触，进而选择相应的摩擦模型。图 18-98 是采用不同摩擦方式的两种加工材料的有限元模型。

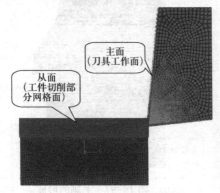 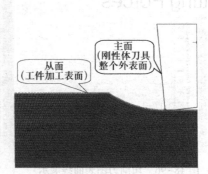

(a) AISI1045钢材料的等厚度摩擦模型　　　　(b) AISI 4340合金钢的变厚度摩擦模型

图 18-98　不同接触方式的两种加工材料有限元模型

### 1）车削模型

（1）车削有限元实验设置。

材料：AISI-1045 钢，材料成分见表 18-1。

表 18-1　AISI-1045 钢成分

| 元素 | C | Si | Mn | S | P | Cr | Ni | Fe |
|---|---|---|---|---|---|---|---|---|
| 含量 | 0.42~0.45 | 0.17~0.37 | 0.5~0.8 | ≤0.035 | ≤0.035 | ≤0.025 | ≤0.025 | Bal. |

选取切削速度 $v_c$、进给量 $f$、背吃刀量 $a_p$ 三个因素，充分考虑每个因素常用值的取值范围，制订三因素三水平正交实验方案，车削有限元实验因素水平见表 18-2。这种方法可以用最少的次数得到最丰富的数据信息，减少模拟次数，提高数据的准确率。

表 18-2　车削三因素三水平

| 因素 | 一水平 | 二水平 | 三水平 |
|---|---|---|---|
| 切削速度 $v_c$/mm · min$^{-1}$ | 200 | 400 | 600 |
| 进给量 $f$/mm · r$^{-1}$ | 0.12 | 0.3 | 0.5 |
| 背吃刀量 $a_p$/mm | 0.5 | 0.8 | 1 |

在对金属车削加工切削参数进行选择时，主要是以生产现场的切削用量为基准，按照不同材料的车削加工要求，在保证加工条件合理性的前提下，尽量扩大切削用量的使用范

围。之后,结合实验,对切削有限元仿真结果进行对比分析,以提高仿真模型的可靠性和精度,为深入研究切削机理以及优化切削用量等提供理论与技术支持。

(2) 车削有限元建模过程。

对材料 AISI-1045 钢进行二维正交车削仿真。首先,进入 Abaqus/CAE 模块,建立正交切削模型,这里选用四边形网格进行网格划分,网格划分采用自适应网格技术,靠近切削区域部分网格划密集一些,而在非切削区域网格划分可以稀疏一些,在模拟切削过程时可动态实现网格重划。其次,利用热-塑性变形理论及有限元法建立二维正交切削有限元几何模型,如图 18-99 所示。

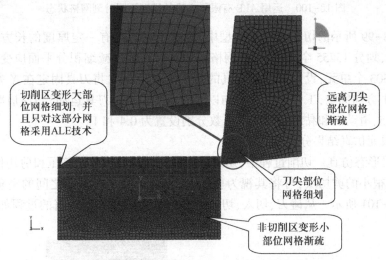

图 18-99　AISI-1045 钢正交车削过程模型

从刀尖部分的放大图中可看出,刀尖部分采用圆角设计,为了防止主变形区的网格畸变,提高网格计算效率。工件与刀具网格划分时,也要遵循网格划分原则,即切削区域网格划分密集,非切削区域网格划分较稀疏。启用 ALE 自适应网格划分技术,在变形加剧时自动重划网格,实时优化网格质量,以适应局部大变形的要求。

在 Abaqus/CAE 模块中设置初始重划网格数 15,以每 30 个增量步幅自适应划分,频率为 1,也可在 INPUT 文件里编写如下语句进行重划网格自适应设置:

\* Adaptive Mesh Controls, name=ADA-1, geometric enhancement=YES

0.5, 0., 0.5

\* Adaptive Mesh, elset = _PICKEDSET132, controls = ADA-1, frequency = 1, initial mesh sweeps=15, mesh sweeps=30, op=NEW

图 18-100 所示为在 Abaqus 中运用 ALE 自适应网格划分技术模拟切削不同时刻的网格变化情况。

金属切削过程中,工件材料在刀具剪切挤压下首先发生弹性变形,继而发生塑性变形,产生应变硬化,高温高压下材料发生软化效应,材料撕裂,形成切屑沿前刀面流出。切削加工选用的刀具材料强度与刚度往往远远高于工件材料的强度与刚度,因此可假设刀具不发生塑性变形,只定义其弹性模量、泊松比与摩擦系数;工件材料在刀具摩擦下发生大变形,可选用弹塑性材料。

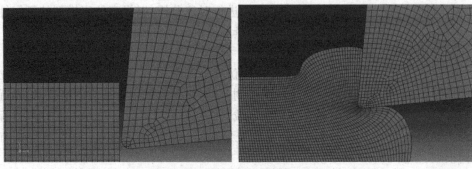

图 18-100　运用 ALE 有限元方法的模型不同时刻网格状态

在图 18-99 所示的切削有限元模型中，设置工件为具有一定厚度的长方形，尺寸为 10mm×5mm，划分 15755 个网格单元，网格采用 4 节点线性减缩积分平面应变单元，刀具被划分为 1503 个单元；设定工件和刀具的初始温度为 20℃将刀具固定在 X 方向和 Y 方向上，设定 Y 方向固定，工件沿 X 正方向以切削速度相对于刀具运动。刀-屑摩擦权重因子设置为 0.5，滑动区和黏结区的摩擦系数分别设置为 0.4 和 1。

3）有限元仿真结果分析

① 切屑形态仿真。切削过程中，切削层材料在刀具前刀面的挤压和剪切作用下逐渐变形成厚度很小的剪切层，可将其视为剪切面，它与切削速度方向之间的夹角为剪切角 $\phi$，如图 18-101 所示。从碰刀、切入、切屑成形到最后生成稳定切屑的过程如图 18-102 所示。

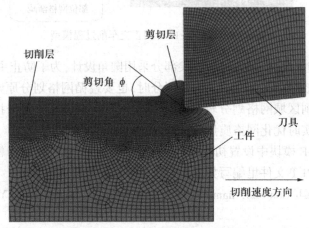

图 18-101　剪切层形成网格变形图

② 应力分析。在塑性理论中，整个应力状态的偏张量部分在一定意义上可以用等效应力来表示，可根据等效应力的变化来判断变形过程中是加载或是卸载，等效应力增大即为加载，应力减小为卸载。

从图 18-102 所示的四阶段切屑形成图同时也可看出各阶段的 Mises 等效应力 $\bar{\sigma}$ 分布情况。最大等效应力主要集中在工件的第一变形区和刀尖附近，这个区域经历了严重塑性剪切变形，继而形成切屑。第一变形区随着切削的进行逐渐扩大，由于温度梯度对材料的软化作用，塑性流动在切屑起始弯曲部分值最大，且向两边逐渐减小，因此在刀具尖

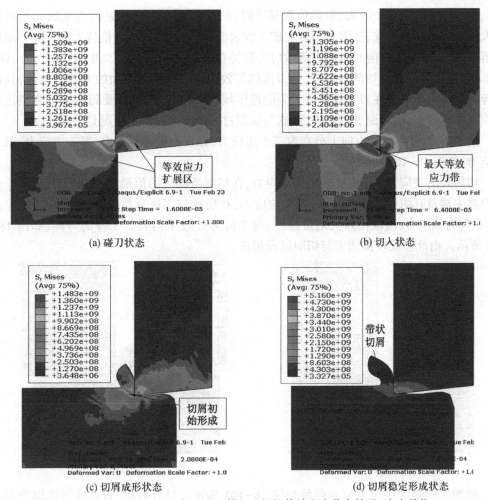

图 18-102 切屑形成过程及各阶段工件和刀具的等效应力分布情况(应力单位 $Pa$)

端的前部应力等值线基本上是平行的,而两边应力逐渐减小,等效应力等值线的方向与切削速度间的夹角即为剪切角。由于剪切区应力场对第三变形区形变有直接关系,刀具刃口半径的作用,等效应力场一直延伸到刀具后刀面。

③ 工件等效应力分析。由图 18-102 (a) 中,切削刚开始时,在工件与刀具接触点处等效应力激增,并向工件内部扩展,且逐渐减小;之后,如图 18-102 (b),刀具切入工件中,等效应力进一步向内扩展,在第一变形区逐渐形成一个最大等效应力带,该应力带一直处于剪切层位置,且随着刀具的前进在切屑层内流动。材料经过第一变形区承受了强烈的挤压变形,等效应力达到最大;此后,热软化效应使应力有所下降,表现出材料的不稳定性。在图 18-102 (b)、18-102 (c)、18-102 (d)中可看出最大等效应力带中的等效应力值变化不大,主要集中在 1000MPa~1100 MPa 之间,与 Von Mises 屈服准则中的表述一致,即当材料进入塑性状态时,等效应力保持不变。

④ 刀具等效应力分析。刀具与工件刚开始接触时,等效应力从刀尖(1509MPa)向刀具内部扩散并逐渐减小,等效应力在前、后刀面及其附近区域扩展很快,而在中间部位扩展速度明显减慢,呈一内凹的曲线分布。当刀具切入工件时,如图 18-102 (b),刀尖位置

处仍然存在着最大等效应力，但数值明显下降，约为 1305 MPa。这是因为金属切削时的最大应力发生在碰刀状态，刀具一旦突破工件表面切入工件，其应力值将大幅下降。随后切屑形成，进入稳定切削时的最大等效应力保持在 1100 MPa 左右，如图 18-102（c）、18-102（d）所示。在整个切削过程中，后刀面的等效应力均大于前刀面的等效应力值，且最大等效应力主要集中在刀尖及靠近刀尖附近区域，这是因为后刀面受到的挤压摩擦比前刀面要严重得多，后刀面更易磨损，而这与切削过程中的刀具磨损情况是一致的。

⑤ 主应力分析。主方向上分布着三个正应力，分别为最大主应力、第一主应力、第二主应力，如图 18-103 所示。

切屑处的主应力 $\sigma_{11}$ 主要表现为压应力，在切屑弯曲处的值最大，而在工件上 $\sigma_{11}$ 处于刀具尖端及其附近，体现为压应力与拉应力，在切屑与工件分离处 $\sigma_{11}$ 值最大；主应力 $\sigma_{22}$ 表现为拉应力，出现在刀尖附近区域，这个应力导致了切屑与工件的分离，如图 18-104 所示。由此验证模拟结果与切削过程相符。

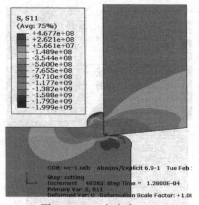 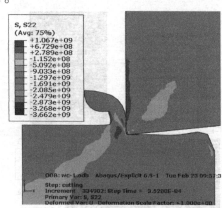

图 18-103　主应力 $\sigma_{11}$　　　　　　　图 18-104　主应力 $\sigma_{22}$

切削区的最大主应力分布曲线如图 18-105 所示。可以看出，刀具前刀面以及刀尖附近区域为压应力区，最大压应力为 -2608MPa；在刀尖左前下方为拉伸应力区，最大拉应力为 1550MPa；刃口区存在着应力分流点，刃前区受压应力作用，刀-屑接触区受拉应力作用。

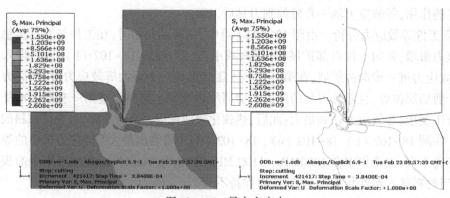

图 18-105　最大主应力

⑥ 应变分析。应变是表示变形大小的一个物理量。在切屑形成过程中，单元的尺

寸、坐标位置、形状等都发生了变化。刀具刚接触到工件时,由碰刀点开始产生等效塑性应变(图 18-106)。随着刀具的切入,等效塑性应变沿着剪切角度方向向切屑层扩展,形成等效塑性应变层,即剪切层,如图 18-106 (b)所示,剪切层内最大等效应变可达 2.789。

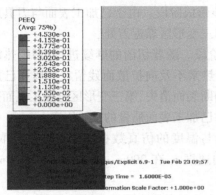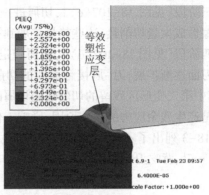

(a) 碰刀状态工件等效塑性应变      (b) 切入状态工件等效塑性应变

图 18-106 金属切削初始阶段工件等效塑性应变生成及扩展情况

⑦ 切削温度和切削力。硬质合金刀具切削 45 钢仿真得到的工件温度分布云图如图 18-107 所示。选择切削速度 $v_c = 1000 \text{m} \cdot \text{min}^{-1}$,进给量 $f = 0.5 \text{mm} \cdot \text{r}^{-1}$,切削深度 $a_p = 2 \text{mm}$,这里假设刀具成刚性体,不显示温度分布。切削过程中的温度场分布情况可以分成四个阶段:

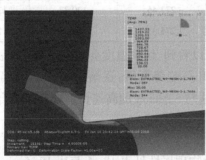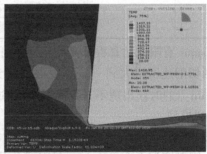

(a) $t = 0.048$ ms      (b) $t = 0.1152$ ms

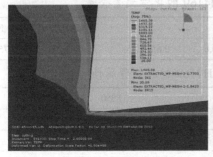

(c) $t = 0.2608$ ms      (d) $t = 0.368$ ms

图 18-107 切削过程中温度场四个阶段中的分布云图

第一阶段[见图 18-107(a)],切削初始阶段。刀具刚切入工件,剪切区金属材料的大塑性变形功产生了较高的切削热,主要分布在第一变形区。

第二阶段[见图 18-107(b)]，切屑形成阶段。切削热向内传递，分布区域转移到第二变形区，由于刀具前刀面与切屑间的强烈摩擦及切屑的变形产生了大量热量，靠近刀具前刀面位置上的切屑上形成了切削热集中区域，刀-屑接触区以外部分的温度相对较低。

第三阶段[见图 18-107(c)]，切屑进一步形成阶段。由于已加工表面与刀具后刀面剧烈摩擦形成大量切削热，这些热量扩展到第三变形区靠近刀处。

第四阶段[见图 18-107(d)]，切屑稳定阶段。随着切削的继续进行，切削热沿前刀面与后刀面逐渐扩展，刀-屑接触面间的切削热来不及向扩散而残留在切屑和已加工表面上，其中第二变形区残留的切削热随切屑的断裂而消失，第三变形区已加工表面残留的切削热是产生残余应力的根本原因，影响工件已加工表面质量的重要因素。

表 18-3 列出了不同切削速度下切削力与温度的仿真数据结果。进给量取值 $f = 0.12\text{mm} \cdot \text{r}^{-1}$、背吃刀量取值 $a_p = 0.8\text{mm}$，切削速度 $v_c$ 在 $200\text{m} \cdot \text{min}^{-1} \sim 1000\text{m} \cdot \text{min}^{-1}$ 间变化。

表 18-3　不同切削速度下切削力和切削温度的仿真数据结果

| 进给量 $f/\text{mm} \cdot \text{r}^{-1}$ | 背吃刀量 $a_p/\text{mm}$ | 切削速度 $v_c/\text{mm} \cdot \text{min}^{-1}$ | 主切削力 $F_c/N$ | 进给抗力 $F_f/N$ | 最高温度 $T/℃$ |
|---|---|---|---|---|---|
| 0.12 | 0.8 | 200 | 268.97 | 100.39 | 856.71 |
| | | 400 | 280.48 | 135.64 | 1187.84 |
| | | 600 | 275.14 | 120.44 | 1250.37 |
| | | 800 | 277.45 | 120.37 | 1348.52 |
| | | 1000 | 275.33 | 125.58 | 1292.45 |

从 Abaqus 有限元仿真提取来的数据中可以看到，切削温度会随着切削速度 $v_c$ 的增大而升高，当切削速度增大到一定程度时温度升高趋势渐缓，逐渐趋于稳定，甚至在 $v_c = 1000\text{m} \cdot \text{min}^{-1}$ 的时候出现不升反降的情况，这与 Salomon 的高速切削理论是吻合的。

2）铣削模型

（1）铣削有限元实验设置。

材料：镍基高温合金 GH4169，材料成分及物理属性见表 18-4 与表 18-5。

表 18-4　高温合金 GH4169 的化学元素含量

| | Ni | Cr | Al | Ti | Fe | Nb |
|---|---|---|---|---|---|---|
| GH4169 | 30.0~55.0 | 17.0~21.0 | 0.2~0.6 | 0.65~1.15 | 15.0~21.0 | 4.75~5.5 |

表 18-5　高温合金 GH4169 材料物理属性

| 密度 $\rho(\text{kg/m}^3)$ | 8250 | |
|---|---|---|
| 弹性模量 $E(\text{GPa})$ | 220 | |
| 泊松比 $\upsilon$ | 0.3 | |
| 比热容 $C_p(\text{J} \cdot \text{kg}^{-1} \cdot ℃^{-1})$ | 203 | |
| | 值 | 温度范围（℃） |
| 热导率 $\lambda(\text{W} \cdot \text{m}^{-1} \cdot ℃^{-1})$ | 12.47 | 293 |
| | 12.73 | 393 |

（续）

| 热导率 $\lambda(\text{W}\cdot\text{m}^{-1}\cdot℃^{-1})$ | 13.04 | 493 |
| | 13.53 | 593 |
| | 13.97 | 693 |
| | 14.47 | 793 |
| | 15.05 | 893 |
| 非弹性热摩擦系数 | 0.9 | |
| 线热膨胀系数 $a(10^{-6}\cdot\text{K}^{-1})$ | 值 | 温度范围（℃） |
| | 0.123 | 293 |
| | 0.126 | 523 |
| | 0.137 | 773 |

铣削有限元实验设置如表 18-6 所示。

表 18-6　铣削有限元实验设置

| 切削速度 $v_c$（$\text{m}\cdot\text{min}^{-1}$） | 70 | 100 | 160 | 200 | 250 |
|---|---|---|---|---|---|
| 进给量 $f$（$\text{mm}\cdot\text{r}^{-1}$） | 0.08 | | 0.10 | | 0.12 |
| 背吃刀量（轴向切深）$a_p$（mm） | 1 | 2 | 3 | 4 | 5 |
| 侧吃刀量（径向切深）$a_e$（mm） | 0.1 | 0.2 | 0.3 | 0.4 | 0.5 |
| 刀具前角 $\gamma_o$ | -5℃ | | | | |
| 刀具后角 $\alpha_o$ | 6℃ | | | | |
| 切削环境 | 20℃室温，干式铣削 | | | | |

刀具选用 KC313 无涂层硬质合金刀具。这里选取影响铣削过程的四个主要因素：切削速度（$v_c$）、进给量（$f$）、轴向切深（$a_p$）和径向切深（$a_e$），对每个因素设置四个水平，正交实验设置如表 18-7 所示。

表 18-7　实验因素水平表

| 水平 | 切削速度 $v_c/\text{mm}\cdot\text{min}^{-1}$ | 每齿进给量 $f/\text{mm}\cdot\text{r}^{-1}$ | 轴向切深 $a_p/\text{mm}$ | 径向切深 $a_e/\text{mm}$ |
|---|---|---|---|---|
| 1 | 70 | 0.08 | 1 | 0.1 |
| 2 | 110 | 0.09 | 2 | 0.2 |
| 3 | 160 | 0.10 | 3 | 0.3 |
| 4 | 200 | 0.11 | 4 | 0.4 |
| 5 | 250 | 0.12 | 5 | 0.5 |

（2）铣削有限元建模过程。

与车削模型不同，铣削模型的建立要考虑加工过程中铣厚度的不断变化。这里根据铣削加工特点，以逆铣为例，将模型[见 18-108（a）]简化为变厚度二维切削模型[见 18-108（b）]。假设切削厚度 $a_p$ 比切削宽度 $a_e$ 大很多，切屑连续生成，则在垂直于刀刃的各截面内沿刀刃方向的变形状态大致相同，这就是常说的平面应变状态，这样可将图 18-108（b）进一步简化为图 18-109 所示的变厚度二维切削模型。

工件被划分 4371 个节点,网格划分采用 CPE4RT(耦合温度-位移四边形)单元,采用 ALE 自适应网格技术以避免网格畸变的发生,刀具被定义为解析刚体,加快了计算速度。

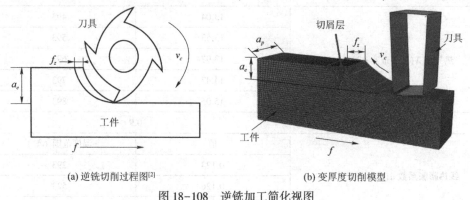

(a) 逆铣切削过程图[2]　　　　　　　　　　(b) 变厚度切削模型

图 18-108　逆铣加工简化视图

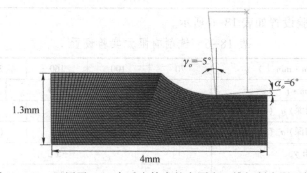

图 18-109　运用了 ALE 自适应技术的变厚度二维切削有限元模型

可在 CAE 模块下进行失效临界值 $D_f$ 设置,也可直接在 INPUT 文件中输入如下指令:

```
*Damage Initiation, criterion=SHEAR
2.,0.,0.
*Damage Evolution, type=DISPLACEMENT
4e-06,
```

接触摩擦模型如图 18-110 所示。

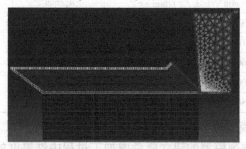

图 18-110　高温合金 GH4169 的接触摩擦模型

这里将未变形切屑设置为平行四边形,变形后的切屑可沿前刀面爬升,防止负前角下的网格畸变,具体的网格划分情况如图 18-111 中的局部放大图所示。切屑部分采用长为 25μm 宽为 8μm 的平行四边形网格,有效前角 $\gamma_0$ 设置为-5°,有效后角 $\alpha_0$ 设置为0°。刀具刀尖部分采用特殊的反向圆角设计,假设圆角半径足够小,在不影响分析结果的前提下可使刀具为负前角的时候仿真顺利进行。切削速度在 70~250m/min 范围内变动。

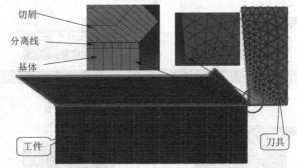

图 18-111　带分离线的热力耦合有限元切削模型

如果需要对切削加工机理进行深入分析,或当切削路径较长时,那么 ALE 方法建立的分析模型难以承受大的变形。故文中使用带有分离线的拉格朗日分析模型(图 18-111)。工件可分成三个部分,即未变形切屑部分、分离线部分以及基体零件部分,它们之间通过节点连接成一个整体,可对绑定面之间的热传递参数进行定义。另外,需对分离线部分定义材料剪切失效参数,对刀具外表面与未变形切屑外表面定义面接触性质。这种模型采用了呈倾斜状的交叉独立网格,可承受大变形。模型网格单边尺寸一般不应超过 10μm。不同时刻的网格形状变化示意图如图 18-112 所示:

图 18-112　带分离线的切削模型不同时刻网格状态

(3) 仿真结果分析。

① 切屑形态仿真。切屑形态主要受工件材料与切削条件等的影响,其中工件材料性质对切屑形态变化起着决定性作用。一般低硬度和高热物理性能的工件材料,如铝合金、低碳钢和未淬硬的钢以及合金钢等,在很大切削速度范围内易形成连续带状切屑;而硬度较高和低热物理特性的工件材料,如热处理的钢与合金钢、钛合金以及镍基超合金等金属材料更易产生锯齿形切屑,锯齿化程度随着切削速度的提高而增强,直至形成分离的单元切屑。这里选择的工件材料是镍基高温合金 GH4169,实验与有限元仿真都将会出现锯齿形切屑。图 18-113 描述了锯齿状切屑的形成过程,材料 GH4169 在不同切削速度下的仿真与切屑金相如图 18-114(a)和 18-114(b)所示。

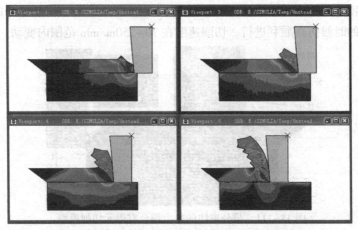

图 18-113　GH4169 材料锯齿状切屑的形成过程

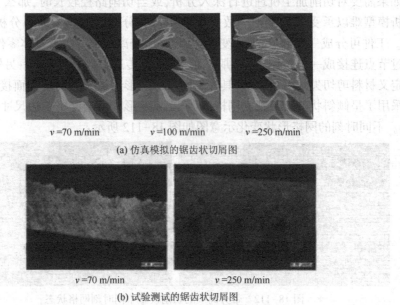

*v* =70 m/min　　　　　*v* =100 m/min　　　　　*v* =250 m/min

(a) 仿真模拟的锯齿状切屑图

*v* =70 m/min　　　　　　　　　　*v* =250 m/min

(b) 试验测试的锯齿状切屑图

图 18-114　不同切削速度下 GH4169 的切屑金相照片

由图 18-114 可看出,随着切削速度的提高,切屑的锯齿化程度越来越强,当切削速度 *v* =250m/min 时形成了明显的锯齿形切屑;而当切削速度小于 70m/min 时,切屑形态仍然基本是连续型带状切屑,锯齿形切屑不明显。从仿真图与试验切屑实物对比中看出,Abaqus 较准确较形象地描述了不同切削用量下的切屑形态,仿真结果与实验结果基本相符。

②　切削力分析。如图 18-115（a）所示,在 0.0224ms 时刻,锯齿块 I 形成,绝热剪切带 I 也形成了,此时切削力处于切削力时域曲线的低谷,如图 18-116 所示。选取不同时刻的四个点:a,b,c,d,使图 18-115 与图 18-116 中的这四个时间点一一对应。从 0.0224ms 到 0.0292ms 是锯齿块 II 形成的最主要阶段,切削力的上升为锯齿块 II 成形及切屑沿着刀具前刀面攀爬提供足够大的剪切应力;从 0.0292ms 到 0.0348ms 是绝热剪切带 II 成形的最主要阶段,如图 18-116 中切削力曲线的 II 阶段,加工硬化与热软化效应使切

削力数值基本保持在 625N 左右。在 III 阶段,绝热剪切继续发生,锯齿块 II 不再变形,切削力保持下降趋势,并且在 0.0367ms 的时候又再次回到谷底。

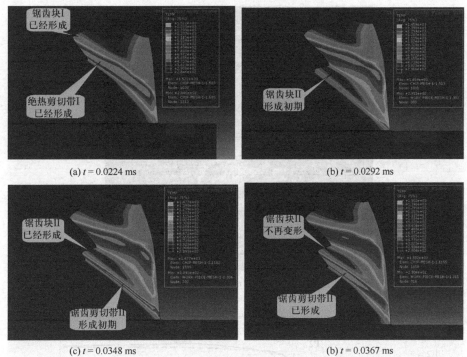

(a) $t = 0.0224$ ms                    (b) $t = 0.0292$ ms

(c) $t = 0.0348$ ms                    (b) $t = 0.0367$ ms

图 18–115   锯齿切屑锯齿块和剪切带的变化云图

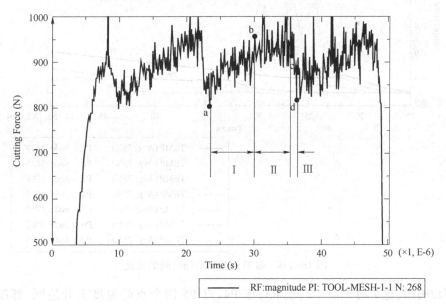

图 18–116   主切削力的时域曲线

③ 切削热分析。如图 18–117 所示为切削速度 $v_c = 150\text{m/min}$ 下的锯齿形切屑热分布云图。在图中标注了剪切区上的 7 个点 P1~P7,通过这些点温度值变化来描述切削热的分布情况。点 P2、点 P3、点 P4、点 P5 分别位于自由表面、预测剪切区中央以及接近刀

尖点的位置,点 P1、点 P6、点 P7 分别位于三个已形成锯齿块形成的上表面,六个点温度变化曲线如图 18-118 所示。

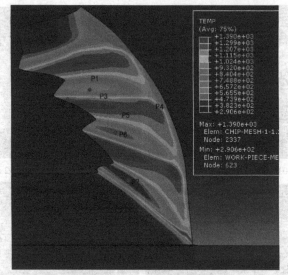

图 18-117　切削速度 $v_c = 150\mathrm{m/min}$ 下锯齿形切屑的温度分布云图

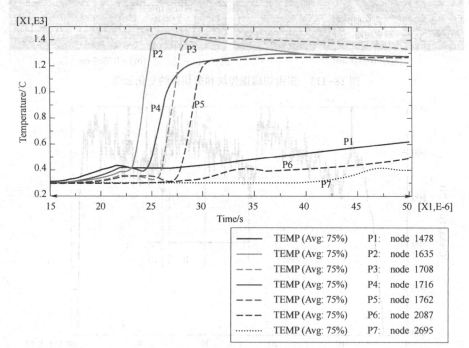

图 18-118　各节点温度值随时间的变化

　　可以看出,这个时刻点 P2、点 P3、点 P4、点 P5 四个点的温度上升急剧,都超过了 700℃,而点 P1、点 P6、点 P7 三个点的温度上升平缓,增幅只有 100℃ ~ 300℃。温度的上升发生在一个狭窄的带状区域(例如由点 P2、点 P3、点 P4、点 P5 四个点组成的狭长带内)。点 P2、点 P3、点 P4、点 P5 的温度上升曲线还表现出一个共同的规律,即在切削初始阶段,切削温度上升很快。当切削过程逐渐达到稳定状态时,切削温度基本趋于平缓状态。在 0.0025~0.005ms 的短暂时间内热量上升剧烈,这正是绝热剪切现象最明显的特征表现,这种周期性的热塑性失稳促成了锯齿形切屑的产生,仿真现象与锯齿形切屑形成机理一致。

切削温度随切削速度的变化规律如图 18-119 所示,其中三角形标注的是 Abaqus 仿真值,小圆形标注的是试验值,可以看出虽然存在一定的误差,但是两条曲线变化趋势相近,即随着切削速度的提高,切削温度都是单调升高的。当 $v_c > 150$m/min 时,绝热剪切带高温导致的软化效应明显优于材料加工的硬化效应,而本实验中材料镍基高温合金具有较低的导热系数,剪切带部位积聚的热量引发了热塑性失稳,切屑锯齿化形态逐渐明显。

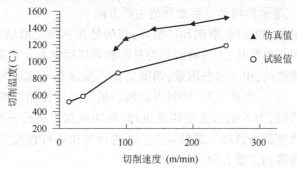

图 18-119　切削温度随切削速度的变化规律的仿真与试验对比图

### 18.3.4　有限元仿真与试验误差分析

这里以 Abaqus 和 Deform 3D 为例,汇总主切削力、切深抗力、切削温度与试验相对误差进行分析,如表 18-8 所示:

表 18-8　有限元仿真与试验相对误差分析表

| 切削速度/m · min$^{-1}$ | | 200 | 400 | 600 | 800 | 1000 | 平均误差 |
|---|---|---|---|---|---|---|---|
| 主切削力 | ABAQUS | 3.5% | 9.37% | 8.33% | 6.67% | 3.44% | 6.262% |
| | Deform 3D | 7.14% | 12.5% | 15% | 18.33% | 5.17% | 11.628% |
| 进给抗力 | ABAQUS | 36.67% | 33.33% | 35.71% | 34.14% | 30% | 33.97% |
| | Deform 3D | 64.51% | 42.85% | 57.14% | 48.78% | 50% | 52.656% |
| 切削温度 | ABAQUS | 2.5% | 4.61% | 18.98% | 10.67% | 12.16% | 9.784% |
| | Deform 3D | 2.5% | 33.84% | 31.64% | 4% | 33.78% | 21.152% |

从表中看出,模拟值与试验值之间存在一定误差,对这两种有限元软件仿真结果误差进行比较,发现 Abaqus 软件的误差较 Deform 3D 软件小,这可能是因为 Abaqus 软件是通用有限元软件,自带强大的建模功能,可以自定义模型参数,可按照需求建立带有圆弧过渡的模型;而 Deform 3D 软件环境下建模是采用从软件自带的材料库中直接调用的方法,无法兼顾到建模过程中的细微特征。总结有限元仿真结果与切削试验值之间存在误差的主要原因如下:

(1)为了节省计算时间,往往要将有限元模型进行简化,如假设刀具为绝对锋利的刚体,不发生弹性变形,而与实际切削过程不相符合,刀具会在切削中产生不同程度的磨损。

(2)有限元迭代过程中不可名句地会产生一定的计算误差。

（3）人为因素及偶然因素都会造成有限元仿真与实际切削数据的误差,如试验过程中操作人员技术的熟练程度等。

根据汇总误差表中对误差计算分析统计,这两种有限元软件对主切削力和切削温度的误差值基本都能控制在 10% 左右,在容许的范围之内,因此有限元模拟结果是可以接受的。

# 18.4　切削过程的有限元模拟的发展方向

1. 切削工艺的三维模拟将是今后发展的主要方向

在实际切削过程中,如车削、磨削和钻削等,切削是在三维变形域内进行的;例如,工件和刀刃具有三维的几何形状,工件材料和刀具的相对移动也不总是正交的。另外,一些工件材料也是各向异性的,由于这些因素,切削是在三维状态下成形的,然后获得具有三维几何形状的产品。另外,有些工艺,如斜刃切削的模拟是不能用二维模型来实现的,必须建立三维模型。所以,为了揭示实际切削机理,对切削加工进行三维模拟是很有必要的。目前的大多数研究都停留在二维模拟上。随着计算机硬件性能的提高,切削工艺的三维模拟将是今后发展的主要方向。

2. 工件的转动

实际上,典型的车削和钻削工件或刀具都是在作回转运动,但是到目前为止,文献中所报道的切削工艺模拟,大多是将工件约束住,让刀具作进给运动,这样实际生产中工件的回转运动对切削质量的影响并没有体现出来,在金属塑性加工中,如板料的旋压成形、内螺纹管的拉拔成形、轧制成形等都可以模拟工件或模具的回转运动,在高速的车削过程中,工件的转动是不可忽略的。关于这一点,在今后的切削模拟中还应加强。

3. 切屑断裂和分离的准则

目前的采用的几何和物理判据都是有点问题的。目前只是能模拟,离仿真差距还远。

整个切削仿真的核心是如何确定工件和切屑的分离在金属塑性成形过程中,由于大变形导致金属材料微观组织的变化,同样也会导致材料本构关系的变化,因此研究在分析软件中建立宏、微观耦合的本构关系也是非常前沿的课题。切削加工是使工件不断分离出切屑的过程,目前关于切屑断裂和分离的准则还不太成熟,每种分离准则都有不足的地方,形成后的切屑断裂准则也需要进一步研究,目前的模拟结果与实际情况还有一定的差距。

4. 工件已加工表面质量的分析

相对于切屑的形成,对于成形工件加工质量的研究较少,今后将会成为重点的研究方向。其中包括与工件几何尺寸和精度密切相关的残余应力和残余应变的模拟、与工件表面粗糙度有关的毛刺形成的模拟、考虑工件加工中夹具的模拟等。工件切削加工中的毛刺形成和消除的模拟技术还不成熟,因为它涉及的因素较多,对成形工件的表面质量起着至关重要的作用。目前关于这方面的研究刚刚起步,还没有详细的结果。切削加工中刀具的磨损和受力、加工中颤振引起的刀跳、工具形状不合适引起的崩刀等现象的模拟也会成为今后切削加工技术模拟的一个方向。

5. 切削过程中的冷却作用

高速切削加工中,冷却液是不可缺少的,目前在切削模拟中,还没有模拟切削过程中的冷却对成形质量的影响。

6. 超精密加工仿真

超精密加工仿真中选择采用分子动力学进行分析是个非常好的选择。基于有限元分析、分子动力学模拟以及二者的结合,对切削过程建立有限元模拟模型、分子动力学模拟模型和跨尺度关联模型,进行计算模拟与分析;开发模拟软件,把宏观尺度方法与微尺度模拟方法相结合,使对切削加工过程的模拟研究贯通宏观以及原子尺度,揭示超精密加工的机理和现象,用于指导工程实践。

# 思考题与练习题

1. 切削加工有限元模拟与仿真技术的作用是什么?
2. 切削加工有限元模拟与仿真的关键技术有哪些?
3. 目前,切削加工有限元模拟的常用软件有哪些? 分析各自的特点。

# 参 考 文 献

[1] 陈日曜. 金属切削原理[M]. 北京：机械工业出版社，2007.

[2] 中华人民共和国国家标准. 金属切削基本术语，GB/T 12204—2010.

[3] 太原金属切削刀具协会. 金属切削实用刀具技术[M]. 北京：机械工业出版社，2002.

[4] 于启勋. 刀具材料的历史发展与未来展望[J]. 机械工程师，2002(11).

[5] 刘献礼，肖露. PCBN 刀具的发展性能及应用[J]. 现代制造工程，2002(1)：37~39.

[6] 苗志毅，冯克明. 绿色切削与 PCBN 刀具切削技术[J]. 金刚石与磨料磨具工程，2004(5)：73~76.

[7] 张铁铭. 干式切削及其所用刀具材料的现状[J]. 工具展望，2003(5).

[8] 刘丽娟. 钛合金 Ti-6Al-4V 动态再结晶行为与高速铣削过程模型[M]. 北京：冶金工业出版社，2015.

[9] 张维纪. 金属切削原理及刀具[M]. 杭州：浙江大学出版社，2005.

[10] 中国国家标准化管理委员会. 硬质合金牌号[M]. 北京：中国标准出版社，2008.

[11] 张文毓. 硬质合金涂层刀具研究进展[J]. 稀有金属与硬质合金，2008，36(1)：59-61.

[12] 乐兑谦. 金属切削刀具[M]. 北京：机械工业出版社，1999.

[13] 艾兴 等. 高速切削加工技术[M]. 北京：国防工业出版社，2003.

[14] 肖曙光，张伯霖，李志英. 高速机床主轴/刀具联结的设计[J]. 机械工艺师，2000(3)：8-10.

[15] 薛海鹏. 纳米金刚石膜的晶粒生长控制及其刀具涂层应用的基础研究[D]. 南京航空航天大学，2013.

[16] A. Morono, S. M. González de Vicente, E. R. Hodgson. Radiation effects on the optical and electrical properties of CVD diamond. Fusion Engineering and Design, 2007, 82(15-24): 2563- 2566.

[17] 何宁，李亮. 高速切削工艺技术[J]. 机械工人，2003(9)：23~26.

[18] 郭新强. 浅析高速切削(HSC)技术[J]. CAD/CAM 与制造业信息化，2002(8)：61-64.

[19] 张伯霖. 高速切削技术及应用[M]. 北京：机械工业出版社，2002.9.

[20] 艾兴，刘战强，黄传真，邓建新，赵军. 高速切削综合技术[J]. 航空制造技术，2002(3)：20-23.

[21] 邓建新，赵军. 数控刀具材料选用手册[M]. 北京：机械工业出版社，2005.

[22] 刘丽娟. 钛合金 Ti-6Al-4V 修正本构模型研究及其在高速切削中的应用[D]. 太原理工大学，2013.

[23] 航空钛合金 Ti-6Al-4V 的高速铣削表面完整性模拟分析研究[D]. 中北大学，2013.

[24] 吴明友. 高速切削刀具系统. 机床与液压[J]. 2006(10)：59-62.

[25] 陈世平. 高速切削刀具系统动平衡研究与分析[J]. 机床与液压，2005(10)：32-33.

[26] 李小雷. 高速切削刀具系统固有特性和动态响应分析[J]：工程设计学报，2004(5)：268-272.

[27] 肯纳金属有限公司. 采用均衡的方法选择高速铣削刀具[J]. 工具技术，2007(3)：99.

[28] 张义平. 钛合金高速铣削刀具磨损的试验研究[J]. 工具技术，2007(1)：55-59.

[29] 陈世平. 高速铣削刀具的安全性技术[J]. 工具技术，2005(11)：22-24.

[30] 刘战强，黄传真，郭培全. 先进切削加工技术及应用[M]. 北京：机械工业出版社，2005.

[31] 葛安庚. 基于 FANUC 数控系统实现刀具寿命管理[J]. 组合机床与自动化加工技术，2007(6)：102-103.

[32] 孙增明. 数控车间刀具信息集成管理系统的研究与开发[J]. 工具技术，2007(5)：54-57.

[33] 蒙斌. 数控机床切削过程刀具磨损与破损的振动监测法[J]. 机电工程技术，2007(10)：100-101.

[34] 刘彬. 数控车床刀具监测方法的研究[J]. 机械研究与应用，2003(2)：44-45.

[35] 宋美春. 数控机床柔性制造系统刀具监测法[J]. 机床电器，2000(6)：16.

[36] 成群林，柯映林，董辉跃等. 高速硬加工中切屑成形的有限元模拟[J]. 浙江大学学报(工学版)，2007，41(3)：509-513.

[37] 刘战强. 高速切削刀具材料及其应用[J]. 机械工程材料，2006(5)：1-4.

［38］邓建新. 高速切削刀具材料的发展、应用及展望［J］. 机械制造，2002（1）：11-14.

［39］艾兴. 高速切削刀具材料的进展和未来［J］. 制造技术与机床，2001（8）：21-25.

［40］于启勋. 超硬刀具材料的发展与应用［J］. 工具技术，2004，Vol38，No. 11：9-12.

［41］陈秉均，胡绍猫. 超硬刀具材料的研究进展及发展趋势［J］. 机电工程技术，2005，Vol. 34，No. 9：61-63.

［42］艾兴，邓建新，赵军等. 陶瓷刀具的发展及其应用［J］. 机械工人，2000（9）：4-6.

［43］王文光. 刀具与切削加工技术的新发展［J］. 世界制造技术与装备市场（WMEM），2004（6）：80-81.

［44］赵炳桢. 切削技术与刀具工业的新时代［J］. 世界制造技术与装备市场（WMEM），2005（2）：78-80.

［45］赵炳桢. 第九届中国国际机床展览会刀具展品述评［J］. 工具技术，2005，Vol. 39，No. 7：3-9.

［46］于启勋，张京英. 新型刀具材料和刀具系统［J］. 现代金属加工，2005（6）：112-117.

［47］赵炳桢. 重视刀具应用技术，提高切削加工效率［J］. 航空制造技术，2005（7）：38-40.

［48］赵炳桢. 第八届中国国际机床展览会刀具展品述评［J］. 工具技术，2003，Vol. 37，No. 7：3-11.

［49］师汉民. 金属切削理论及其应用新探［M］. 武汉：华中科技大学出版社，2003.

［50］高永明. 不断推陈出新的黛杰硬质合金刀具［J］. 航空制造技术，2005（7）：44-45.

［51］鈴木政治. Smart Tool+横形 MCで量産加工に新提案［J］. 機械技術，2002，Vol. 50，No. 11：46.

［52］Dr. U. Schleinkofer，W. Koch，J. Duwe，Ch. Ertl. 高速铣削——刀具设计和硬质合金的发展. 国际金属加工商情，2005（10）

［53］Gerhard Stolz，Andree Fritsch，Thomas Wissert，Volker Schultheiss，Roland Maier. Double-spindle multi-talent［J］. Werkstatt und Betrieb，2001，Vol. 134，No. 9：118-121.

［54］Donald M. Esterling. Smart Tool Condition Monitoring［C］. IMTS 2004，2004：1-7

［55］Doing more with less［J］. Cutting Tool Engineering，2005，Vol. 57，No. 3：86，88

［56］Eugene I. Rivin. Recent Developments in Tooling Systems（Toolholder/Spindle Interface）［C］：IMTS 2004，2004 p. 1-13

［57］Gerard H. Vacio. Tooling and Work-holding for Modular and Reconfigurable Machine Systems［C］. IMTS 2004：1-6.

［58］Mal Sudhakar. Smart Machining-A New Development in High Speed Machining［C］. IMTS 2004，：1-10

［59］Z. Katz，J. W. Sheppard. Analysis of On-Line Tool Geometry Variation for Machining with Optimal Power［J］. Machining Science and Technology. 2002，Vol. 6，No. 2：171-186.

［60］Frank Barthelmae. Mechatronik oeffnet neue Wege in der Zerspanung［J］. Werkstatt und Betrieb，2003（7-8）：10-15

［61］Steed Webzell. Fast and smart：For consummate control over the productivity generated by high speed machining centres，´smart machining´ holds the answer：Metalworking Production 2005 no. 8sup. 23-24.

［62］何友义，揭平英. 智能刀具状态监测系统及其应用［J］. 机电工程，2000，Vol. 17，No3：29-31.

［63］王令其. 刀具状态监测与加工过程的适应性控制［J］. 机床与液压，2002（6）：42-43，198.

［64］李智华，王细洋，徐勇军. 机床切削功率信号实时处理方法［J］. 制造技术与机床，2005（5）：43-45，63.

［65］龚伟国，许伟达. MAPAL 刀具在缸盖加工中的应用 2005，Vol. 39，No. 1：723-74.

［66］谢志鲁. GE100 柔性化刀具系统［J］. 机械工人（冷加工），2004（2）：37-38.

［67］韩彦军，李树林，张淑果. 发动机活塞销孔精镗加工用 PCD 镗刀和精密微调镗杆［J］. 工具技术，2004，Vol. 38，No. 8：40-42.

［68］刘战强，武文革，万熠. 高速切削数据库与数控编程技术［M］. 北京：国防工业出版社，2009.

［69］王晓琴，钛合金 Ti6Al4V 高效切削刀具摩擦磨损特性及刀具寿命研究［D］. 山东大学，2009.

［70］王怀峰. 高速车削难加工材料的有限元仿真［D］. 中北大学，2013.

［71］方刚，曾攀. 切削加工过程数值模拟的研究进展［J］. 力学进展，2001，Vol. 31，No. 3：394-404.

［72］刘长付，汪小文，葛兆斌，等. 高速切削刀具材料的特性与选用，机械制造，2001，39（444）：13-15.

［73］艾兴 等. 高速切削加工技术. 北京：国防工业出版社. 2003. 10.

［74］马向阳，李长河. 高速切削刀具材料，现代零部件，2008，No. 7：81-84.

［75］何宁，等. 高速切削技术，上海：上海科学技术出版社. 2012.

［76］王卫兵. 高速加工数控编程技术. 北京：机械工业出版社. 2013.

［77］王彪 等. 现代数控加工工艺及操作技术. 北京：国防工业出版社. 2016.

[78] 肖虎. 微切削预测模型及模拟仿真研究[D]. 中北大学, 2012

[79] Ceretti E. Lazzaroni C, Menegardo L, Altan T. Turning simulation using a three-dimension FEM code[J]. Journal of Materials processing Technology, 2000, Vol. 98: 99-103.

[80] Liu C. R. Guo Y. B. Finite element analysis of the effect of sequential cuts and tool-chip friction on residual stresses in a machined layer[J]. Int. J. Mech. Sci. 2000. Vol. 42: 1069-1086.

[81] Guo Y. B, Liu C. R. FEM analysis of mechanical state on sequentially machined surfaces[J]. Int. J. Machining Science and Technology. 2002, Vol. 6, No. 1, 21-41.

[82] Lin Zone-Ching, Lai Wun-Ling, Lin H. Y, Liu C R. The study of ultra-precision machining and residual stress for NiP alloy with different cutting speeds and depth of cut[J]. Journal of Materials processing Technology 2000, Vol. 97: 200-210.

[83] 顾立志, 袁哲俊. 正交切削中切屑温度分布的研究[J]. 机械工程学报, 2000, 36(3): 82-86.

[84] 黄志刚, 柯映林, 王立涛. 金属切削加工有限元模拟的相关技术研究[J]. 中国机械工程, vol. 14, No. 10: 846-849, 2003年5月下半月.

[85] 谢峰, 刘正士. 金属切削起始阶段切削力变化过程的数值模拟[J]. 机械工程师, 2003(7): 16-18.

[86] 黄丹, 刘成文, 郭乙木. 金属正交切削加工过程的有限元分析[J]. 机械强度, 2003, 25(3): 294-297.

[87] （日）庄司克雄著. 郭隐彪, 王振忠 译. 磨削加工技术[M]. 北京: 机械工业出版社, 2007.

[88] Hibbitt, Karlsson and Sorenson Inc. ABAQUS™ Theory Manual Version 6. 4.

[89] Ted Belytschko, Wing Kam Liu, Brian Moran/著, 庄茁 译. 连续体和结构的非线性有限元. 北京: 清华大学出版社, 2002. 12.

[90] 邓文君, 夏伟 等. 钝圆刀刃切削的有限元模拟[J]. 工具技术, 2003年第39卷No8: 17-21.

[91] 李伯民. 现代磨削技术[M]. 北京: 机械工业出版社, 2004.

[92] 赵迎祥. NC车削加工切屑形成机理的有限元仿真[J]. 组合机床与自动化加工技术, 2003(8): 33-35.

[93] 彼得. 艾伯哈特, 胡斌 著. 现代接触动力学[M]. 南京: 东南大学出版社, 2003.

[94] 李传民. DEFORM5.03金属成形有限元分析实例指导教程[M]. 北京: 机械工业出版社, 2007.